"芯"科技前沿技术丛书

芯术

算力驱动架构变革

李申（歪睿老哥）◎ 编著

机械工业出版社

CHINA MACHINE PRESS

随着数字信号处理、3D图像处理、人工智能处理、智能手机等新型技术和应用的出现，传统芯片领域的霸主——CPU面临更多的挑战。本书从应用需求和发展历程出发，以多个名人典故为引导介绍不同形式的可编程芯片，如CPU、GPU、NPU、XPU、SoC、DSA等。通过这些具备编程能力的芯片及相关的开源项目，深入介绍不同类型芯片的架构及编程方式。本书通过开源项目深入介绍这些芯片的细节，通过芯片追求内功的"可编程性"以及外功的"高性能"这条主线，将目前的高性能芯片形式串联起来，从而引出CPU到DSA的演进。随书附赠源码、案例素材等，获取方式见封底。

本书适合从事芯片研发的人员及相关专业的在校大学生阅读，也适合关注我国芯片技术发展的读者阅读。

图书在版编目（CIP）数据

芯术：算力驱动架构变革／李申编著. -- 北京：机械工业出版社，2025. 6. -- （"芯"科技前沿技术丛书）. -- ISBN 978-7-111-78199-8

Ⅰ. TN43

中国国家版本馆 CIP 数据核字第 2025JF2159 号

机械工业出版社（北京市百万庄大街22号　邮政编码100037）
策划编辑：李晓波　　　　　　　　责任编辑：李晓波
责任校对：张慧敏　杨　霞　景　飞　责任印制：邓　博
北京中科印刷有限公司印刷
2025 年 6 月第 1 版第 1 次印刷
184mm×240mm · 22.25 印张 · 1 插页 · 492 千字
标准书号：ISBN 978-7-111-78199-8
定价：129.00 元

电话服务 网络服务

客服电话：010-88361066 机　工　官　网：www.cmpbook.com
　　　　　010-88379833 机　工　官　博：weibo.com/cmp1952
　　　　　010-68326294 金　书　网：www.golden-book.com
封底无防伪标均为盗版 机工教育服务网：www.cmpedu.com

前 言

PREFACE

在人类文明发展历程中，计算能力不断进步，从古代的手指计数到后来的机械化计算工具，再到查尔斯·巴贝奇设计的差分机和分析机，这一系列进步体现了人类对算力的不懈追求。但直到第二次世界大战后，算力仍然相对原始。

随着芯片的诞生，人类算力形态发生了转变。芯片以其强大的计算能力成为现代科技的核心。如今，算力已渗透到我们生活的方方面面，而芯片是算力的核心，满足着不断增长的算力需求，并推动着科技的进步。展望未来，随着新技术的不断发展，算力需求将激增，芯片的重要性也将日益凸显。

在个人计算机时代，CPU 因其强大的计算和可编程能力成为核心处理器，成为算力的底座。随着摩尔定律的发展，CPU 的频率从不到 1MHz 到 5GHz 左右，从单核到多核，从单线程到多线程，一直发展至今，成为通用算力的代表。

随着计算机技术的发展，图像处理和游戏的需求增加，在光影计算时代，CPU 处理此类算力捉襟见肘。一种专注于图像处理的处理器——GPU 的诞生，让图像处理能力有了突飞猛进的增长。而 CUDA 的诞生，让 GPU 从专注于图形处理，进化到通用并行计算处理器的 GPGPU。最终使其在图像处理和人工智能领域逐渐取代 CPU，成为新的算力之王。

人工智能时代，NPU 作为专为深度学习和神经网络设计的硬件加速器，高效执行神经网络算法，为 AI 应用提供强大的计算能力。未来的人工智能算力是专用 AI 处理器还是 GPGPU，这个问题仍然没有答案。

在云计算领域，为了让用户像使用自来水一样方便地使用不同形态的算力，云服务商的策略是"我都要"。于是在云端，CPU、GPU、NPU 等处理器并存，共同构成了云端算力的表现形式。而在移动计算领域，SoC 将 CPU、GPU、NPU 集成在一块芯片之中，强调在有限功耗下的高算力，包括通用计算、图形计算、AI 计算等混合计算形态，为手机——今天每个人都离不开的设备提供了强大的移动算力，共同奏响了移动计算的协奏曲。

在摩尔定律越来越放缓的今天，算力仍然是人类的极致追求。DSA 架构作为可编程芯片的另一种趋势，通过软硬件协同优化，特定任务处理速度大幅提升。而 RISC-V 开放指令集架构的出现，为 DSA 设计提供了可自由定制的底层基础，使基于 RISC-V 的 DSA 架构获得持续创新的源头活水，继续将算力提升到一个新的水平。

新的场景带来新的算力需求，人类对算力的需求永无止境，芯片的架构也不断进化，这场算力架构的演进，从未停息。

本书聚集于算力核心载体的迭代升级，系统解构从通用处理器到专用加速器的架构革新，全景展现 CPU、GPU、NPU、XPU、SoC 及 DSA 等芯片推动算力跃迁的演进历程。

由于作者水平有限，书中难免有不妥之处，诚挚期盼读者们给予批评和指正。

作　者

CONTENTS 目录

第 4 章　CHAPTER.4

NPU 与人工智能　/　169

第 5 章
CHAPTER.5

XPU 与云计算 / 237

第6章 CHAPTER.6

SoC 与移动计算 / 282

第7章 CHAPTER.7

DSA 与专属领域算力 / 308

第8章 CHAPTER.8

那些年我们追过的算力　/　337

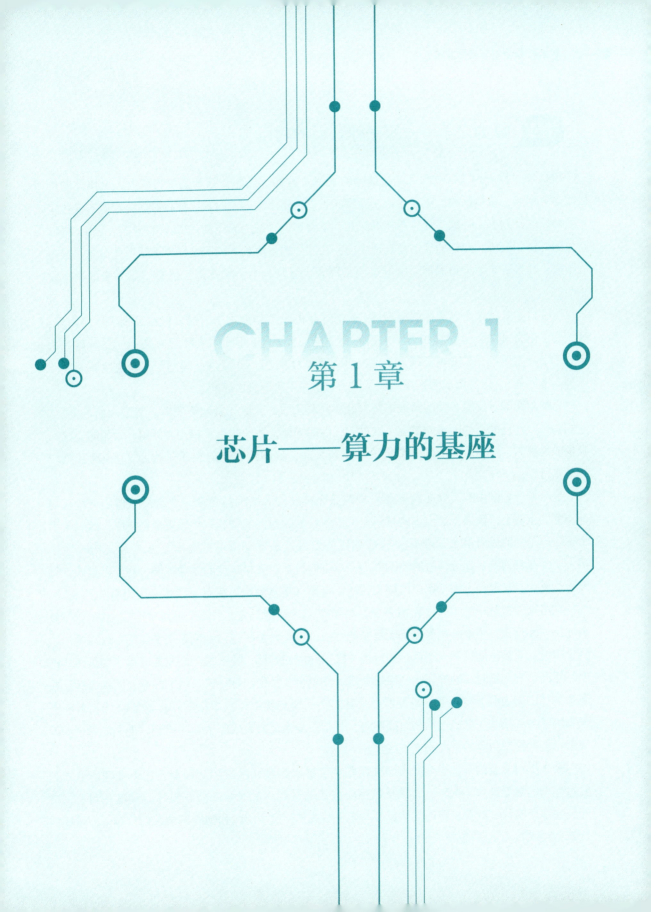

CHAPTER 1

第 1 章

芯片——算力的基座

1.1 算力之争——原子弹背后的功臣

1944 年，战火纷飞，欧洲大陆在纳粹的铁蹄下颤抖。然而，随着盟军的反攻，纳粹德国的战线逐渐崩溃，希特勒的征服梦想似乎即将破灭。在这个绝望的时刻，他将最后的希望寄托在了一项神秘的计划上——原子弹。希特勒深知，掌握了这种威力无比的武器，就能扭转战局，抵御同盟国的猛烈攻势。而他的自信是有理由的：在二战爆发之前，德国是世界上获得诺贝尔奖最多的国家，其科研实力毋庸置疑。由于这项工程非比寻常，希特勒选择自己最引以为豪的科学家领衔。

这位科学家就是大名鼎鼎的海森堡，最有才华的物理学家之一。海森堡在二十四岁的时候，就发表了论文《关于运动学和力学关系的量子论新释》，将矩阵引入物理领域，创立了量子力学。二十六岁那年，又发表了《量子理论运动学和力学的直观内容》，提出了不确定性原理（旧译测不准原理），这些都成为大学物理及量子力学中不可磨灭的经典。

当纳粹德国研发原子弹的情报被盟军截获并解读后，震惊与紧迫感笼罩了美国政府的高层。他们明白，一旦纳粹德国率先掌握了这种毁灭性的力量，战争的天平将彻底倾斜。为了阻止这一噩梦成为现实，抢在敌人前面制造出这种新型武器，美国政府迅速启动了称为“曼哈顿计划”的绝密行动。

曼哈顿计划的中心设立在新墨西哥州荒芜而神秘的洛斯阿拉莫斯。在这片被群山环抱、与世隔绝的土地上，世界上最杰出的科学家们汇聚一堂，他们的智慧和才华被集结起来，共同致力于解决原子弹的设计和制造难题。这个项目的负责人是享誉全球的物理学家尤利乌斯·罗伯特·奥本海默博士。他因其敏锐的洞察力、卓越的科学成就和坚定的领导才能，被委以重任，领导着这支由科学家与工程师组成的精英团队。电影《奥本海默》就展示了这一历史事件。

在洛斯阿拉莫斯的实验室和宿舍里，科学家们夜以继日地工作着，他们的脑海中充斥着复杂的公式和理论，手中绘制着精确而复杂的图纸。每个人都明白，他们正在参与的不仅仅是一项科学研究，更是一场关乎人类命运的较量。随着时间的推移，曼哈顿计划逐渐取得了突破性的进展。然而，与此同时，纳粹德国的原子弹研发计划也在紧张地进行着。两个国家、两种命运，在原子弹的研制道路上展开了一场激烈的竞赛。在这场竞赛中，奥本海默和他的团队面临着前所未有的压力和挑战。他们必须与时间赛跑，必须在敌人之前完成原子弹的研制。他们的每一步计算都可能决定着战争的走向和人类的未来。

令人始料未及的是，一个巨大的难题摆在了奥本海默和他的团队面前：这个难题就是核裂变过程中的复杂计算。这些计算涉及数百次公式的迭代，每一步都需要极高的精度和耐心。然而，在那个时代，计算机等现代计算工具还不够成熟，奥本海默和他的科学家们只能依靠传统的计算方法来攻克这一难关。

面对算力不足的困境，奥本海默展现出了他卓越的领导才能和创新思维。他决定招募一大批年轻的女性来担任计算员，让她们来处理这些复杂的计算工作。这些女性被称为"computers"，在那个时代，这个术语并非指我们现在所熟知的计算机设备，而是指那些专门从事计算工作的人类计算员。这些女性计算员们怀揣着对科学的热爱和对国家的忠诚，投身到了这项艰巨的任务中。

这些女性计算员们的工作远非简单的算术运算所能概括。她们面对的是复杂的数学运算、深奥的物理学和工程学问题，以及浩如烟海的实验数据。每一项任务都需要她们运用高超的数学技能和精确的计算能力。在她们的桌上，摆放着各种计算工具。手工计算是基础中的基础，她们熟练地进行着加法、减法、乘法和除法等基本运算，同时还要应对更为复杂的数学难题。简陋的计算尺是她们的得力助手，通过巧妙地滑动两个标尺，她们能够进行对数、指数等运算，大大提高了计算效率。在一些高级的计算场所，甚至还能见到早期的机械计算机的身影，如查尔斯·巴贝奇设计的差分机和分析机。这些庞大的机械装置在女性计算员们的巧手操作下，执行一系列复杂的数学运算，为原子弹的研制提供了强有力的支持。

美剧《曼哈顿计划》真实地再现了这一幕幕生动的场景。观众们能够看到这些女性计算员们是如何用她们的智慧和汗水，为原子弹的研制贡献了自己的力量。这些女性计算员们的存在，对于曼哈顿计划的成功至关重要。她们的工作不仅仅是为科学家们提供计算服务，更是曼哈顿计划中不可或缺的一部分，也是人类历史上浓墨重彩的一笔。

随着曼哈顿计划取得历史性突破，第一颗原子弹在新墨西哥州的沙漠中成功爆炸，整个世界都被这股前所未有的力量所震撼。蘑菇云腾空而起，象征着人类科技的一个崭新纪元正式开启。而与此同时，远在欧洲的纳粹德国，其原子弹研制计划却以失败告终，而失败的原因被后人总结恰恰是海森堡的计算出了问题。

从原子弹的研制开始，计算能力第一次成为一种决定成败的力量，从而计算能力的构建成为二战后各个大国争相投入的重点。

在人类文明的长河中，计算能力的需求与发展始终如影随形。早在古代，人们便已开始依赖手指进行简单的计数与算术运算，十进制数的概念便是源自我们拥有十根手指这一天然的计算工具。随着商业活动的兴起，交易日益频繁，大规模的账目计算变得不可或缺。于是，一些机械计算工具应运而生，极大地提升了计算效率。

算盘，作为古代计算工具中的佼佼者，在中国拥有悠久的历史。它以独特的计算方式和高效的运算速度，成为古代账房先生的得力助手。珠算口诀的熟练掌握，更是他们精湛技艺的象征。

然而，随着数学和自然科学的不断发展，人们对计算的需求愈发复杂。17 世纪，代数学与解方程的研究风起云涌，这促使了更高级计算工具的出现。计算尺等机械计算工具的发明，使得科学家们能够执行更为复杂的数学运算，如指数、对数、三角函数的计算等。

在这样的背景下，19 世纪初的英国数学家查尔斯·巴贝奇站在了时代的前沿。他设计的差分机，旨在执行多项式函数的差分运算，这一创新性的机械计算设备引领了计算技术的新篇章。

而他提出的分析机构想，被后世普遍认为是计算机的雏形。

从手指到算盘，再到差分机与分析机，人类对计算能力的追求永无止境。每一次技术的飞跃都深刻地改变了我们的生活方式和思维模式。如今，当我们回望这段历史时，不禁会对那些在计算技术发展道路上留下浓墨重彩一笔的先驱们肃然起敬。

直到第二次世界大战的硝烟散去，人类的算力水平仍然停留在一个相对原始的阶段。在这个时期，无论是在曼哈顿工程中夜以继日进行计算的科学家们，还是在日常生活中处理各种数字问题的普通人，人脑都是计算的主力军。尽管人类已经发明了一些机械计算工具，但这些工具在算力上仍然远远无法与人脑媲美。

然而，形势很快就逆转了。随着科技的飞速发展，一种新的算力体现形式——芯片，悄然诞生了。芯片的诞生，标志着人类算力呈现的最高形态开始发生转变。这种小巧而精密的硅片，以其惊人的计算能力和存储容量，迅速占据了算力领域的制高点。

芯片的出现，不仅极大地提升了计算效率，还使得复杂的数学运算和数据处理变得轻而易举。在芯片的助力下，人类开始涉足更广泛的科学领域，探索更深层次的自然奥秘。从航空航天到生物医学，从物理化学到人工智能，芯片的身影无处不在，它已经成为现代科技发展的核心驱动力。

芯片的诞生和发展标志着人类算力史上的一次伟大飞跃。它彻底改变了人类处理数字和信息的方式，推动了科技进步的巨轮驶向更加广阔的海洋。

在当今时代，算力已经渗透到我们生活的每一个角落，成为支撑现代社会运转不可或缺的力量。从早晨醒来的第一刻起，我们就在与算力打交道：手机上的闹钟、天气预报、社交媒体、电子邮件——这些看似平常的应用背后，都是海量的数据计算和传输。而这一切的算力，都与芯片紧密相连。芯片，这个微小却强大的存在，就像是算力的心脏，为各种电子设备提供源源不断的动力。没有芯片，算力就像无源之水、无本之木，失去了存在的根基。

随着科技的不断发展，我们对算力的需求也在不断增加。无论是高性能计算机进行科学研究、大数据分析挖掘商业价值，还是人工智能算法提升生活便利度，都需要强大的算力作为支撑。这种需求推动了芯片技术的不断进步，从单核到多核、从 CPU 到 GPU 再到 AI 芯片，每一次技术的飞跃都带来了算力的巨大提升。

算力已经成为芯片的驱动力，为了满足不断增长的算力需求，芯片制造商们不断推陈出新，研发出更强大、更高效的芯片产品。这些芯片不仅应用于专业领域，也逐渐走进了普通消费者的生活。

在手机上玩游戏、观看高清视频、进行视频通话……这些看似简单的操作背后，都是芯片在默默提供算力支持。芯片的性能直接决定了手机的流畅度和用户体验。同样，在交流方面，无论是语音识别、自然语言处理还是虚拟助手等功能，也都需要强大的算力作为支撑。而这些算力，同样来自芯片。

展望未来，随着 5G、物联网、人工智能等技术的不断发展，我们对算力的需求将呈爆炸式增长。而芯片作为算力的核心载体，其重要性也将日益凸显。更强大的算力将成为我们每个人的需求，而芯片则将继续扮演着无名英雄的角色，默默地为我们的生活提供着支持和保障。

1.2 从二进制到集成电路

追溯历史，我们可以发现，人类与数字的缘分从很早的时候就开始了。在这其中，十进制扮演了一个极为重要的角色。从呱呱坠地的婴儿到垂垂老矣的长者，十进制都伴随着我们的生活，成为我们理解和运用数字的基础。

当小朋友们开始接触数学时，他们很容易就能接受并掌握十进制的加减法。这是因为十进制与我们的日常生活紧密相关，无论是购物、计时还是测量，我们都在无意识中使用着十进制。它的通俗易懂，使得它成为人类最早的数学基础之一。

事实上，十进制的起源可以追溯到古代。人们发现用十个符号可以表示出所有的数字，这十个符号就对应着我们的十根手指。这种自然的计数方式逐渐演变成了我们今天所熟知的十进制系统。

当我们仔细观察人类历史的不同文明时，会发现一个有趣的现象：无论是古代的苏美尔楔形文字、汉字，还是后来的阿拉伯数字，它们都存在着对十进制的描述。这种跨越时空和文化的共通性，让人不禁对十进制的重要性产生更深的思考。

几千年前的苏美尔楔形文字中就已经有了对数字的记录和表达。这些古老的符号不仅代表了具体的数量，更体现了苏美尔人对数学和计数的深刻理解。而在遥远的东方，汉字也同样承载着十进制的信息。从"一"到"十"，再到"百""千""万"，每一个汉字都代表着特定的数量级，共同构成了汉字独特的数字表达体系。

随着阿拉伯数字在全球范围内的广泛传播和使用，十进制更是成为现代社会中不可或缺的一部分。无论是在科学研究、商业交易还是日常生活中，阿拉伯数字都以其简洁明了的特点，成为人们表达和计算数字的首选方式。

这种跨越文明的共通性并非巧合，而是十进制本身所具有的优越性和普适性的体现。十进制以十个数字为基础，通过位置表示法可以轻松地表达任意大小的数字，同时进行加减乘除等运算也相对简单。这些特点使得十进制成为不同文明在发展过程中共同选择的一种数字表达方式。

如今，随着科技的飞速发展和全球化的深入推进，十进制在人类社会中的地位更加稳固。它不仅是数学和科学计算的基础，更是连接不同文化、促进交流沟通的桥梁。例如在人们出国时，即使语言不通，在点餐或购物的场合，人们可以很容易通过比划手指，告诉对方自己想要的数量和想付的价格，方便双方讨价还价，这就是十进制天然在世界上通行给人类交流带来的便利。

然而，当我们进入现代科技时代，却发现算力的承载基础——芯片，其逻辑并非依照十进制来运行。这一切的转变，要从十七世纪的一位杰出人物说起。

▶▶ 1.2.1　莱布尼茨：二进制和"八卦"

1672 年，法国国王路易十四（自号"太阳王"）派出十二万大军攻击荷兰。17 世纪的荷兰被称为"海上马车夫"，国力强盛，海军非常强大，是欧洲的霸主之一。但是法军准备充分，荷兰人被打了一个措手不及，南部大片国土沦丧，只剩下北部首都阿姆斯特丹一带，还在奥兰治亲王指挥下苟延残喘。

"太阳王"入侵荷兰的举动令欧洲各国震动。就在离荷兰东南边境约 200 公里，离法国东北边境约 100 公里的地方有一个小城邦，叫作美因茨，这是一个位于莱茵河边的小城，因葡萄酒贸易以及其他商品的交易而经济繁荣。此刻，这座小城的领主美因茨选帝侯正忧心忡忡。选帝侯就是有资格选举神圣罗马帝国皇帝的诸侯之一。美因茨选帝侯的担心是有道理的，路易十四的大军趁着余威，顺手就完全可以荡平这个地方。美因茨属于神圣罗马帝国的一部分，而所谓神圣罗马帝国，不过是城邦林立的一盘散沙，根本起不到保护作用。

危机时刻，一个二十六岁的年轻人挺身而出，他为美因茨选帝侯送上了一条计谋，那就是他要亲赴巴黎，说服"太阳王"路易十四，让其把侵略的目光转向埃及，而不是一直盯着欧洲。美因茨选帝侯大喜过望，认为这是一个好计策，于是赞助了这个年轻人，把他派到了巴黎。

这个年轻人就是后来大名鼎鼎的莱布尼茨。通过这次机会，莱布尼茨进入了巴黎的上层圈子。不过，他还是没有能直接和路易十四搭上关系，更不用提影响路易十四的决策了。更不幸的是，支持他的美因茨选帝侯在 1673 年去世了，莱布尼茨的金主没有了。出师未捷老板先死，莱布尼茨要想在巴黎立足的话，就需要新职位。

这时，他想到了在巴黎科学院谋取一个职位。他正有一个绝妙的想法，于是他把想法变成了一篇论文。1679 年，莱布尼茨向法国科学院提交并宣读了他题为《数学科学新论》的研究论文。在这篇论文中，他提出了用 0 和 1 两个数表示全部数字的方法。莱布尼茨展示了如何使用这一系统进行数学表达的示例。例如使用二进制符号来表示字母、音符和任何其他形式的信息，体现了二进制系统的普适性和高效性。

莱布尼茨的二进制系统只使用两个数字（0 和 1），这成为现代数字计算的基础。鲁道夫·奥古斯特公爵研究莱布尼茨的二进制数学后认为二进制数学符合《圣经·创世纪》中的记载，是"上帝的算法"，因其太简洁了，符合上帝从无到有创建世界的描述。虽然奥古斯特公爵很喜欢二进制算法，但是法国科学院却拒收了这篇论文。当时的法国科学院院长单内认为，看不出这篇论文有什么用处。论文有什么用？解决了什么重大问题？有什么实际的价值？这个思路就一直存在于许多人的脑海里面。

但是，单内的意见莱布尼茨并不能忽视，于是他迫切地寻找问题的答案，二进制有什么用？作为 300 多年后的我们，对二进制的作用是非常清楚的。但是在当时给二进制找个应用的确是个难题。莱布尼茨作为大数学家、大哲学家，"十七世纪的亚里士多德"，可以和牛顿争夺微积分发明权的大佬，肯定不会被这个小问题难住。

但是，恰恰是这个小问题困扰了莱布尼茨很长的时间，直到 1703 年，莱布尼茨收到白晋所寄的伏羲八卦图，才发现自己的二进制体系与伏羲八卦图的一致性。这里多说一句，白晋是法国神父，曾经担任康熙皇帝的数学老师。1697 年，白晋奉康熙之命回法国招募人才，与莱布尼茨相识，并多次书信来往，由此给莱布尼茨介绍了中国的易经和八卦。

于是，莱布尼茨补充了本项研究意义，并发表在法国皇家科学院院刊上。论文标题是《二进制算术阐述——仅仅使用数字 0 和 1 兼论其效能及伏羲数字的意义》。

莱布尼茨打算用二进制来描述中国的八卦。

简单来说，八卦与三位二进制数的对应关系可以看作一种符号与数字的映射关系。《周易·系辞》"易有太极，是生两仪，两仪生四象，四象生八卦"的生成逻辑，与《道德经》"道生一，一生二，二生三，三生万物"的哲学体系，共同构成了二进制与八卦对比研究的文化语境。

对于卦象来说，一根长线代表阳爻（阳）（━）可视为 1，两根短线代表阴爻（阴）（━ ━）可视为 0。

八卦排列蕴含的二进制数序与其先天方位图完全吻合，具体对应关系如下（按二进制升序排列）。

坤（☷）对应二进制 000：坤卦代表地，是阴卦的代表，与全为 0 的二进制数相对应，表示最阴的状态。

艮（☶）对应二进制 001：艮卦代表山，是阴卦中带有一点阳气的卦象，与末位为 1 的二进制数相对应。

坎（☵）对应二进制 010：坎卦代表水，是阴卦中带有一定阳气的卦象，与中间位为 1 的二进制数相对应。

巽（☴）对应二进制 011：巽卦代表风，是阴卦中带有较多阳气的卦象，与前两位为 1 的二进制数相对应。

震（☳）对应二进制 100：震卦代表雷，是阳卦中带有一点阴气的卦象，与首位为 1 的二进制数相对应。

离（☲）对应二进制 101：离卦代表火，是阳卦中带有一定阴气的卦象，与首尾位为 1 的二进制数相对应。

兑（☱）对应二进制 110：兑卦代表泽，是阳卦中带有较多阴气的卦象，与前两位为 1 的二进制数（但顺序与巽相反）相对应。

乾（☰）对应二进制 111：乾卦代表天，是阳卦的代表，与全为 1 的二进制数相对应，表示最阳的状态。

从伏羲八卦中找到二进制的意义，并非什么戏说。很多学者已经论述，莱布尼茨并非根据八卦而发明二进制，而是发明了二进制后遇到了伏羲八卦。二进制对于莱布尼茨这位伟大的数学家来说，只是其众多数学成就中的一部分，却是当今信息时代存在的数学基础。

我们这个信息时代都是建立在二进制上的，从这个角度来看，莱布尼茨的贡献是巨大的。然而，仅仅有二进制是不够的。莱布尼茨发明了二进制，但当时的二进制还只能像十进制那样进行基本的加减乘除运算。而一种新的计算将为二进制带来革命性的应用，不过这个计算模式，人类还要再等一百多年。

▶▶ 1.2.2 布尔：运算的真和假

乔治·布尔，1815 年 11 月 2 日出生在英格兰的林肯郡。从小，乔治·布尔就显示出卓越的数学才能，尤其是在逻辑推理方面。然而，由于家庭的贫困，他没有机会接受正规的教育。尽管如此，乔治·布尔努力自学，并在他的家乡图书馆中阅读了大量的数学书籍。他的才华很快显现，并引起了当地学者的注意。年轻的乔治·布尔决心用他的数学才能改变自己的命运，于是他前往林肯郡学院（Lincoln County Academy）深造。在那里，他遇到了一位启发他深入思考逻辑的老师。这位老师向他介绍了古典逻辑，并激发了他探索新逻辑的兴趣。

乔治·布尔开始研究代数和逻辑的关系。他的目标是找到一种方法，通过它可以用代数的方式来表示和解决逻辑问题。经过深入思考和努力，他逐渐开发出一套代数系统，这就是后来的布尔代数。

在 1847 年，乔治·布尔出版了《数学分析的数理逻辑》（*The Mathematical Analysis of Logic*），这本书成为他最重要的著作之一。在书中，布尔详细阐述了他的逻辑理论，描述了用代数符号来表示逻辑关系的方法，并提出了布尔代数的基本原理。

布尔引入了一套能够进行逻辑运算的数学符号系统，使用"+"（逻辑或）、"·"（逻辑与）和"'"（逻辑非）等符号来表示逻辑变量及其运算。布尔代数基于只能取值为两个值之一（0 或 1）的二进制变量，分别代表"假"和"真"。布尔的代数系统允许对逻辑表达式进行操作和简化，成为解决逻辑问题的有力工具。布尔代数在计算机科学和电子学中被广泛应用于设计和分析数字电路、编程和处理二进制数据。

学过 C 语言的同学都知道，"真"通常用整数 1 表示，而"假"通常用整数 0 表示。在条件语句（如 if 语句）和逻辑表达式中，可以使用这两个值来表示真和假。

乔治·布尔的运算对整个信息基础设施的表达方式产生了深远影响。他的工作使他在数学界名声大振，并且从"编外人员"转变为拥有正式教职的学者。

1854 年，布尔出版了《思维规律的研究：作为逻辑与概率的数学理论的基础》，在其中他全面讨论了这个主题，并奠定了数理逻辑的基础，为这一学科的发展铺平了道路。

布尔代数包含内容丰富，其中最典型的是两种值和三种运算。布尔在计算中定义了两种值，即真（true）和假（false），分别用 1 和 0 表示。三种基本运算，即与（AND）、或（OR）、非（NOT）。这些运算符也可以用三种符号表示，分别为"&""|""!"。

与运算意味着两个值都为真时，结果才为真；或运算意味着两个值有一个为真时，结果就为真；真的非就是假，假的非就是真。这就是两种值，三种运算的含义。这些概念不仅在数学上有重要意义，也蕴含着哲学的意味。

在后续的研究中，布尔揭示了一个惊人的秘密：所有的数字算术运算，都可以用布尔代数来化简，最后归结为 0 和 1 的简单操作，也就是"与""或""非"这三种基本逻辑操作。

这是怎样一个神奇的发现呢？

举个例子，就像平常做的加法，比如 a+b。在布尔代数里，进位就是 a 和 b 同时为 1 的情况，也就是 a 与 b 的逻辑"与"操作。而和位就是 a 为 1 且 b 为 0，或者 b 为 1 且 a 为 0 的情况，这可以通过逻辑"或"和逻辑"非"组合起来表示。

想象一下，这个发现有多么强大！它意味着，只要使用二进制数（0 和 1）以及布尔代数，就可以表示出所有的数学运算，无论是加法、减法、乘法还是除法。这就像是用最简单的积木，搭建出了最复杂的城堡。

1864 年，布尔离开了我们。但他的伟大发现在他去世后的一百多年里被广泛应用在计算机科学中，成为计算机体系的基本运算。现在的计算机、手机，它们的内部运算都离不开布尔代数的支持。

用"与""或""非"来等价表示加减乘除的想法，就像是布尔留给后世的一份宝贵财富。它开启了数学、计算机科学和工程领域的新篇章。因此，我们尊称乔治·布尔为"布尔代数之父"，他的贡献影响了整个世界。

▶▶ 1. 2. 3   香农：硕士论文和开关电路

1936 年，一个才华横溢的年轻人正在美国麻省理工学院攻读硕士学位。他的名字叫克劳德·香农。这年夏天，香农开始了一项具有挑战性的研究，那就是对继电器和开关电路进行符号分析。他希望能通过数学和逻辑的方法，理解和描述这些电路的行为。他的目标不仅仅是理解单个继电器或开关的行为，而是要理解它们如何相互作用，以及如何通过复杂的组合来控制电流的流动。

他不知道的是，他的研究将揭开一种全新的电路形式，这种电路形式将影响整个未来计算模式，而这种电路将完美地实现布尔代数的运算。

香农投入了大量的时间和精力去研究这个问题。他日夜在图书馆和实验室之间徘徊，阅读了大量的文献，做了无数的实验，最终在 1938 年发表了硕士论文《继电器和开关电路的符号分析》。

这篇论文中提到的继电器就像一个可控制的开关，通过磁场的通断来控制电路的开启和关闭。当继电器内的磁体通电产生磁场时，继电器吸合，电路闭合；断电后磁场消失，继电器断开，电路也随之断开。

正是这个简单的开关动作，给了香农无限的灵感。他发现，如果将继电器以特定的方式连接，就能模拟出布尔代数中的基本运算。串联的电路，就像布尔代数中的"与"操作：只有当所有的开关都闭合时，电流才能通过，灯泡才会亮起。这就像是在说："只有当 a 和 b 都为真时，结果才为真。"

而并联的电路则代表了布尔代数中的"或"操作：只要有一个开关闭合，电流就能通过，灯泡就会亮起。这就像是："只要 a 或 b 有一个为真，结果就为真。"

这些发现看似简单，却奠定了现代数字电路的基础。香农天才地将抽象的数学概念和实际的物理电路相结合，开启了电子技术的新篇章。在他的理论中，任何复杂的数学运算都可以通过这两种基本的电路组合来实现。

就这样，还未硕士毕业的香农，用他的智慧和勤奋，为后世的电子技术发展铺设了坚实的基石。此时，距莱布尼茨提出二进制已经过去了两百多年，离尔发明布尔运算也过去了接近一百年。终于，香农说："你们的数学表达，我可以用物理电路来实现了。"

开关电路，就是现代计算机的基石。

哈佛大学的霍华德·加德纳（Howard Gardner）教授评价："这可能是 20 世纪最重要、最著名的一篇硕士论文。"

这项创新性的研究工作引起了业界的广泛关注。香农的论文成为电路设计领域的重要参考。

▶▶ 1.2.4　基尔比：从晶体管到集成电路

在香农的论文发表之后，一种可以实现香农的开关电路的元器件迅速风靡整个电路设计领域，那就是真空管（也叫作电子管）。

1946 年，一个庞然大物悄然诞生，它就是 ENIAC——世界上第一台真正的通用型电子计算机。这台机器堪称科技巨制，内部搭载了惊人的 18000 多只真空管，整体重量达 30 多吨，占地面积更是达到了 170 多平方米。然而，尽管 ENIAC 在运算速度上有着划时代的飞跃，却因其内部的真空管易损坏而备受困扰。这些真空管的损耗率之高，以至于几乎每 15 分钟就可能有一只管子烧掉。

操作人员要从 18000 个管子中找到那个损坏的管子并且替换掉，可以想象，这不得不花费大量时间，也无疑大大降低了这台巨型计算机的使用效率。虽然真空管在计算机技术的发展历程中扮演了举足轻重的角色，但它们自身的物理局限性，比如易损坏和寿命短暂，使得依赖它们的计算机在可靠性上大打折扣，成为不可靠的算力载体。

莱布尼茨发明了二进制，布尔为二进制带来一种新的计算形式，香农为这种计算设计出了一种开关电路，而真空管成为开关电路的载体。但是，这离人类最终的算力载体还差临门一脚。

1947 年的春天，美国贝尔实验室的三位杰出物理学家——肖克利、约翰·巴丁和布拉顿，怀揣着梦想和决心，悄然开启了一场电子技术的革命。他们期望自己的研究能引领电子技术进入一个崭新的时代。

这三位科学家各有千秋：肖克利富有远见，领导力强，他洞悉了电子技术进步的症结，并坚信团队能够找到解决的钥匙。约翰·巴丁聪明过人，总能一针见血地指出问题的核心，他的独到见解为团队带来了无数灵感。而布拉顿则以其精湛的实验技艺和无比的耐心著称，他能在实验室里孜孜不倦地探寻那些难以捉摸的现象。但是，肖克利比较多疑，这为日后他们的合作埋下了隐患。

在那个春天，他们围坐一桌，手持图纸和报告，热烈讨论着即将展开的实验。他们渴望找到一种能替代笨重真空管的新型电子器件，让电子计算机变得更为轻便、高效。经过数月的努力，他们终于揭开了"晶体管"的神秘面纱。这种器件比真空管更小巧、更节能，寿命也更长，它的出现预示着电子技术的巨大飞跃。

那么，晶体管是如何工作的呢?

简单来说，晶体管就像一个能够控制电流流动的半导体开关。它由三层不同材料的半导体组成，分别是发射区、基区和集电区。当在发射区和基区之间施加微小电压时，发射区的电子会被基区吸引。这些电子在基区与空穴结合，然后流向集电区，最终被分离并流入不同的电极。

可以将这个晶体管工作过程想象成一个带控制阀的供水系统。发射区相当于高压水箱（高掺杂浓度提供充足载流子），基区如同一个精密的限流阀门（低掺杂且极薄的结构），集电区则是具备虹吸效应的储水装置（反向偏置形成的强电场）。整个系统的精妙之处在于：基区阀门本身并不直接截断水流，而是通过微小的压力差（基极-发射极电压）改变阀门开度。当施加启动压力时，这个薄如蝉翼的阀门会产生放大效应——仅需调整微小的压力变化，就能让高压水箱（发射区）的载流子洪流通过限流阀门（基区），最终被虹吸装置（集电区）高效收集，这种"四两拨千斤"的机制，正是晶体管实现电流放大和开关功能的关键。

晶体管不仅具有放大和开关功能，还能进行信号调制等多种操作。它能将微弱的信号放大为强信号，也能作为开关来控制电路的通断。此外，晶体管还具有高速、低功耗和高可靠性等优点，使得它在各种电子设备中得到了广泛应用。

晶体管的诞生带着技术革命的气息。其体积小、功耗低、稳定性高的特性吸引了全世界研究者的目光，很快就替代了原来的继电器、真空管等设备，成为整个信息时代的基础。

1958 年，距离晶体管的发明已经过去了十年。在这十年间，晶体管以其出色的性能和稳定性，逐渐取代了笨重的真空管，成为电子设备的核心组件。然而，尽管晶体管已经带来了巨大的变革，但电子行业的进步从未停止。

这一年，34 岁的基尔比踏入了德州仪器公司的大门。他是一位充满激情和创意的年轻工程师，毕业于威斯康星大学。他进入电子行业，是受一位师兄的影响。那是在 10 年前，还是学生的基尔比，聆听了一位师兄的演讲，这位师兄就是约翰·巴丁。演讲中，约翰·巴丁详细介绍了晶体管的原理和应用，以及它对电子行业的巨大影响。他激情四溢的演讲让基尔比对晶体管产生了浓厚的兴趣。基尔比表示："（晶体管的出现），意味着我的电子管技术课程白学了。"演讲结束后，基尔比与约翰·巴丁进行了深入的交流。他们讨论了晶体管的未来发展趋势以及可能的应用领域。约翰·巴丁对基尔比的创新思维给予了高度评价，并鼓励他继续探索新的技术。受到约翰·巴丁的启发和鼓励，基尔比燃起了研究晶体管的热情。

终于，在 10 年后，基尔比的机会来了。他加入公司的时候，公司正在和美国通讯部队合作一个名叫"微模块"的项目。项目的目标是将晶体管、电阻、电容等电子零件的大小及形状统一，以此实现互相连接制程的标准化，减小电路空间，降低焊接难度和错误率。然而，基尔比对这个项目的思路并不满意，他认为应该有更好的解决方案。

于是，基尔比开始了他的研究之旅。最初，他设计了一个替代产品，但是在经过成本分析后，发现成本过高，无法量产。这让他的研究陷入了困境。

然而，在 1958 年的夏天，转机出现了。德州仪器公司所在的达拉斯一到夏天就会非常炎热，因此公司会给员工放假两周，让大家去度假避暑。由于基尔比是新员工，并没有资格享受假期待遇，他只能继续留在公司，研究自己的项目。基尔比很快就取得了突破。他回忆起英国皇家雷达研究所的著名科学家杰夫·达默在 1952 年的一次会议上的发言："随着晶体管的出现和对半导体的全面研究，现在似乎可以想象，未来电子设备是一种没有连接线的固体组件。"

在这个思路的引导下，基尔比想到了将多个电子器件集成在一块晶片上的想法。他可以在硅片上制作不同的电子器件，如电阻、电容、二极管和三极管，然后用细线将它们连接起来。这样，就能够实现更高的集成度、更小的体积和更低的功耗。

这个想法令基尔比十分兴奋。他在笔记本上记录了自己的想法，并构思了一个完整的电路工艺流程。他的笔记整整写了五页，详细描述了如何在硅片上制作电子器件并用细线连接起来。

终于，在同事们休假回来后，基尔比带着他研制的第一块集成电路，出现在他们面前。那黑漆漆的、带着金色导线的东西，就是基尔比口中的集成电路。他把分离的晶体管集成到一块锗半导体上，在为这块集成电路供电之后，完美的波形输出了，基尔比成功了。

第一块集成电路的诞生引起了轰动。科学家们纷纷对其进行研究和改进，推动了集成电路技术的迅速发展。从最初的几个晶体管到现在的数十亿个晶体管，集成电路的技术极限不断被突破。基尔比的发明不仅改变了电子行业的面貌，也为未来的科技发展带来了巨大的推动力。

时至今日，芯片的集成度不断地增加。最新的 CPU、GPU、手机处理器等，其晶体管的数量都已经超过百亿级别，见表 1-1。

表 1-1　芯片晶体管的数量

	晶体管数量/亿	制程/nm
苹果 M1	160	5
英伟达安培 A100	540	7
苹果 A14	118	5
华为麒麟 9000	153	5

但是，其内部运行的数学逻辑，仍然是莱布尼茨提出的二进制、布尔发明的布尔计算和香农描述的开关电路。

一直没有改变！

1.3 芯片进步的力量

▶▶ 1.3.1 肖克利与八叛徒

自从 1947 年发明了晶体管之后，肖克利很快名扬天下，晶体管之父的名号也成为他如影随形的标签。1956 年，怀揣着成为百万富翁的梦想，他回到了老家圣克拉拉，决定在这里建立他的晶体管工厂，肖克利半导体实验室应运而生。

肖克利不知道，他的这个决定带给了圣克拉拉一个新的产业机会，也赋予了这片土地一个新的名字。圣克拉拉这片土地有着宜人的气候和优越的环境，自从肖克利在这里筹建公司之后，一大批芯片公司应运而生，从帕罗奥多到圣何塞市一段长约 40 千米的谷地有了一个响彻世界的名字：硅谷。

为了吸引顶尖的科研人才，肖克利将招聘信息发布在美国东岸，那个电子研究领域的精英聚集地。不久，应聘信纷纷涌来，肖克利从中挑选了八位年轻才俊。这些人才华横溢，年龄都在 30 岁以下，正处于事业的巅峰期。他们都是被肖克利的名气和梦想所吸引，怀揣着对科技创新的满腔热情，准备在肖克利的领导下大干一场。

然而，当他们来到肖克利实验室时，却被眼前的景象震惊了。所谓的实验室只是四面白墙、水泥地和裸露在外的屋橼，没有任何的实验设备和装置。尽管如此，肖克利的光环还是让他们愿意留下来。1956 年 1 月，当肖克利接到诺贝尔物理奖的电话时，他带着手下的年轻科学家来到该市豪华的 "黛娜木屋" 餐馆，举行香槟早餐会。在那一刻，他觉得自己仿佛站在了世界科技的巅峰，准备带着这批才华横溢的年轻人改变整个科技领域，打造一个可以媲美当时的美国科技巨头惠普的产业巨头。可惜他只实现了一半，这批人的确改变了科技领域，也打造了新的产业巨头，甚至最终超越了惠普，但是这一切都和肖克利本人没有关系了。

在获得诺贝尔奖之后，肖克利带领团队努力工作，但是很快，他和他的八位年轻的同事的裂痕就显现了出来。肖克利曾有一个独特的看法：每十个人中就有一个是精神病患者。因此，他坚信自己实验室中有两个精神病患者在为他效力，这导致他要求所有雇员接受心理测试，他的这种多疑和不信任使得实验室内的氛围愈发紧张。肖克利与人的交流方式也存在问题，他常常像对待孩子或者学生一样对待自己的员工，态度日益傲慢。当他的团队成员提出研究集成电路的建议时，肖克利却固执地拒绝了他们。这种刚愎自用的性格使得他的团队成员对他越来越失望。

到了 1957 年，肖克利的猜疑和不信任终于引发了团队的大规模反叛。八位年轻人决定离开他，创办自己的公司。可以想象，肖克利这个行业大佬对手下离去的愤怒。他怒不可遏地在公开场合将他们称为叛徒，而肖克利怎么也没有想到，他的怒斥却变成了对这些年轻人的 "褒奖"，这些褒奖就是敢于创新的叛逆精神。从此 "八叛徒" 这个名号响彻硅谷，这批年轻人成为硅谷最重要的火种。

这八位叛逆者离开后，肖克利半导体实验室逐渐失去了往日的辉煌，最终关门。离去的"八叛徒"创立了仙童半导体公司，然而在不久后，仙童半导体公司也衰败了，"八叛徒"各奔东西。

分别后的众人却展现了强大的力量，创立了一批先进的公司。其中最有名的就是罗伯特·诺伊斯和戈登·摩尔共同创办的英特尔公司。他们凭借出色的技术和商业才能，将英特尔打造成为全球最大的半导体生产商之一。杰里·桑德斯凭借他的技术实力和商业洞察，创立了AMD。AMD的成立，让桑德斯与创立了英特尔（Intel）的罗伯特·诺伊斯和戈登·摩尔成为死对头。两家公司在半导体领域的竞争日趋激烈，这也推动了整个行业的快速发展，时至今日，二者的竞争仍然没有结束。

与此同时，唐·瓦伦丁在离开后，也开启了他新的事业篇章。他联合创办了红杉资本，凭借他独到的投资眼光和策略，不久便成为投资圈的翘楚，也成为硬科技投资的"大佬"。红杉资本的成功，也为硅谷的创新生态注入了强大的资本动力，很多硅谷的硬科技公司背后都有红杉的影子。

乔布斯在回顾这段历史时，曾这样评价："仙童半导体就像是成熟了的蒲公英，你一吹它，这种创新精神的种子就四处飘扬了。"这正是对"叛逆八人帮"离开仙童后所带来影响的生动描述。他们的离开，就像一阵风吹过蒲公英，将创新的种子撒向了整个硅谷，激发了无数创业者的创新激情，推动了硅谷的繁荣和发展。

八叛徒出走之后，带来的是大佬和后进、提携和背叛、失败和成功，这无疑是在成王败寇的硅谷上演了一出生动的话剧。从此之后，硅谷之火呈燎原之势，掀起了一轮又一轮的科技革命，时至今日，从未熄灭。

▶▶ 1.3.2　摩尔与摩尔定律

1965年，"八叛徒"之一戈登·摩尔正在准备一个关于计算机存储器发展趋势的报告。此时的他已经是英特尔首席执行官。他和罗伯特·诺伊斯共同创立的英特尔正凭借存储器芯片在硅谷大放异彩，订单节节攀升。戈登·摩尔这次的报告是行业领导者对整个集成电路行业的总结。这将对整个集成电路行业有着非同凡响的影响。就在他研究数据时，发现了一个惊人的趋势：每个新的芯片大体上包含其前代产品两倍的容量，且每个芯片生产的时间都是在前代芯片生产后的18~24个月内。如果这个趋势继续，那么计算能力相对于时间周期将呈指数式地上升。

这个发现使他成为一个伟大的规律发现者，他的名字和集成电路领域再也难以分割。这个发现就是大名鼎鼎的摩尔定律，以戈登·摩尔的名字命名，其对集成电路产业的发展描述异乎寻常地正确。

总结来说：

1）集成电路晶圆（wafer）上所集成的电路的数目，每隔18个月就翻一番。

2）微处理器的性能每隔 18 个月提高一倍，而价格下降一半。

3）用一美元所能买到的计算机性能，每隔 18 个月翻两番。

也许摩尔定律看起来平平无奇，只不过是一个经验总结，但它实际上揭示了一个重要趋势，那就是每 18 个月，在芯片规模不变的情况下，芯片面积减半。这样，相同的大小的晶圆，可以生产出多一倍的芯片。

如果使用上一代工艺，芯片面积是 1 平方毫米，那么如果使用新工艺，芯片面积就是上一代的一半，也就是 0.5 平方毫米。

假设两代工艺晶圆花费一样（一般新工艺会贵一些），那么采用新工艺，其成本是原来工艺成本的一半。这就是摩尔定律揭示的现实：

采用新工艺的芯片，不仅面积更小、功耗更优、频率更高，成本还更低。这就是新工艺对老工艺的巨大冲击！这种新工艺的优势，正是驱动芯片工艺不断进步的发动机，也是摩尔定律的内涵所在。

如果随着芯片工艺进步，晶体管的尺寸会缩小，那到底能够缩小多少？

晶体管数量保持不变的情况下，下一代新工艺的芯片面积是上一代的一半，如图 1-1 所示。

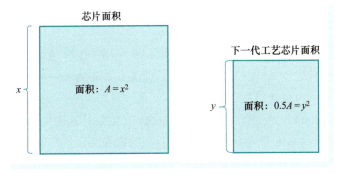

● 图 1-1　芯片工艺的进步（1）

那么 x 和 y 是什么关系？

如果我们按照正方形来计算的话，那么新晶体管大约是老晶体管尺寸的 0.7 倍，也就是晶体管尺寸会缩小到 0.7 倍，如图 1-2 所示。

$$x^2 = 2y^2$$

$$y = \frac{1}{\sqrt{2}}\, x \approx 0.7x$$

● 图 1-2　晶体管尺寸计算公式

根据摩尔定律，便可以利用初中数学知识，算出每一代工艺的进步。从 800 纳米开始（这是 80586 的工艺节点），如图 1-3 所示。

而芯片工艺的发展也印证了这一点：从最初的 0.8 微米到如今的 5 纳米，每一次技术的跨越都像是人类智慧的巨大飞跃。这些不断缩小的数字，不仅仅是技术进步的象征，更是摩尔定律在现实中的生动印证。

然而，在这场技术的盛宴中，有些细心的读者可能会发现，某些备受关注的制程节点，如 40 纳米、28 纳米和 14 纳米等，似乎并未在主流的工艺发展序列中明确出现。这究竟是怎么回事呢？

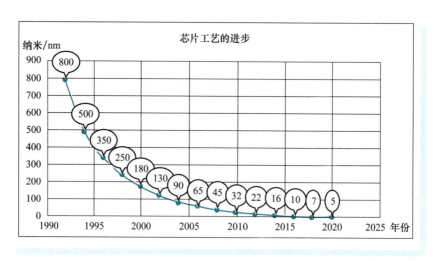

● 图 1-3　芯片工艺的进步（2）

在芯片制造领域，每一次新工艺节点的研发都需要耗费巨大的资源和时间。因此，制造商们往往会在一个已经成熟的工艺节点上进行持续改进和优化，在提升性能的同时，降低功耗和减小芯片面积。

这种策略不仅延长了技术的生命周期，还最大化地利用了原有的研发投入。例如英特尔在14纳米工艺上进行了多次技术迭代和优化，推出了所谓的"14纳米+++"技术。

40纳米、28纳米和14纳米这些节点，这背后正是涉及芯片制造商们的一种精明策略——技术优化，又称之为"shrink"（缩小）。那么，shrink究竟是什么呢？它其实是一种利用光罩（MASK）等技术手段，将晶体管尺寸等比例缩小，同时确保芯片仍然能正常工作的过程。通过这种方式，制造商们可以有效地缩小芯片面积，进而降低成本。具体来说，shrink通常可以将晶体管的尺寸缩小到原来的0.9倍，这意味着每个边长都缩放为原来的0.9倍，整体面积则缩小为原来的0.81倍。这个过程被形象地称为"芯片收缩"或"die shrink"。

然而，这种等比例缩小并非毫无挑战。它可能会引入一些新的问题，比如漏电流增大。但幸运的是，制造商们可以通过调整工艺参数来有效解决这些问题。因此，shrink技术能够在不改变工艺特性的基础上，充分挖掘该工艺节点的潜力。

经过shrink优化后的工艺节点，通常被称为"半节点"。例如，40纳米是45纳米shrink后的半节点，28纳米是32纳米shrink后的半节点，以此类推。这些半节点工艺在实际应用中表现得更为成熟和稳定。

值得一提的是，die shrink是芯片制造商进行的操作，与芯片设计公司无关。当设计公司的工程师们完成版图设计后，制造商会在生产过程中直接进行shrink操作，从而生成比原版图面积更小的芯片。因此，在设计40纳米、28纳米等半节点工艺的芯片时，设计师们都需要考虑shrink的流程。

有趣的是，虽然EDA工具标注的通常是shrink前的面积，但实际的芯片面积却需要计算

shrink 之后的尺寸。这就像设计公司给芯片制造商提供了一张 10×10 的设计图纸，但制造商最终生产出来的芯片尺寸却是 9×9。

通过这些优化手段，40 纳米、28 纳米等半节点工艺成为市场上的主流选择。与此同时，与这些优化后的工艺相比，原有的 45 纳米、32 纳米等工艺逐渐失去了竞争优势，被制造商们所淘汰。事实上，业界通常把 45nm/40nm、32nm/28nm、22nm/20nm、16nm/14nm 这些工艺节点，看作同一代，只是厂家通过 shrink 这种手段进行了优化。

通过 shrink 技术优化以后的芯片大小 28nm、14nm、10nm、7nm、5nm 都可以根据摩尔定律，运用初中数学知识得到。严丝合缝，理论和实际吻合得很好。

戈登·摩尔，真神人也！

但是，事实果真如此吗？当我们进一步挖掘这些数字背后的意义时，会发现一个不为人知的秘密。在过去，从 20 世纪 60 年代到 90 年代末，工艺节点实际上是基于栅极长度来命名的，见表 1-2。栅极长度（gate length）是芯片的一个重要参数，它决定了晶体管的性能，如图 1-4 所示。同时，半节距（half-pitch），即芯片上两个相同特征之间的距离的一半，也与工艺节点名称紧密相关。这就是为什么一些工艺节点名称，如 0.5μm、0.35μm 和 0.25μm 等，它们都是基于实际的栅极长度来命名的。

表 1-2　芯片工艺节点与栅极长度关系

年份	工艺节点/纳米	半节距/纳米	栅极长度/纳米
2009	32	52	29
2007	45	68	38
2005	65	90	32
2004	90	90	37
2003	100	100	45
2001	130	150	65
1999	180	230	140
1997	250	250	200
1995	350	350	350
1992	500	500	500

但是，随着技术的不断进步，特别是在 28nm 以下的工艺节点中，情况发生了巨大的变化。由于采用了诸如 FinFET 等新技术，这些工艺节点的命名与实际的栅极长度和半节距之间的关系开始变得模糊。换句话说，这些数字已经不再直接反映实际的物理尺寸。

如果坚持让工艺节点名称与实际特征尺寸严格对应，那么按照理论上的发展速度，如图 1-5（扫码查看彩图）红线

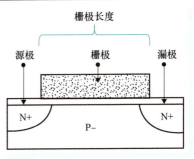

● 图 1-4　晶体管的栅极长度

所示，早在 2015 年之前，芯片制造的最小工艺尺寸就应该已经突破 1 纳米了。但现实中，情况并非如此。

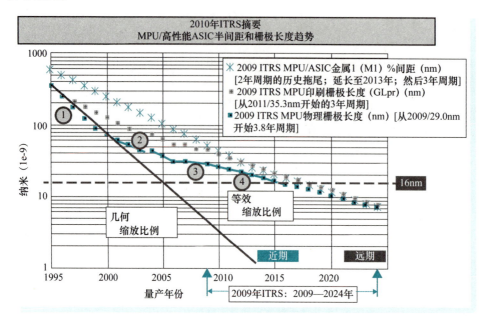

● 图 1-5　ITRS 的路线图

事实上，制造商们并没有按照这样的速度去推进工艺尺寸的缩小。相反，整个工艺发展曲线更接近于蓝线所示。这也就是说，现在所谓的 7nm、5nm 等工艺节点，其实已经不再严格对应着芯片上的实际特征尺寸，而是基于栅极长度或半节距。

那么，这些数字是怎么来的呢？

其实，这有点像公司老板给员工"画大饼"，或者说是在制定一种未来的发展规划，也可以称之为"路线图"（roadmap）。在芯片制造领域，这种"画大饼"的行为实际上是为了给整个行业设定一个发展目标，引导技术创新和资源投入。

举个例子，就像公司老板可能会说："我们未来三年的销售额要每年增长一倍，今年如果销售额是 1 亿，那么十年后我们就能成为销售额千亿的公司。"当然，我们都知道，实际情况往往不会这么理想化，但这种设定目标的方式确实能激发团队的积极性和创新精神。

同样地，在芯片制造领域，通过设定这样的工艺节点目标，可以激励整个行业朝着更高的技术水平迈进。虽然这些数字可能并不完全对应实际的物理尺寸，但它们作为行业发展的里程碑和目标，仍然具有重要的意义。

半导体制造业是一个需要巨额投资和长时间研究的领域。一项新技术从学术论文中的理论到实际应用于大规模生产，平均需要 10 到 15 年的时间。几十年前，半导体行业就意识到，如果能有一个明确的发展路线图，标注出各个关键节点和对应的技术尺寸，那么这将为参与芯片制

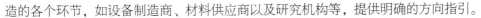

造的各个环节，如设备制造商、材料供应商以及研究机构等，提供明确的方向指引。

想象一下，如果我们在 2025 年设定了一个目标，比如要实现 1nm 工艺，那么所有相关的产业链单位都会朝着这个目标努力。这个路线图不仅仅是一张纸上的规划，它更是为了激发大学、财团和行业研究人员的创新精神，推动各个技术领域的进步。

多年来，国际半导体技术路线图（ITRS）扮演着行业指南的角色，发布了一份又一份的总体路线图。这些精心绘制的蓝图，像是一盏指路灯，为半导体市场的发展指明了方向，持续了整整 15 年。

那么芯片制造的大饼，或者路线图是怎么画出来的？

其背后的秘密武器就是摩尔定律。摩尔定律就像是一个神奇的公式，简单而直接地揭示了半导体行业的发展规律。它预测了芯片上晶体管数量的翻倍速度，从几百纳米一路飙升到如今的 5nm、3nm。

然而，这个看似完美的定律也引发了一个问题：数学上的预测是否能在物理世界中完美实现呢？毕竟，物理学的限制可不是那么容易被突破的。这种简单而直接的预测方式，是否有些过于草率了？

不久之后，ITRS 这个组织也明白了，这么搞是不行的。

于是，在 2010 年，ITRS 将每个节点上的技术，统称为"等效缩放"。也就是说，工艺节点的命名已经不再实际对应晶体管的实际尺寸，等效就可以。这种改变，反映了芯片制造业的现状，其中市场营销策略在命名中扮演了一定角色。

台积电（台湾积体电路制造股份有限公司）的 Philip Wong 在 Hot Chips 31 主旨演讲中提到，过去的技术节点编号确实代表了晶圆上的一些功能，但今天的这些数字只是数字，它们就像汽车模型的名称，如宝马 5 系或马自达 6，数字是什么并不直接反映技术的实际性能，它只是下一项技术的目的地。因此，我们不要把节点的名称与实际提供的技术画等号。

但是这些芯片制造厂商，搞这些营销词汇，不就是想混淆工艺制程的节点和晶体管的实际尺寸吗？虽然摩尔定律这艘大船进入浅水区，但让我们一起晃动这艘大船，假装摩尔定律启示的那样继续前进吧。所以英特尔就有人提出来了：不要扯 5nm、7nm 了，直接比拼一下单位面积晶体管的数量好了。

在这种背景下，英特尔的芯片制造专家马克·波尔（Mark Bohr）提出了一个更为客观、可量化的评价指标——逻辑晶体管密度，单位为 MTr/mm^2（每平方毫米百万晶体管数）。这个指标能够更直观地反映芯片上晶体管的集成度，从而帮助消费者和业界更准确地评估不同芯片制造工艺的优劣。

通过比较不同工艺的逻辑晶体管密度，可以发现，有时候不同厂商声称的技术节点虽然数字上有所差异，但实际上它们的晶体管密度可能相差无几。例如英特尔的 10nm 工艺和台积电的 7nm 工艺，虽然节点数字上看似相差两代，但二者的晶体管密度却基本相当，如图 1-6 所示。这说明，在技术节点的命名上，厂商们确实存在一定的营销考虑，而逻辑晶体管密度则提供了一个更为客观、可比较的评价标准。然而，这个逻辑晶体管密度的概念对于大众来说可能太复杂了，怎么可能有 7nm、5nm 直观，对大众的宣传效果好。

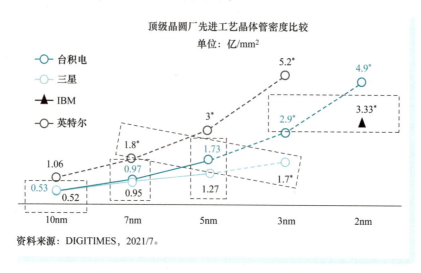

顶级晶圆厂先进工艺晶体管密度比较
单位：亿/mm²

● 图 1-6　顶级晶圆厂先进工艺晶体管密度比较

实话实说，英特尔本身在命名方案上也没有真正遵循栅极长度的模型。随着工艺的进步，芯片制造领域的玩家越来越少了。如今，高端玩家们——台积电、三星以及不断努力追赶的英特尔——正在持续推动着技术的进步。

2022 年，三星和台积电都宣布自己的 3nm 工艺已经进入量产阶段，这无疑是一个令人振奋的消息。然而，这里需要明确一点，那就是"3nm"这个数字，已经逐渐失去了其字面意义，它不再直接代表晶体管的物理尺寸，而是更多地作为一代工艺技术的代号。从 7nm 到 5nm，再到现在的 3nm，这些数字更像是一种技术进步的里程碑，而非实际尺寸的精确描述。

随着技术的进步，每一步的突破都变得越来越艰难。摩尔定律，这个曾经引领半导体行业飞速发展的法则，如今虽然依旧有效，但已显露出疲态，如同一位老者，步履蹒跚，艰难前行。

▶▶ 1.3.3　后摩尔时代：鱼鳍和 GAA

读者通过前面的介绍已经知道，在集成电路的世界里，晶体管就像是一个小小的开关，它有着神奇的能力：仅仅通过调整栅极和源极之间的电压，就能够精确地控制漏极的电流大小。可以把它想象成一个水龙头，栅极和源极的电压就像是水龙头的旋钮，而漏极的电流就是流出来的水。旋钮转一点点，水流就会有大变化，非常灵敏。

科技一直在快速发展，我们总是想要更小的晶体管，以便在同样大小的芯片上放更多的晶体管，提高芯片的性能。这就像是想要把更多的水龙头装进一个固定的空间里，这样就能同时控制更多的水流。

　　但是，随着晶体管的沟道——也就是那个控制水流（电流）的通道——变得越来越短，接近 20nm（纳米是很小的单位，1nm 等于十亿分之一米）这个关键点时，问题就出现了。原本温顺、听话的晶体管突然变得难以控制了，漏电流开始莫名其妙地增大，就好像水龙头突然自己开始漏水一样。

　　这种情况让科学家们感到很头疼，因为他们已经习惯了晶体管的"乖巧"。但现在，传统的平面 MOSFET（一种常见的晶体管类型）似乎已经达到了它的技术极限，就像是一个已经长大的孩子，开始有了自己的想法，不再完全听大人的话了。

　　科学家们知道，他们需要找到一种新的方法来控制这些"叛逆"的晶体管，否则集成电路的发展可能会遇到瓶颈。这就是技术进步中的挑战和机遇，总是推动着我们去探索和创新。

　　正当整个科技界因为晶体管漏电流问题而陷入困境，众多科研人员和工程师愁眉不展、束手无策之际，1999 年，胡正明团队提出了一个划时代的构想——FinFET，即"鳍式场效应晶体管"。这一全新的三维结构晶体管，彻底颠覆了传统平面晶体管的设计理念。

　　传统的 MOSFET（金属氧化物半导体场效应晶体管）中，控制电流的栅极位于硅基底的平面上，只能控制栅极一侧电路的通断。其沟道是由平面的硅材料形成的。相比之下，FinFET 采用了类似鱼鳍的 3D 结构。其主要特点是沟道区由栅极包围的鳍状半导体构成。这个"鳍"或称为薄膜区域是从硅基底上垂直突出的，充当了通道的主体。栅极从三面围绕着沟道，提供了更强的控制能力。

　　胡正明团队的这一创新成果，不仅成功解决了传统 MOSFET 面临的漏电流问题，更将晶体管技术推向了一个新的高度。FinFET 的优异性能让它在半导体市场上大放异彩，成为众多芯片制造商的首选。从 22nm 芯片到 5nm 芯片，无论是性能还是稳定性，FinFET 都展现出了无与伦比的优势，引领着半导体技术的发展潮流。

　　然而，技术的进步总是伴随着新的挑战。当半导体制造工艺迈向 3nm 的门槛时，静态电流泄漏的问题再次浮出水面，仿佛那个曾经困扰 MOSFET 的阴影又回来了。于是，GAA-FET 应运而生。

　　GAA-FET，即环绕式栅极场效应晶体管，是一种新型的晶体管技术，被认为是 FinFET 的继任者。从名字就能看出来，GAA-FET 的设计使得栅极能够更全面地包围晶体管，从而实现更高的载流能力和更精确的电流控制。具体来说，GAA-FET 的四个侧面都被栅极包围，这提供了比 FinFET 更出色的电流控制能力。除了结构上的优势，GAA-FET 采用堆叠纳米片的设计，这种设计不仅增加了通道数量，还通过优化纳米片之间的连接和隔离来减少漏电。每个纳米片都可以作为一个独立的通道来控制电流，从而提高了整体的控制精度和效率。

　　2022 年，三星宣布其 3 纳米 GAA 架构制程技术芯片已经开始生产，这标志着 GAA-FET 正式进入了商业应用阶段。与此同时，英特尔和台积电也紧锣密鼓地进行着研究和开发。他们计划在 3nm 技术节点扩展 FinFET 的应用范围，并在 2nm 节点转向 GAA 技术。这两家行业巨头的加入无疑为 GAA-FET 的发展注入了新的动力和希望。

从 2D 到 3D，晶体管技术一直在不断进步，从 FinFET 发展到了更先进的 GAA-FET。这些技术变革为摩尔定律注入了新的活力，仿佛为它开辟了一条崭新的道路。但这条路并非坦途，有三大要素开始束缚摩尔定律的脚步。

第一，从物理角度看，量子隧穿等深奥的物理问题让集成电路的进一步发展变得棘手。第二，评估芯片性能的时钟频率也遇到了瓶颈。厂商们努力提升它时，却发现功耗也在悄悄攀升，给散热带来了前所未有的挑战。这就像是在走钢丝，要找到功耗和性能的完美平衡，确实让人头疼。

这就是"功耗墙"和"频率墙"，它们对摩尔定律的推进造成了不小的阻碍。但是，最大的挑战其实是第三个要素，成本。

毕竟，所有的技术和工艺最终都要为利润服务。

以前，技术进步意味着频率提升、功耗降低，最重要的是成本也在下降。但现在，情况有所不同。虽然技术进步仍然能带来性能的提升，但成本却在上涨。这不仅仅是初期的研发投入，连生产过程中的成本也在增加。想要制造出更先进的 7nm 或以下工艺的芯片？那投入的成本可是一个天文数字！

面对这样的困境，整个行业都开始重新思考：集成电路的未来应该如何发展？显然，我们不能再固守旧的思维方式，需要寻找新的突破点。摩尔定律，这个引领我们多年的法则，是否已经步入了"后摩尔时代"？

1.4 芯片是怎样炼成的

▶▶ 1.4.1 芯片设计——如何从零开始设计一款芯片

本节的芯片设计故事从 A 科技开始说起。A 科技是一家新兴的高科技公司，CEO 是一位在 AI（人工智能）方面的专家，但是此时他正在筹划一件 A 科技公司从来没有涉足过的事情——计划做一款芯片，这款芯片被称为 A 芯一号。

问题摆在了这位年轻的 CEO 面前，如何从零开始设计一款芯片？

当他决定启动一项全新的芯片设计项目时，首先面临的就是两个问题："做什么（What）"和"怎么做（How）"。我们从 A 科技 CEO 的视角，一起来梳理一下这两个问题。

1. 做什么（What）

目前，A 科技公司在"做什么"的问题上迅速有了答案。作为目光长远的 CEO，其目标是开发一款高效能的边缘 AI 芯片。

在整个过程中，作为 A 科技 CEO，他的角色是决策者、协调者和推动者。他需要确保项目的方向是正确的，团队有足够的资源和支持，项目按照计划顺利进行。他也需要时刻关注市场变化和技术发展，确保芯片产品能够适应不断变化的市场需求和技术趋势。

那么，需求是什么，从哪里而来？所以 A 科技公司现在面临的第一个问题就是需求导入。需求导入用于确定这款处理芯片的具体需求，是一个至关重要的环节，决定了芯片的功能、性能和市场定位。这个项目的目标是开发一款高效能的处理芯片，以满足市场对于车机边缘计算能力的需求。需求导入分为以下几个方面。

1）市场调研与定位：首先，需要深入了解市场趋势和需求。哪些领域正在快速增长？哪些应用场景对芯片有特殊需求？例如，AI、物联网、汽车电子、数据中心等。

2）确定目标用户：明确公司的目标用户是谁，他们的痛点和需求是什么。这样可以确保芯片设计满足实际的应用需求。

3）竞品分析：分析市场上的主要竞争对手和他们的产品。他们的优点是什么？有哪些不足？A 科技的产品如何能够脱颖而出？

需求导入的过程并不是凭空想象，而是需要深入了解市场需求、技术趋势和竞争对手的情况。需求导入团队成员们进行了大量的市场调研和分析，与潜在客户和合作伙伴沟通，收集他们的意见和建议。

在一次次头脑风暴和讨论中，需求逐渐清晰起来。这款处理芯片需要具备高性能、低功耗、易于集成等特点，以满足车机移动人工智能设备等领域的需求，能够提供较大的算力，识别用户的各类指令。同时，它还需要具备可扩展性和灵活性，以适应未来技术的快速发展。

为了确保需求的准确性和可行性，团队成员们与技术研发部门密切合作，共同制定了一份详细的需求规格说明书。这份说明书详细描述了处理芯片的功能、性能指标、接口要求等方面的内容，为后续的设计和开发工作提供了明确的指导。

当需求规格说明书最终定稿，这份需求说明书将成为整个芯片设计项目的基石，引领着后续的每一个环节。

2. 怎么做（How）

有了明确的需求，芯片设计项目正式启动。对于 "A 芯一号" 这款芯片，需要关注的核心要素主要是性能、功耗和成本，这三点通常被称为 PPA，即性能（Performance）、功耗（Power）和面积（Area，亦即成本 Cost）。这些要素对于确定芯片的需求至关重要。

1）性能：性能是衡量芯片速度和处理能力的重要指标。对于芯片来说，性能通常是通过执行特定任务的速度和效率来衡量的。在设计 "A 芯一号" 时，需要考虑如何提高性能，例如通过增加时钟频率、优化指令集、提高缓存容量等方式来提升性能。

2）功耗：功耗是芯片在运行时消耗的电能。随着制程技术的不断进步，功耗问题日益突出。在设计处理器时，需要考虑如何降低功耗，例如通过优化电路设计、采用低功耗制程技术、实现动态电压和频率调整等方式来降低功耗。

3）成本：成本是制造和销售芯片的重要考虑因素。"A 芯一号" 的成本通常包括 MASK 成本、研发成本、IP成本等一次性投入（NRE），还包括根据产量来体现的晶圆（wafer）成本、封装成本、测试成本等。在设计处理器时，需要考虑如何降低成本，例如通过优化电路设计、采用更经济的制程技术、提高制造效率等方式来降低成本。

除了以上三个核心要素之外，还需要考虑规格定义和形态定义，即究竟需要制造一款什么样的芯片，面向什么样的应用场景。例如，如果需要制造一款面向移动设备的芯片，那么可能需要更加注重功耗和面积的优化；如果需要制造一款面向高性能计算的芯片，那么可能需要更加注重性能的提升。

总之，芯片的需求和设计是一个复杂的系统工程，需要考虑多个因素的影响。在设计芯片时，需要根据具体的应用场景和需求来平衡性能、功耗和成本等多个方面的因素，以实现最优的设计方案。芯片设计也是一项平衡的艺术，包含以下几个方面。

1）定义芯片规格：基于市场调研和竞品分析，可以定义芯片的规格。这包括性能、功耗、成本等核心指标，以及外设接口、软件生态等。

2）组建专业团队：芯片设计是一个高度专业化的领域，因此需要组建一个具备丰富经验和专业知识的团队。这个团队应该包括架构师、逻辑设计师、物理设计师、验证工程师等。

3）选择合适的工艺：根据性能、功耗和成本需求，选择合适的制造工艺。例如，先进的7nm、5nm工艺可以提供更高的性能，但成本也相对较高。

4）设计流程与方法论：确保团队采用业界最佳的设计流程和方法论，如敏捷开发、设计复用等，以提高设计效率和质量。

5）合作与生态系统：考虑与其他公司或研究机构合作，共同推进项目。同时，关注芯片的软件生态系统，确保有足够的开发工具和支持。

6）验证与测试：在流片之前，进行充分的验证和测试是至关重要的。这包括功能验证、性能验证、物理验证等。确保有专门的验证团队和充足的验证资源。

7）风险管理与计划：芯片设计项目充满了不确定性，需要制定详细的项目计划，包括里程碑、预算和风险管理策略。

3. 详细设计

在需求确认清楚之后，接下来就是芯片的详细设计阶段。这一阶段的目的是将高层次的需求转化为具体的硬件和软件实现方案。以下是芯片详细设计中的一些关键环节。

1）系统架构划分：在设计复杂的芯片时，通常需要将整个系统划分为若干个子系统或模块，每个子系统负责实现特定的功能。这种分而治之的方法可以降低设计的复杂性，提高设计的可管理性和可扩展性。

2）IP选型：IP（Intellectual Property）是预先设计好的、可重复使用的硬件或软件模块。在芯片设计中，选择合适的IP可以大大缩短设计周期，降低设计风险。IP选型需要考虑IP的性能、功耗、面积以及与其他模块的兼容性等因素。

IP 核复用在现代集成电路设计中起到了至关重要的作用,尤其是在设计千万门级别、亿门级别甚至十亿门级别的复杂芯片时。这种复用不仅可以大大提高设计效率,还可以显著降低设计风险和成本。

与 IP 核有关的两个概念是软核和硬核。

软核:它主要是用 RTL(寄存器传输级)代码描述的,可能包括完整的指令集、寄存器定义等,但不包括任何具体的物理实现。软核的优势在于其灵活性,因为用户可以根据自己的需要对其进行修改和优化。

硬核:与软核相反,硬核是为特定的工艺技术而优化的,并已经完成了物理设计。这意味着硬核是固定的,不能进行修改。由于其已经完成了物理设计和验证,所以使用硬核可以大大缩短设计周期。

采用 IP 核复用的优势如下。

a. 降低设计风险:从零开始设计一个市场上已有的成熟 IP 是风险巨大的。这需要专业的设计人才,而且即使这样,新设计的 IP 也可能无法达到商用级别的性能或稳定性。通过复用成熟的 IP,设计团队可以确保他们的设计基于经过验证和测试的技术,从而大大降低风险。

b. 降低验证风险:验证是芯片设计中一个非常关键的环节。由于 IP 供应商通常都会为其 IP 提供充分的验证,包括 VIP(验证 IP)和正常运行的案例,因此使用这些 IP 可以大大减少芯片验证的工作量和风险。

c. 缩短设计周期:由于成熟的 IP 核已经经过了验证和测试,所以复用这些 IP 可以大大缩短芯片的设计和验证周期。这对于产品上市时间至关重要的市场来说是一个巨大的优势。

d. 节省人力:通过复用 IP,设计团队可以将更多的资源和精力投入到芯片的核心和差异化部分,而不是重新发明轮子。这意味着即使是小团队也有可能设计出大型的、复杂的芯片。

总之,IP 核复用是现代集成电路设计中的一个关键策略,它可以帮助设计团队更快速、更高效地开发出高性能、高质量的芯片。

3)总线设计:总线是连接芯片内部各个模块的主要通信通道。合理设计总线结构可以提高芯片的性能,降低功耗,并简化模块间的通信。常见的总线结构包括 AHB、AXI 等。

总线设计在高性能芯片设计中起着至关重要的作用,它是连接芯片内部各个模块(IP)的通信骨架,负责实现高速数据流转。选用成熟的总线架构有助于提升 SoC(System on Chip)的整体性能。选择合适的总线结构对于提高数据传输效率和降低功耗至关重要。常见的总线结构包括共享总线、交叉开关总线、多级互联总线等。这些结构各有优缺点,需要根据具体的应用需求和芯片规模来选择合适的结构。在设计时需要考虑模块间的通信需求、数据流量、延迟等因素,以实现高效的互联设计。

选用成熟的总线架构:选择成熟的总线架构可以降低设计风险,缩短设计周期,并提高芯片的性能和稳定性。ARM 的 AHB 系列、AXI 总线以及片上网络(NoC)总线是常用的总线架构。AMBA 系列总线包括 AHB、AXI 等,具有高性能、低功耗、易扩展等特点,广泛应用于高性能处理器和 SoC 设计中。片上网络（NoC）总线是一种借鉴了计算机网络中的分组交换技术的总线架构，适用于大规模、高性能的 SoC 设计，可以有效地解决传统总线架构在扩展性和灵活性方面的不足。总线频率和总线位宽是决定系统每个部分理论最高速率的关键因素。提高总线频率和增加总线位宽都可以提高数据传输速率，从而提升系统性能。

总之，高性能芯片的总线设计是一个复杂而关键的过程，需要考虑多个因素，包括总线结构、互联设计、成熟的总线架构选择以及系统的每个部分的理论最高速率等。通过合理的设计和选用成熟的商用总线架构，可以实现一款高性能、稳定可靠的处理器芯片。

4）接口设计：设计一款处理芯片还需要考虑其需要支持的外设接口。这些接口可以使芯片与其他硬件设备或系统进行通信，从而扩展其功能和应用范围。常见的外设接口包括存储器接口、I/O 接口、通信接口（如 SPI、I2C、UART 等）以及其他特定应用接口。

5）时钟复位设计：时钟是芯片工作的节奏，而复位则是在芯片出现异常或启动时使其恢复正常工作状态的机制。设计合理的时钟复位方案可以确保芯片在不同工作条件下的稳定性和可靠性。

6）可测试设计：为了确保芯片的质量和可靠性，需要在设计阶段就考虑如何进行有效的测试。可测试设计包括在芯片中加入测试电路、扫描链等结构，以便在生产过程中进行故障检测和修复。

总之，芯片的详细设计是一个涉及多个方面的复杂过程，需要综合考虑性能、功耗、成本、规格定义以及外设接口等因素。通过合理的系统架构划分、IP 选型、总线设计、时钟复位设计和可测试设计等手段，可以实现一款满足需求的芯片。

▶▶ 1.4.2 芯片验证——保证芯片成功的七种武器

A 科技公司的 CEO，身居公司摩天大楼的顶层，视线穿越城市的喧嚣，面容平静，内心却波涛汹涌。他的团队经历了一场漫长而艰苦的战斗，终于攻克了最新一代处理芯片"A 芯一号"的设计难题。然而，接下来的流片阶段却像是一座险峻的山峰，挑战重重，危机四伏。

他深知，流片过程中的一丝疏忽，都可能引发灾难性的后果。轻微的失误可能导致重新投片，让公司陷入时间和资金的泥沼；而严重的失败，甚至可能让公司的生命之火彻底熄灭。

这份重压，让 A 科技 CEO 辗转反侧，夜不能寐。于是，他前往附近古寺，希望在佛音中寻找一丝内心的宁静。在香烟袅袅、佛光普照的大殿里，他向佛祖倾诉了自己的苦恼与恐惧。佛祖以慈悲的微笑回应他："你的困境，并非无解。世间藏龙卧虎，有一位验证大师，他凭借超凡的智慧与丰富的经验，或许能为你指出一条明路。"

于是，A 科技 CEO 寻得验证大师的踪迹，向他求教解困之道。这位验证大师虽貌不惊人，但眼中却透露出深邃的智慧。他听完 CEO 的诉说，从腰间布袋中取出一串神秘的珠子，缓缓道来："我有七件武器，可助你披荆斩棘，走向成功。"

这七件武器，便是 UVM 验证方法学、VIP、软硬协同、FPGA 原型验证平台、加速器、形式验证以及流程规范。每一件武器都蕴含着深厚的专业知识与经验，共同构筑起一道坚实的防线，为"A 芯一号"的流片之路保驾护航。

1. 第一件武器：UVM（Universal Verification Methodology）

大师首先拿出第一件武器——UVM，然后对 CEO 说，UVM 不是一种编程语言，而是验证方法学。UVM 虽然不是一种语言，但它是以 SystemVerilog 类和库的验证平台框架呈现的，因其在芯片验证领域非常流行，成为事实上的验证平台标准。

正所谓：验证不识 UVM，便称英雄也枉然。验证大师说，我对你的芯片一无所知，不能告诉你芯片正确与否，但是，我可以验证 A = B。通过众多验证向量验证芯片 A 和参考模型 B，比较两者输出结果是否一致，如果一致，则 A = B，因此验证结论是：如果芯片 A 和参考模型 B 功能一致，那么芯片 A 满足设计要求，从而保证芯片正确。

CEO 直接就懵了，怎么还多出来一个 B。（注释：A 和 B 功能是一样的，但并不代表 A 和 B 相等。本文采用 A = B，用公式来简化这个意思。）

CEO 说：像软件测试一样，有测试大纲，根据测试项一项一项测试看看功能对不对，UVM 不是这样吗？

验证大师说：非也，引入了一个变量 B，通过判断 A 和 B 的功能在各种激励下输出是否一致，来推断是否 A = B，这是验证的方法学精髓之一。

A 是待测试芯片，也叫 DUT（design under test），也就是设计工程师绞尽脑汁、头发掉光设计出来的芯片（或 IP）。B 是参考模型，也叫 RM（reference model），小名"狗剩"（Golden）。

到这里，就出现了第一个问题：参考模型 B 从何而来？

A 科技公司 CEO 在 AI 领域有些建树。在一次闭关之中，他苦思冥想，悟到了一种新算法，这种算法能有效提升性能并降低存储代价，他将这一成果发表在 CVPR（计算机视觉与模式识别的顶级会议）上。然后，CEO 让人使用 Python 实现了这个算法。芯片公司随后招了一批 IC 设计工程师，将这个算法转化为芯片（IP）。

验证大师说：看，这个芯片（IP）就是 DUT，即待测试芯片 A，而 CEO 原先算法的 Python 描述就是 RM，即参考模型 B。

UVM 的工作就是来验证是否 A = B。如果二者功能不一致，就说明 A 芯片设计错了，如果验证结果 A = B，那么就可以流片了。

现在这个流程是不是更清晰了？

算法大师设计了算法，设计工程师设计了芯片，验证大师通过验证方法学（UVM）推断了两者一致。完美，可以流片了。

且慢，第二个问题：怎么来验证 A = B？

UVM 提供了一种可移植的、现成的架构，可以同时将测试向量发送给 A 和 B。通过构造测试向量，同时发给 A 和 B，然后收集 A 和 B 的输出，比较输出结果是否一致。如果比较结果一致，则验证成功；否则，验证失败。

如果是仅仅对于一个测试向量 CASE1，A 和 B 的输出结果一致，并不能完全证明 A = B，只能说明：

$$\text{IF(CASE1)} \quad A = B$$

所以，验证大师就需要设计 N 个测试向量，从 CASE1 到 CASEN：

$$\text{IF(CASE1 ->CASE}N) \quad A = B$$

只有当所有测试向量都满足条件时，才能证明 A = B。

这些测试向量（激励）的发送过程，就类似一个加特林机关枪发送不同类型的弹药给 A（DUT）和 B（RM），这些弹药可以是普通子弹，也可以是榴弹、炮弹、导弹等。设计各种弹药，并赋予它们各种特性，比如大小、火力、距离等，每个都不同。但是这些弹药都继承了原来弹药的特性，不用从头开发，简单且省事。

一方面，这些弹药可以设置成为随机弹药，每次发射都不一样。弹药自身具有随机性。例如一个弹药可对随机任意初速度进行测试，每次发射都可以检查目标设备在任意初速度下是否都表现正常。同理，也可以设置其他随机性。

另一方面，也不能完全随机，毕竟完全随机的目的性太差，因此需要约束（constraint）这个弹药的随机性。例如打蚊子就不需要炮弹，打航母用手榴弹也不靠谱。通过约束随机性，可以增加弹药的目的性。

构造各种弹药，看看 A 和 B 的反应是否一致。如果一致，万事大吉；如果不一致，那就是有 bug，则需要 debug，看看究竟为什么 A 和 B 不一致，并反馈给设计者以修改原来的设计（DUT），直到两者表现一致。

现在，第三个问题来了：到底构造多少测试用例（case）才能说明 A = B？

"子"曰："验证时间也有涯，而验证 case 也无涯，以有涯随无涯，殆已。"

CEO 问："大师虽然构造了这么多验证用例，但是这些验证用例就能说明 A = B 了吗？验证是没有尽头的。"

验证大师说："请看，AI 算法大师已经描述了 100 个功能点，我已经按照这 100 个功能点设计了 100 个验证用例，而且全部比对都成功了，说明功能已经全覆盖。此外，芯片设计的每一行，每个状态机状态，每个分支，每个条件全都覆盖到了，说明再无补充测试 CASE 的必要了。"

见 CEO 仍然似懂非懂，验证大师解释道，大师已经用加特林机枪对这个待测对象的上上下下、左左右右都攻击过一遍，炮弹、榴弹、手枪弹、机枪弹全部都用上了。现在 A 和 B 在这些攻击之下表现都一样，这就证明了 A = B。

CEO 补充说，明白了，估计 A 和 B 都能死得透透的，没有补枪的必要了。

（注：功能覆盖率和代码覆盖率 100%，并不是验证的终点。因为有些功能点不能被功能覆盖率所保证，例如还需要考虑边界、异常、特殊检查等情况，本书不再展开。代码覆盖率的意义更多的是指导验证工程师在哪些方面增加 case。）

有参考模型要比没有参考模型更好，没有参考模型就制造参考模型来比。没有检查比较的验证项就像是一个哑弹（无效的 case），不仅不能发挥作用，还可能产生反作用，即误以为验证覆盖到了，实际上并没有，这是 UVM 的大忌。

了解了 UVM 的思想，其实不局限于使用 SystemVerilog 来验证。UVM 的平台架构和各种库已经非常完善，通过移植这个架构，可以快速搭建符合每个芯片要求的验证平台。此外，UVM 平台也可以作为一个验证平台通路，外部可以通过其他的语言（例如 python、C、C++等）来设计测试向量，即弹药，然后 UVM 平台将 A（待测对象）和 B（参考模型）的输出传递给其他的验证语言来比较。这样，UVM 平台就完全就是通路的角色，弹药（测试向量）的产生和比对都可以用其他语言完成。兵无常势，水无常形，得道思想，随心而用。

2. 第二件武器：VIP

听了验证大师的教导，芯片公司的芯片验证工作，似乎走上了正轨。

但是，当 A 芯一号在集成多个 IP 之后，工程师发现这些高速 IP 的验证面临很大的挑战。例如，购买的 DDR、PCIe、MIPI、UFS、AXI 接口或者 AMBA 总线等，这些设计无论是作为验证 case 还是参考模型，都非常复杂。远超一个初级设计公司所能接受的从头开始验证工作量。一句话，按照现有的项目计划，根本搞不定。现在设计团队有两个选择，一个是慢慢摸索，逐步熟悉，那产品上市时间就不可控；另一个是掏钱再购买 VIP。

这个 VIP 可不是芯片公司在机场或者 KTV 的身份象征，而是"专门用于验证的 IP"（Verification IP）；做 SoC 不但需要购买 IP，还需要购买 VIP。芯片公司真是觉得上了贼船，干什么都要花钱。

这些 VIP 都是原生的 SystemVerilog/UVM，内置了验证计划和覆盖率，以及一些测试套件，并且符合协议规范。几乎所有的芯片标准外设，例如 DDR、HBM、eMMC、UFS、AMBA、MIPI、SDIO、SAS、SATA、PCIe、USB 等，只有你想不到，没有 VIP 提供商做不到的。

这就类似于，芯片公司想要进阶为侠客，买了一把屠龙刀（接口 IP），同时还要买一本刀法十八式（VIP），否则自己摸索熟悉这口宝刀的成本太高了。只要按照这个刀法十八式（VIP）全部跑下来，就说明屠龙刀（IP）没有问题，可以去江湖上历练一番了。

VIP 的钱不是白花的，可以起到事半功倍的效果。每个高速 IP 集成到 SoC 后，按照 VIP 提供的所有 case 跑一遍，可以说明两件事情：一是这个 IP 没有问题；二是 IP 的集成没有问题。快速高效，加快验证和收敛的速度。

标准的东西都有标准的做法，标准的接口都有符合相应标准的 VIP。自己从头来验证，既不明智，也耗费时间。最大限度利用已有经验成果（IP 和 VIP），是芯片能够越做越复杂的基石。什么东西都从头开始做，特别是类似标准接口的设计和验证，所有都自研，陷入自我感动，就偏离了芯片为了给客户创造价值的初衷。

3. 第三件武器：软硬协同

A 科技公司自研的 A 芯一号的验证通过 UVM 证明了 A = B，完美。外设可以通过 VIP，把

VIP 的流程跑一遍，没有问题，完美。验证大师有些禅意地问："这就够了吗?"CEO 一时有些语塞："难道还不够吗?"

这时，面临一个问题：这个大芯片 SoC 的参考模型在哪里? 还记得 UVM 所需要的那个 B 吗? 谁又能来搞个参考模型 B 出来和 SoC 比对一下? 不是任何情况下，都有一个完美的参考模型可以来比对。芯片核心应用场景是 MIPI 采集来的图像，将其缓存到 DDR 中，通过 AI 处理器识别成潜在犯罪分子，然后把犯罪分子图像由 CPU 控制通过网络上传到后台。所有部件都参与了，这需要怎么验证?

所有这一切都需要软件和硬件配合才能实现场景的验证。在复杂的 SoC 系统设计中，进行硬件设计验证、软件设计验证的同时，实现软硬件交互的设计与验证成为缩短设计周期、尽早完成系统设计的关键。通过 CPU 的软件以及 AI 处理器的软件和 UVM 平台配合，将整个设计流程通过软件实现，然后将软件跑在整个验证平台上。

软硬协同仿真，听起来非常高大上，其实在实际的操作过程中，UVM 平台就是搭建了一个软件的测试平台。UVM 所做工作不多，一种通常做法是把软件的编译文件走后门（backdoor）下载进去（UVM 也要走后门，这是 UVM 术语，意味着不用增加验证时间，直接将 BIN 文件写到 RAM）。剩下的就是软件工程师的表演了。

这里的软件流程，可以是 MCU 一段编程，也可以是 MPU 的 Linux，甚至可以是安卓操作系统，不论复杂与否，这个软硬协同，除了 UVM 的平台，更有大量的软件编程工作。所以很多软件工程师，也可以参与 SoC 的芯片验证，就是这个道理。

软硬协同目的就是让软件开发人员提前进场，好比新设计一栋房子，家具软装在设计的时候就要安排好，提前摆一摆，别等房子建完了，才发现没有安装家具软装的空间，业主不买单，那设计者的麻烦就大了。

除此之外，软件开发人员的努力不是单单为验证芯片所准备的；这些软件可以作为 SDK 提供给用户使用，也是芯片整个产品的一部分。软硬系统验证是一个矛盾的集合体，既是通过软件验证硬件，又是通过硬件验证软件。

（1）通过软件验证硬件

软件工程师把业务场景进行编程，将 MIPI 采集的图像缓存到 DDR 中，通过 AI 处理器将其识别成潜在人，然后把任务图像由 CPU 控制通过网络上传到后台。这个测试过程的实现说明硬件各个模块在软件的调度下，能够正常按照预想的功能和性能在工作，这套流程正常工作，验证了 SoC 集成的总线连接正确、功能正确、性能满足、用户场景可全覆盖。

（2）通过硬件验证软件

还是上述流程，如果采集、识别、发送的流程出了问题，很有可能是芯片设计错了，也有可能是软件出错了。如果软件错误，就需要修改软件以达到最终的效果；软件也在这个过程中逐渐修改、迭代、不断成熟。这就是通过硬件验证软件的过程。

（注：AI 处理器 IP 层级通过参考模型来证明 A = B 的方法，更多具有黑盒测试特性；SoC 上

的软硬协同验证更多具有白盒测试的特性。软件人员必须深刻了解各个模块的作用和机理，才能开展整个场景的测试。）

第三件武器用完，验证完毕。CEO 已经得到了教训，他深知，只有把尽可能多的武器用上，才能把整个芯片验证充分。他已经迫不及待地开始憧憬验证大师的其他武器了。

4. 第四件武器：FPGA 原型验证平台

CEO 问验证大师，还有哪些武器需要补足。验证大师说："你还缺少一个原型验证平台。" CEO 不解。验证大师说："如果说芯片设计者考虑面积、功耗、频率等，那么芯片验证者其中一个重要的考虑就是验证时间。没有什么比产品的上市的时间不要推迟更能考验一个芯片设计公司的能力了。"

芯片公司做的 AI 芯片，每个验证用例的时间需要 30 分钟来处理一张图片，一天能计算图片库中 48 张图片。待测试图片库中还有十万张图片，那么全部验证完毕需要 2000 多天；如果用 10 台服务器并行，每台服务并行运行 10 个验证用例，那么还需要 20 天才能迭代一遍。芯片公司非常着急，有什么办法可以快速迭代呢？市场可不等人，错过时机就可能被竞品占领了。

进行 FPGA 测试是一个高效的解决办法：将整个项目移植到 FPGA 上，然后在 FPGA 上模拟整个芯片运行的状态，从而达到快速测试的效果。这种大容量的 FPGA 非常昂贵，价格一般在几十万到上百万元之间。尽管如此，由于其出色的性能，大多数芯片设计公司都会购置几块。

FPGA 的实际运行频率根据关键路径的长短能够达到几十到上百 MHz。目前这种用于验证的 FPGA 都被 Xilinx 的大容量 FPGA 垄断；可以加速迭代，通过在 FPGA 上运行，可以快速地发现问题，且能够进行大数据量的测试。

芯片公司终于下定决心，购买了这个 FPGA 验证平台。之后，这十万张照片，几分钟就可以出结果了，非常快。芯片公司的芯片验证效率大大提高，加快了大数据量的迭代。另外，FPGA 还可以作为原型，直接给芯片公司演示流片后的效果。芯片公司心里觉得这个 FPGA 验证原型板卡没有白买，虽然还是有点贵，一辆卡宴没有了，但是钱没有白花。

同时，在 FPGA 上，软件运行的效率会大大提高，也可以加速软件/固件的迭代过程，可以发现很多大数据量在仿真验证平台所不能发现的问题。

问题随之而来，FPGA 验证发现芯片设计有个 bug，例如大数量识别图像时灵时不灵，到底是 MIPI 的问题、CPU 的问题、AI 处理器的问题，还是 DDR 存储的问题？这些问题在 UVM 仿真时被发现的概率较低，因为在进行大数据量验证时才出错。

FPGA 发现问题容易，有时定位问题却很费劲，定位一个问题需要一周或者几周也不是不可能。将迭代一次缩短至按照天计算，提高定位问题速率，加速收敛，是 FPGA 调试的一个难点。

5. 第五件武器："加速器"

在 A 芯一号的芯片原型 FPGA 验证中，需要将每次出问题的地方的信号加到嵌入式的逻辑分析仪来查看其波形。而 FPGA 需要重新编译波形，因此迭代一次就耗费一天。

时间不等人，A 科技 CEO 非常着急，如何提高找问题的效率？他眼神迫切地看着验证大师。大师道："我有一物可解。此物名曰'加速器'，如同重剑无锋，大巧不工。"

看 CEO 露出了不解的神情，大师解释："例如在游泳时，有人在泳池遗失了戒指，FPGA 调试就需要多次憋气潜入水中，一个地方一个地方找，效率不高；但是使用加速器就类似把泳池四周和底部全部装了摄像头，看看监控就能找到问题所在，可以提高问题收敛的速率。"

加速器结合了 FPGA 的速度和仿真的灵活性，虽然可能略慢于 FPGA，但能够观察到所有信号的状态。加速器可以大大缩短迭代的周期。如果芯片规模太大，例如云端的 AI 芯片，拥有上百亿个晶体管，FPGA 原型难以容纳，全仿真过程会非常缓慢。在 UVM 仿真环境下，加载上层软件系统进行仿真，可能需要一周时间。

加速器的频率大约在 1~5MHz 之间，虽然比实际的 FPGA 慢，但是引导安卓系统运行只需几十分钟。

A 科技 CEO 见状，失望地说："这算是什么加速器？慢得和蜗牛一样。我手机开机也不过十几秒而已。"然而即使如此，它实际上已经比传统仿真速度快 100 万倍了。仿真通常以微秒（μs）为单位进行，仿真 100μs 可能需要半个小时甚至更长时间（根据芯片规模不同）。现在可以明显看出，与传统仿真相比，加速器的速度是相当快的。

目前，加速器的制造商主要有三家，分别是：

1）Mentor Graphics 的 Veloce。

2）Synopsys 的 ZeBu。

3）Cadence 的 Palladium。

加速器价格昂贵，根据配置 license 不同，一般在几百万元左右，需要专人来维护。买不起的公司可以选择租用，通过 VPN 连接，费用根据使用的机时计算。实际上，开发小规模芯片通常用不到加速器；开发大芯片（如一亿门以上）的公司，由于实力雄厚，可能会考虑配备一台，尽管如此，即使是财力雄厚的芯片公司，也不太舍得买一台。

6. 第六件武器：形式验证

终于，A 芯片项目进入后端设计的后期。这时，如果在芯片前期验证中出现一个 bug，而后端设计工程师这个时候已经不允许重新综合了，因为重新综合就会使后端返工。比如，DFT 链已经插入完毕，那么再重新综合网表可能会导致所有寄存器数量不一致（每次综合的网表基本上很难保持一致）。很多后端布局布线（PR）的工作都已经接近完成，如果这时重新综合网表，那么后端 PR 工程师和 DFT 工程师就要疯掉了，好多工作要重新再来，这将是巨大的工作量，少则几周，多则一个月。对于大芯片来说尤其是这样，而小规模的芯片还好一点。这时，需要进行网表修改（ECO）。

在这种情况下，如何保证网表修改是正确的？CEO 的目光下意识地转向了验证大师。

大师不紧不慢地掏出了第六件武器——形式验证（Formal Verification）。形式验证，如同乾坤大挪移，原本需要验证被修改的 A（网表），现在只需通过形式验证来确保 A（网表）和 B（代码）等价，因此只需要验证 B（代码）就可以了。B（代码）的验证难度明显降低了，提升了验证的效率，比直接进行网表仿真的速度快一个数量级。

如果没有形式验证，这个时候要是重新把 ECO 作为 DUT 加到仿真平台中，那么仿真速度就会奇慢无比，很难把 ECO 之后的网表验证充分。

形式验证主要来对比 ECO 之后的网表和修改后的 RTL 是否等价。如果等价，那么修改后的 RTL 可以直接进行回归测试，尽管这个过程可能仍然耗时，但已经大大简化了验证流程。

形式验证还有很多其他的作用，例如在综合时，保证代码和综合后的网表一致；在 ECO 时，保证综合网表、DFT 网表、PR 网表和修改后的 RTL 都一致。

很快，ECO 的形式验证完成了，项目可以继续推进了。

7. 第七件武器：流程规范

A 科技公司 CEO 在大师的建议之下，终于把这些武器都用上了。现在他终于放下心来，问验证大师："大师，A 芯一号现在是不是真的就没有问题了？"验证大师沉吟片刻，慢慢地摇了摇头，道："上面这些武器都是术，除了术还有道。"A 科技的 CEO 刚才兴高采烈的眼神又一次暗淡了下去。

随即，CEO 问了一个问题："道从何来？"验证大师回答："听过很多大道理，却依然过不好这一生。"没有验证规范，验证质量就会参差不齐，而芯片的质量取决于木桶的短板，而验证规范又依赖人的执行。

即使把这些"武器"都用上，芯片就能没有问题了吗？

产品定义、设计、验证、后端、流片、封装、测试，每个环节都可能引入风险。这些"武器"只是能降低风险的一些手段，但是远不能完全消除风险。

一个完整的验证规范，不论是模块验证规范（模块级）、集成验证规范（SoC 级），还是 FPGA 的测试，都包含下面几类：

1）验证计划：功能点分解，包括场景、功能、性能、异常、边界等，对每个点进行检查的策略。

2）验证执行：构造验证用例（case）、debug、问题迭代的流程等。

3）验证输出：验证报告输出及评审等。

4）验证管理：验证分割、Bug List、Bug Review、回归测试等。

芯片越来越复杂，同时芯片的团队越来越大，面临的挑战也逐渐增大。产品有上市的时间窗口，验证是在有限的资源下求解的过程，而不是在无限资源下疯狂试探的过程。

芯片的规模越来越大，亿门、几十亿、上百亿门的芯片也不罕见。芯片设计是人类这个物种最复杂的设计之一，例如苹果的处理器 M1，内部有 160 亿个晶体管。这还仅仅是硬件的规模复杂度，还不包括上面所跑的软件。软件也是越来越复杂，CPU 的软件、GPU 的软件、NPU 的软件……可能需要多个相关软件、多种编程语言，系统才能整体运行起来。

设计人员和验证人员之间的协作虽然可以通过文档、电路图、会议等各种方式交流，但是很难完全同步二者之间的理解。如同《三体》中的面壁人和破壁人一样，找到面壁人的 bug 难度不大，关键是如何找到所有的 bug。因为即使只留下一个，也可能对芯片造成很大的影响。芯片团队日益变大，成员的沟通成本非常大，还会有很多管理上的问题，而沟通不畅就会导致很多的信息丢失。

"阵而后战，兵法之常，运用之妙，存乎一心。"芯片研发本身是实践科学，只有把这些武器和实际中遇到的问题结合起来，迭代上升，在实践中完善和梳理，沉淀这些"武器"的运用和流程，才是最终真正解决问题之道。

▶▶ 1.4.3　芯片制造——究竟难在什么地方

在验证大师的帮助下，A 芯一号设计完毕。现在 A 科技 CEO 要把设计送到芯片制造厂去制造，A 科技 CEO 也可以借着这次机会去芯片制造厂考察一番。

这次参观的是业界前十的一个芯片制造厂。穿着白色静电服的 A 科技 CEO 踏入了无尘的工作间，一切工作都显得如此精密和有条不紊。然而让 A 科技公司 CEO 疑惑不解的是，制造并没有开始，而是芯片制造厂正在等待一项关键任务的完成——那就是制造 MASK，也称为光罩或掩膜。

让我们把时光倒流，回到数码相机之前的胶卷时代。想象一下，那个时候，如果想拍一张照片，首先要做的是让胶卷曝光，然后用它去制作相片。在这个场景中，胶卷就是现在的 MASK，而最终的照片就是即将诞生的晶圆，也就是芯片。

然而，与二维的照片不同，实际的晶圆是三维的。制造这样的晶圆就像是一场复杂的 3D 打印过程，需要一层一层地叠加和处理，每一层都承载了特定的电路图案或结构。这些掩膜的数量相当庞大，通常会有几十张之多。

掩膜的价格根据制程的不同而有所差异。以 12 英寸晶圆为例，每张掩膜的费用大概在几万美元。因此，当需要制作几十张掩膜时，费用会迅速攀升至百万美元。制作这些掩膜需要一次性投入大量资金，这是一个不可忽视的经济负担。这种高昂的费用是芯片成本昂贵的一个重要因素。

然而，与掩膜相比，单纯生产晶圆的成本相对较低。以 12 英寸晶圆为例，每片晶圆的价格在几千美元左右。掩膜的成本最终需要分摊到每片晶圆以及切割晶圆后的每个芯片中。这种分摊的成本被称为 NRE（Non-Recurring Engineering）投入，它是芯片制造过程中一项必不可少的费用。制造掩膜的高昂成本限制了芯片的生产规模，使得每个芯片都承载了一定的固定成本。

当掩膜（MASK）制造完成后，才真正开始芯片制造工作。掩膜通过光刻机在晶圆（Wafer）上进行光刻，把晶圆变成最终的芯片。半导体芯片制造流程起始于单晶硅片的制造，经过一系列复杂的工序，如拉单晶、磨外圆、切片、倒角等，将硅原料制备成符合要求的单晶硅片。这些硅片是制造芯片的基础。

芯片制造的奇迹始于最平凡的起点——海滩常见的石英砂。这些含有二氧化硅（SiO_2）的砂粒经过电弧炉高温还原（$SiO_2+2C\rightarrow Si+2CO\uparrow$），首先被转化为纯度约98%的冶金级硅。此时的硅材料仍含有金属杂质和晶体缺陷，需经历更严苛的提纯方能达到半导体级标准。这些砂粒经过一系列艰苦的熔炼、净化和提纯过程，逐渐脱去杂质，最终转化为高纯度多晶硅。这种多晶硅就像黄金一样宝贵，其纯度甚至超过了24K金，平均每一百万个硅原子中最多只有一个杂质原子。将这些高纯度多晶硅放入一个巨大的单晶炉中，经过高温熔炼和精确控制，它们逐渐凝固成一根根巨大的单晶硅锭。这些单晶硅锭的重量达到了惊人的100千克，纯度更是高达99.9999%以上。随后，将这些单晶硅锭横向切割成薄薄的圆形硅片，这就是我们常说的晶圆，它是制造芯片的基本材料。

半导体芯片制造是一个集精密制造、物理、化学等于一体的复杂过程。现在，芯片工厂有了掩膜，也有了晶圆，终于可以开始制造过程了。

在一个被严格控制的洁净室内，工程师们首先将一种叫作光刻胶（Photoresist）的物质均匀铺在晶圆表面。这个过程中，晶圆在旋转，以确保光刻胶能够铺得非常薄、非常平。然后，工程师们小心翼翼地将掩膜放在光刻胶层上。

当掩膜被放置在光刻机上时，就像是打开了通往微观世界的大门。一道亮光穿透掩膜，将上面的图案投影到硅片上。这个过程就像是在硅片上"打印"出电路图案，只不过是用光和化学反应替代了墨水和纸张。通过光刻胶，有的地方被光刻胶保护，剩余的地方则被刻蚀，硅片上逐渐浮现出复杂的电路结构。这些结构是如此微小和密集，以至于只有在高倍显微镜下才能看清它们的全貌。然而，正是这些肉眼几乎无法察觉的结构，构成了现代电子设备的核心。

接下来是溶解光刻胶的过程。曝光在紫外线下的光刻胶被化学试剂溶解掉，留下的图案和掩膜上的一致。这个过程就像是在晶圆上刻下了电路的每一层图案。

工程师们继续进行蚀刻工作。使用化学物质溶解掉暴露出来的晶圆部分，而剩下的光刻胶则保护着不应该被蚀刻的部分。这个过程就像是在晶圆上雕刻出精细的电路图案。

当蚀刻完成后，光刻胶的使命宣告完成，工程师们将其全部清除，展现出设计好的电路图案。这个过程被称为光刻，它是芯片制造中的关键步骤之一。

最终的晶圆终于呈现在工程师们的眼前。它们就像是一块块镶嵌着智慧和科技结晶的艺术品。经过一系列复杂的工艺流程后，最终的芯片逐渐呈现出其真实面貌。它们被切割、封装和测试，最终成为我们日常生活中使用的电子产品的一部分。

芯片制造是微电子技术的重要组成部分，它涉及从设计到成品的完整流程。简而言之，芯片制造的目标是将设计好的电路图案转化为实际的硅片结构，这些硅片结构能够执行预定的电子功能。

如果说芯片设计是从RTL（寄存器传输级电路）到GDS（物理版图）的过程，那么芯片制造就是从GDS到Wafer（晶圆）的过程。换言之，芯片的设计环节主要负责电路的逻辑设计和布局布线，而制造环节则负责将这些设计转化为实际的物理结构。

▶▶ 1.4.4　芯片封装——先进封装怎么成为超越摩尔定律的利器

经过了三个月漫长的等待，从秋叶泛黄一直等到了白雪皑皑，A 科技公司 CEO 终于等到了流片后的结果——生产好的晶圆，但是，这和他最终想要的结果大相径庭。

他原本想象的是如同黑巧克力大小的一片又一片的芯片，但是芯片制造厂给他的却是光滑到能照出他稀疏的发际线的晶圆。终于，CEO 明白了，他还需要找封装厂完成最后一步，将晶圆封装成可以焊接在电路板上的芯片。

芯片的封装是芯片制造过程中的一道重要工序，是将制造好的晶圆切割成单个的晶片（Die），并将其封装成可以直接使用的芯片（Chip）。封装的过程不仅是为了保护芯片，更是为了将芯片上的微米级别的引脚（PIN 脚）转换成毫米级别的插针或者焊球，以方便使用者将芯片焊接在电路板上，形成系统级解决方案。

在封装技术的发展历程中，有几种重要的形态，它们体现了封装技术的进步和演变。

最早的一种封装形式是双列直插式（DIP）。这种封装形式的出现，解决了芯片在印制电路板（PCB）上穿孔焊接的问题。它的引脚分布在芯片的两侧，适合于在 PCB 上进行直插式焊接。然而，随着芯片引脚数量的增加，DIP 封装形式已经无法满足需求。

随后，多层 PCB 的兴起推动了四面扁平封装（QFP）的发展。QFP 封装的引脚密度更高，围绕着芯片的四周都能放置管脚，从而大大提高了芯片的集成度。这种封装形式适用于引脚较多的芯片，因此在一段时间内占据了主导地位。

然而，当芯片的引脚数量进一步增加时，QFP 封装也显得力不从心。为了解决这个问题，球栅阵列式（BGA）封装应运而生。目前，大多数大型芯片都采用球栅阵列式封装。这种封装形式的好处是管脚都以焊球的形式存在芯片的下方，对电路板波峰焊特别友好，管脚的密度更高。BGA 封装的出现，使得芯片的集成度进一步提升，满足了现代电子产品对高性能、小型化的需求。

总的来说，芯片的封装形式是随着电子技术的发展而不断演变的。从最早的双列直插式（DIP）到后来的四面扁平封装（QFP），再到现在的球栅阵列式（BGA）封装，每一次技术的进步都推动着电子产品向更高性能、更小体积的方向发展。随着移动设备的兴起，如手机、PAD、智能手表等，对芯片封装的要求也越来越高。由于这些移动设备的体积有限，传统的芯片封装形式在尺寸上无法满足需求。因此，芯片尺寸封装（CSP）应运而生。

CSP 封装的特点就是小，封装后的尺寸与原始芯片尺寸相当，从而大大减小了封装所占用的空间。这种封装形式非常适合于移动设备等对尺寸要求严格的应用场景。然而，CSP 封装也有其局限。由于芯片的管脚数量有限，因此主要适用于一些存储芯片，如 DRAM 和 FLASH 芯片等。

目前最热门的封装技术是 Chiplet（芯粒）技术，它在封装内部封装了多个晶片，以满足更复杂、更高性能的需求。尤其在高性能 GPU 领域，Chiplet 技术被广泛应用，实现了多个 GPU 芯粒和 HBM 大内存的封装，从而提升了整体性能。

Chiplet 技术主要有三种技术路线：MCM 封装（2D 封装）、2.5D 封装和 3D 封装。

MCM 封装是最早的一种技术，它通过在基板上将芯片封装到一起，将原来在 PCB 上的多个芯片（chip）变成了基板上的多个芯粒，通过基板完成连接。这种技术的好处是可以提高封装的集成度，减小封装尺寸，但是由于基板的限制，连接效率可能受到一定影响。

2.5D 封装则可以认为是在 MCM 封装的基础上进行了改进。它设计了一个硅基板，即在原来芯粒的基础上，再设计一个中介层，这个中介层是一个大的硅片，专门用于芯片的连接，取代了传统的基板。这样就实现了用芯粒连接芯粒，其中这个芯粒是专门用于连接的中介层。这种技术提高了连接效率，减小了信号传输的延迟。

而 3D 封装则是将各个芯粒进行堆叠，直接用 TSV（硅通孔）来进行封装。这种技术可以进一步提高封装的集成度，减小封装尺寸，并且由于采用了硅通孔技术，可以实现更高速的信号传输。不过，3D 封装的制造难度较高，成本也相对较高。

先进封装是扩展摩尔定律的一种方式，其本质是将不同功能的芯片和元件组装拼接在一起封装。其创新点在于封装技术在满足需求的情况下，可快速和有效地实现芯片功能，具有设计难度低、制造较为便捷和成本较低等优势。这一发展方向使得芯片发展从一味追求功耗下降及性能提升方面，转向更加务实的满足市场的需求。它为摩尔定律的发展提供了更加广阔的空间。

有几个关键驱动力在推动 3D 先进封装的发展。芯片流片的成本非常高昂，例如 3nm 的流片成本需要在 10 亿人民币的级别，这是众所周知的事实。但是对于提高密度和功率效率的追求，这些驱动摩尔定律前进的步伐却从来没有改变。现在已经可以实现精细间距、低功耗的 die-to-die PHY，这为构建高效能计算产品提供了新的可能性。

通过先进封装，芯片厂家通过组合不同的 AI Chiplet、CPU Chiplet、NPU Chiplet 以及多种内存控制器和 PCIe 控制器，可以在一个封装内构建出多样化的产品。这种方法的优势在于，它能够实现高带宽和优秀的功率效率，同时减少了传统板级集成的复杂性和成本。

但是，实现这一愿景并不容易。预计未来几年内，随着各种技术和市场力量的交织，将会出现许多挑战和困难。这种基于 Chiplet 的集成方法还有望降低芯片上市的门槛，使更多的公司和团队能够参与到高性能计算领域中来，因此，这是一个非常有前途和发展潜力的方向，也是后摩尔时代继续推动算力进步的重要手段。

▶▶ 1.4.5 芯片测试——工艺挖坑测试来填

在封装厂，A 科技公司的 CEO 终于得到了封装好的芯片。经过漫长时间的研发、验证、制造、封装，他终于拿到了最终的成品，可以开始芯片点亮工作了。

然而，奇怪的事情发生了：在拿到的最终的芯片中，居然有 20% 的芯片是不能工作的。CEO 勃然大怒，直接在电话中怒斥芯片生产厂商，认为其质量控制有问题。

而芯片生产厂家的人却丝毫不在意，笑着回复道，这些是正常现象，A 科技公司设计芯片面

积有上百 mm^2，20%芯片有问题也不是不可接受的，具体问题还需要具体分析。这下让 A 科技的 CEO 有些疑惑了，为什么这是正常现象？这些芯片生产厂家的店大欺客，居然如此不负责任。

芯片生产方面的解释是，由于芯片是通过实际的物理化学制造过程产生的，因此不可避免地会出现各种缺陷。为了确保芯片的质量和性能，芯片测试成为生产过程中不可或缺的一环。芯片测试的主要目的是将有缺陷的芯片剔除掉，以确保最终出厂的芯片都符合规定的质量标准。在测试过程中，会对芯片进行各种电性能测试和功能测试，以检测芯片是否存在缺陷。实际生产过程中，芯片制造会造成不同的缺陷类型，例如扩散工艺造成的短路、寄生电容电阻造成的延迟等，都是芯片制造过程中常见的缺陷类型。这些缺陷可能会导致芯片性能下降、功能失效甚至完全无法工作。

为了检测这些缺陷，芯片测试通常会采用多种测试方法和技术，如电性能测试、功能测试、可靠性测试等。其中，电性能测试是最基本的测试方法，可以通过测量芯片的电流、电压等参数来检测芯片是否存在缺陷。而功能测试则是通过给芯片输入特定的信号，观察芯片的输出是否符合预期来检测芯片的功能是否正常。可靠性测试则是通过模拟芯片在实际使用环境中可能遇到的各种情况，如高温、低温、高湿等环境，来检测芯片的可靠性和稳定性。

在得到了芯片制造厂家的这些解释后，A 科技的 CEO 也逐渐接受了芯片需要经过测试筛选的事实。他对技术的追求无比执着，但制造过程中的种种挑战，特别是测试环节，使他感到困惑。在得知芯片在生产过程中需要经过严格的测试筛选后，他决定亲自深入了解这一流程。

A 科技公司的 CEO 再次来到合作的测试厂家，希望这次能更深入地了解"A 芯一号"的测试过程。进入测试工厂后，他立刻被眼前复杂的设备和忙碌的工程师所吸引。在一个宽敞的无尘车间内，自动测试设备（ATE）正在忙碌地对芯片进行测试。

工程师详细地解释了 ATE 的工作原理：这些设备能够向芯片的输入管脚发送一系列的时序信号，同时监测输出管脚，比较输出时序特征是否与预期的测试向量（pattern）一致。如果一致，说明芯片的功能正常，测试通过；如果不一致，就意味着芯片存在缺陷，会被自动识别并剔除。这种情况下，ATE 会自动将这类芯片识别出来，避免将其送入客户手中。

A 科技 CEO 认真地观察了整个过程，看着 ATE 熟练操纵各种机械手和夹具地对芯片进行测试，他逐渐明白了测试的必要性。这不仅是为了确保芯片的质量，也是为了最终产品的稳定性和可靠性。这次深入的参观使他对测试环节有了全新的认识。他明白了，尽管测试可能会增加生产成本和时间，但这是确保芯片质量的不可或缺的一环。但是还有一个疑惑仍然围绕在他的心头，那就是这个测试向量从何而来。测试工程师笑着回答，当然是从 A 科技公司而来，测试谁的芯片，就用谁的测试向量。

为了确保测试的准确性和效率，芯片设计过程中需要考虑可测性设计。这包括在设计阶段就插入测试电路，以便在设计完成阶段能够通过测试电路实现测试向量的输入和响应测试向量的输出。这样，有缺陷的芯片就能够在生产阶段被及时识别出来，从而确保最终出厂的芯片质量。

A 科技公司的芯片设计人员提醒 CEO，自己的 A 芯一号已经有内部测试电路（可测性设

计），可以通过 EDA 工具生成相应的测试向量，A 科技 CEO 终于恍然大悟。

可测性设计（Design for Testability，DFT）是最常用的方法。DFT 的主要目的是提高芯片的可测性，降低测试的复杂度和成本。针对不同的芯片单元，采用不同的可测性方法。主要有如下三种方法。

1）扫描链（Scan Chain）：这是一种常用的 DFT 方法，通过在芯片内部添加扫描链电路，使得测试时可以将测试数据串行输入到芯片内部，然后将测试结果串行输出。这种方法可以大大提高芯片的可测性，降低测试的复杂度。

2）内建自测试（Built-in Self-Test，BIST）：BIST 是一种更为高级的 DFT 方法，通过在芯片内部添加自测试电路，使得芯片可以在不需要外部测试设备的情况下进行自测试。这种方法可以进一步提高测试效率和准确性，降低测试成本。

3）边界扫描（Boundary Scan）：边界扫描是一种针对芯片引脚进行测试的 DFT 方法。通过在芯片的每个引脚周围添加边界扫描单元，可以实现对芯片引脚的电性能测试和功能测试。这种方法可以检测芯片引脚是否存在缺陷，以及芯片与外部电路的连接是否正常。

总的来说，DFT 是确保芯片质量和性能的关键环节之一，需要在芯片设计的早期阶段就进行充分考虑和规划。通过采用合适的 DFT 方法和技术，可以大大提高芯片的可测性，降低测试的复杂度和成本，从而确保最终出厂的芯片都符合规定的质量标准。

经过一系列严格的测试，A 芯一号成功地剔除了那些存在缺陷的芯片，从而确保了最终产品的质量。这标志着 A 芯一号从最初的想法到最终产品的研发过程已经圆满完成。

在这个过程中，A 科技 CEO 深刻地体会到了产品研发的不易。他意识到，一个成功的芯片产品并不仅仅是一个想法或者一项技术的体现，而是众多人员、不同厂家紧密合作的结晶。从设计、制造到测试，每一个环节都需要专业的人员和厂家来完成。此外，A 科技 CEO 也深刻地认识到了供应链的重要性。他发现，芯片的研发和生产涉及的供应链长度远远超过了他之前的认知。从原材料供应商、设备制造商到测试厂家，每一个环节都需要紧密合作，才能确保最终产品的质量和性能。这次经历使 A 科技 CEO 对产品研发和供应链管理有了更深入的理解。他意识到，要想在竞争激烈的芯片市场中取得成功，不仅需要先进的技术和产品，还需要建立稳固的供应链合作关系。只有这样，才能确保产品的质量和性能达到最高标准，赢得客户的信任和市场的认可。

1.5 芯片的大格局

▶▶ 1.5.1 分工明确——从 IDM 与 Fabless 说起

芯片行业的发展历程中，最初的模式主要是由一家公司完成所有的设计、制造和测试任务，这种模式被称为 IDM（Integrated Device Manufacturer）。在这个模式下，像英特尔、IBM、德州仪器以及 AMD 等公司都是典型的例子。这些大型公司从自研 EDA 工具开始，涵盖了设计、生产、封装到推向市场的整个流程。

（注：AMD 最早也是有自己的产线的，只不过 2008 年将其卖给了沙特财团，改名叫 Global-Foundries（格芯）。）

然而，随着集成电路产业的不断发展，行业的分工也逐渐细化，出现了各种专业化的公司。其中，台积电的出现是一个重要的里程碑。张忠谋作为台积电的创始人，他的战略决策对整个行业的发展产生了深远的影响。

张忠谋认为，对于台湾半导体产业来说，试图同时掌控设计、制造和销售整个产业链是不现实的，结果可能会导致什么都做不好。因此，他决定专注于芯片制造代工这一环节，将资源集中在最具竞争力的领域。

这一战略决策证明了其明智之处。台积电逐渐发展成为全球最大的芯片代工厂商之一，为众多设计公司提供了高质量的制造服务。这也促进了芯片设计公司和代工厂商之间的紧密合作，推动了整个集成电路产业的发展。

现在，IDM 模式仍然存在，但与此同时，更多的公司选择专注于某一环节，如设计、制造或封装测试，通过与其他专业公司合作来完成整个产品链。这种分工合作的模式提高了整个行业的效率和竞争力，使得集成电路产业得以持续发展。

专业的芯片代工模式的出现确实是一次商业模式的创新。通过将制造环节交给专业的代工厂商，无工厂的芯片设计公司（Fabless）能够更加专注于设计工作，降低设计和生产的成本，从而极大地降低了进入芯片设计行业的门槛。

这种分工合作的模式带来了许多好处。首先，芯片设计公司可以将更多的资源和精力投入到设计工作中，提高设计的质量和效率。他们不再需要担心制造和测试的问题，而是可以将这些问题交给专业的代工厂商来处理。

其次，代工厂商通过专注于制造环节，能够不断提高制造工艺和技术水平，提供更高质量的制造服务。他们可以投资于更先进的生产设备和技术研发，以满足不断变化的市场需求。

这种模式的出现也促进了芯片设计行业的竞争和发展。更多的公司和个人有机会参与到芯片设计领域中来，推动了创新和技术的进步。同时，代工厂商之间也存在竞争，这促使他们不断提高制造质量和服务水平，以吸引更多的客户。专业的芯片代工模式的产生是集成电路产业发展的一个重要里程碑。它通过分工合作的方式提高了整个行业的效率和竞争力，推动了更多的创新和技术进步。

随着专业的芯片代工模式的兴起，越来越多的无工厂的芯片设计公司（Fabless）开始涌现。这些公司专注于设计工作，将设计从规格书（spec）到最终的芯片版图文件（GDS）的过程作为其核心任务。

与此同时，芯片代工公司则专注于芯片生产，负责将芯片设计文件转化为实际的晶圆。这种分工合作的模式极大地降低了芯片设计公司的进入门槛。新开一个芯片设计公司不再需要投入巨额资金建设生产线和购买生产设备，也不用考虑光刻、刻蚀、粒子注入等生产工艺的事情。他们只需要专注于设计工作，将设计文件交给代工厂商进行生产即可。这种模式的出现为创新和创业提供了更多机会。更多的设计师和团队可以尝试设计新的芯片产品，而不用担心制造和生产的复杂性。这推动了芯片设计行业的快速发展，带来了更多的创新。

同时，代工厂商专注于不断提高制造工艺和技术水平，以满足设计要求和市场需求。这种竞争促使代工厂商进行技术创新和设备升级，提供更高质量、更可靠的制造服务。管理学家迈克尔·波特（Michael Porter）总结说："芯片代工模式'创造了自己的行业，也创造了客户的行业'。"

除了芯片代工，目前的芯片设计行业已经逐渐细分，呈现更加专业化。以芯片设计为例。EDA 公司扮演着至关重要的角色，他们提供的工具集涵盖了仿真、调试、验证、综合、形式化验证、后端设计以及可测试性设计等众多方面。这些工具为设计师们提供了强大的技术支持，帮助他们将创意转化为切实可行的设计。IP 公司则贡献了各种知识产权（IP）组件，如处理器 IP、外设 IP 和模拟 IP 等，为设计公司提供了丰富的构建模块。通过灵活选择这些成熟的 IP 组合，设计公司能够高效实现自己的设计目标。

在后端设计阶段，后端设计服务公司发挥着举足轻重的作用。他们负责芯片综合、芯片物理设计以及芯片 DFT 设计等任务，将前端设计转化为可用于生产的物理芯片。值得一提的是，一些国际大厂也将后端设计工作外包给这些专业服务公司，以充分利用其专业技术和经验。

当然，芯片代工公司在整个生产流程中占据核心地位。他们专注于芯片生产，将设计文件转化为晶圆，通过先进的制造工艺和设备，实现芯片的批量制造。紧接着，芯片封装测试公司接手生产的晶圆，将其封装成成品芯片，并进行严格的测试以确保质量和性能达标。这一环节是确保最终产品可靠性和稳定性的关键。

除了以上主要环节，还有一些辅助性的企业为整个行业提供支持。例如，验证加速器的提供公司和原型验证板卡提供商，在设计和验证阶段提供关键的技术和工具支持。

在芯片设计行业中，众多企业各司其职，紧密合作，共同构建了一幅产业链上下协作的全景图像。这些生态链里面，存在各种上下游公司。这些公司存在的目的和价值，就是让芯片设计这个资金密集型的产业，在每个环节都能提供专业的服务。

▶▶ 1.5.2　周期漫长——芯片设计与生产的耐心之旅

当谈论芯片设计与生产时，不可避免地要提及一个关键特点：周期长。不同于软件开发，后者可以在几周或几个月内完成并推向市场，芯片设计和生产是一个漫长且复杂的过程。这种长时间周期背后有几个核心原因，它们共同构成了集成电路产业所特有的挑战和机遇。

首先，从设计开始。普通大型芯片的设计可能需要长达 18 个月的时间，而小芯片也至少需要 6 个月到一年的时间。为什么需要这么长的时间？因为芯片设计不仅仅是绘制电路图。它涉及规格书制定、架构设计、逻辑设计、电路验证以及物理设计等一系列复杂的步骤。每个阶段都需要细致的工作和反复的迭代来确保设计的正确性和优化性。此外，与软件开发不同，芯片设计错误可能会导致数百万美元的损失，因此验证和确认的过程必须非常严谨。

接着是生产阶段。即使有了完美的设计，芯片生产也通常需要三个月到五个月的时间。这主要是因为制造过程本身的复杂性。从晶圆制备、光刻、刻蚀、粒子注入最后的封装和测试，每个步骤都需要精密的设备、严格的环境控制和高度专业的操作手法。而且，与软件开发不同，物理制造过程中的变数更多，需要时间来适应和调整。

那么，与软件开发相比，为什么芯片设计的周期要长得多呢？这主要是因为，软件是虚拟的，可以快速迭代和修改；而硬件是实体的，涉及物质和物理过程，因此更加复杂和耗时。此外，由于硬件的生命周期通常比软件长得多，因此设计师们有更大的压力来确保产品的完美性和长寿命。

这种长时间周期对产业意味着什么呢？首先，它设置了一个相对较高的进入门槛。不是每家公司或团队都有足够的资源和耐心来投资这样一个长期的项目。然而，这也为那些能够坚持下来的公司提供了机会，通过深入研究和持续创新来建立技术壁垒和市场领导地位。

这种长周期也促进了行业内的合作与分工。从 EDA 工具供应商、IP 提供商到后端设计服务公司和代工厂商，每一个环节都需要与其他环节紧密合作，以确保整个流程的顺畅进行。这种合作模式不仅提高了效率，还为每个参与者带来了更大的商业机会。

长周期也意味着行业需要更加前瞻性的思考和规划。公司不能仅仅根据当前的市场需求来制定产品策略，还需要预测未来几年内技术和市场的变化。这既是一个挑战也是一个机会，它鼓励行业内的玩家进行更加深入和长期的研究与投资。

周期漫长是芯片设计与生产固有的特性。这种长时间周期为行业带来了独特的挑战和机遇，塑造了集成电路产业的竞争格局和市场动态。

而正是深入理解并适应这种周期性，有经验的企业和团队才能在这个充满变革与机遇的领域中取得成功。试图通过增加人手、增加投入来缩短这个漫长的周期是不可能的。

作者曾经看过一本非常有趣的书《人月神话》，作者布鲁克斯揭示了软件开发中人力、时间和复杂性之间的微妙关系。他通过"人月"这一术语，强调了简单增加人手并不能缩短项目时间的观点。而在集成电路产业，特别是芯片设计与生产领域，这一观点得到了更为深刻的体现。

布鲁克斯阐述了一个观点：在一个项目中，单纯增加人手并不会使其完成得更快。这主要是因为沟通、协调和整合不同人员工作的开销会随着团队规模的扩大而迅速增加。这种开销可能导致整体效率下降，甚至项目延期。

那么，如何在这样的环境中取得成功呢？

有经验的企业和团队选择深入理解和适应这种周期性。他们知道成功不仅仅取决于投入多少资源，更在于如何高效、协同地使用这些资源，这些资源就包括供应链的协同厂商，例如 IP 供应方、设计服务厂家、生产、封测等上下游的合力。

这也正是《人月神话》给我们的启示：在芯片如此复杂和协同工作的挑战面前，单纯的人力投入并不是解决问题的万能秘方。组织结构、团队文化和沟通机制，以确保所有人都能高效地为共同目标工作，才能度过这个漫长的周期。

▶▶ 1.5.3　灵活可变——形态各异的处理器争奇斗艳

说起芯片，就不能不提 ASIC（Application-Specific Integrated Circuit），即应用特定集成电路。最初的芯片以 ASIC 为主，而 ASIC 这个名称如此之火，以至于在一段时间内成了芯片的代名词。在芯片行业有一本不错的书 *Nanometer CMOS ICs*：*From Basics to ASICs*，作者是 Harry Veendrick，他是一位在集成电路领域有着丰富经验和深厚造诣的专家，长期在 Philips 和 NXP Semiconductors 公司讲授 CMOS 集成电路内部课程，并基于这些经验写出了这本书。书中从 CMOS 集成电路的基本原理，一直讲述到 ASIC 的实现。

传统的 ASIC 设计模式是一种按照特定功能需求来设计和制造芯片的方法。在这种模式下，芯片的功能和架构是根据客户的具体要求定制的，以满足特定应用的需求。

ASIC 的主要优势在于其高性能和高能效。由于它们是针对特定应用进行优化的，因此可以在功耗、速度和面积等方面达到最佳平衡。这使得 ASIC 在某些对性能要求极高的应用领域，如图形处理、网络通信等，具有无可比拟的优势。

然而，ASIC 也有一些明显的缺点。它们是固定功能的，一旦制造完成，就不能更改其功能。这意味着如果市场需求发生变化，或者出现了新的技术标准，就需要重新设计并制造新的 ASIC，这会导致成本增加和时间延长。

随着技术的不断进步和市场的日新月异，对芯片的需求也在持续变化。传统的芯片设计模式，即固定功能设计，已经难以满足快速变化的市场需求。

为了应对这一挑战，现代 SoC（System on Chip）芯片设计开始转向可编程模式。通过集成可编程 CPU、GPU、NPU 和 DSA 等架构，SoC 芯片获得了一定的可编程能力，从而在功能上保留了灵活性。这种灵活性使得芯片能够根据市场需求进行功能调整和优化，大大提高了芯片的适应性和市场竞争力。

让我们深入了解一下这种可编程芯片的魅力所在。

CPU（即中央处理器）是 SoC 芯片的核心组成部分之一。它具备强大的计算和处理能力，可以根据需要执行各种不同的指令集，从而实现多种功能。与传统的固定指令集 CPU 相比，可编程 CPU 更加灵活，可以根据市场需求进行定制和优化。

GPU（即图形处理单元）也为芯片带来了更高的灵活性。传统的 GPU 主要用于图形处理，而可编程 GPU 则可以通过编程实现各种复杂的计算任务。这使得 SoC 芯片在处理多媒体内容、进行人工智能计算等方面具备更强的能力。

NPU（Neural Processing Unit，即神经处理单元）的引入进一步增强了 SoC 芯片的灵活性。作为专为深度学习和神经网络推理设计的硬件加速器，NPU 能够高效地执行复杂的神经网络算法。与其他可编程组件相比，NPU 在处理神经网络任务时能够提供更高的能效和性能，从而为人工智能应用带来了更高的计算能力。

DSP 即数字信号处理器，是面向数字信号处理的可编程芯片，主要用于满足数字信号处理方面的应用需求。DSP 的主要计算模块是乘累加器，它是现代通信、音频处理、图像处理等领域的核心器件。

DSA（Domain Specific Accelerator，即领域专用架构）是可编程芯片的另一个趋势。DSA 是为特定应用领域设计的加速器，通过硬件和软件的协同优化，可以高效执行某些特定任务。例如，在图像处理、语音识别等领域，DSA 可以大幅提升处理速度和能效。通过可编程 DSA，SoC 芯片能够在不同应用领域之间灵活切换，满足市场的多样化需求。

通过这种可编程的设计方法，现代 SoC 芯片实现了功能的灵活可变。它们不再被固定的硬件设计所限制，而是可以根据市场需求进行快速调整和优化。这种灵活性不仅降低了重新设计和流片的成本，还缩短了产品上市时间，使得芯片能够更好地适应市场变化并满足客户需求。

可编程能力是现代 SoC 芯片的共同选择。通过集成可编程 CPU、GPU，NPU 和 DSA 等架构，SoC 芯片在功能上保留了灵活性，能够根据市场需求进行快速调整和优化。这种灵活性使得芯片更加适应市场变化，提高了竞争力。

与那些只能为特定任务设计的专用芯片不同，这些芯片可以进行编程处理，从而满足各种不同的用户需求。这也意味着它们需要与相应的软件配合，才能充分发挥其功能。软件的作用不仅是控制和指导，更是为芯片提供了附件值，帮助其更好地适应各种应用场景。

但可编程并不意味着牺牲效能。相反，这些芯片在面向专用领域时，展现了高效处理的能力。为了实现这一点，设计师们在芯片中添加了专用处理单元。这些处理单元针对特定任务进行了优化，因此在处理这些任务时的效率远超通用的 CPU。当然，这种优化也带来了一个结果，那就是这些专用处理单元占用了更多的芯片面积。

但这并不是一个缺点，而是一种权衡。通过占用更多的面积，这些处理单元得以提供更高效的处理能力，使得芯片在专用领域中的表现更为出色。而芯片设计的艺术就是在高效能和可编程之间取得平衡，而这种平衡将贯穿芯片生命的始终。

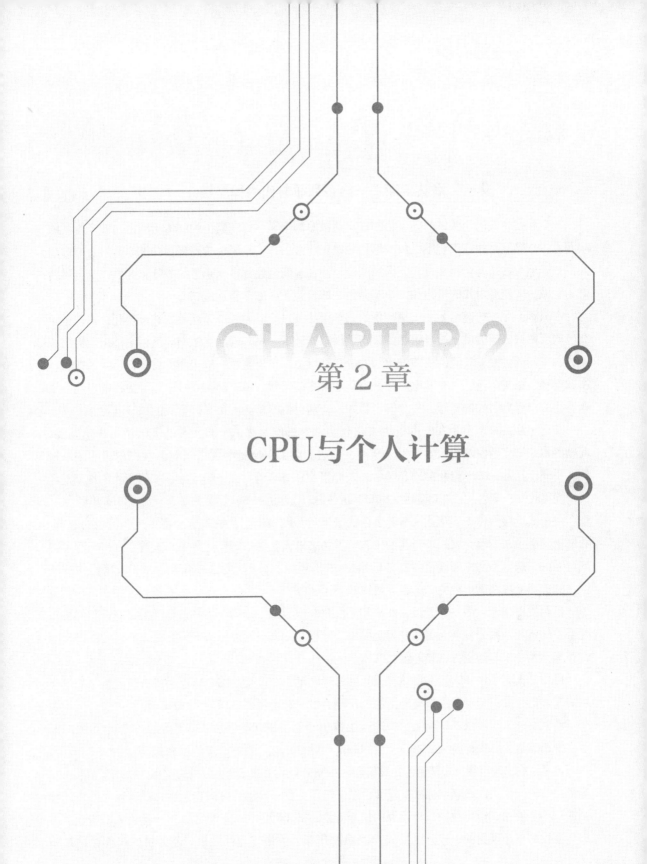

CHAPTER 2

第 2 章

CPU与个人计算

2.1　计算机的诞生

▶▶2.1.1　艾达·洛芙莱斯——维多利亚时代的程序媛

维多利亚时代的伦敦城的下午，阳光穿透浓厚的烟雾，照在繁忙的泰晤士河上。波光粼粼的河面上，一艘高高的烟筒冒出白色浓烟的轮船正压浪前行。轮船里装着来自非洲的香料。岸边的人们忙碌地穿梭于各个码头之间。街道两旁，商铺里面到处都是从东方的茶叶、瓷器以及各种新奇的机械。大航海时代的货物和工业革命带来的繁荣正在滋养着这座城市。

在喧闹而泥泞的道路上，一辆豪华的马车缓缓驶过。车厢外饰以精美的镀金雕花，窗帘是深红色的天鹅绒，窗玻璃上镶嵌着洛芙莱斯伯爵家族徽章。马车内部宽敞而舒适，坐垫由上等皮革制成，车厢内弥漫着淡淡的皮革与木材的混合香气。马车里坐着一位美丽的女士，手中紧握着一本数学书，眼神深邃，若有所思。她就是艾达·洛芙莱斯（Ada Lovelace）。此行她将要去见一个人，还有一台划时代的机器，并且筹划着如何让这台机器解决一个难以解决的数学问题。

艾达·洛芙莱斯出生在一个充满文化和学术氛围的家庭。她的父亲是英国诗人拜伦勋爵，而她的母亲则有着深厚的数学背景。从小，艾达·洛芙莱斯就展现出了对数学和逻辑的浓厚兴趣。不同于其他伦敦上流社会的名媛和夫人们喜欢在奢华的舞会、精美的下午茶会和各种家庭拜访中消磨时间，艾达·洛芙莱斯对这些都不感兴趣。在她的世界中，只有数学让她充满了热情。

马车终于缓缓停下，艾达·洛芙莱斯优雅地从车厢中走出。眼前是一座庄严而古老的建筑，石墙上爬满了常春藤，大门半开，仿佛邀请着访客进入其中。她穿过一条长长的走廊，来到了一间宽敞的书房。书房里面挂着各式各样的机械图纸和设计图。艾达·洛芙莱斯步入房间的那一刻，她的目光被房间中央的一个巨大机械装置紧紧吸引。

这台机器由无数闪亮的齿轮、杠杆和刻度盘组成。每一片齿轮都经过精确的打磨，它们相互咬合，仿佛在为某个复杂而美妙的舞蹈排练。杠杆在阳光下折射出微弱的光芒，它们的优雅形态和完美比例令人联想到古希腊的雕塑艺术。

机器后面有个中年人正在调试机器。他轻轻转动一个手柄，整个机器仿佛苏醒过来。齿轮开始缓缓转动，发出机械装置特有的清脆的声响，像是在诉说着机械的韵律和力量。

看到艾达·洛芙莱斯的到来，他的脸上露出了喜悦的笑容，放下手中的工具，走到她的面前。他指着这个巨大的机械装置，志得意满地向她介绍这个费尽心血的精密机器。

这是一台当时世界上最精密的计算仪器——差分机，制造这个差分机的中年人就是查尔斯·巴贝奇，一位天才的数学家和机械工程师。巴贝奇预见到了自动计算的重要性，于是致力于设计和制造一种能够自动执行复杂数学运算的机器。经过数年时间研究和规划，如今接近大功告成。

在计算机出现之前，差分机是人类能够提升算力的最有力的工具。差分机的工作原理是将复杂的数学函数分解成一系列简单的部分，这些部分可以通过计算差值来得到结果。然后，差分机会使用特制的机械部件，如齿轮和杠杆，来执行这些计算。这些部件经过精确的设计和制造，能够自动完成加减乘除等基本数学运算。

我们举一个差分机工作的例子：假设有一个简单的数学函数 $f(x) = x^2$，想要计算这个函数在 $x = 3$ 和 $x = 4$ 这两个点的值。

第一步，可以将这个函数分解成两个部分：一个是 $x = 3$ 时的值，另一个是 $x = 4$ 时的值与 $x = 3$ 时的值之间的差值。用数学公式来表示就是：$f(4) = f(3) + [f(4) - f(3)]$。在这个公式中，$[f(4) - f(3)]$ 就是两个点之间的差值。我们知道，对于函数 $f(x) = x^2$，当 $x = 3$ 时，$f(3) = 9$；当 $x = 4$ 时，$f(4) = 16$。所以，差值 $[f(4) - f(3)] = 16 - 9 = 7$。

第二步，将这个差值应用到差分机中。差分机会使用特制的机械部件，如齿轮和杠杆，来执行这个计算。当输入 $x = 3$ 和 $x = 4$ 时，差分机会自动计算出差值，并将其与 $f(3)$ 的值相加，得到 $f(4)$ 的值。也就是说，差分机可以计算函数在两个数之间的差值，通过这种方式不断迭代，差分机可以算出 $f(5)$，直到 $f(n)$。

通过这种方式，差分机可以利用差值来计算复杂的数学函数。这种方法不仅可以应用于这个例子中的简单函数，还可以应用于更复杂的函数和计算任务。

艾达站在差分机前，她的脸上露出一种混合着惊奇与兴奋的表情。她感到自己仿佛进入了一个全新的世界，一个由数字和逻辑编织而成的世界。她目不转睛地注视着那些旋转的齿轮和移动的杠杆，仿佛能从中窥见宇宙的奥秘。

她此行的目的，就是为这台机器设计一种前所未有的算法，从而让这台差分机计算伯努利数（Bernoulli number）。

伯努利数是在数学和物理中都有广泛应用的数，在计算各种数学函数和序列时非常有用，例如求解某些微分方程或计算某些无穷级数的和。

为了达到这个目的，艾达·洛芙莱斯为计算伯努利数设计了一个详细的算法，该算法可以通过一系列明确的步骤得出结果。最终她把算法归纳成下述的几步。

1）初始化：首先设置初始参数和变量，为计算做好准备。

2）循环结构：艾达使用了一种循环结构，该结构允许算法反复执行一系列计算步骤，直到达到所需的精度或满足特定的终止条件。

3）条件判断：在算法的每个阶段，艾达都会引入条件判断，根据前一步的结果来决定下一步的操作。

4）数据存储与检索：在计算过程中，艾达设计了数据存储机制，以便在需要时能够检索和使用先前计算的结果。

5）输出：最终，算法会生成伯努利数的近似值，并将其输出。

艾达·洛芙莱斯的这个算法体现了现代编程的许多关键概念，包括循环、条件判断、数据存储和检索等。尽管这些概念在当今的编程中可能显得司空见惯，但在她的时代，这些都是革命性的想法。她为这种算法起名叫作程序。

在艾达·洛芙莱斯之前，计算机器主要被用来执行特定的数学运算。但她认识到，通过设计一系列详细的步骤，这些机器可以用来解决更广泛的问题。她首次将算法概念化，并将其作为计算机编程的核心。艾达·洛芙莱斯创作了第一份"程序设计流程图"，这是一种视觉表示方法，用于指导机器如何逐步解决问题。这种方法提高了计算的准确性，并使得计算过程更加可预测和可重复，这种设计程序设计流图的方式，一直影响着今天的程序员的思考方式。

除了关注计算机器的数学运算能力之外，艾达·洛芙莱斯还思考了这些机器如何模拟人类的思维过程。她预见到计算机不仅可以进行计算，还可以进行逻辑推理和符号操作，这种超越纯计算的思考方式在当时是极富前瞻性的，这种程序的方法学影响了一直到今天的计算机的编程思想。

20世纪70年代，美国国防高级研究计划局（DARPA）为了向艾达·洛芙莱斯致敬，决定以她的名字命名一种新的编程语言——Ada。Ada语言被设计为一种结构化、静态类型的编程语言，特别适用于大型、复杂的软件系统开发。这种语言强调清晰性、可读性和维护性，以及强大的类型系统和异常处理机制。

在19世纪，当大多数女性被限制在家庭和社会的传统角色中时，艾达·洛芙莱斯却展现出了与众不同的才华和远见。她对数学和逻辑的热爱，以及对查尔斯·巴贝奇（Charles Babbage）差分机的深入研究，使她成为计算机编程的先驱。

可以说，在计算机的发展史上，先有"程序媛"，后有计算机。

▶▶ 2.1.2　艾伦·图灵——可判定性问题悖论

在艾达·洛芙莱斯成为第一个"程序媛"的一百年以后，在1936年的一个深夜，伦敦国王学院的一间房间仍然亮着灯。

一个叫艾伦·图灵的年轻人坐在桌前，他消瘦的身影被柔和的灯光投射在墙上，形成一个沉思的剪影。桌上的草稿纸被他涂改得满满当当，各种复杂的公式和图形交织在一起，像是一幅未完成的拼图。

年轻人的眉头紧锁，显然正在经历一场思维的激战。突然，他的眼神中闪过一丝亮光，像是捕捉到了什么重要的灵感。他迅速拿起笔，开始在一张新的草稿纸上疾书。他的笔尖在纸上飞舞，像是在编织一段魔法咒语。当最后一个符号写下，他长长地呼出一口气，仿佛刚刚完成了一场心灵的马拉松。

他不知道自己已经迈出了历史性的一步，这将极大地改变计算机科学的未来。

而这一切的起源要从8年前说起。在1928年第八届国际数学家大会上，德国数学家希尔伯特提出了关于数学的三个深刻问题：

1）数学是完备的吗？

2）数学是一致的吗？

3）数学是可判定的吗？

这三个问题带有哲学色彩，困扰了无数的数学家和逻辑学家。但图灵认为自己能解决这些问题。

图灵首先对数学的可判定性的问题进行研究。他打算另辟蹊径，制造一种机器来解决这个可判定性的问题，这个机器就是日后在计算机领域最为出名的机器，图灵机——这台机器以他的名字命名。顺便说一句，虽然这台机器从来没有被造出来，但这并不影响图灵这个思想实验的伟大。

1912 年 6 月 23 日，图灵出生于英国伦敦，但他的童年时光大多在英属印度度过。他的父亲朱利叶斯·马西森·图灵是英属印度政府的文官，而他的母亲伊莎尔则是马德拉斯铁路首席工程师的女儿，出身于一个拥有爵士头衔的荷兰商人家族。朱利叶斯和伊莎尔希望他们的子女能在英国成长，所以他们搬到了伦敦的梅达维尔。然而，由于朱利叶斯的工作需要，他们一家经常在英国黑斯廷斯和印度之间往返，因此，父母决定将图灵和他的哥哥寄养在一对退役军人夫妇家中。

图灵在六岁时进入圣迈克尔小学，他的天赋在那里得到了校长的认可。之后他进入了哈泽赫斯特预科学校，然后在 13 岁时进入了谢尔本学校。在 1926 年英国大罢工期间，所有交通工具都暂停了，但是图灵对学习的热情与决心使他独自骑行 60 英里到达学校，这个时候，他还是只是一个 14 岁的少年。

在谢尔本学校，图灵的数学和科学天赋并没有得到所有老师的尊重，因为他接受的教育更偏向于古典学科。然而，这并没有阻止他在自己热爱的领域中不断学习和探索。在 1927 年，没有学过基础微积分的图灵，凭借自己天才的头脑，成功地解决了一个需要用到微积分的数学问题，这让老师们大吃一惊，改变了对他的看法。

1931 年，十九岁的图灵进入剑桥大学国王学院，开始了他的学术生涯。剑桥大学国王学院由亨利六世国王亲自设计并下令创办，以自由和独立精神著称而著称。国王学院师生们曾经抵制过国王对院长的人选任命，而他们居然成功了，而这个差点儿当上院长的人，就是大名鼎鼎的科学家牛顿。

也正是在国王学院，艾伦·图灵深入研究数学和逻辑学。在这里，他接触到了希尔伯特的问题，希尔伯特提出的三个问题涉及数学的完备性、一致性和可判定性，这些问题都具有深远的哲学意义。

图灵选择从第三个问题，即数学的可判定性问题入手，很快，他就有了答案。1936 年，图灵发表了一篇题为《论可计算数及其在判定性问题上的应用》（"On Computable Numbers, with an Application to the Entscheidungsproblem"，其中 Entscheidungsproblem 是德语，意思是"判定性问题"）的论文。在这篇论文中，他提出了一种名为"A-Machine"或"自动机器"的假设计算装置，这就是现在所说的"图灵机"。图灵设计这种机器的初衷就是为了解决希尔伯特的判定性问题。

什么是可判定的问题？"可判定的"是指对于某个特定的问题，存在一种算法或程序能够在有限的时间内给出明确的答案或判定结果。对于数学问题，如果存在一种方法或程序能够让机器自动地判断某个数学命题的真假，并将结果显示出来，那么这个问题就可以被认为是可判定的。

举例来说，如何证明大于 1 的整数都可以表示为质数的乘积？为了证明这个问题，可以使用数学归纳法。首先，我们知道 2 是最小的质数，因此 2 可以表示为质数的乘积，即 2 = 2。接下来，我们假设对于所有大于 1 且小于或等于 n 的整数，它们都可以表示为质数的乘积。现在，我们考虑 n+1 这个整数。有两种情况：

1）如果 n+1 是质数，那么它本身就是一个质数的乘积，因此得证。

2）如果 n+1 不是质数，那么它可以表示为两个大于 1 且小于 n+1 的整数的乘积，即 n+1 = a×b。由于 a 和 b 都小于 n+1，根据归纳假设，a 和 b 都可以表示为质数的乘积。因此，n+1 也可以表示为质数的乘积。

综上所述，无论 n+1 是质数还是合数，它都可以表示为质数的乘积。因此，根据数学归纳法，我们证明了大于 1 的整数都可以表示为质数的乘积。那么问题判定为真。

图灵机的核心目标是通过计算模型来验证问题的可判定性，即确定是否存在一种算法，能够在有限步骤内明确判断某个命题的真假。

那么图灵机是如何计算的？

图灵机由读写头、无限长的带子和控制器三部分构成。

读写头，作为图灵机的"眼睛"和"手"，负责从带子上读取数据和写入数据。它是图灵机与外部世界交互的桥梁，通过读取带子上的信息，将外部输入转化为机器内部可处理的信号；同时，将处理后的结果再通过写操作反馈到带子上，实现了信息的输入与输出。

无限长的带子，在图灵机的设计中扮演了存储器的角色。这一设计巧妙地解决了数据存储的问题，使得图灵机能够处理任意长度的数据，为复杂计算提供了可能。

控制器，作为图灵机的"大脑"，相当于计算程序，控制着整个计算过程。它根据当前的状态和读写头读取的数据，决定下一步的操作，从而实现各种复杂的计算任务。控制器的存在使得图灵机具有了通用性，能够模拟任何可计算的函数。

正是这三部分的协同工作，使得图灵机在理论上能够计算任何可以计算的函数，展现出其强大的计算能力。

然而，实际的计算机受限于物理条件，存储空间并非无限。因此，在实际应用中，计算机需要对连续的对象进行离散化处理，以适应其有限的存储空间。这种离散化处理是计算机科学中的一个重要概念，也是计算机能够处理各种复杂问题的基础。、尽管如此，图灵机的理论模型依然为计算机科学的发展奠定了坚实的基础，其深远影响至今仍在延续。

回到希尔伯特的判定性问题本身：所有的问题都是可判定性的吗？当然不是。图灵构想了一台理论计算机，即图灵机，证明了有些问题在数学上是不可判定的。他设想了一个场景，其中图灵机根据纸带上的指令进行运算。然后，他提出了一个问题：我们能不能判断这台机器会一直不停地计算（也就是陷入死循环），还是会在某个时候停下来并给出结果？

为了解释这个问题，他举了一个简单的例子：想象一下，在纸带上的 A 点写着"移动到 B 点"，而在 B 点又写着"移动到 A 点"。如果计算机按照这些指令操作，它就会在 A 点和 B 点之间来回移动，永远停不下来。这就是一个死循环的例子。

图灵想知道的是，有没有一种方法能够判断计算机是否会遇到这种情况。因为如果计算机陷入了死循环，它就无法给出答案或完成计算任务，这在实际应用中是个大问题。所以，这个问题非常重要，也是图灵研究的关键部分。

为了解决死循环的问题，图灵想出了一个办法来判断他的机器是否会停机。他认为，如果能再造一台图灵机来检测第一台机器就好了。这台新的机器可以观察第一台机器的运行情况。如果第一台机器一直不停机，那么第二台机器就会停下来，并告诉我们"不停机"；如果第一台机器停机了，第二台机器就会继续运转。

但是，这里有一个有趣的问题：如果第二台机器也观察自己，看看自己会不会停机，会发生什么呢？图灵仔细思考，发现了一个奇怪的事情：如果第二台机器发现自己永远不会停机，那么它就会停机，并告诉我们"不停机"；但如果它发现自己停机了，那它就会一直运转下去。这在逻辑上是不可能的，因此图灵认为：有些问题是计算机永远无法解决的——我们无法判断某些图灵机是否会停机。

图灵机证明了"数学的可判定问题在逻辑上是不可能的"这个结论有些不可思议，但不可判定或不可计算的问题确实大量存在，并且一直困扰着计算机程序员。

图灵的研究结果表明，有些数学问题是计算机无法解决的，与计算机的运算能力、运算速度和内存容量无关。

虽然图灵机并没有制造出来，但是通用图灵机已成为世界上所有电子计算机的理论蓝图。在当今这个数字化时代，我们几乎每个人都离不开计算机。无论是在办公室、学校还是家中，计算机都是我们完成各种任务、获取信息和娱乐的主要工具。熟练掌握计算机及其相关工具的使用已经成为现代生活中不可或缺的基本技能。人类一直都有用机器来代替人工解决问题的渴望。而图灵就是那个手握着计算机时代钥匙的人。

图灵机的出现对计算机科学产生了深远的影响。它不仅证明了机器可以模拟人类的思维过程，还为计算机科学家提供了一个研究和改进计算模型的平台。图灵机的概念逐渐被扩展和改进，最终演变成了我们今天所熟知的现代计算机。从这个意义上说，图灵机是现代计算机的鼻祖。值得一提的是，更久远的差分机却不是现代计算机的鼻祖，因为差分机的工作原理和现代计算机工作方式没有丝毫相似之处。

然而，这位科学巨匠的人生结局却充满悲剧色彩。1952 年，图灵因同性恋身份（当时英国法律视其为犯罪）被定罪，被迫接受化学阉割的激素治疗，并失去参与机密研究的资格。1954 年 6 月 7 日，图灵离世，年仅 41 岁，离他的 42 岁生日仅差 16 天，死因是氰化物中毒。虽然调查裁定他的死因为自杀，但也有人提出可能是意外中毒。无论如何，图灵的过早离世给世界留下了无法弥补的损失。

然而，历史的洪流总是向前，图灵的伟大并未因他的离世而被遗忘。相反，他的贡献在时间的洗礼下愈发熠熠生辉。2009年的一场公众运动促使英国首相戈登·布朗代表政府为过去对图灵的不公待遇正式公开道歉。2013年，伊丽莎白二世赦免图灵。甚至在2017年，英国通过了一项法律，非正式地被称为"艾伦·图灵法"，该法追溯赦免了根据历史法律曾被警告或定罪的男同性恋。

图灵的影响力远不止于此。作为计算机领域最高荣誉的"图灵奖"自1966年设立以来，每年由国际计算机协会（ACM）颁发给对计算机科学做出卓越贡献的学者，被誉为"计算机界的诺贝尔奖"。2021年6月23日，英格兰银行发布了新的50英镑纸币，图案是图灵的形象，以此向他的生日致敬。更值得一提的是，根据2019年BBC系列节目的观众投票结果，图灵被评选为20世纪最伟大的人物。

▶▶2.1.3　冯·诺依曼——可编程的机器打开计算机的世界

1944年春，宾夕法尼亚大学。

阳光透过古老的橡树，洒在古朴的建筑上，让这所学府春色美不胜收。

一个中年男人正行色匆匆，完全没有注意周围校园的美景。这个中年男人正是冯·诺依曼，这次他到来，是为了了解一项设备的研发进展。

此时，冯·诺依曼正在参与美国第一颗原子弹的研制工作，并担任弹道研究所的顾问。在这个过程中，他遇到了大量的计算问题，这些问题需要强大的计算能力才能解决。然而，当时的计算机技术还远远不能满足这样的需求。

冯·诺依曼听说了宾夕法尼亚大学正在研制的ENIAC项目。他敏锐地意识到，这个项目有可能为他遇到的计算问题提供解决方案。于是，他主动联系了宾夕法尼亚大学的项目负责人，表达了自己希望来参观一下的愿望。ENIAC的项目负责人热情地接待了他。但是与想象的不同，此时的ENIAC实验室笼罩在焦虑与失败的阴影下，计算机根本不能工作，离最终的目标相去甚远。

冯·诺依曼的到来迅速改变了实验室的氛围。他不仅带来了数学和计算方面的专业知识，他敏锐的洞察力和创新思维还为团队注入了新的活力。他迅速指出了ENIAC存在的两个问题：缺乏存储器和低效的控制方式。这些问题一直困扰着团队，但在冯·诺依曼的指导下，他们开始寻找新的解决方案。

在接下来的日子里，冯·诺依曼与工程师们紧密合作，共同对ENIAC进行改进。他们设计了新的存储系统，提高了机器的计算速度和效率。同时，他们还改进了控制方式，使得ENIAC能够更加灵活地应对各种计算任务。

在冯·诺依曼的指导下，ENIAC逐渐从一台笨拙而庞大的机器变成了一台能够精确计算导弹弹道的神器。通过不断的改进和调试，ENIAC最终满足了军事上对计算速度和精度的极高要求，为导弹的研制提供了有力的技术支持。

1946 年 2 月 14 日，这一天将被永远铭记在计算机科学的历史上：ENIAC，世界上第一台真正的电子计算机，在宾夕法尼亚大学宣告诞生。虽然原子弹已于 1945 年在广岛和长崎爆炸，二战也已结束，ENIAC 并没有如同冯·诺依曼最初设想的用到原子弹的研制上，但它却开启了计算机的时代。

ENIAC 的研发由工程师约翰·莫希利（John Mauchly）和普雷斯伯·埃克特（J. Presper Eckert）主导，冯·诺依曼作为顾问参与项目改进。该团队还包括赫尔曼·戈尔斯坦上尉负责军方联络，以及参与逻辑设计的华人科学家朱传榘。

冯·诺依曼作为团队的灵魂人物，不仅提供了先进的理论指导和设计思路，还以他卓越的领导力和创新思维引领着整个团队不断前进。他的数学和计算机科学知识为 ENIAC 的研制奠定了坚实的基础，而他的远见卓识则为计算机科学的发展指明了方向。

现在我们来看看最终的成果：ENIAC 这台计算机是个庞然大物，重达 30 吨，占地 150 平方米，相当于两间房子的面积。它使用了 18000 个电子管，每秒钟能进行 5000 次运算。然而，与现代计算机相比，ENIAC 的速度慢得令人咋舌。它完成一个加法运算需要 200 微秒，而现代 2GHz 的手机 CPU 完成同样的运算只需 0.3 纳秒，单指令速度提升超过 60 万倍。若考虑多核并行计算，一部手机的算力相当于 5 亿台 ENIAC 同时工作。

除了速度慢，ENIAC 还有许多其他局限。首先，电子管占用空间大、耗电量大且易发热，因此 ENIAC 不能长时间工作。其次，它使用机器语言，没有操作系统，操作复杂。再者，ENIAC 的存储空间非常有限，采用磁鼓和小磁芯作为存储器。最后，它的输入和输出设备非常简单，采用穿孔纸带或卡片进行数据传输。

尽管如此，ENIAC 的诞生仍然是计算机科学史上的一大里程碑。它证明了电子计算机的可行性，并且开启了计算机的时代。

ENIAC 自诞生之初即被寄予厚望，用于满足美国国防部对弹道计算的迫切需求。在这一点上，可以清晰地看到军事需求对计算机技术发展的推动作用。在当时，军事技术的发展对计算能力有着极高的要求。无论是弹道计算还是原子弹研制，都需要大量的数学运算。而传统的人工计算或机械计算方式已无法满足需求。因此，ENIAC 的出现，可以说是军事需求催生高计算需求的直接结果。

随着时间的推移，计算机技术日新月异，但军事对于算力的需求从未减少。事实上，进入 21 世纪后，很多超级计算机的主要目标仍然是服务于军事需求。从天气预报到导弹制导，从核模拟到网络安全，算力在军事领域的应用越来越广泛。

现代战争中，信息化、智能化已成为主导。精准的情报分析、实时的战场指挥、复杂的武器系统模拟等都离不开强大的计算能力。因此，各国纷纷加大在军事算力领域的投入，以确保在信息化战争中的优势地位。此外，随着人工智能、大数据等技术的兴起，算力在军事领域的应用前景更加广阔。例如，利用人工智能进行情报分析、目标识别等任务，可以大大提高决策的准确性和效率。而大数据技术则可以帮助军方更好地掌握战场信息，为指挥决策提供有力支持。

从 ENIAC 的诞生到现代，算力一直是军事需求的重要组成部分。无论是在历史还是现在，军事需求都对计算机技术的发展产生了深远的影响。而这种影响在未来仍将持续，推动着计算机技术不断向前发展。

具有划时代意义的是，ENIAC 不仅仅是一台进行固定计算的机器。与之前的计算机器不同，ENIAC 可以通过编程来完成各种不同的计算任务。这一特性赋予了它无限的可能性，使得它成为一台真正意义上的"通用计算机"。

然而，ENIAC 的编程方式与今天的计算机截然不同。它没有我们今天熟悉的键盘和屏幕，更没有高级编程语言。相反，编程是通过物理方式——插入电缆和设置开关——手动完成的。这是一个既烦琐又耗时的过程，通常需要半小时到一整天的时间。而且，数据输入也是通过打孔卡这种相对原始的方式提供的。

尽管这种方式在现代看来相当烦琐和低效，但在当时，它代表着一种巨大的技术飞跃。ENIAC 的可编程性不仅满足了军事和科研领域对复杂计算的需求，更重要的是，它为后来的计算机技术发展奠定了基础。此外，ENIAC 的可编程性还催生了一门新的学科——计算机科学。人们开始研究如何更有效地编程，如何设计更高效的算法，以及如何构建更复杂的计算机系统。

而这一切都是冯·诺依曼的坚持，他为了想让计算机变得更灵活，于是设计了一种叫作 EDVAC 的计算机架构。这是一种跨时代的想法，这种计算机可以存储程序，并且能执行这些程序。在冯·诺依曼之前，计算机只能做固定的事情，如果想让它做别的事情，就得重新设计整个计算机的硬件，成本巨大。但冯诺依曼的想法是把程序存储起来，然后让计算机根据这些程序来工作，计算机就能通过程序实现多种用途。这样一来，只需要改变程序，而不是整个计算机，就可以让计算机做不同的事情了。

这就是我们现在使用的计算机的基本原理，冯·诺依曼的这个想法也被称为"冯·诺依曼架构"，是计算机历史上最重要的架构之一。冯·诺依曼架构是计算机的基础结构，包括四个主要部分：运算器、控制器、存储器和输入输出设备。

1. 运算器（Arithmetic Logic Unit）

为了让计算机能够处理数据，它必须拥有进行各种数学和逻辑运算的能力。这种能力是由一个专门的单元提供的，称为算术逻辑单元（ALU）。ALU 就像计算机内的一个小计算器，它可以执行基本的数学运算，比如加、减、乘、除，同时也能进行逻辑运算，例如与、或、非、异或等。除了这些，ALU 还能处理数据的移位和补位等操作。

运算器是围绕 ALU 构建的，它的主要任务是处理数据。数据的长度和表示方式对运算器的设计和效率有很大影响。例如，许多通用计算机能够一次处理 16 位、32 位或 64 位的数据。如果运算器能同时处理一个数据的所有位，称为并行运算器；而如果一次只能处理数据的一个位，则称为串行运算器。

运算器并不单独工作，它与计算机的其他部分紧密合作。当计算机进行运算时，是控制器告诉运算器应该操作什么数据以及进行哪种运算。运算器从内存中读取需要处理的数据，完成运算后，再将结果写回内存或暂时存放在内部的寄存器中。所有这些数据的读取和写入操作都是由控制器来协调和管理的。

2. 控制器

控制器，也被称作控制单元，是计算机的"大脑"或"指挥官"。可以想象一下，在一场交响音乐会中，指挥家如何挥舞指挥棒，确保每一个乐手都能在正确的时机奏出正确的音符。同样地，控制器确保计算机的每一个部分都能在正确的时间执行正确的任务。

控制器的工作非常复杂且关键。首先，它从内存中取出指令，这些指令其实就是告诉计算机要做什么。接着，控制器会翻译和分析这些指令，确保它们是有效的，并且知道如何执行它们。一旦理解了这些指令，控制器就会向计算机的其他部分发送命令，告诉它们应该做什么。

控制器与运算器一起构成了中央处理器（CPU）。CPU 是计算机的心脏，它负责执行几乎所有的计算和操作。CPU 实际上是一块包含数百万甚至数十亿晶体管的芯片，这些晶体管使它能够迅速地处理和解释指令。

简而言之，没有控制器，计算机就像一个没有指挥家的乐团，各种部件可能会随意地、混乱地工作。有了控制器，计算机就能像一个和谐的乐团一样，各部分协同工作，产生美妙的结果。

3. 存储器

存储器是计算机的"记忆库"。想象一下，当读书或学习新东西时，大脑会存储这些信息以便将来使用。计算机的存储器也做同样的事情，但它存储的是程序和数据。

存储器的主要任务是保存信息，并在需要时快速地提供这些信息。不仅如此，存储器还能在计算机运行过程中自动地完成数据的存储和检索。

为了存储信息，存储器使用两种稳定状态的物理器件，这意味着它可以记录 0 和 1，也就是二进制代码。这是计算机内部用来表示所有信息和数据的方式。

无论是刚写的一篇文档、浏览的一张图片还是运行的一个程序，所有这些在计算机内部都被转换为二进制代码进行存储和操作。

简而言之，存储器让计算机有了"记忆"，使得程序能够持续运行，数据能够被保存并在需要时被检索。没有存储器，计算机将无法记住任何事情，每次开机都要重新开始。

4. 输入输出设备

每当与计算机互动时，无论是敲击键盘、点击鼠标还是在触摸屏上滑动手指，实际上都是在与计算机的输入输出设备打交道。

输入设备允许向计算机输入信息或命令。例如，键盘和鼠标是最常见的输入设备。通过它们，可以告诉计算机要做什么。输出设备则负责将计算机处理后的信息展示给我们。例如，显示器可以显示文本、图像和视频，使我们能够看到计算机的内容。扬声器则是另一种输出设备，它能播放声音。

有些设备既是输入设备又是输出设备。例如，服务器中的网卡既可以接收数据（作为输入设备），也可以发送数据（作为输出设备）。同样，触摸屏手机或平板电脑的屏幕既是输入设备（因为可以在上面触摸和滑动）也是输出设备（因为它可以显示图像和视频）。

在计算机的早期，输入输出设备并不像现在这样先进。当时，人们使用打孔的纸带来输入数据和程序。这种纸带通过一种特殊的读取器被送入计算机，计算机则根据纸带上的孔来读取信息。如今，输入输出设备已经变得非常多样化和高级，但它们的核心功能仍然是允许我们与计算机进行交互和沟通。

以上就是冯·诺依曼架构，这种架构也是现在计算机的标准体系架构。

当我们回顾计算机科学的历史，三位巨人的名字无疑会浮现在眼前：艾达·洛夫莱斯、艾伦·图灵和冯·诺依曼。他们各自在不同的时代，从不同的角度，对现代计算机做出了不可磨灭的贡献。

这三位先驱的工作展示了计算机科学是如何一步步从理论走向实践，从专门化走向通用化的。艾达·洛夫莱斯提供了计算的程序，艾伦·图灵构建了计算的框架，而冯·诺依曼则将这些概念变成了切实可行的工程实践。最终，计算机将艾达、图灵、冯·诺依曼的智慧结合在了一起，成为 20 世纪最伟大的发明之一。

2.2 硅芯片与计算机时代

2.2.1 白雪公主和七个小矮人——大型机时代

1952 年深秋，美国又一次被笼罩在一种神秘而紧张的氛围之中。从繁华的纽约街头到宁静的加州小镇，每一个角落都充满了躁动不安。

这一切的根源，都是因为四年一度的总统选举此时已进入了最关键的阶段。

这一次的主角是共和党艾森豪威尔和民主党的史蒂文森。夜色中，街头的霓虹灯与竞选广告交相辉映，艾森豪威尔和史蒂文森的竞选广告在荧屏上交替出现，他们的形象、口号和政策主张不断在选民心中留下印象。

这次选举不同以往，电视作为一种新兴的媒体形式，在本次竞选中扮演了重要的角色。候选人们利用电视广告、辩论和采访来传达自己的信息，并与选民建立联系。电视的出现使得竞选活动更加生动和多样化，同时也为候选人们提供了更广阔的传播平台。咖啡馆里，人们围坐一起，紧盯着电视屏幕，他们的脸上写满了认真和紧张，每一次新闻的更新都可能改变他们的选择。酒吧里，牛仔们聚在一起，讨论着两位候选人的优缺点。他们争执、辩论，情绪激动到面红耳赤。

纽约州的伊利恩，雷明顿-兰德公司的一间秘密实验室里，一台巨大的金属机器静静地运转着。这是 UNIVAC，当时最先进的计算机之一。它的任务是预测本次选举结果。UNIVAC 的预测基于一种被称为"抽样调查"的统计方法。在选举前，研究人员设计了一份详细的问卷，包含了各种可能影响选举结果的因素，如候选人的立场、选民的个人背景、社会经济状况等。然后，他们在全国范围内随机抽取了一定数量的选民样本，并对这些选民进行了面对面的访谈或电话调查。

完成问卷调查后，研究人员将收集到的数据输入到 UNIVAC 中进行处理和分析。UNIVAC 能够以极高的速度进行数学运算和数据处理。

UNIVAC 对输入的数据进行了一系列的计算和分析。它首先对每个选民的答案进行编码和量化，然后根据统计模型对数据进行加权和处理。这些模型考虑了各种因素，如选民的地理位置、年龄、性别、教育水平、职业等，以及他们对候选人的态度和偏好。通过分析和处理大量数据，UNIVAC 生成了一个预测模型，该模型揭示了选举结果的可能性和趋势。它能够根据选民样本的回答来推断整体选民的偏好，并预测哪位候选人最有可能赢得选举。

选举日终于来临。当最后一批选票被投入票箱时，全美国都在等待。新闻媒体、政治分析家、普通民众，所有人的目光都聚焦在那些即将被计数的选票上。传统的计票方法需要人工一张一张地统计，这需要时间，而这个时间差就给了 UNIAC 一战成名的机会。

在雷明顿-兰德公司的实验室里，气氛异常紧张，工程师们围绕在 UNIVAC 周围。终于，UNIVAC 的指示灯开始闪烁，打印机开始工作，吐出一张纸条。一名工程师拿到纸条，脸上露出震惊的表情。他迅速找到公司高层，将纸条递给他们。

"艾森豪威尔胜出"几个大字赫然在目。

这个消息比传统的人工计票方法早了数小时。当 UNIVAC 的预测结果被公布，并通过电视渠道进行传播，全美为之震惊。人们无法相信，一台机器竟然能够如此迅速地预测选举结果，公众对此半信半疑。但是，几个小时以后，公众将改变对这个新生事物——大型计算机的看法。

果不其然，几小时后，艾森豪威尔胜出的消息随着电视的传播迅速传开，UNIVAC 预测成功也成为一项美谈，人们开始认识到大型计算机的巨大潜力。

UNIVAC 不仅改变了公众对计算机的看法，也展示了大型计算机在数据处理和分析方面的强大能力。毕竟，一个可以预测总统大位的机器，绝不是泛泛之辈。

在随后的几年里，雷明顿-兰德不断加大对 UNIVAC 系列计算机的研发和市场推广力度，力图成为大型计算机市场的领导者。与此同时，另一个蓝色巨人也盯上了这个市场，它就是 IBM。IBM 敏锐地观察到了商业世界中对强大计算能力的潜在需求，随着企业数据处理需求的增长，传统的手动方法和当时可用的简单电动计算工具已无法满足这些复杂的要求，IBM 很有预见性地看到了未来商业世界中数据计算将成为核心竞争力。

为了填补这一市场空白，并为企业提供一种能够处理大量数据、进行复杂运算的解决方案，IBM 决定开发一种专为商业环境设计的大型计算机。IBM 于 1952 年晚一些时候推出了 IBM 701。这台计算机凭借其高速运算和大量数据存储能力，迅速成为商业领域的翘楚，也为 IBM 在大型机市场的统治地位奠定了基础。

IBM 701 是 IBM 正式对外发布的第一台电子计算机。这台计算机是 IBM 第一台商用科学计算机，也是第一款批量制造的大型计算机，被认为是里程碑式的产品。IBM 701 采用了真空管逻辑电路和静电存储器，由 72 个容量为 1024 位的威廉斯管组成，共 2048 个字节，每个字节 36 位。此外，其内存可以扩展到最大 4096 个字的 36 位。在运算速度方面，加法操作需要 5 个 12 微秒的周期，其中两个是刷新周期，而乘法或除法运算需要 38 个周期（456 微秒）。

从此，大型计算机之间的竞争开始了。在那个时期，大型计算机严格地遵循了冯·诺依曼的架构设计。这种设计理念的核心在于"存储程序"和"程序控制"。具体来说，大型机主要包括以下几个关键部分：

1）计算板：这是大型机的"大脑"，负责进行复杂的数学和逻辑运算。

2）控制板：它如同计算机的"神经系统"，根据存储的程序指令，精确地控制各个部件的运作，确保整体流程的顺畅。

3）存储设备磁鼓：作为主要的内存设备，磁鼓不仅存储容量大，还能高速旋转，为计算板提供持续、稳定的数据流。

4）纸带机：这是当时的主要输入设备，纸带上的穿孔代表不同的数据和指令，实现与计算机的交互。

这种架构不仅在当时被视为技术巅峰，而且对后世的计算机设计产生了深远的影响。冯·诺依曼的设想为计算机科学奠定了坚实的基础，使得从大型机到个人计算机的各种计算设备都能在此基础上持续创新和发展。

于是，科技战争开始了，UNIVAC 计算机在性能、稳定性和应用广泛性方面与 IBM 的大型机展开了激烈的竞争。这场竞争不仅推动了计算机技术的进步，也促使两家公司不断创新和降低成本，以吸引更多的客户。

雷明顿-兰德凭借其 UNIVAC 品牌在政府和军方等大型组织中获得了一定的市场份额，而 IBM 则依靠其强大的品牌影响力和技术支持，维持了在企业和商业市场的主导地位。然而，随着时间的推移和技术的不断进步，IBM 逐渐拉开了与雷明顿-兰德的距离。IBM 的大型机不仅在技术上更为先进，而且在市场份额上也占据了绝对的优势。到了 20 世纪 60 年代末，尽管雷明顿-兰德仍在努力推广 UNIVAC 系列计算机，但 IBM 已稳居行业之巅。

IBM 700/7000 系列代表了大型机技术的两次重大飞跃。起初，700 系列采用真空管技术，这在当时是电子技术的前沿。然而，随着技术的进步，IBM 迅速转向更为先进和可靠的晶体管技术，推出了 7000 系列。这种技术的转变不仅提高了计算机的性能和稳定性，还使得机器的体积进一步缩小，能耗降低。

IBM 的大型机策略明确区分了科学和商业两大市场。针对工程和科学应用，IBM 推出了如 701、704 和 709 等型号，这些机器拥有强大的计算能力和高度专业化的指令集。与此同时，为了满足商业市场对数据处理的需求，IBM 开发了如 702、705 和 7080 等型号，这些计算机更加注重数据处理的速度和准确性。尽管这两大类别的机器使用共同的外围设备，但它们的指令集完全不兼容。

在大型机发展的初期，IBM 主要关注硬件的销售，而软件则被视为客户的责任。但很快，

IBM 意识到软件在提升计算机整体性能和客户满意度方面的重要性。因此，公司开始为新开发的高级编程语言如 FORTRAN、COMTRAN 和 COBOL 提供编译器。同时，为了满足日益增长的自动化需求，操作系统开始崭露头角。最初的操作系统主要由客户自行开发，用于调度工作队列。但随着时间的推移，IBM 加强了对操作系统的投入，推出了如 SHARE 和 IBSYS 等产品，进一步提升了大型机的整体性能。

随着软件复杂性的增加，支持众多不同设计的成本变得沉重。这一挑战促使 IBM 开发更为统一和标准化的计算机体系结构。System/360 及其操作系统的推出是这一努力的成果，它标志着大型机发展进入了一个新的时代。

最终，蓝色巨人 IBM 在大型机时代独占鳌头。相比之下，同时代的其他大型机生产商如雷明顿-兰德公司仅占据了较小的市场份额。值得一提的是，在那个时期，主要有七家与 IBM 竞争的公司。业界形象地称 IBM 为 "白雪公主"，而其余七家公司由于规模较小，被戏称为 "七个小矮人"。在科技史上，整个大型机市场的竞争态势被形容为白雪公主与七个小矮人之间的较量。

但是白雪公主的神话很快将遇到科技浪潮的挑战，而白雪公主并没有在这场科技浪潮中引领潮头。

▶▶ 2.2.2　单芯片的可编程计算机——微处理器的诞生

1969 年，加州圣克拉拉。

三个从东京飞了一万多公里来到旧金山的日本人，此时正坐在英特尔的会议室中，局促不安地等待着。他们来自东京的 Busicom 公司，此行的目的是寻找一种创新的芯片解决方案，用于他们计划推出的计算器产品。

20 世纪 70 年代，日本在电子设备领域风生水起，收音机、磁带机、计算器等电子技术极大繁荣，美国技术、日本制造模式大行其道，繁荣的消费电子产业成为增长的利器。

日本来的代表们身着整洁的西装，神态庄重，显然对这次会面寄予了厚望，Busicom 的代表详细阐述了他们对芯片的需求和期望。他们希望英特尔能够为他们设计一系列芯片，以满足计算器产品的严格要求。当时的英特尔刚刚成立，公司的主要业务还只是 RAM 芯片，做计算芯片并不是他们的目标。

但是，有一个英特尔的工程师对此尤其感兴趣。他认真聆听着 Busicom 代表的需求，并在心中构想着可能的技术方案，他就是马西安·霍夫（Marcian Hoff）。在这间满是白板的会议室里，马西安·霍夫与他的团队开始了头脑风暴。他们面对的问题是如何设计一个既复杂又高效的 CPU。CPU 需要能够执行存储在只读存储器（ROM）上的指令，并处理保存在移位寄存器上的数据。

简单来说，霍夫设计了一种革命性的芯片，它不仅仅是为计算器而生，更是基于存储程序思想（EDVAC 架构）的可编程电子计算机。原来的 EDVAC 机器由计算板、控制板、存储、纸带等构成，而英特尔工程师霍夫（Ted Hoff）提出了革命性构想——将中央处理器、存储器和输入输出控制单元集成到单一硅片上。这一创新意味着实现在硅片上运行通用计算机设备的开端。

尽管它与我们所知的计算机相似，但缺少了一些核心组件，例如存储器和用户输入/输出设备。这种创新的设备被命名为"微处理器"，其强大的可编程性使其具有通用性。

英特尔的微处理器引入了"存储程序"的概念，这为计算器制造商提供了无限的可能性。他们可以根据需要编程微处理器，使其模拟任何类型的计算器。然而，当霍夫向日本的工程师们提出这个想法时，他们并没有表现出太大的兴趣，这让霍夫感到非常沮丧。因为日本的工程师并不需要一个微处理器，而是能提供加减乘除的计算芯片，能不能编程对他们意义不大。

但霍夫并没有放弃，而是找到了英特尔的创始人诺伊斯寻求支持。诺伊斯对霍夫的想法给予了肯定和鼓励，让他坚持下去。芯片设计师斯坦·马泽尔从仙童公司加入英特尔时，便成为霍夫的得力伙伴。两人携手开始了这项具有历史意义的芯片设计工作。他们的合作不仅改变了计算机硬件的历史，而且为整个电子产业开辟了新的道路。

设计工作于 1970 年 4 月正式启动，由费德里科·法金（Federico Faggin）挂帅，马里奥·希马（Mario Garcia）等多位工程师也加入了这一历史性的项目。经过无数次的日夜奋战和无数次的失败尝试，终于在 1971 年 3 月，一个具有划时代意义的芯片诞生了：4004 微处理器。

这款微处理器被交付给了 Busicom，并被用在了他们的 141-PF 打印计算器工程原型上。如今，这款原型机作为计算机历史上的重要文物，正在加州山景城的计算机历史博物馆中向世人展示它的风采。

在成功研制出 4004 微处理器之后，霍夫提出了在现有产品基础上增加更多功能的方案。他主张用单个芯片作为控制电路，以替代计算机终端的所有内部电子器件，这个芯片被称为 8008。霍夫和法金对 8008 项目感兴趣，部分原因是英特尔与 Busicom 公司签订的独家合同限制了 4004 芯片的推广。尽管 4004 芯片一次只能处理 4 个二进制数字，但新的 8008 芯片则可以处理更多数据。于是 8008 芯片诞生了。与 4004 相比，8008 把处理的位宽从 4 位变成了 8 位，有史以来，第一次可以处理一个字节的信息，这极大地拓展了 8008 的处理能力。

难道从此之后，英特尔就走上了处理器的巅峰之路？

事实上，尽管在高度复杂且造价昂贵的 4004 芯片和 8008 芯片上投入了大量时间和精力，但没有一个产品能进入大众市场。随着计算器市场竞争的加剧，Busicom 公司要求英特尔降低 4004 芯片的价格，否则将中断履行合约。市场部也对销售微处理器给工程界的想法反应冷淡，认为这需要用户学习如何使用，并会带来大量客户支持问题。

面对自己设计出来的芯片却没有用武之地，霍夫也非常着急，他提出了微处理器的新应用领域，如升降机控制器，可以节约成本并取代大量普通芯片。他坚持宣传微处理器的可编程性和基本决策能力，并在 1971 年秋季的《电子新闻》上刊登了一则广告："集成电子产品新纪元：一块芯片上的微型可编程计算机。"可惜，广告效果差强人意，并没有带来一个 CPU 应用狂潮。

在 20 世纪 60 年代末至 70 年代初，计算机市场主要由两种类型的计算机构成：大型计算机和小型计算机（即使是小型计算机，尺寸也非常大，只是相对大型机来说，尺寸小一些）。这些计算机主要是由 IBM、CDC、霍尼韦尔、DEC 和惠普等公司制造和销售。

大型计算机，如 IBM 等公司的产品，体型庞大，如同房间大小，价格昂贵，常常是根据客户的特定需求进行定制的。这些机器的设计和生产涉及大量的工程师和巨额的资金投入。相比之下，小型计算机则更为经济实惠，体型也相对较小，主要由 DEC、惠普等公司生产。这类计算机的主要销售对象仍是科研实验室和企业，价格虽然只是大型计算机的一小部分，但对于普通人来说仍然难以承受。在这个时代，计算机仍然是一种奢侈品，远未普及到个人用户。虽然人们可以预见到计算机的体积会不断缩小，价格会逐渐降低，可能会出现能放在办公桌、公文包甚至衬衣口袋里的个人计算机，但在当时还只是一个遥不可及的梦想。

1974 年，《无线电电子》杂志在宣传一台名为 Mark-8 的自制小型计算机。这台计算机采用了 Intel 在 1972 年推出的 8008 微处理器。这个就是电子发烧友自制的计算机，但是 Mark-8 的出现不仅展示了微处理器技术的潜力，也激发了人们对个人计算机的兴趣和需求。8008 微处理器作为 Mark-8 的核心部件，具有多种用途。它可以执行基本的算术和逻辑运算，控制输入/输出设备，管理内存等功能。通过编程，8008 微处理器可以实现各种复杂的任务和功能。这台小型计算机的出现，让人们看到了计算机可以变得更加普及和实用的可能性。

这个时代的发烧友自制的计算机只是小众范围内的自娱自乐，能够销售上百台就非常不错了，这也是那些属于电子极客圈子们的"华山论剑"。

不久，Intel 8080 芯片推出，一款基于 8080 的 Altair 计算机成为备受瞩目的产品。Altair 由 MITS 公司推出，MITS（微型仪器和遥测系统）是位于美国新墨西哥州阿尔布开克的一家公司，由 H. Edward Roberts 经营。这家公司致力于设计制造计算机和相关技术产品。

Altair 的价格更加亲民，Intel 8080 芯片支持更广泛的指令集，这意味着 Altair 计算机能够处理更加复杂的任务。Altair 计算机的内存可以扩展到 64KB，与搭载 Intel 8008 芯片的 Mark-8 相比，Altair 也占据明显优势，因为 8008 只有 16KB 的内存。

但最重要的是，除了性能上的优势之外，Altair 在购买时就已经被组装好了，而不需要用户像 Mark-8 那样必须按照说明书在印制电路板上手动拼装。这意味着用户可以更加方便快捷地使用 Altair 计算机，从而提高了其使用体验和普及程度，让算力更加普及。从这个例子上也可以看出来，在个人计算机兴起之前，要使用一款计算机有非常高的门槛。

1975 年 1 月，在《大众电子》月刊上，Altair 的设计师 Roberts 和 William Yates 联合撰写的文章向读者们介绍了这款计算机，如图 2-1 所示。

● 图 2-1　Altair 8800 的图册

通过 Roberts 和 Yates 的这篇文章，可以窥见当时公众对计算机的认识。这篇文章深入浅出地解释了数字硬件和计算机编程的基本概念。他们强调，计算机实际上是由一组可变的硬件组成的，通过修改内存中存储的位组合形式，就能改变硬件设备的种类。这种灵活性使得计算机能够执行各种不同的任务。

从 CPU 问世，它就和编程密不可分。在谈到编程时，Roberts 和 Yates 认为，要成为一名高效的程序员，需要丰富的经验和创造力。这一观点得到了广泛的认同，强调了编程实践和经验积累的重要性。文章还解释了汇编语言以及更高级的语言（如 FORTRAN 和 BASIC）相比于手动输入机器码所带来的巨大优势。通过使用这些高级语言，程序员可以更加高效地编写代码，减少出错的可能性，并提高程序的可读性和可维护性。

但是，在具体的客户操作上，Altair 计算机还没有配置键盘。Altair 计算机的输入方式独特而具有启发性。用户通过拨动面板上的开关来输入值，其中一行 16 个开关用于设置地址，下方的 8 个开关则用于操作计算机，如图 2-2 所示。

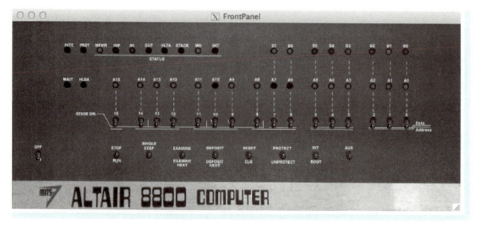

● 图 2-2 Altair 8800 的前面板

这种不合理的交互方式源于计算机内部的二进制工作方式，每一个开关都代表一个位。开关向上代表 1，向下代表 0。最右边的 8 个开关还可以用来指定要存储在内存中的值，这与 Intel 8080 使用 16 位值来寻址 8 位字的方式相契合。

与 Altair 计算机的交互方式是一种真正的二进制界面，它使用户能够尽可能地接触到计算机的实体。这种不合理的交互方式在当时却是一种创新，它让用户更加深入地理解计算机的工作原理。通过手动设置开关来输入值和地址，用户可以直观地感受二进制代码在计算机中的表示和操作方式。目前这种交互方式虽然在现代计算机中已经不常见，但在当时却是一种探索，除了打孔的纸带，居然还可以通过拨码开关进行交互。

Altair 计算机的面板虽然看起来杂乱无章，有点像美剧《LOST》里面地下实验室的计算机一样难以操作，但其实并没有那么可怕。下面通过一个例子来学习一下如何操作 Altair。

现在我们要输入和运行一个简易的程序，来了解一点 CPU 基本知识。Altair 面板上的指示灯分为两组：

一组的标签为 D0 到 D7，代表当前寻址的字的内容。

二组的标签为 A0 到 A15，表示当前的地址，16 位的范围可以访问 64K 的地址。

这些指示灯可以告诉用户计算机正在处理的数据和地址信息。

要将位组合方式保存到内存信息中，用户可以使用最右边的 8 个标签为 0 到 7 的开关。然后，只需向上推动 "DEPOSIT" 按钮即可完成保存操作。这样就可以在不同的地址存储不同的数据。

下面通过一个小程序来描述这个 Altair 的工作原理。

这个程序从内存中读取两个整型数据并相加之后，将和存回内存中。程序仅由 6 条指令组成，但是这 6 条指令涉及了 14 个字的内存。这个示例程序也被写入了 Altair 的说明书，如图 2-3 所示。

下面来详细介绍这六条指令。

1）LDA addr128：从 128 地址获取值到寄存器 A。

2）MOV B，A：把寄存器 A 的值放到寄存器 B，将寄存器 A 的值空出来，准备获取下一次的值。

3）LDA addr129：把 129 的地址的值放到寄存器 A。

4）ADD B：把 B+A 的结果赋值给 A。

5）STAaddr130：将 A 的值存储到地址 130。

6）JMP 0：返回 0 地址，重新开始。

接着，把程序下载到芯片中。这个过程可以简单理解为以下几个步骤。

1）编程完成：完成了编程，准备好通过开关将值输入到 Altair 计算机中。

2）输入值：使用 Altair 面板上的开关，可以将特定的值输入到计算机的内存中。这个输入过程非常烦琐，千万不要算错。

Address	Mnemonic	Bit Pattern	Octal Equivalent
0	LDA	00 111 010	0 7 2
1	(address)	10 000 000	2 0 0
2	(address)	00 000 000	0 0 0
3	MOV B, A	01 000 111	1 0 7
4	LDA	00 111 010	0 7 2
5	(address)	10 000 001	2 0 1
6	(address)	00 000 000	0 0 0
7	ADD B	10 000 000	2 0 0
8	STA	00 110 010	0 6 2
9	(address)	10 000 010	2 0 2
10	(address)	00 000 000	0 0 0
11	JMP	11 000 011	3 0 3
12	(address)	00 000 000	0 0 0
13	(address)	00 000 000	0 0 0

● 图 2-3　Altair 8800 的指令

3）运行和停止程序：当用户准备好运行程序时，可以短暂地向下推动 "RUN" 开关，然后将其推到 "STOP" 位置。程序会以非常快的速度（一秒内上千次）反复执行添加和保存值的操作。这个程序的功能是读取内存地址 128 中的值，并将其与内存地址 129 中的值相加。相加后的结果会被保存到内存地址 130 中。在程序中，每条指令都会处理一个内存地址。这些地址的最低有效位会首先被给出，这就是为什么第二个字节总是会被清零的原因（因为地址范围没有超过 255）。

这个过程展示了如何使用 Altair 计算机的基本输入、输出和计算功能。通过手动设置开关和观察指示灯，用户可以直观地了解计算机如何处理和存储数据，并执行简单的程序任务。

现在程序运行完毕。那么如何查看计算的结果？

通过设置面板上的开关，用户可以指定新的地址。当"EXAMINE"开关被向上推动时，数据指示灯会更新以显示新地址上的内容。这个功能允许用户"观察"内存中的所有信息。此外，用户还可以将"EXAMINE"开关推到"EXAMINE NEXT"位置，以自动检查下一个位置上的信息，这使得查看连续的信息更加容易。

当用户停止程序并查看内存地址 130 的内容时，应该能看到正确的答案——即循环累加地址 128 和 129 中值的总和。

Altair 计算机虽然远远不如现代的家用电脑和笔记本电脑，甚至与十多年后发布的 Mac 电脑相比也显得简朴，但它对于第一批购买《大众电子》并亲手组装计算机的读者来说，却具有里程碑式的意义。

这是他们拥有的第一个真正的全功能计算机，而且价格仅为 400 美元，占据的空间也不过一个书柜的一半。在那个时代，人们通常只能通过一卷磁带来与计算机交互，Altair 的出现无疑令人眼前一亮。虽然其使用方式注定这种机器的用户是编程的极客而不是普通人，但是它为之后的微型计算机奠定了基础，可以被视为微型计算机发展史上的重要里程碑。

这个年代离家用计算机的年代还有十年的时间，Intel 要在 PC 时代登顶，还要再卧薪尝胆好几年，当下的硅谷之火还远没有星火燎原。

▶▶ 2.2.3　飞入寻常百姓家——苹果开启了个人计算机时代

1977 年 4 月，首届西岸电脑展览会吸引了成千上万的观众和业界人士。在展厅里有一个人正在跃跃欲试，他就是苹果公司创始人之一史蒂夫·乔布斯，他要在这里向世界展示他们的最新产品。

乔布斯站在一个精心布置的展示台上，身后是一台 Apple Ⅱ 计算机。他一头浓密的黑发，脸上洋溢着自信和激情。他向众人宣布，这款计算机将改变世界，而他正是这个变革的引领者。

与其他的计算机相比，乔布斯带来的 Apple Ⅱ 漂亮得不像人们想象中的计算机，它的上盖可以轻易地从米色的塑料机箱上拿起，方便用户更改电脑内部的硬件设置。这种设计在当时是非常创新的。这让这台机器看起来更像是一款家用电器。这使得它可以轻松地融入家庭、办公室或学校等环境中，而不会显得突兀。

当然，Apple Ⅱ 拥有丰富的功能和强大的性能。它拥有彩色、高分辨率的图形显示模式，音效功能以及两种基于 BASIC 的内置编程语言，这些功能在当时的其他微电脑上并不常见。这使得 Apple Ⅱ 在教育和个人使用上具有广泛的应用前景。同时，它的性能也非常出色，可以处理大量的数据和信息，满足用户的各种需求。

乔布斯认为，电脑并不是极客的专用工具，它必须利于广大普通人使用，Apple Ⅱ 操作系统和用户界面设计得非常友好，使得计算机变得更加易于操作和理解。这对于普通消费者来说是一个巨大的优势，这使得他们不需要具备专业的计算机知识就可以使用 Apple Ⅱ。普通人很难操作类似图 2-1 中的 Altair 8800 计算机。

　　唯一令乔布斯不满意的一点是，Apple Ⅱ 居然要留着扩展槽。虽然是 Apple Ⅱ 设计师沃兹尼亚克坚持要加入扩展槽，以提供用户可扩展卡的插入的功能，但是对于乔布斯来说，他的产品，必须像"禅意"般简洁，并且乔布斯要有完整的控制力，而让用户插扩展卡，显然不在他的考虑范围之内。

　　当乔布斯开始介绍 Apple Ⅱ 时，计算机展览会上的观众们全神贯注地聆听。他详细阐述了这款计算机的特点和优势，包括其强大的性能、易于使用的界面和广泛的应用前景。他展示了 Apple Ⅱ 如何以图形化的方式呈现信息，以及如何通过内置的 BASIC 编程语言激发用户的创造力。

　　乔布斯还演示了 Apple Ⅱ 在教育、科研和商业领域的应用潜力。他强调了这款计算机如何为普通人打开了计算机世界的大门，让他们能够以前所未有的方式探索、学习和创新。传统的计算机总是强调自己有多少算力、多少内存，而乔布斯却不这么看待问题。对他来说，站在不同角度，计算机的使命不同。

　　对于教育者来说，Apple Ⅱ 可以被用于编程、数学、科学等课程的教学。其内置的 BASIC 编程语言使得学生们能够学习编程，并开发自己的软件和小游戏。同时，教师们也可以利用 Apple Ⅱ 制作多媒体教学材料，使教学内容更加生动有趣。

　　对于科研人员，他们可以利用 Apple Ⅱ 进行数据处理和分析，其强大的计算能力和图形处理功能可以帮助他们更高效地完成任务。此外，Apple Ⅱ 还可以连接外部设备，如打印机和磁盘驱动器，方便科研数据的存储和共享。

　　对于公司的老板来说，在商业环境中，Apple Ⅱ 可以用来处理大量的数据和信息。它可以连接到打印机、磁盘驱动器等周边设备，实现更多的功能，如打印报表、存储客户数据等。此外，通过编写特定的软件，Apple Ⅱ 还可以被用作专门的商业工具，如库存管理、财务管理等。

　　即使是对于普通人来说，Apple Ⅱ 也是一款非常适合个人使用的计算机。用户可以用它来写文章、制作电子表格、玩游戏、进行图形设计等。同时，Apple Ⅱ 还有一个极具创新性的语音合成器，使用户可以通过语音来控制电脑，这在当时是一项非常先进的技术。

　　不论是什么身份，对于乔布斯来说，Apple Ⅱ 总有适合用户的部分。这是乔布斯的能力，也是他的独特视角。个人计算机必须嵌入到场景中，才能发挥无与伦比的价值。

　　这不是一台机器，而是人类的计算的助手，算力充沛的仆人，能够娱乐用户的弄臣——而这一切的价格是如此划算，值得每个人都拥有一台。

　　展示结束时，现场响起了热烈的掌声。观众们为乔布斯的魅力和 Apple Ⅱ 的潜力所深深吸引。许多人对这款计算机充满了好奇和期待，纷纷涌向苹果公司的展台，希望更深入地了解这款划时代的个人计算机。

Apple Ⅱ 大获成功，同时也开启了一个时代：个人计算机时代。

毫无疑问，个人计算机时代的芯片霸主就是 CUP。其中，APPLE Ⅱ 计算机所用的 CPU MOS 6502 成了一代传奇。从 1975 年的诞生到它在各种设备中的广泛应用，这颗 CPU 不仅改变了计算机产业的面貌，更在无数人的心中留下了不可磨灭的印记。

1975 年，当 6502 首次亮相时，它以 25 美元的售价震撼了整个市场，成为当时最便宜的微处理器。当时，大型公司如摩托罗拉和英特尔推出的处理器价格高昂，而 6502 的出现打破了这一格局，其售价不到竞争对手的六分之一。这种价格优势使得更多的企业和个人开发者得以接触和使用微处理器，从而推动了整个行业的发展。

6502 是由一群在摩托罗拉设计 6800 微处理器的工程师们创立的 MOS Technology 公司设计的。这些工程师包括 Tom Bennett、John Buchanan、Rod Orgill 和 Bill Mensch 等，他们都有着丰富的经验和才华，在摩托罗拉的日子里，他们面对的是 IBM 等大型计算机公司的竞争压力。然而，他们并没有被这些巨头所吓倒，反而用自己的智慧和努力创造出了具有革命性的 6800 系列微处理器。随着 6800 的成功，他们意识到微处理器市场的巨大潜力，并决定自立门户，成立 MOS Technology 公司，继续他们的创新之路。

在 MOS Technology 公司，工程师们继续发扬他们在摩托罗拉的精神，不断推陈出新。他们成功地将 6800 的精髓融入到了新的设计中，创造出了更为出色、更为廉价的 6502 微处理器。这颗 CPU 不仅继承了 6800 的强大性能，还在功耗、体积和成本等方面进行了优化，更加适合个人计算机和游戏机等消费电子产品。

随着 6502 的推出，计算机市场的格局发生了翻天覆地的变化。这款处理器以其卓越的性能和低廉的价格迅速占领了市场，推动了家用计算机革命的爆发。在短短几年内，基于 6502 处理器的设备如雨后春笋般涌现出来，其中最著名的就是苹果公司推出的 Apple Ⅱ 电脑。

Apple Ⅱ 的成功让 6502 名声大噪，这款计算机不仅在教育领域取得了巨大成功，还在商业和家庭娱乐领域开创了新的天地。随着 Apple Ⅱ 的普及，越来越多的人开始接触和使用计算机，计算机从一个专业工具逐渐变成了一个普通消费者也能拥有的设备。

除了 Apple Ⅱ 之外，6502 还被广泛应用在其他设备中，如任天堂的 FC 游戏机、学习机以及 20 世纪 90 年代中国学生几乎人手一台的文曲星电子词典等。这些设备陪伴着无数人的成长，培养了一代又一代的玩家和计算机爱好者。这颗小小的 CPU 改变了计算机产业的面貌。

▶▶ 2.2.4　开放还是封闭——IBM 兼容机

由于 Apple Ⅱ 大获成功，Apple 随之成为个人计算机的代名词。

苹果公司成了硅谷的宠儿。这引起了从 60 年代大型机时代就占据了计算机头把交椅的 IBM 的注意。在人们的印象中，计算机是占据一整间房屋、数十个机柜相互连接的庞然大物，而个人计算机第一次让计算机走入了家庭之中，让人们感受到人与算力的连接是如此之近。与大型机每年销量有限不同，基于庞大的人口基数，每个商业界人士都能感受到，个人计算机必然是一个非常巨大的市场。这让 IBM 要急切地推出一款可以媲美 Apple II 的个人计算机。

在 20 世纪 80 年代初，美国佛罗里达州的 Boca Raton 的 IBM 实验室中，工程师和设计师们聚集于此。他们肩负着一项艰巨而秘密的任务——开发一款全新的个人计算机，以打破当时由苹果公司主导的市场格局。

这项计划被命名为 Project Chess。Chess 是国际象棋的意思，从这个名字来看，IBM 想要在个人计算机时代成为棋手，想要和苹果在个人计算机棋盘上争夺话语权。

按照当时蓝色巨人的体量，这个项目绝对会成功，没有人会质疑这一点。

最终 IBM 的 PC 业务大火，苹果的 PC 业务被压制了，市场空间被不断压缩，这也间接导致了乔布斯被 CEO 斯卡利赶出了苹果。这一切都与 Project Chess 的策略有关。

现在我们回顾一下这次 IBM 的 PC 策略。与在大型机上从软到硬、从芯片到上层操作系统全面投入的策略不同，这次 IBM 没有采取大规模投入的策略，而是选择了一个相对精干的 150 人团队。他们决定从硬件到软件都采用其他厂商的产品，打造一个真正的开放平台。在当年的背景下来看，这种策略不仅降低了开发难度，还有助于吸引更多的合作伙伴，但正是这种策略在使 Project Chess 非常成功的同时，也埋下了 IBM PC 业务衰弱的根子；也正是因为这个策略，培养出了两个 PC 时代的巨头，一直延续至今。

Project Chess 项目在选择微处理器时，就陷入了纠结的状态。当时的硅谷有很多处理器团队，那时处理器的研发可以形容为百花齐放、百家争鸣。

当时有两个比较强力的竞争者：英特尔的 8086 系列以及摩托罗拉的 6800 系列。团队成员们经过激烈的讨论和评估，最终选择了英特尔的 8086 微处理器。有人猜测也许此次需要的微处理器与 Apple 采用摩托罗拉紧密联系的 MOS 的 CPU 有关系，所以 IBM 才选择了英特尔；更重要且绝对不可忽略的就是，8086 的价格比 6800 要便宜很多。作为个人计算机，价格是绕不过去的关键一环。正是这个决定，在几年后拯救了英特尔公司，也崛起了一家 PC 时代的巨无霸企业。

当然，这是后话。Project Chess 团队虽然选了 8086，但是还是留了一手防备英特尔，他们知道如果选用 8086CPU，那么项目一旦成功，英特尔就成为唯一的处理器供应商。这对 IBM 来说，是很难接受的。为了不被 CPU 绑架，IBM 还要求英特尔允许其他公司生产和销售基于 8086 的微处理器，这样一来，IBM 就有很多的选择余地。实话说，这个要求依现在的眼光来看，不是一般的苛刻。

而当时的英特尔在这件事情上，并没有太多的选择。最终，英特尔同意了 IBM 的要求，并与其他几家公司（如 AMD、Cyrix 等）签订了交叉许可协议，允许它们生产和销售与 8086 兼容的微处理器。这一决策对于 x86 架构的发展具有深远的影响。它不仅促进了 x86 生态系统的繁荣，还使得 x86 架构成为个人计算机市场的标准之一，也让英特尔和 AMD 在 x86 业务的争斗延续至今。

在软件开发方面，IBM 也面临着一个巨大的难题：他们没有在个人计算机上可用的操作系统。于是，他们首先找到了当时在市场上颇受欢迎的操作系统厂商 Digital Research 公司。然而，令人意想不到的是，Digital Research 的创始人竟然拒绝了 IBM 的提议，态度也相当不友好。

IBM 不得不寻找其他合作伙伴。这时，他们注意到了年仅 22 岁的比尔·盖茨和他的微软公司。盖茨和好友艾伦此前曾成功地将 BASIC 语言迁移到 PC 领域，展现出了不俗的技术实力。IBM 看中了盖茨团队的潜力，他们决定与微软合作。

盖茨非常珍惜这次与 IBM 合作的机会，但当时微软并没有自己的操作系统。为了解决这个问题，盖茨和艾伦连夜制定了一个方案：由微软购买另一家公司的 86-DOS 操作系统并承诺对其进行修改和维护。最终，微软以 50000 美金的价格购得了 86-DOS 的使用权，并将其授权给 IBM。从此微软进入了 PC 市场，时至今日仍然是 PC 领域操作系统之王。

除了微处理器之外，Project Chess 还涉及了其他许多方面的创新。例如，该计划采用了开放式的架构设计，使得其他硬件厂商可以轻松地开发兼容的扩展卡和外围设备。

Project Chess 最终于 1981 年 8 月发布了 IBM PC 5150。这款电脑采用了 Intel 8088 微处理器（8086 的改进型），拥有 16KB 内存、单色显示器、两个 5.25 英寸软盘驱动器和可选的硬盘驱动器。这款电脑在外观上与 APPLE II 相似。

8088 处理器性能在当时是出类拔萃的，而且这台个人计算机价格相对合理，因此很快就获得了广泛的市场认可。IBM 为了快速占领市场，选择了与微软和其他硬件厂商合作，共同推动个人计算机的普及，但是这种开放式策略的后果很快就显现出来。那就是其他公司也能够基于 IBM 的架构和标准，开发出自己的兼容机方案。这些兼容机在硬件和软件上与 IBM 个人计算机兼容，因此可以使用相同的操作系统、应用软件和外设。很快，基于 IBM 的 PC 5150 的兼容机就出现在市场上，康柏（Compaq）、戴尔（Dell）、Gateway、惠普（HP）等等公司的个人计算机如同雨后春笋一般出现在市场上，个人计算机的市场被 IBM 的兼容机占据了。

一时间，个人计算机的市场不断扩大。作为个人计算机的发明者，苹果的销量也不断走高，但是市场占有率却在不断下降。这一切都说明，IBM 兼容机的方案成为市场的主流。但是苹果公司绝对不甘就此认输。

1984 年，苹果公司推出了具有划时代意义的 Macintosh 电脑，向世界宣告了一个新的计算时代的到来。在 Macintosh 发布会上，乔布斯用生动的演示向观众展示了如何用鼠标简单直观地操作电脑，以及 Macintosh 如何提供了丰富的软件和工具，帮助用户更高效地完成任务。这些创新使得 Macintosh 在当时显得如此与众不同。这是第一台成功的具有图形用户界面的个人计算机，具有革命性的意义。

同样也是在这年的 Macintosh 发布会上，苹果发布了著名的广告片《1984》。这段广告以乔治·奥威尔的同名小说为背景，展示了一个反叛和突破的主题。广告开头，一群光头、穿着灰色衣服的人们在巨大的屏幕前聆听"老大哥"的演讲，整个场景充满了压抑和束缚的氛围。随后，一个穿着红色运动服、手持铁锤的女子冲进了这个场景，她在人群中奋力奔跑，最终将铁锤砸向了屏幕，象征着打破了精神控制和束缚。这个广告巧妙而寓意深刻。在广告中，"老大哥"象征着当时的行业巨头 IBM，而苹果则扮演了反叛者的角色，试图打破行业的规则和限制，为用户带来更加自由和创新的产品体验。

苹果的技术路线是从底层芯片到上层操作系统的全面控制，这种垂直整合的策略使得苹果能够对其产品进行深度优化，提供出色的用户体验。苹果通过自主研发芯片和操作系统，实现了软硬件的高度协同，从而确保了系统的稳定性和流畅性。这种技术路线使得苹果在产品设计、功能实现和用户体验方面具有很大的灵活性和自主权。

相比之下，IBM 的技术路线更加开放和兼容。IBM 通过与其他硬件和软件厂商合作，共同推动个人计算机的发展。这种开放策略使得 IBM 个人计算机能够兼容更多的设备和软件，从而满足了用户多样化的需求。同时，开放的技术路线也促进了技术创新和市场竞争，推动了整个行业的快速发展。

很快，处理器领域就发展起来了，面向 PC 业务的 CPU 欣欣向荣。一切都向着最完美的方向发展，似乎将见证一个属于个人计算机的 CPU 芯片时代。

但是，事情真的是这样吗？

▶▶ 2.2.5　放弃意味着前进——Intel 在 PC 时代的崛起

1986 年，硅谷的天空似乎比往年更加阴沉。Intel 的总部里，气氛格外凝重。这一年，安迪·格鲁夫（Andy Grove）肩负重任，接任了 Intel 的 CEO。当时的 Intel，正深陷与日本 RAM 芯片竞争的泥沼中。日本厂商凭借其高效的生产和低廉的成本，如狂风骤雨般席卷全球市场，Intel 的财务状况每况愈下。曾经辉煌的内存芯片业务，如今却成了公司的沉重包袱。

圣克拉拉的夜却是如此难熬，安迪·格鲁夫和戈登·摩尔坐在 Intel 总部的会议室里，愁容满面。格鲁夫深吸了一口气，转向摩尔："如果公司继续这样走下去，董事会决定换掉我，新的 CEO 上任，他会怎么做？"

摩尔沉默片刻，看着格鲁夫："他肯定会选择把内存业务关停。"

格鲁夫愣住了，这不是他第一次考虑这个问题，但每次想到这个答案，他的心都会沉重一下。他自言自语："为什么我不自己把内存业务关掉呢？"

会议室陷入了短暂的沉默。

格鲁夫深吸了一口气，做出了一个震惊业界的决定：壮士断腕，放弃内存芯片市场，全面转向微处理器（CPU）市场。

这个决策在当时引起了轩然大波，许多人认为这是一个疯狂的举动。毕竟，内存芯片一直是 Intel 的骄傲和主要收入来源，而 CPU 市场则充满了未知和变数。

在 20 世纪 80 年代，日本的 SRAM（静态随机存取存储器）产业迅速崛起，导致 SRAM 的价格大幅下降。这一变化对全球半导体市场产生了深远的影响，尤其是对美国的半导体巨头 Intel 造成了巨大的冲击。

在此之前，Intel 一直是 SRAM 市场的主导者，但随着日本企业的技术进步和大规模生产，日本 SRAM 的价格变得更具竞争力。这使得 Intel 在存储器业务上面临了巨大的压力。他们的产品成本太高，无法与日本企业抗衡，导致销量和市场份额急剧下滑。

对于 Intel 来说，这场危机是毁灭性的。公司的存储器业务亏损严重，迫使他们在 1984 年至 1985 年财年期间裁员 7200 人。Intel 的 CEO 安迪·格鲁夫和董事长戈登·摩尔面临着巨大的压力，甚至担心自己会被股东赶下台。

当然，这不是 Intel 一家公司需要面临的问题。当时，日本产品如潮水般涌入美国市场，从家电到汽车，从录音机到摄像机，几乎每一个家庭都有日本制造的影子。美国的街头巷尾，日本品牌的广告牌高高耸立，而曾经傲视全球的美国制造却在这场浪潮中显得力不从心。

那时，美国市场仿佛成了日本产品的天下。平日里沉稳自信的美国商界，此时却感到一种前所未有的危机。他们看着自家市场上充斥着日本产品，焦虑、愤怒、无奈交织在一起。甚至有一些美国议员，在情绪失控之下，竟然公开去砸坏日本的录音机，以此表达他们的不满和抗议。紧接着，美国的 301 调查来了。经济上搞不过，就上政治手段，最终达成了"广场协议"，日本的 SRAM 产业也就此走到顶点。

但是那时的 Intel 却尤其感受到这波日本寒流冰彻透骨。Intel 的内存业务亏损严重，公司岌岌可危，格鲁夫站在十字路口，每一个决策都可能决定 Intel 的未来。科技产业的竞争残酷无情，稍有不慎便可能万劫不复。

那时的人们不曾想到，正是格鲁夫的这次选择，不仅把泥潭里的 Intel 带了出来，同时也缔造了一个 CPU 的帝国，统治了整个 PC 时代。

当时的处理器技术还主要停留在 16 位阶段。与此同时，Intel 的竞争对手如 Zilog 和摩托罗拉也在积极开发自己的处理器产品，市场竞争日益激烈。Intel 公司意识到，要想保持市场领先地位，就必须推出更高性能的处理器。于是，Intel 决定全力开发 32 位核心的 CPU 并推出了一个划时代的产品，即 80386。这款处理器采用了全新的架构，首次在 x86 处理器中实现了 32 位核心，将个人计算机从 16 位时代带入了 32 位时代。这里的"32 位"指的是 CPU 一次能够处理的数据量的大小。具体来说，CPU 中的"位"是一种表示数据宽度的单位，它决定了 CPU 一次可以处理多少二进制信息。

为了更通俗地理解这个概念，可以想象 CPU 就像一个搬运工，而数据就像是一块块砖头。32 位的 CPU 就像是一个每次能搬 32 块砖头的搬运工。每一块"砖头"就是一个二进制位，它只有两种状态：0 或 1。

当我们说一个 CPU 是 32 位的，意味着这个 CPU 的寄存器（可以理解为 CPU 内部的临时存储空间）和数据总线（CPU 与内存之间传输数据的通道）的宽度都是 32 位。这意味着 CPU 一次可以处理 4 个字节（因为 1 个字节等于 8 位，所以 32 位除以 8 等于 4 字节）的数据。

这样的设计使得 32 位的 CPU 在处理大量数据时比 16 位的 CPU 更加高效。简单地说，现在一次做的工作可以是以前的两倍。

Intel 的工程师成功地将大约 27.5 万个晶体管集成在一个芯片上，并实现了 12.5MHz 的时钟频率，80386 问世了。这在当时是一个了不起的成就。

但是，80386 的推出并没有引起 IBM 的青睐，IBM 并没有马上投入到下一代支持 80386 的个人计算机的研发中去。原因很复杂，其中一个原因是，IBM 担心 80386 的个人计算机可能会与其大型机形成竞争。因为 IBM 的大型机都是 32 位的，如果 IBM 再推出 32 位的 80386 处理器，可能会对其大型机的销售产生影响。

通过 80386 来占领市场的机会落到了一个新成立不久的公司身上。1982 年，三位来自德州仪器公司的高级经理 Rod Canion、Jim Harris 和 Bill Murto 创立了康柏（Compaq）公司，他们最初的产品是 IBM 兼容的个人计算机，而且很快得到了市场的认可。

康柏电脑第一年就卖出了 5.3 万台，创造了公司在美国商业领域的销售纪录。康柏的初步成功来自他们对市场需求的敏锐洞察。当 IBM 推出 286 电脑时，康柏迅速反应，推出了自己的 286 电脑。这款电脑不仅图形处理能力更强，而且外观设计更为精巧，便于携带，很快就受到了市场的热烈欢迎。康柏因此成为美国商界的一个成功典范，第一年销售额就高达 1 亿多美元。

康柏真正崛起了，这要归功于他们对 80386 处理器的独到眼光和果断行动。80386 处理器的强大性能和广泛兼容性，为康柏电脑赢得了大量用户的青睐。康柏也因此一跃成为个人计算机市场的领导者之一，从而进一步巩固了其在市场中的地位。一跃成为世界第三大计算机制造商，康柏的成功也引起了其他厂商的注意。

不久之后，戴尔、NEC、富士通、惠普等纷纷推出了基于 Intel 的 CPU 的个人计算机，里面全部是微软的操作系统。百花齐放满园春，这是个人计算机时代的春天，也是 Intel 的春天。

然而，开创个人计算机时代的苹果在这一时期却赶走了它的创始人乔布斯。

原因并不意外，苹果公司的计算机份额大幅下滑。在当时，当 IBM 兼容机迅速占领市场的同时，苹果推出的 Macintosh 电脑在市场上也获得了一定的成功。Macintosh 电脑采用了直观的图形界面和鼠标操作，使得用户能够更加轻松地使用电脑，这一创新在当时引起了轰动。然而，与 IBM 兼容机的竞争使得苹果面临了巨大的压力。IBM 兼容机以其开放的标准和广泛的应用软件支持，吸引了大量的用户和开发者。相比之下，苹果的 Macintosh 电脑在软件和硬件上都相对封闭，其市场份额不断被 IBM 兼容机冲击。随着公司的不断壮大和内部政治的复杂化，乔布斯与苹果公司的其他高层之间产生了一些分歧。1985 年，由于与苹果公司当时的 CEO 约翰·斯卡利在经营理念和管理风格上的矛盾不断激化，乔布斯最终被赶出了苹果公司。其市场份额开始受到 IBM 兼容机的冲击。当时，公司的管理层对利润的追逐过于激进，导致产品价格高昂，其市场份额从 20 世纪 80 年代末的 16% 下降到了 90 年代中期的 4%。值得一提的是，当时苹果采用的是摩托罗拉的 CPU，而苹果的竞争对手都采用 Intel 的 CPU。

在整个 20 世纪 90 年代，Intel 的 CPU 几乎一统天下，无论是在家庭、学校还是办公室。在那个时代，提及 CPU，人们自然而然地会想到 Intel。

Intel 的名字几乎与芯片画上了等号，这不仅仅是因为他们在市场上的占有率，更是因为他们在技术创新和品质保障上的不懈努力。从奔腾到酷睿，每一代 Intel 的 CPU 都代表着当时最先进的技术和最高的品质标准。

"Intel Inside"也成了 Intel 标志性的营销手段。自 1991 年开始，Intel 的策略的核心是与各大电脑制造商合作，在他们的电脑上贴上"Intel Inside"的标签，表明这些电脑都搭载了 Intel 的处理器。这一举措极大地提升了 Intel 的品牌知名度和市场占有率，Intel 的标志都成为人们信赖的保证。而"等！等灯，等灯"则是 Intel 的经典广告音乐，它简洁明快，节奏感强，让人一听就能联想到 Intel。这段音乐与"Intel Inside"标签一起，成为 Intel 品牌的两大标志性元素。

支撑这一切的，是 Intel 强大的研发实力和精密的制造工艺。他们每年投入巨额资金用于研发，不断推出新的技术和产品，以满足市场和用户的需求。同时，他们的制造工艺也始终处于行业领先地位，保证了每一片 CPU 都拥有卓越的性能和稳定的品质。

Intel 也在这个过程中充分运用摩尔定律带来的工艺进步，使用 Intel 的"Tick-Tock"策略，向市场不断推出新的处理器。Intel 的"Tick-Tock"策略，可以形象地比喻为一位拳击手的左右拳轮流出击。"Tick"就像是拳击手每隔一段时间就会挥出的左拳，这是 Intel 每隔一年更新制作工艺的策略。每次左拳出击，都能让处理器的性能得到提升，同时降低能耗和发热量，就像每次更新制作工艺都能带来处理器的进步一样。而"Tock"则是紧随左拳之后的右拳出击，代表着在维持相同制作工艺的前提下，对处理器架构进行革新。"Tock"策略让消费者在享受新技术的同时，也能感受到更好的产品体验。

通过这种左右拳轮流出击的"Tick-Tock"策略，Intel 能够保持每两年更新一次处理器的节奏，稳稳地占据市场领先地位。就像拳击手在擂台上灵活应对，不断出击，最终赢得比赛一样，Intel 也凭借着这种策略，在处理器市场上不断取得胜利，为消费者带来更好的产品和服务。

正是这些因素的综合作用，使得 Intel 在整个 20 世纪 90 年代占据了芯片行业的半壁江山。他们的成功不仅仅是对自己的一次证明，更是对整个个人计算机产业的一次巨大推动。在那个时代，Intel 就是个人计算机产业的王者，他们的 CPU 就是无数用户的信仰和追求。

个人计算机的发展，无疑是科技史上的一次革命性飞跃。在这场技术浪潮中，Intel 的 CPU 凭借其卓越的性能，成为当之无愧的王者。这也是 CPU 最辉煌的岁月，至少在光影计算、移动计算、AI 计算之前的个人计算机时代，CPU 无疑是站在了一众芯片的 C 位。

2.3　处理器发展的烦恼

▶▶ 2.3.1　频率——摩尔定律的灵魂

在描述频率之前，我们先来看一个问题：假设有两个 n×n 的矩阵 A 和 B，我们希望 CPU 计算它们的乘积 C。而矩阵乘法是很多计算的基础操作。如果我们想加快这个计算的速率，应该怎么办？先看一下这个矩阵运算的例子，如下所示。

```
# include <stdio.h>
# define N 4 // 假设矩阵是 4x4 的
void matrix_multiply(int A[N][N], int B[N][N], int C[N][N]) {
    int i, j, k;
    for (i = 0; i < N; i++) {
        for (j = 0; j < N; j++) {
            C[i][j] = 0; // 初始化 C[i][j] 为 0
            for (k = 0; k < N; k++) {
                C[i][j] += A[i][k] * B[k][j]; // 计算矩阵 C 的每一个元素
            }
        }
    }
}


int main() {
    int A[N][N] = {{...}};        // 填充矩阵 A 的值
    int B[N][N] = {{...}};        // 填充矩阵 B 的值
    int C[N][N];
    matrix_multiply(A, B, C);
    // 打印结果矩阵 C
    for (int i = 0; i < N; i++) {
        for (int j = 0; j < N; j++) {
            printf("%d ", C[i][j]);
        }
        printf("\n");
    }
    return 0;
}
```

在这个例子中，matrix_multiply 函数负责计算矩阵乘法。要估算这个任务需要的总指令数，需要考虑循环的嵌套层数和循环体内执行的操作。每个循环体内部的操作通常包括加法、乘法和数组访问。

如果我们假设加法、乘法和数组访问都是单独的指令，并且忽略循环控制指令（如比较和跳转），那么对于 n×n 的矩阵乘法：

➤ 外层循环（i 循环）执行 n 次。

➤ 中间层循环（j 循环）对于每次外层循环也执行 n 次。

➤ 内层循环（k 循环）对于每次中间层循环执行 n 次。

➤ 在内层循环中，执行乘法和加法操作。

因此，总指令数大致为：

总指令数≈n（外层循环次数）×n（中间层循环次数/外层循环）×

(n（内层循环次数/中间层循环）×2（乘法和加法操作/内层循环）)

$$= n×n×(n×2)$$
$$= 2×n^3$$

这里的估算非常粗略，因为它没有考虑到指令流水线、缓存命中率、处理器并行性、优化编译器的影响等现实世界的因素。实际的指令数可能会因为编译器优化、硬件特性以及代码的具体实现而有所不同。

注意：在真实世界的处理器中，由于存在指令流水线和其他并行处理机制，总指令数并不总是直接对应于任务完成所需的时间。此外，现代编译器可能会自动优化代码，例如通过循环展开来减少循环开销，或者重新排序指令以提高缓存利用率。

完成一项任务所需的总指令数是由多个因素共同决定的，包括程序算法、CPU 体系结构、指令集（Instruction Set Architecture，ISA）以及编译器的能力。这些因素都会影响最终生成的机器代码质量和效率。

1）程序算法：算法的选择和实现方式直接影响指令的数量和复杂性。一个高效的算法通常意味着更少的指令和更快的执行时间。

2）CPU 体系结构：不同的 CPU 设计有不同的寄存器、内存访问方式、并行处理能力和流水线深度等特性。这些特性会影响指令的执行速度和效率。

3）ISA：是 CPU 能够理解和执行的指令的集合。不同的 ISA 提供不同的指令和功能，有些 ISA 可能更适合特定的任务或算法。例如，一些现代 ISA 包含 SIMD（单指令多数据）指令，这些指令可以并行处理多个数据元素，从而减少完成某些任务所需的指令数。

4）编译器的能力：编译器是将高级语言代码转换为机器指令的关键工具。一个优秀的编译器能够生成高度优化的代码，通过减少冗余指令、重新排序指令以提高内存访问局部性、利用 CPU 的并行性等方式来优化指令数和执行速度。

在实际应用中，这些因素通常是相互关联的。例如，一个针对特定 CPU 体系结构和 ISA 优化的编译器能够生成更高效的代码。同样，算法的选择也可能受到可用 ISA 的限制或启发。因此，在设计和优化软件时，需要综合考虑这些因素，以达到最佳的性能。

单指令耗费的周期数目（Cycles per Instruction，CPI）和每个周期执行的指令数（Instructions per Cycle，IPC）这两个部分与 CPU 微架构的联系非常紧密。

1）CPI：CPI 表示执行单条指令平均需要的时钟周期数。

a. CPI 是衡量处理器性能的关键指标之一，因为它直接反映了处理器执行指令的效率。

b. 较低的 CPI 通常意味着处理器设计更为高效，能够在更少的时钟周期内完成指令。

2）IPC：IPC 是每个时钟周期平均执行的指令数，是 CPI 的倒数。

a. IPC 提供了一个衡量处理器并行处理能力的指标，特别是在超标量（superscalar）和其他并行处理架构中。

b. 较高的 IPC 表示处理器在每个时钟周期内能够执行更多的指令，从而提高整体性能。

3）CPU 微架构：CPU 微架构是指处理器内部的具体设计和实现，包括流水线结构、缓存系统、分支预测器、乱序执行引擎等组件。

a. 这些组件的设计和实现直接影响 CPI 和 IPC。例如，一个深度流水线设计可能有助于提高时钟频率，但也可能导致更高的 CPI，因为指令需要经过更多的流水线阶段。

b. 优化这些组件可以提高 IPC，例如通过改进分支预测器的准确性来减少错误预测的惩罚，或者通过增加乱序执行引擎的宽度来允许在每个周期执行更多的指令。

在设计和优化处理器时，工程师们会仔细权衡 CPI、IPC 和其他性能指标，以达到最佳的整体性能。这通常涉及对微架构的详细分析和调整，以及对编译器和操作系统等软件的协同优化。

当想要知道一个 CPU 性能如何时，可以看它完成一项任务需要多长时间。这个时间可以用一个简单的公式来计算：

CPU 完成任务的时间（以秒为单位）＝ 任务需要的总指令数 × 每条指令需要的时钟周期数 × 每个时钟周期需要的时间（以秒为单位）

这个公式表明，要评估一个处理器的性能，需要看以下三个方面。

1）任务需要的总指令数：完成任务需要执行多少条指令。不同 CPU 处理同样的任务可能需要不同数量的指令。

2）每条指令需要的时钟周期数：处理器执行一条指令需要多少个"节拍"或"步骤"。这就像是做一道菜需要多少步骤一样，一些复杂的指令可能需要更多的时钟周期来执行。

3）每个时钟周期需要的时间：处理器的"速度"或"节奏"。这就像是厨师做菜的速度一样，一个快速的处理器可以在更短的时间内完成一个时钟周期。

同时评估三个因素，就能估算出处理器完成一项任务需要多长时间。如果想要一个更快的处理器，就要尽量减少任务需要的指令数、每条指令需要的时钟周期数，或者提高处理器的时钟速度。这样，处理器就能更快地完成任务。

从上面这些指标来看，对于计算矩阵相乘的例子，最简单的方式其实就是提升频率。

从 Intel CPU 的发展历程来看，从 8086 到现在的 Core 系列发展历程中主频的提升如下。

（1）8086 时代（1978 年）

主频范围：几兆赫兹。

特点：8086 不仅是 Intel 的首款 16 位微处理器，它还奠定了个人计算机革命的基础。尽管其主频相对较低，但它为后续的 x86 架构发展设定了基准。

（2）80286 到 80386 时代（1982—1989 年）

80286 主频范围：最高至 12.5MHz。

80386 主频范围：16MHz 至 33MHz。

特点：80286 引入了保护模式，而 80386 则是一款 32 位处理器，显著增强了处理能力。这两款处理器都通过提升主频和增加指令集来改进性能。

（3）Pentium 时代（1993—2000 年）

主频范围：从最初的 60MHz 到 Pentium Ⅲ 的 1GHz 以上。

特点：Pentium 时代标志着个人计算机性能的巨大飞跃。除了主频的显著提升，Pentium 处理器还引入了诸如超标量架构、MMX 多媒体指令集和 SSE（Streaming SIMD Extensions）等创新技术，进一步提升了性能。

（4）Core 时代（2006 年至今）

主频范围：Core 2 Duo 通常运行在 2～3.5GHz，而 Core i 系列（i3/i5/i7/i9）则普遍超过 3GHz，部分型号可达 6GHz 甚至更高（使用 Turbo Boost 技术）。

特点：Core 微架构带来了显著的能效比提升，同时保持了高性能。超线程技术、更大的缓存、优化的内存控制器和先进的制程技术（如 45nm、32nm、22nm 等）都是这一时代的标志。

（5）最新 CPU（2020 年至今）

主频范围：基础主频普遍超过 3GHz，高端型号如 Core i9 通过 Turbo Boost 可达 5.5GHz 或更高。

特点：除了继续提升主频，最新一代的 CPU 还注重能效比和持续性能。它们采用了更先进的制程技术（如 Intel 7、Intel 4 等），并引入了诸如 AVX-512 指令集、DL Boost（深度学习加速）和集成 GPU 等新技术，以满足现代工作负载的需求。

CPU 的时钟频率受限于制造工艺和微架构设计。随着硅工艺的不断进步，晶体管的尺寸不断缩小，使得在相同面积的芯片上可以集成更多的晶体管，从而提高了 CPU 的运算能力。同时，更先进的工艺也允许更高的时钟频率，因为更小的晶体管具有更快的开关速度。

在微架构设计方面，增加流水线级数是提高 CPU 频率的有效手段之一。流水线是一种将复杂指令拆分成多个简单步骤并执行的技术。通过增加流水线级数，CPU 可以在每个时钟周期内完成更多的工作，从而提高整体性能。

然而，需要注意的是，单纯提高时钟频率并不总是最有效的性能提升方法。随着频率的提升，功耗和散热问题也会变得更加严重。

从 2008 年 CPU 速率达到 5GHz 后，CPU 的主频并没有多少突破，CPU 碰上了频率墙。

▶▶ 2.3.2 流水线——提升频率的利器

上一节提到了要提升 CPU 性能就要提升芯片的频率，那么如何提升芯片的频率？

除了用更高工艺的制程，另一个方法就是提升 CPU 的流水线级数（即划分指令处理步骤的精细程度）。CPU 的流水线技术可以通俗易懂地描述为一种"分工合作、同时进行"的工作方式，它极大地提高了处理器的效率。

想象一下厨师制做汉堡的步骤。按照传统的单周期方式，需要先做好整个汉堡的第一个部分（比如面包底部），然后再做第二个部分（比如放肉饼），依此类推，直到整个汉堡完成。这样的话，在做每个部分的时候，其他部分都在等待，效率很低。

但是，如果采用了流水线技术，情况就完全不同了。做汉堡的过程可以分成几个步骤，比如：烤面包、煎肉饼、准备蔬菜、组装汉堡等。然后，便不再是一个人完成所有这些步骤，而是有几个厨师（也就是流水线的各个阶段）分别负责不同的步骤。

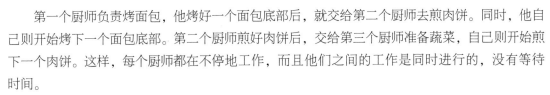

第一个厨师负责烤面包，他烤好一个面包底部后，就交给第二个厨师去煎肉饼。同时，他自己则开始烤下一个面包底部。第二个厨师煎好肉饼后，交给第三个厨师准备蔬菜，自己则开始煎下一个肉饼。这样，每个厨师都在不停地工作，而且他们之间的工作是同时进行的，没有等待时间。

最后，当所有的步骤都完成后，一个完整的汉堡就组装好了。而且，由于每个厨师都在不停地工作，所以很快就会有第二个、第三个汉堡完成。

为了提高性能，现代处理器通常使用流水线技术来重叠不同指令的这些阶段。这意味着处理器可以同时处理多条指令的不同阶段，而不是等待一条指令完全完成后才开始下一条指令。这种技术称为指令流水线（Instruction Pipeline），它显著提高了处理器的吞吐量（throughput）。

以一个五级流水线的 CPU 为例，来看看流水线的步骤。这五级如下。

第一级：取指令（Fetch）。处理器从内存中获取要执行的指令。这通常涉及计算下一条指令的地址（可能是顺序的，也可能是由于分支跳转而改变的）并从指令缓存（Instruction Cache）中读取该指令。

第二级：译码（Decode）。处理器解析取回的指令，确定要执行什么操作以及这些操作需要的操作数。在这个阶段，指令可能被分解为多个微操作（micro-operations），特别是对于一些复杂指令（CISC 架构中的指令）。

第三级：执行（Execute）。处理器执行指令所需的算术或逻辑操作。这可以包括加减乘除、位移、逻辑运算等。

第四级：访问存储区（Memory Access）。如果指令涉及内存操作（如加载或存储数据），则在这个阶段处理器会与内存系统交互。对于加载指令，会从内存中读取数据并加载到寄存器中；对于存储指令，会将数据从寄存器写入到内存中。

第五级：写回（Write Back）。最后，如果指令修改了处理器的状态（例如，更改了寄存器的内容），则在这个阶段将这些更改写回到寄存器文件中。如此一来，未来的指令就可以使用这些更新的值了。

在单个周期（single-cycle）处理器中，这五个步骤确实需要在同一个时钟周期内完成，然后才能开始下一条指令的处理。这种设计简单明了，但时钟周期的长度必须足够长，以容纳最慢的操作（通常是内存访问），这限制了处理器的最大时钟频率和性能。

然而，流水线处理器也面临着一些挑战，这些挑战有两个专有名词来描述，如流水线停顿（pipeline stall）和冒险（hazard），这些都需要通过复杂的控制逻辑和调度策略来管理。

在现代处理器中，流水线设计是提高指令执行效率的关键技术。通过将指令执行过程分解为多个阶段，并在每个阶段并行处理不同的指令，可以显著提高处理器的吞吐量。然而，这种设计也带来了流水线停顿的问题，即流水线中的某个阶段可能由于各种原因无法继续执行下一条指令，导致整个流水线的暂时停顿。

流水线停顿的原因多种多样，主要包括资源冲突、数据依赖和控制依赖等。资源冲突通常发生在两条或多条指令同时需要访问同一资源（如功能单元或存储器）时，导致其中一些指令必须等待。数据依赖则是因为一条指令的执行结果依赖于另一条指令的输出，如果依赖的指令尚未完成，则后续指令必须等待。控制依赖则与程序的控制流有关，如条件分支指令的结果可能决定后续指令是否执行。

流水线停顿对处理器性能有负面影响。它打断了流水线的连续执行，降低了处理器的吞吐量和效率。停顿的时间越长，性能损失就越大。在高性能计算环境中，这种停顿可能导致显著的性能瓶颈。

流水线冒险指的是流水线中的指令执行顺序可能导致错误结果的情况。

拿开车举例，一个司机开车去海南，在路上到了一个岔路口，而司机不知道该往哪条路走，因为导航还没告诉他下一个目的地是哪儿。这种类似的情境在 CPU 流水线中叫作控制冒险。控制冒险主要发生在遇到分支指令（比如 if 语句）时，处理器不知道接下来该执行哪条指令，因为分支的目标地址可能还没确定。

车通过岔路口后，来到一个收费站，收费站只有一条车道。如果两辆车都要通过收费站去海南，它们交汇在这个狭窄的收费站通道，一次只能通过一辆车。那么当一辆车通过时，另一辆车就要让行等待。如果不让行，就要发生碰撞。在 CPU 流水线中，这种情况叫作结构冒险，即多条指令同时想要使用同一个硬件资源，比如存储器或某个特定的功能单元，但这些资源在同一时钟周期内无法同时满足多条指令的需求。

最后，车开到了海边。车辆去海南需要乘船，但是船还没有来，于是司机便接着往前开，车就掉进了大海。这种情况在 CPU 流水线中叫作数据冒险。这种情况发生的情况是：一条指令的执行结果还没出来，但下一条指令已经急着要用这个结果了。

流水线冒险对 CPU 的正确执行显然是不利的，冒险会导致指令不能按照预期的顺序正确执行，可能产生错误的结果。处理器不得不采取措施来确保指令的正确执行，这通常意味着需要停顿流水线或重新排列指令顺序，从而降低性能。

为了解决这些问题，乱序执行、分支预测、延迟分支、前向传递、插入空泡等技术也应运而生。

CPU 的乱序执行技术，是一种为了提高 CPU 运行效率而采用的技术。

想象一下，一个繁忙的餐厅，厨师们按照顾客点菜的顺序来制作菜品。但是，如果有一道菜需要较长时间的烹饪，而其他菜则可以更快地完成，那么厨师们可能会选择先制作那些可以快速完成的菜品，以确保顾客不会等待太长时间。这就是乱序执行技术的基本思想。

在 CPU 中，乱序执行技术允许 CPU 将多条指令不按程序规定的顺序分开发送给各相应电路单元处理。这就像厨师们根据菜品的制作时间来调整制作顺序一样，CPU 会根据各电路单元的状态和各指令能否提前执行的具体情况，将能提前执行的指令立即发送给相应电路单元执行。

这样做的好处是，CPU 可以充分利用各个电路单元的计算能力，使它们尽可能地满负荷运转。就像厨师们在制作菜品时，通过合理安排制作顺序，可以确保每个厨师都有事情可做，不会有人闲着。

然而，需要注意的是，虽然指令的执行顺序被打乱了，但是最终的结果必须按照程序规定的顺序来排列。这就像厨师们虽然改变了菜品的制作顺序，但是最终必须按照顾客点菜的顺序来上菜。在 CPU 中，这个重新排列的任务由"重新排列单元"来完成。

乱序执行技术的主要目的是为了使 CPU 内部电路满负荷运转，并相应提高 CPU 运行程序的速度。这就像餐厅通过合理安排厨师们的工作流程，来提高餐厅的服务效率一样。

接下来，本书解释一下另一种高招——分支预测技术。

假设一个司机正在开车行驶在路上，前方有一个路口，需要选择直行还是转弯。在没有任何信息提示的情况下，司机可能会根据以往的经验来做出选择：这么多车都直行，那么自己也应该直行。这就是分支预测技术的基本思想。

在计算机中，程序经常需要在不同的指令之间进行选择，这些选择点被称为"分支"。分支预测技术就是计算机用来"猜测"接下来应该执行哪条指令的一种方法。

计算机内部有一个叫作"分支预测器"的部件，它会根据过去的分支历史信息和一些其他线索来预测分支的结果。如果它预测对了，那么计算机就可以顺利地继续执行下去，不需要等待分支的结果真正计算出来。这就好比司机选择了正确的方向，一路畅通无阻。

但是，如果分支预测器预测错了呢？

这时候，计算机就需要把已经执行了一部分的指令全部清除，然后从正确的位置重新开始执行。这就好比司机选错了路，需要掉头回到正确的路口重新开始。

为了提高分支预测的准确性，现代的计算机通常会采用复杂的分支预测算法，并且会根据程序的运行情况动态地调整预测策略。这就好比司机在行驶过程中，会根据路况和导航提示来调整行驶方向。

分支预测技术就是计算机用来"猜测"接下来应该执行哪条指令的一种方法，它可以帮助计算机提高执行效率，减少不必要的等待时间。

接下来本书介绍延迟分支技术。想象一下，一个人正在排队等待办理业务，但是前面有一个人正在犹豫不决，不知道该选择哪个业务。这就相当于处理器中的分支点，需要做出选择。而延迟分支技术，就是让这个人在做出选择之前，后面的人可以先继续往前走，进行一些其他的操作。

CPU 在执行程序时，经常会遇到分支点，需要根据条件判断来选择执行哪条指令。传统的处理方式是，CPU 在遇到分支点时，会停下来等待分支条件的结果，然后再继续执行。但是，这种方式会浪费很多时间，因为 CPU 在等待的过程中无法执行其他指令。

而延迟分支技术，就是让 CPU 在遇到分支点时，不要立即停下来等待，而是继续执行后面的指令。这些指令通常是与分支条件无关的，可以被安全地执行。这样就能提高执行效率。

当然，延迟分支技术并不是万能的，它也有一些限制和缺点。比如，如果分支条件的结果很快就出来了，那么延迟分支就没有什么优势了。另外，如果后面的指令依赖于分支条件的结果，那么就不能使用延迟分支技术。

另一个技术就是前向传递（forwarding）技术。想象业务员正在一个传递信件的邮局工作。业务员负责将信件从一个人传递给另一个人，每个人都代表着处理信件的一个阶段。在这个场景中，前向传递就像是业务员将信件从一个人手中接过，然后传递给下一个人。每个人都对信件做一些处理，比如加盖邮戳或分类，然后再传递给下一个人，直到信件到达最终的目的地。

在计算机中，前向传递的概念和邮局的例子非常相似。它指的是数据或信息在一个系统或网络中的各个部分之间按顺序传递的过程。

在 CPU 流水线操作中，前向传递技术可以帮助解决数据冒险问题。当一条指令需要用到前面指令的计算结果时，如果这个结果还没有计算出来，就会产生数据冒险。前向传递技术通过将数据直接从产生它的阶段传递到需要它的阶段，而不需要等待它回到寄存器中再被读取出来，从而减少了数据冒险导致的流水线停顿，提高了程序运行速度。

最后一个也是最简单的就是插入空泡（bubble）。用一个简单的例子来解释它：想象一条生产线，工人们正在流水作业，每个人负责一个特定的任务，比如组装、涂漆等。如果其中一个工人因为某种原因暂时不能完成他的任务，那么整个生产线就会停下来等待，直到这个工人准备好继续工作。

在 CPU 流水线中，指令是按照顺序一个接一个地执行的。但是，有时候一条指令需要等待前面指令的结果才能继续执行，或者因为其他原因暂时不能执行。这时，CPU 就会在这个指令的位置上插入一个"空泡"，也就是一个不执行任何操作的周期，让流水线继续流动，而不会因为这条指令而停下来。

插入空泡可以帮助 CPU 提高执行效率。因为流水线是连续不断的，如果其中一条指令停下来等待，那么后面的指令也会被阻塞。通过插入空泡，CPU 可以让流水线继续流动，同时等待前面的指令完成。这样，后面的指令就可以提前开始执行，而不必等待前面的指令完全完成。

当然，插入空泡也会带来一些性能损失，因为空泡本身不执行任何操作，会浪费一些时钟周期。但是，相比于让整个流水线停下来等待，插入空泡通常是一个更好的选择，因为它可以让其他指令继续执行，从而提高整体的执行效率。

通过以上的描述，可以得出结论，通过多级流水线，可以极大地提升处理器的频率，从而提升整个处理器的性能，这也是处理器的核心能力之一。

▶▶ 2.3.3　超线程——装有多个大脑的躯体

在 CPU 中，有时候流水线会因为等待数据或其他原因而停顿，就像服务员在等待客人点菜一样。超线程技术就是利用这些停顿时间，让一个物理核心同时处理两个任务，就像让服务员同时服务两桌客人一样。

想象一下，顾客正在一家餐厅吃饭，但只有一个服务员。如果这个服务员能同时处理两桌客人的点菜和送餐，那么餐厅的效率就会提高很多。这就是超线程技术的核心思想。超线程可以将一个物理核心分成两个逻辑核心，这两个逻辑核心可以共享物理核心的资源，比如运算器和寄存器。这样，当一个任务因为某些原因停顿的时候，另一个任务就可以利用这个时间来执行，从而提高 CPU 的整体效率。

需要注意的是，超线程技术并不是将 CPU 的性能翻倍，因为两个逻辑核心还是共享同一个物理核心的资源。但是，它可以有效地提高 CPU 的利用率，让 CPU 在处理多任务时更加高效。

总的来说，超线程技术就像是一个能够同时处理多个任务的高效服务员，让 CPU 在执行过程中更加流畅，提高了整体的工作效率。

超线程（Hyper-Threading，HT）技术和同步多线程（Simultaneous Multithreading，SMT）技术在本质上是相同的，都是指在一个物理处理器核心上同时执行多个线程的技术。这两种技术只是由不同的公司或组织提出，并使用了不同的命名方式。

Intel 的超线程技术允许一个物理核心同时执行多个线程，从而提高了处理器的整体性能和效率。通过将一个物理核心划分为多个逻辑核心，超线程技术可以在不增加处理器物理核心数量的情况下，增加处理器的并行处理能力。

同步多线程（SMT）是这种技术的另一种称呼，它强调了多个线程在单个物理核心上的同步执行。SMT 技术通过共享物理核心的资源，如计算单元、缓存和接口，使多个线程能够同时执行，从而提高了处理器的吞吐量和响应速度。

无论是超线程还是同步多线程，它们的目标都是提高处理器的利用率和执行效率，使处理器能够更好地应对多任务处理和并行计算的需求。这些技术在现代处理器中得到了广泛应用，为用户提供了更快速、更高效的计算体验。

以常用的 SMT2 为例，它表示一个物理核心可以虚拟出两个逻辑核心。而 POWER 系列的 CPU 则更进一步，支持 SMT4 或 SMT8，即一个物理核心可以生成四个或八个逻辑核心。这些逻辑核心都有自己独立的寄存器，但它们共享物理核心的计算资源、接口资源和缓存资源。

当 CPU 在执行过程中遇到流水线停顿或等待数据时，超线程技术允许另一个逻辑核心利用这些空闲时间来执行操作。这种并行的执行方式可以显著提高 CPU 的吞吐量和性能。

技术资料表明，超线程技术增加了 CPU 的裸面积（即物理尺寸），这种增加相对较小，通常只有约 5%。然而，这种微小的增加却带来了显著的性能提升，通常在 15% 到 30% 之间。这意味着通过超线程技术，CPU 可以在相同的时钟频率下完成更多的工作，从而提高整体性能。

从技术细节上讲，超线程（HT）或同步多线程（SMT）的实现确实涉及为每个逻辑处理器分配独立的寄存器。这些寄存器用于存储每个线程的中间结果和状态信息，确保线程能够独立运行而不互相干扰。

然而，尽管逻辑处理器有自己的寄存器，它们并不拥有独立的计算资源、接口资源或缓存资源。相反，这些资源是由所有逻辑处理器共享的。这意味着多个逻辑处理器可以同时访问同一个物理执行单元，进行算术逻辑操作等。它们也可以共享缓存资源，以减少对主存的访问延迟，并提高数据访问的局部性。

共享这些资源的好处是可以提高资源的利用率。当一个逻辑处理器处于停顿状态时（例如，等待内存访问完成），另一个逻辑处理器可以利用这些空闲的资源继续执行。这种并行执行的方式可以掩盖一部分延迟，从而提高整体性能。

需要注意的是，由于资源是共享的，超线程技术也可能引入一些额外的开销。例如，当多个逻辑处理器同时访问同一个缓存行时，可能会发生缓存冲突，导致性能下降。此外，超线程技术也需要复杂的调度和同步机制来确保不同线程之间的正确执行顺序和数据一致性。

总的来说，超线程技术通过共享物理执行单元和缓存资源，允许在一个物理核心上同时执行多个线程，从而提高处理器的性能和效率。然而，实际应用中需要权衡共享资源的好处和可能引入的开销，以获得最佳的性能提升。

超线程技术虽然可以带来性能提升，但也存在一些潜在的问题和限制。

（1）单线程执行时间变长

当启用超线程时，物理核心的资源（如执行单元、缓存等）需要在多个逻辑线程之间共享。这意味着，与单独执行每个线程相比，每个线程在获得物理资源时可能会遇到更多的竞争，从而导致单线程的执行时间变长。然而，从整体来看，由于多个线程可以同时执行，所以在多线程工作负载下，系统的总吞吐量可能会增加。

（2）缓存（CACHE）冲突

超线程技术中的确存在缓存（CACHE）冲突的问题。由于多个逻辑线程共享同一物理核心的缓存资源，它们可能会竞争相同的缓存行。当不同线程访问相同的内存地址时，就会发生缓存冲突，导致缓存失效和频繁的缓存-内存交换。这种情况会加剧冯·诺依曼瓶颈，即处理器与内存之间的数据传输瓶颈，从而降低性能。

（3）安全问题

超线程技术中的另一个潜在问题是安全性。由于多个逻辑线程在同一物理核心上运行并共享资源，一个线程可能能够窥探到另一个线程的数据或状态。这可能导致信息泄露或其他安全漏洞。因此，在处理敏感数据或需要高安全性的应用中，可能需要禁用超线程技术以减少潜在的安全风险。

除此之外，超线程技术在以下方面也不适用。

超算应用：在高性能计算（HPC）或超级计算机应用中，通常需要将一个物理核心的所有资源都分配给单一线程以获得最佳性能。在这些情况下，超线程技术可能会被禁用，以避免资源竞争和缓存冲突导致的性能下降。

手机CPU：手机CPU通常更强调瞬时响应速度和能效比，而不是多线程性能。因此，手机CPU往往采用多核设计而不是启用超线程技术。每个核心都独立处理任务，以提供更快的响应速度和更好的能效。

相比之下，在 PC 和服务器的 CPU 中，超线程技术更为普遍。这是因为这些系统通常运行多线程应用和工作负载，如多任务处理、服务器负载等。在这些场景下，超线程技术可以提高系统的总吞吐量和效率。

▶▶ 2.3.4 内存墙——冯·诺依曼架构的缺陷

冯·诺依曼架构是计算机科学的基础，其核心的处理流程就是 CPU 通过指令从内存中读取数据，完成计算后再将数据返回内存保存。在冯·诺依曼架构中，计算单元与存储单元是分开的，它们之间用数据总线连接。运算过程中就需要使数据在处理器与存储器之间进行频繁迁移，这一过程产生的功耗巨大，甚至比真正用于数据处理所产生的功耗还要高上百倍。

目前的 CPU 运算速度比存储器的数据存取速度快得多，存储器成为制约数据处理速度提高的主要瓶颈。此外，内存的容量密度及速度与 CPU 的核数增长之间的差距越来越大，内存发展速度跟不上计算核数的增长，内存成为短板。

想象一下，一位读者正在一个图书馆里工作。图书馆的书架（相当于电脑的内存）上放满了书（数据），而读者 CPU 需要从书架上拿书、阅读内容（处理数据），然后再放回书架。

在冯·诺依曼架构的电脑里，工作方式也类似：CPU 需要从内存中读取数据，进行处理，然后再存回去。但问题在于，读者每次只能以一定的速度去拿书或放回书，而阅读内容的速度可能远远快于你走动拿书的速度。

这就是"内存墙"问题：CPU（读者）处理数据的速度非常快，但内存（书架）提供数据的速度却跟不上。就像读者很想快点阅读完所有的书，但书架离读者太远，读者不得不频繁地走去走来，这浪费了很多时间。

另外，随着技术的进步，读者（CPU）的阅读速度越来越快，但书架（内存）的改进速度却没有跟上。读者希望书架能更靠近自己，或者书架上的书能自动飞到自己手上，但现实是，读者仍然需要花时间走到书架那里。

"内存墙"就是由这种速度不匹配造成的：CPU 的速度远超内存的存取速度，导致数据处理受到了限制。这就像图书馆里的读者，尽管阅读速度飞快，但因为书架的限制，读者无法发挥出真正的速度。

现在人们应对这个问题的主要方法是提高内存的处理速度或加大数据传输带宽，但这些都不能从根本上解决问题。因此，开发一种将存储单元与处理单元完全整合的 CPU，成为解决这一问题的终极方案。

当冯·诺依曼提出他的革命性计算机架构时，在同一时代，哈佛大学的 Howard Aiken 也在进行计算机设计的研究。他设计的 Mark-Ⅰ计算机采用了与冯·诺依曼架构不同的方法，这种方法后来被称为哈佛架构。

哈佛架构与冯·诺依曼架构的主要区别在于它们的存储器结构。在冯·诺依曼架构中，电脑的指令和数据都存放在同一个"仓库"里，每次只能取一样东西，即指令和数据都存储在同一个存储器中，并通过相同的路径进行访问。就像在一个房间里找书和找笔记，如果它们都混在一起放，那么找起来就会比较慢。而在哈佛架构中，指令和数据分别存储在两个不同的"仓库"，也就是存储器中，这意味着它们可以同时被访问，从而提高了处理速度。这就像有一个专门放书的书架和一个专门放笔记的抽屉，找东西时就可以同时打开两个地方，速度自然就快了。

由于这种分离的特性，哈佛架构在某些应用中具有优势，特别是在需要高速数据处理的情况下。然而，冯·诺依曼架构由于其简洁和高效，成为主流计算机设计的基础。

尽管原始的哈佛架构具有完全分离的指令和数据存储器，但今天的"哈佛架构"计算机通常指的是具有单个主存储器且具有独立的指令和数据高速缓存的计算机。这种设计结合了两种架构的优点，既提高了处理速度，又保持了系统的简洁性。

与冯·诺依曼结构不同，哈佛架构有两个明显的特点：因为哈佛架构让指令和数据能同时被访问，所以它在一些需要快速处理数据的场合更有优势。这种分离设计使得指令和数据可以同时被处理，从而提高了处理速度。哈佛架构的核心思想是确保程序和数据空间相互独立，以此来减少在程序运行时访问存储器时可能遇到的瓶颈。

以简单的加法运算 C = A+B 为例，其中 A 和 B 都存储在内存中。在哈佛架构中，当需要执行这条加法指令时，系统可以同时从内存中获取 A 和 B 两个操作数（顺序获取），而不会与获取指令本身产生冲突。这是因为指令和数据在哈佛架构中是分开的。

如果程序和数据都通过同一条总线来访问，那么在取指令和取数据时就可能会发生冲突，导致效率降低。而哈佛架构正是为了解决这个问题而设计的，它能够在很大程度上避免取指令和取数据之间的冲突。

实际上，在现在使用的高性能 CPU 中，已经广泛应用了类似哈佛架构的设计，比如将指令缓存（ICache）和数据缓存（DCache）分开，以此来提高处理速度和效率。

哈佛架构和冯·诺依曼架构在理论上是两种截然不同的设计思路。但在实际应用中，现代 CPU 往往采用了两种架构的融合或折中方案。

在高性能 CPU 中，尽管外部的 DDR 存储器是统一的，但内部缓存结构仍然区分了指令缓存和数据缓存。这意味着在 CPU 内部，指令和数据是被分开处理的，类似于哈佛架构。然而，在内存层面，指令和数据通常是存放在一起的，这更符合冯·诺依曼架构的特点。

因此，可以说现代处理器在设计上融合了冯·诺依曼架构和哈佛架构的思想。例如，L1 缓存通常是分开的，以支持并行处理指令和数据，数据和指令分开了。而更高级别的缓存（如 L2 缓存）则可能是统一的，以优化空间利用和减少复杂性，数据又和指令混在一起了，至于到外部的 DDR 内存中，数据和指令又是通过统一的接口来访问。

这种折中方案的存在，说明了理想化的架构模型在实际实现时会受到技术、成本和性能等多方面的限制。无论是纯粹的冯·诺依曼架构还是哈佛架构，在现实中都很难完全实现。

由于 CPU 与存储器之间的数据传输速率不匹配，随着 CPU 速度的不断提升，存储器访问速

度成为限制系统性能的关键因素。这个问题在处理器发展史上一直存在，并且随着技术的进步
而变得越来越突出。为了缓解内存墙问题，研究者们提出了各种解决方案，包括增加缓存大小、
优化缓存结构、使用更高速的存储器技术等。

例如，在高性能 CPU 中，L1 缓存的读取速率在 1000GB/s 以上，而 L2 缓存就只有 500GB/s，
而 L3 缓存的速率只有不到 200GB/s。外部 DDR 缓存的读写速率通常在 50GB/s 左右，下降了
20 倍。

除了读取的速率，还有延迟的问题。如果 CPU 的处理速度达到了 2GHz，这意味着它每秒钟
可以执行 20 亿次运算。换算成时间，CPU 执行一次运算大约需要 0.5 纳秒（ns）。然而，与 CPU
的高速运算相比，内存的响应速度要慢得多，其延迟大约为 100 纳秒。这意味着内存的响应时间
是 CPU 运算时间的 200 倍。

在冯·诺依曼架构中，这种速度不匹配会导致一个显著的性能瓶颈。每当 CPU 需要从内存
中读取数据或写入数据时，它都必须等待内存完成操作。在这个例子中，CPU 需要等待大约 200
个时钟周期（因为内存延迟是 CPU 运算时间的 200 倍）才能继续执行下一条指令。这段时间里，
CPU 基本上是闲置的，只是在等待内存操作完成。（当然，设计师不会那么傻，设计这种 CPU 出
来，会有很多手段来压缩这些 CPU 的闲置状态，这是本书下面要讲的重点。）

这种由于存储器访问速度远跟不上 CPU 运算速度而产生的性能瓶颈，是计算机体系结构设
计中的一个重要问题。研究者们一直在努力通过各种技术手段来减少或消除这种瓶颈，以提高
整体系统性能。

早期为了缓解高性能处理器面临的冯·诺依曼瓶颈，就引入了缓存（cache）技术。在现代
高性能 CPU 中，普遍采用了多级缓存。这些缓存包括 L1、L2 和 L3，它们位于处理器内部，与
主存相比具有更快的访问速度。

L1 缓存是最接近 CPU 的，其延迟大约只有 1 纳秒。这意味着 CPU 可以在极短的时间内从 L1
缓存中获取数据。L2 缓存的延迟稍长，大约为 5 纳秒，但仍然比主存快得多。L3 缓存的延迟最
长，大约在 20 纳秒左右，但它提供了更大的容量，可以存储更多的数据。

这些缓存的容量相对较小，尤其是 L1 缓存，通常只有几十 KB 大小。而 L3 缓存虽然相对较
大，但也只有几十 MB 大小，与现在以 GB 为单位的内存相比，仍然相差了好几个数量级。然而，
正是这些容量相对较小的缓存，在提升计算机处理速度方面发挥了重要作用。当 CPU 需要访问
数据时，它首先会检查 L1 缓存中是否有所需的数据。如果 L1 缓存命中（即所需数据在 L1 缓存
中），CPU 就可以在 2~3 个时钟周期内得到数据，从而大大减少了等待时间。如果 L1 缓存未命
中，CPU 会继续检查 L2 缓存和 L3 缓存。虽然这些缓存的延迟相对较长，但它们仍然比主存快
得多。因此，通过多级缓存策略，高性能 CPU 能够在很大程度上缓解了冯·诺依曼瓶颈，提高
了计算机的处理速度。

此外，现代 CPU 还采用了预取技术，即提前预测 CPU 接下来最有可能用到的数据，并将其
存放在缓存中。这样，当 CPU 需要这些数据时，它们已经在缓存中准备好了，从而进一步提高

了处理速度。

缓存为什么能够缓解冯·诺依曼瓶颈？这主要依赖于计算机程序的两个重要特性——时间的局部性和空间的局部性。

时间的局部性（temporal locality）指出，如果某个数据项在最近被访问过，那么它在不久的将来很可能再次被访问。这种特性在很多程序中都很常见，比如循环结构，其中相同的指令和数据会被反复执行和访问。通过利用时间的局部性，缓存可以保留最近访问过的数据，从而提高 CPU 再次访问这些数据时的命中率，减少访问主存的次数，加速数据处理的速度。

空间的局部性（spatial locality）则认为，如果某个数据项被访问了，那么与它相邻的数据项在不久的将来也可能被访问。这种局部性通常与数据结构在内存中的布局有关，比如数组或结构体等连续存储的数据。缓存通过预取相邻的数据块，可以在 CPU 需要时迅速提供这些数据，从而减少访问主存的延迟。

当 CPU 访问缓存中的数据时，如果这些数据因为时间的局部性或空间的局部性而再次被访问，那么这些数据就很有可能已经在缓存中了，这样 CPU 就可以直接从缓存中获取数据，而无须访问主存。例如，在一个循环 10000 次的函数中，如果循环体内的数据或指令被缓存起来，那么每次循环时 CPU 都可以直接从缓存中获取这些数据或指令，大大提高执行效率。

这个循环的函数，就可以全部放在缓存中运行，完全不用访问外部 DRAM 的存储器，从而提升了性能。缓存技术通过利用时间的局部性和空间的局部性，能够在很大程度上缓解冯·诺依曼瓶颈，提升计算机系统的整体性能。

现代 CPU 为了加速数据处理，会用到多级缓存，就像有多个小仓库帮助存储常用数据，以便 CPU 快速找到它们。

这些缓存级别有 L1、L2 和 L3。L1 是最快的，但容量最小；L2 稍慢，但容量大一些；L3 最慢，但容量最大。可以把它们想象成离 CPU 核心越来越近或越来越远的小仓库。

L1 缓存还分为两种：一种是存指令的（ICache），另一种是存数据的（DCache）。每个 CPU 核心（或称为"核"）都有自己的 L1 缓存，不与其他核分享。

有一些核会被组合成一个"簇"（cluster）。在这个簇里，所有的核共享一个 L2 缓存。L2 缓存不区分是存指令还是存数据，只要是常用的信息都可以放进来。

最后，所有的这些簇之间还会共享一个更大的 L3 缓存。L3 缓存就像是整个 CPU 系统的大仓库，所有核都可以通过它来获取或存储数据。

举个例子，如果有一个 32 核的 CPU，每个核都有自己的 L1 缓存。因为 L1 还分指令和数据两种，所以总共有 32×2 = 64 个 L1 缓存。如果每 4 个核组成一个簇，那么就有 32÷4 = 8 个簇，每个簇有一个 L2 缓存，所以总共有 8 个 L2 缓存。而整个 32 核 CPU 只共享一个 L3 缓存。

这样的设计是为了让 CPU 在处理任务时能够更快地找到需要的数据，从而提高整体性能。

缓存只是缓解了内存墙的问题，但是，如果缓存中没有所需数据，CPU 就需要去外部的动态随机存取存储器（DRAM，也就是通常说的"内存"）中找。如果很多 CPU 核心（或称为

"核")都去访问同一个 DRAM,那么就会像很多人挤在一个小门口一样,造成交通拥堵,数据访问速度会变慢。

为了解决这个问题,有人想出了一个办法:给每个 CPU 核都配上自己的 DRAM,这样每个核就可以在自己的小天地里畅快地读写数据,而不会和其他核发生拥堵。这个小天地称为"NUMA 节点"。

NUMA 是 Non-Uniform Memory Access,即"非均匀内存访问"的缩写。它的想法来源于 AMD 的 Opteron 微架构。简单来说,就是把 CPU 和某部分内存直接连在一起,这样 CPU 读取自己的内存就非常快,但读取其他 CPU 的内存就会相对慢一些。

这个技术是在服务器 CPU 的核心数量越来越多、内存总量也越来越大的背景下诞生的。因为传统的内存访问方式不仅带宽不够,而且很容易被其他任务抢占,导致效率大大降低。而 NUMA 技术可以很好地解决这些问题,提高服务器的整体性能。

但是,所有问题的解决方案都有两面性。NUMA 带来的一个问题就是内存的亲和性(memory affinity)的问题。

内存的亲和性,简单来说,就是指数据和它所在的内存位置与某个 CPU 之间的"亲近"程度。就像与人相处一样,有些人会感觉特别亲近,交流起来很顺畅,而有些人则感觉比较疏远。在计算机系统中,如果某部分内存与某个 CPU 特别"亲近",那么这个 CPU 访问这部分内存就会非常快,效率也会更高。

为了更好地利用这种亲和性,操作系统会尽量把数据和任务分配给与它们最"亲近"的 CPU 去处理。这就像是我们分配工作时,会尽量把任务交给最擅长或者最熟悉这个领域的人去完成,这样整体的工作效率就会提高。

NUMA 就像每个人自己的小房间,房间里的东西都是自己常用的,找起来就快。如果要去别人房间里找东西,那就慢了。所以,操作系统要尽量让每个任务都在自己的"小房间"里运行,也就是在自己的本地内存上。

通过 NUMA 的设计,每个 CPU 都有自己的内存"地盘"。在这个"地盘"上运行程序和存储数据就会更快。这其实是变相地提高了内存的带宽,让电脑运行得更快,从而提高整个系统的运行效率。

有一说一,冯·诺依曼架构虽然伟大,但是内存墙的问题是冯·诺依曼架构中从根本上带来的缺陷。冯·诺依曼本人也没有预料到,内存和 CPU 之间速率的差异已经到了今天这种巨大的地步,后人为了解决这个问题,花费了大量的心血。

这一问题在冯·诺依曼架构的初创时期并未引起足够的重视。毕竟,在那个时代,计算机的性能和规模都相对有限,内存与 CPU 之间的速率差异还未显现出如今的巨大鸿沟。然而,随着科技的飞速发展,CPU 速率的提升巨大,内存墙问题逐渐浮出水面,成为一个亟待解决的难题。

后人为了解决这一问题,可谓是费尽心血。他们不断探索、尝试,提出了各种解决方案。这些努力虽然取得了一定成效,但内存墙问题依然顽固地存在着,成为 CPU 发展道路上的一大绊脚石，也间接导致了 PC 时代崛起的 CPU 的架构在人工智能时代显得力不从心。

▶▶ 2.3.5　多核技术——情非所愿的选择

在理想情况下，一个 20GHz 的处理器将为用户提供更高的单线程性能，从而在某些任务上比 8 核 2.5GHz 的处理器更加高效。然而，物理世界的限制使得这种高频处理器的实现变得极为困难。频率墙和功耗墙是两大主要障碍，前者指的是处理器频率提升所遇到的物理极限，后者则是由于高频操作带来的巨大能耗问题。

鉴于这些限制，处理器设计师不得不寻求次优解决方案。他们选择了 8 核 2.5GHz 的处理器设计，通过任务并行来提升整体处理能力。这种设计虽然牺牲了单线程性能，但能够在多线程环境中发挥更大的作用，因为多个核心可以同时处理不同的任务。通过这种方式，8 核处理器在总体上提供了更高的吞吐量，从而在一定程度上弥补了单核性能的不足。多核技术可以通俗地描述为：将多个完整的 CPU 核心集成到一个芯片中，每个核心都能够独立地执行任务，从而提高整体的处理性能。

这个例子告诉我们，随着单个 CPU 的频率逐渐接近物理极限，继续提升频率所带来的性能增益变得越来越小，同时功耗和散热问题也越来越严重。在这一背景下，多核技术成为提升处理器算力的一种重要手段。

例如，Intel 的桌面 CPU 系列，从 i3 到 i9，CPU 核数从 2 核、4 核到 6 核、8 核不等。而在数据中心的 CPU，例如 Platinum 系列，是为需要处理大量数据、运行高性能计算（HPC）应用、进行复杂的数据分析和机器学习工作负载的企业和数据中心设计的，具有高达 64 个物理核心。

不论情不情愿，现代处理器不可避免地走在了多核的道路上。想象一下多核技术能够带来什么：一个 CPU 就像是一个大家庭，而多核技术就是这个家庭里的多个成员（也就是核心）。每个成员都有自己独立的能力（运算单元、寄存器、缓存等），可以处理不同的任务。这些成员共享家庭资源（内存总线、内存等），协同工作来完成更多的任务。

与单核处理器相比，多核处理器能够同时处理多个任务，实现并行处理。这就像是一个家庭里有多个成员同时工作，可以更快地完成任务一样。通过多核技术，CPU 可以在不增加单个核心频率的情况下，提高整体的处理能力和效率。

但是，在并行计算领域，多个处理器共享同一条内存总线是一种常见的体系结构，这种设计却面临着严重的挑战。当多个处理器同时访问存储区时，它们会争夺有限的内存资源，导致冯·诺依曼瓶颈的加剧。这种现象会显著降低系统的整体性能，因为它限制了数据在处理器和内存之间的流动速度。

为了缓解这种瓶颈，操作系统和编译器的密切配合至关重要。操作系统需要智能地调度任务，以确保不同的处理器能够在正确的时间访问内存，而编译器则需要优化代码，以减少不必要的内存访问和数据依赖。

为了充分发挥多核处理器的性能优势，操作系统、编译器和应用程序等都需要进行相应的优化和改造。这促使软件开发者开始关注并行编程技术，从而推动了软件行业的创新发展。

现在有了多核处理器，那么就有一些对应多核的软件编程技术。这引发了软件生态系统的深刻变革，要求操作系统、编译器和应用程序等进行相应的优化和改造，以充分发挥多核处理器的性能优势。

多核技术的出现推动了芯片设计理念的转变。传统的单核处理器设计注重提高单个核心的运算速度和频率，而多核处理器设计则更注重核心之间的协同工作和并行处理能力。这意味着芯片设计师需要更多地考虑如何有效地划分任务、管理资源和同步数据，以实现更高效的多核性能。最终，芯片架构的变化，驱动了编程模式的改变。

使用多核技术，那么编程就开始强调线程并行、任务并行、数据并行和内存管理。这些都是并行计算中的概念，但它们有着不同的侧重点和应用场景。

（1）线程并行

想象一个大家庭在准备一场大型聚会。家里有很多个成员（线程），他们都在同时忙碌着做不同的事情，比如有的在打扫卫生，有的在准备食物，有的在布置场地。这就是线程并行。

在计算机中，线程并行是通过创建多个线程来同时执行多个任务。这些线程可以在不同的处理器核心上运行，从而实现并行处理。

线程并行的关键是多个线程同时执行，但它们可能共享一些资源，比如内存中的数据。因此，需要小心处理线程间的同步和通信问题，以避免数据冲突和错误。

（2）任务并行

还是以家庭聚会为例，但这里关注的是将整个准备工作分成多个小任务。比如，一个人负责打扫卫生，另一个人负责准备食物，还有一个人负责布置场地。每个人都在独立地完成自己的小任务，这就是任务并行。

在计算机中，任务并行是将一个大任务分解成多个小任务（或子任务），然后同时执行这些小任务。每个小任务都可以由一个独立的线程或进程来处理。

任务并行的关键是任务的分解和分配。任务应该被分解成相互独立的部分，以便它们可以并行执行而不需要相互等待。

（3）数据并行

假设家庭聚会需要准备很多相同的食物，比如三明治。为了提高效率，家里的人决定分工合作，每个人负责制作一部分三明治。这就是数据并行。

在计算机中，数据并行是对数据集进行划分，然后让每个处理器核心处理数据的一个子集。这样，多个处理器核心可以同时处理数据的不同部分，从而实现并行处理。

数据并行的关键是数据的划分和分配。数据应该被均匀地分配给各个处理器核心，使得每个核心都有相同的工作量，并且它们可以并行地处理数据而不需要相互通信。

总的来说，线程并行关注同时执行多个线程；任务并行关注将大任务分解成小任务并同时执行；而数据并行关注对数据集进行划分并并行处理各个部分。这些并行计算技术都可以提高计算效率和性能，但具体使用哪种技术取决于问题的特性和需求。

（4）内存管理

1）缓存一致性。确保多个处理器核心上的缓存保持数据一致。想象这样一个场景：在一个大家庭里（计算机系统），有多个成员（处理器核心）共同使用一个公共的存储空间（主内存）。为了提高效率，每个成员都有自己的小储物箱（缓存），他们可以把常用的东西（数据）放在自己的小箱子里，这样取用的时候就快了。但是，问题来了：如果多个成员都存了同样的东西，并且其中一个成员修改了这个东西，那么其他成员的小箱子里存的还是旧版本的东西。这就像是一个成员更新了家庭通信录，但其他成员手里的通信录还是旧的，这就会导致信息不一致。为了保证信息（数据）的一致性，家庭成员们（处理器核心）需要一种机制来协调他们的小箱子（缓存）里的内容。这就是缓存一致性协议要解决的问题。缓存一致性协议就像是家庭成员们之间的一套规则，当其中一个成员更新了自己的小箱子里的内容时，他会告诉其他成员："我更新了这个东西，你们的小箱子里如果也有，记得更新一下哦！"这样，其他成员就会检查自己的小箱子，如果发现有同样的东西，就会用新版本替换掉旧版本。这个过程可能会涉及一些复杂的步骤，比如成员之间要互相通信、确认等，但最终的目的就是确保每个成员的小箱子里存的都是最新的、一致的东西。所以，保证多核的缓存一致性就是通过一套规则和机制来确保每个处理器核心在访问共享数据时都能看到最新的、一致的数据。这样，无论哪个核心在处理任务，都能基于正确的数据来进行计算，从而保证了整个系统的正确性和稳定性。

2）非均匀内存访问（NUMA）感知。上一节介绍了 NUMA 技术可以降低内存墙，但是 NUMA 技术本身也有缺陷，那就是跨 NUMA 节点会导致系统性能下降。想象一个大型仓库（代表整个计算机系统的内存），仓库里有多个工作区（代表不同的处理器核心），每个工作区都有自己的小仓库或储物间（代表每个核心的本地缓存或近距离内存）。员工（处理器核心）在工作时需要从仓库里取货（读取数据）或存货（写入数据）。

在 NUMA 架构中，仓库的布局是这样的：每个工作区附近都有一个相对较小的储物间，但整个仓库是共享的。员工可以很快地存取自己储物间里的东西，因为距离近；但如果他们要去仓库的另一边取货，就需要花费更多的时间，因为距离远。

NUMA 感知就是让员工意识到这一点，并尽量优化他们的取货和存货策略。具体来说，第一，优先使用本地储物间：当员工知道他们需要的货物就在自己的储物间里时，他们会优先选择从那里取货，而不是跑到仓库的另一边去。这减少了取货时间（内存访问延迟）。第二，智能分配货物：管理者（操作系统或内存管理器）也很聪明，他们会尽量把员工经常需要的货物放在他们各自的储物间里，这样员工就能更快地存取。第三，减少跨区移动：如果某个员工需要另一个工作区的货物，他们可能会先问问那个工作区的员工能不能帮忙处理一下，而不是自己跑过去取。这就像是两个核心之间的通信，避免了不必要的内存访问。通过这样的策略，整个仓库（内存系统）的运作效率得到了提高，因为员工（处理器核心）花费在取货和存货上的时间减少了。这就是 NUMA 感知的核心思想：通过优化内存分配和访问策略，减少跨处理器核心的内存延迟，从而提高系统的整体性能。

多核技术对整个计算机系统架构产生了深远的影响。多核处理器的出现使得计算机系统能够更好地应对多任务处理和并行计算的需求，从而提高了整体性能和能效比。同时，多核技术也为云计算、大数据和人工智能等新兴领域的发展提供了强大的支持。

2.4 处理器的编程

▶▶ 2.4.1 指令集——CISC 还是 RISC

在早期计算机的发展中，SRAM（静态随机存取内存）是非常贵的。因为贵，所以计算机里能用的 SRAM 数量就有限。指令设计师在面对需要使用更少的 SRAM 来存储更多功能问题时，面临的需求是什么？

第一个设计需求是指令要更短。短的指令意味着每条指令占用的存储空间更少，因此可以在有限的 SRAM 中存储更多的指令。然而，这里有一个微妙的点：指令不能仅仅是定长的，因为定长指令可能不够灵活，无法充分利用有限的存储空间。因此，设计师可能会倾向于使用不定长的指令格式，这种格式允许指令根据需要变长或变短，从而更有效地利用存储空间。

第二个设计需求是一条指令要能做更多的事情。这实际上是 CISC（复杂指令集计算机）架构的核心思想。在 CISC 架构中，单条指令可以非常复杂，能够执行多个操作，从而减少了执行特定任务所需的总指令数。这种设计可以减少 CPU 从内存中获取指令的次数，从而降低内存访问延迟对性能的影响。然而，这种复杂性也增加了 CPU 硬件设计的难度和成本，并可能影响能效。

在这一背景下，20 世纪 80 年代，斯坦福大学的教授 Hennessy 和 Patterson 进行了一项具有里程碑意义的研究。他们发现，在 CISC 架构中，虽然指令集非常丰富，但绝大多数程序在执行时仅使用了其中的一小部分指令。这些常用指令只占整个指令集的一小部分，而大部分指令在程序的执行过程中很少用到。此外，复杂指令通常需要更复杂的电路来实现，这不仅增加了处理器的制造成本，还可能降低其运行速度。从此之后，研究重点逐渐转向简单性作为提高效率的一种手段。

另一方面，CISC 拥趸的另一个支柱也在坍塌。在 RAM 价格下跌之后，计算机存储的成本显著降低，这使得 CPU 架构师在设计处理器时面临的需求和约束发生了重大变化。以往，由于 SRAM 的存储容量有限且成本较高，CPU 设计师需要在有限的存储空间内高效地布置指令和数据。然而，随着 RAM 价格的下跌，存储空间不再是一个主要的限制因素，这为 CPU 设计带来了新的可能性。

基于这一观察，Hennessy 和 Patterson 提出了 RISC（精简指令集计算机）的概念。RISC 架构的设计理念是，通过精简指令集，只保留那些最常用、最基本的指令，从而简化硬件设计，提高处理器的执行效率。这种简化不仅使得硬件设计变得更加容易和可靠，而且还为实现更高效的流水线设计创造了条件。

Hennessy 和 Patterson 的 RISC 理念的提出，为整个处理器设计领域带来了一场革命。RISC 的核心理念包括定长的指令结构、尽可能单周期的操作、简洁的操作码和操作符，以及更简单的访问存储的结构。这些设计原则使得 RISC 处理器能够在保持高性能的同时，实现更高的运行频率和更低的功耗。

Hennessy 和 Patterson 不仅是 RISC 理论的开创者，更是产业化的先锋。他们创办了 MIPS 公司，致力于将 RISC 理念转化为实际的产品。MIPS 处理器凭借其高性能和可靠性，很快在市场上获得了成功。后来，MIPS 被 Silicon Graphics 收购，其处理器与斯坦福大学 James Clark 开发的三维图形软件相结合，为好莱坞在 20 世纪 80 年代末和 90 年代所依赖的高性能图形工作站提供了强大的动力。

但是，现代 CPU 的设计往往是 CISC 和 RISC 的混合体。它们既有 CISC 的复杂指令，能快速执行一些常见任务；又有 RISC 的简单指令，能提高能效和可扩展性。这就像是厨师既会做一些复杂的大菜（CISC 指令），也会做一些简单的小菜（RISC 指令），根据需要灵活搭配。

CPU 使用的指令非常多样化，它们是实现各种计算和控制任务的基础。那么 CPU 中都有哪些指令？

1）数据传输指令：这类指令用于在 CPU 的寄存器之间，或者从内存到寄存器、从寄存器到内存传输数据。想象一下有一堆盒子（寄存器）和一个仓库（内存），数据传输指令就像是告诉搬运工把某个盒子里的货物搬到另一个盒子，或者从仓库里取货放进盒子。

2）算术指令：这些指令执行基本的数学运算，比如加法、减法、乘法和除法。就像计算器，CPU 使用这些指令来处理数字数据。

3）逻辑指令：逻辑指令用于执行位级别的逻辑操作，比如与（AND）、或（OR）、非（NOT）等。这些操作对于处理二进制数据（0 和 1）非常有用，是实现复杂控制逻辑和数据处理的关键。

4）跳转指令：这些指令改变了 CPU 执行指令的顺序，就像是给 CPU 提供了一张地图，告诉它下一步该去哪里。通过跳转指令，CPU 可以实现条件分支（根据某个条件决定执行哪段代码）和循环（重复执行某段代码）。

5）调用和返回指令：这类指令用于实现函数或子程序的调用和返回。调用指令会保存当前的位置，然后跳转到被调用的代码并执行；返回指令则会恢复之前保存的位置，继续执行原来的代码。

6）处理器控制指令：这些指令用于控制 CPU 自身的操作，比如开启或关闭中断、管理 CPU 的内部状态等。它们就像是 CPU 的"控制面板"，确保一切按照计划进行。

这些指令组合在一起，构成了 CPU 执行复杂任务的基础。不同的 CPU 架构（如 x86、ARM、MIPS 等）会有自己的指令集，但上述类型的指令在大多数架构中都能找到对应的实现。

不同的指令集，如 ARM、MIPS、RISC-V 等，虽然各有特色，但追根溯源，它们都是基于共同的计算机原理和设计理念而生。在实现算术逻辑操作等核心指令集上，它们展现出了惊人的相似性和一致性。这种同宗同源的特性，体现了计算机体系结构的一脉相承。

▶▶ 2.4.2 编译器——软件和硬件的翻译官

在计算机科学的早期，程序员直接与机器码打交道。机器码是一串由 0 和 1 组成的指令，对于人类来说既难以理解又容易出错。这种反人类的编程方式，早晚都是要被人唾弃的人们开始寻求更高效的编程方式，于是诞生了汇编语言。汇编语言使用助记符来代替机器码，使得编程变得稍微容易一些，但仍然需要程序员关心底层的硬件细节。

机器码很难懂，但是程序员并不需要直接编写机器码。工程师需要一种工具来搭建软件和硬件之间的桥梁。机器认识的是一串串由"0"和"1"编织而成的二进制代码，而人更熟悉的是有标记符号的语言。

编译器，犹如一位智慧的翻译官，可以将软件工程师们精心撰写的高级语言转换为这些最基础的数字语言。而指令集，则是软件与硬件之间不可或缺的桥梁，它们以特定的编码方式，确保两者之间的"有效沟通"。因为编译器可以把人类能够理解的程序代码转换成机器码，因此，我们就可以用更加高级和抽象的方式来编写程序，而不需要关心底层的机器码细节了。

到了 20 世纪 50 年代，人们开始尝试设计更高级的编程语言，这些语言能够更自然地表达算法和数据结构，而不需要程序员关心底层的实现细节。这就是高级语言的起源。最早的高级语言之一是 FORTRAN（公式翻译语言），它专门用于科学计算。随后，ALGOL、COBOL、LISP 和 BASIC 等语言相继出现。它们各有特色，但共同的目标都是让编程变得更加简单和高效。

例如下面就是一个高级语言编程的例子，一个用 C 语言写成的程序。这个程序会计算从 1 到 10（包含 10）的所有整数的和，并将结果输出。如果机器要想执行这段代码，首先就需要通过编译器将代码编译成机器码。

```c
# include <stdio.h>
int main() {
int sum = 0;
int i;
const int n = 10; // 假设累加从 1 到 10 的数字
for (i = 1; i <= n; i++) {
sum += i;
}
```

```
printf("Sum is: %d\n", sum);
return 0;
}
```

如下是上面这个 C 代码的 x86 汇编代码示例，它大致上执行了相同的任务。（请注意，这个示例是手动编写的，并不是从上面的 C 代码直接生成的。）

```
section .data
    format db "Sum is: %d", 10, 0  ; 10 是换行符的 ASCII 码, 0 是字符串结束符
    sum    dd 0
    i      dd 1
    n      dd 10


section .text
    global _start


_start:
    ; 初始化循环
    mov eax, [i]
    cmp eax, [n]
    jg end_loop
loop_start:
    ; 累加
    add [sum], eax

    ; 增加循环计数器
    inc eax
    mov [i], eax

    ; 检查循环是否结束
    cmp eax, [n]
    jle loop_start


end_loop:
    ; 输出结果
    mov eax, 4          ; 系统调用号：write
    mov ebx, 1          ; 文件描述符：stdout
    mov ecx, format     ; 消息格式字符串的地址
    mov edx, sum        ;
    ; 注意: 上面的 mov edx, sum 指令是错误的, 因为需要传递一个指向整数的指针, 而不是整数本身
    ; 在这里, 需要先将和存储在某个内存位置, 然后传递该内存位
    ; 由于这是一个示例, 并且重点在于展示循环结构, 在此将省略正确的输出部分
    ; 在实际情况中, 需要使用正确的系统调用来输出结果。
    ; 退出程序
    mov eax, 1          ; 系统调用号：exit
    xor ebx, ebx        ; 退出状态：0
    int 0x80            ; 调用内核
```

在上面的汇编的代码中，例如 add［sum］，eax 就是指令。这个指令直接指示 CPU 按照这条命令进行加法操作。

编译器的核心作用，就是把高级语言编译成指令。编译器是一种特殊的软件，它的任务是将高级语言编写的源代码转换成机器码或汇编代码，以便计算机能够执行。编译工作可以分为两个阶段：编译阶段和链接阶段。

在编译阶段，编译器首先会检查源代码中的语法错误，并对其进行语义分析，确保代码是符合语言规范的。然后，它会将源代码转换成中间代码——一种介于高级语言和机器码之间的表示形式。最后，编译器将中间代码优化并生成目标代码，通常是机器码或汇编代码。

在链接阶段，链接器会将编译器生成的目标代码与所需的库文件合并成一个可执行文件。这个过程会解决符号引用的问题，确保程序能够正确地调用外部函数和变量。最终生成的可执行文件便可以在计算机上运行了。

随着时间的推移，编译器技术不断发展，出现了许多优秀的编译器和编译工具链。这些工具不仅提高了编译效率，还提供了丰富的优化选项和调试功能，使得程序员能够更加高效地开发软件。如今，高级语言和编译器已经成为软件开发的标准工具，使得程序员能够更加专注于解决问题，而不需要过多地关心底层的实现细节。

高层编程不关心底层实现的细节，而将这个任务越来越多地放在编译器身上。在将高级语言代码转换为机器码时，编译器必须考虑目标 CPU 的架构特性，以便生成优化后的代码，这些代码能够充分利用该架构提供的指令集、寄存器、内存层次结构、并行处理能力等硬件资源。通过针对具体 CPU 架构的优化，编译器可以帮助程序员提高代码的执行效率，以减少不必要的资源消耗，并可能改善程序的总体性能。这些部分包括且不限于以下的几种优化方式：

（1）寄存器分配

CPU 中的寄存器是非常宝贵的资源，因为它们允许数据直接在 CPU 内部进行处理，而无须频繁地从内存中加载和存储。编译器会尝试以最有效的方式分配和使用这些寄存器。

（2）循环展开和重排序

循环展开是一种减少循环开销的技术。它通过复制循环体内的代码，并调整循环的迭代次数来减少循环次数。例如，一个原本每次迭代处理一个元素的循环，可以被展开为每次迭代处理两个或更多元素的循环。这样可以减少循环控制指令的执行次数，从而降低分支预测失败和其他与循环控制相关的开销。

循环重排序则是一种改变循环中语句执行顺序的技术，以减少数据依赖性，从而增加并行执行的机会。通过重新排列循环体内的语句，编译器可以使原本存在依赖关系的语句变得相互独立，这样就可以将它们分配到不同的处理器核心上并行执行。

这两种技术通常需要编译器对源代码进行深入的静态分析，以确定哪些变换是安全的，即不会改变程序的行为。通过这些优化，编译器可以生成更加高效、更适合并行执行的代码，从而显著提高程序的性能。

（3）向量化和 SIMD 优化

如果 CPU 支持向量指令（如 SIMD 指令），编译器会尝试将标量操作转换为向量操作，以同时处理多个数据元素。SIMD 允许一条指令同时对多个数据元素执行相同的操作，例如，一次加法操作可以同时应用于一个数组中的所有元素。编译器会识别源代码中可以向量化的部分，并将标量操作（一次处理一个元素的操作）转换为向量操作（一次处理多个元素的操作）。

为了实现向量化，编译器需要确保数据对齐和连续存储，以便处理器能够有效地加载和存储数据。向量化可以显著加速那些对大量数据执行相同操作的计算密集型任务，如图像处理、科学计算和机器学习等。

（4）内存访问优化

内存访问优化主要是让程序更聪明地使用计算机的内存，以便运行得更快。从计算机的内存里读取数据或写入数据都是需要时间的，如果程序频繁地做这些操作，速度就会变慢。所以，编译器的任务就是尽量帮助程序减少不必要的内存访问，同时让每次访问都更加高效。

那么，编译器是怎么实现这些方式的呢？它主要有如下几个小技巧。

用寄存器存数据：寄存器是 CPU 里面非常快速的小存储区域，编译器会尽量把经常用的数据放在这里，而不是每次都去内存里找。这样，程序读取和写入数据就会快很多。

重新组织数据：有时候，程序里的数据是按照某种顺序排列的，但这种顺序可能不是内存最喜欢的。编译器会尝试重新排列这些数据，让它们更符合内存的“口味”，这样读取起来就更快了。

预测并提前加载数据：编译器有时候能猜到程序下一步要做什么，比如它知道接下来要读取哪些数据。于是，它会提前把这些数据加载到内存里准备好，等程序真的需要时，就能立刻拿到，不用等。

避免重复工作：有时候程序会做一些重复的内存访问操作，其实是不必要的。编译器会识别出这些情况，并帮助程序去掉这些多余的操作。

通过这些小技巧，编译器就能让程序运行得更快、更顺畅。这就像是我们整理房间一样，把常用的东西放在手边，把不常用的东西收起来，这样找东西的时候就快了。编译器就是在帮程序“整理房间”，让数据的存取变得更加高效。

（5）自动并行化

自动并行化是一种编译技术，它通过分析源代码来识别那些可以并行执行的代码段，即那些可以同时执行而不会相互干扰的指令或计算。编译器会自动对这些代码段进行修改，插入必要的同步和调度代码，以便它们能够在多核或多处理器的硬件上并行执行。这样一来，原本顺序执行的代码可以同时在多个计算单元上运行，从而显著加快程序的执行速度。对于支持并行处理的 CPU，编译器可以插入并行代码或使用特定的并行编程模型（如 OpenMP）来利用多个核心。

例如，如果一个循环的每次迭代都是独立的，编译器可能会将这个循环的迭代分布到不同的处理器核心上，实现并行执行。这种转换对程序员来说是透明的，程序员只需要编写顺序代码，而并行化的工作由编译器自动完成。

为了实现这些优化，编译器开发者需要深入了解目标 CPU 架构的特性，包括其指令集、性能计数器、微架构细节等。此外，他们还需要持续跟踪新出现的硬件特性和优化技术，以便在后续的编译器版本中提供相应的支持。

为了支持计算机的多核系统，编译器也在不断地进化。编译器优化是一种技术，它通过修改和改进源代码的底层表示，以提高生成代码的运行效率。这些优化通常在不改变程序行为的前提下进行，即优化后的代码在功能上与原来的代码保持一致，但执行速度更快，或者占用的计算资源更少。

▶▶ 2.4.3　操作系统——从命令行到图形界面

人怎么来操作计算机？每个工具都有自己的操作的方式，比如开车需要方向盘、油门和刹车，这是车的操作方式。操作电脑也需要其独特的操作方式，这个方式就是操作系统。

在计算机问世之初，没有专门的操作系统。用户（即程序员）采用人工的操作方式直接使用计算机硬件系统。程序员将事先已穿孔的纸带装入纸带输入机，纸带密密麻麻的空洞代表着程序和数据，然后将程序和数据输入计算机内存，从而实现与计算机进行数据交换。这种方式烦琐且容易出错，效率也很低。

随着计算机技术的发展，为了提高计算机的效率，人们开始尝试开发操作系统。20 世纪 50 年代末到 60 年代初，出现了批处理操作系统。它的主要特点是能够自动化地将一批作业按顺序执行，无须人工干预。批处理操作系统的出现极大地提高了计算机的效率，方便了用户的使用。最著名的批处理操作系统是 IBM 的 OS/360。在批处理系统的基础上，人们又发展出了多道批处理系统。它将多个作业放入内存，并引入中断机制，使得多个作业可以交替执行，从而提高了 CPU 的利用率和系统吞吐量。随着计算机技术的进一步发展，人们开始追求更加高效和灵活的操作系统。分时操作系统的出现满足了这种需求。它采用时间片轮转的方式，将 CPU 的时间分成许多小段，轮流分配给各个用户，使每个用户都能在一个较短的时间内独占 CPU，从而实现了多个用户的交互式使用。UNIX 和 Linux 就是典型的分时操作系统。

在 20 世纪 80 年代初，当 IBM 开始开发其个人计算机时，DOS 已经是一个相对成熟且稳定的操作系统。由于时间紧迫和程序复杂，IBM 选择了与微软合作，并采用了其现有的 DOS 操作系统，而不是从零开始开发自己的操作系统。DOS 操作系统相对简单，易于学习和使用。这对于个人计算机市场来说非常重要，因为该市场主要针对非专业的普通用户。DOS 提供了基本的文件管理、命令解释和其他核心功能，足以满足大多数用户的日常需求。采用现成的 DOS 操作系统也为 IBM 节省了大量的开发成本和时间。这使得 IBM 能够更快地将其个人计算机推向市场，并在竞争激烈的行业中保持领先地位。在 IBM 的加持下，DOS 最终成为 20 世纪 80 年代和 90 年代初个人计算机的标准操作系统。

如果我们回到 20 世纪 80 年代，无疑会对那时的计算机非常的失望，这个方盒子如此简陋，屏幕只有黑与白，发出声音只有嘟嘟的声音。更为令人恼火的是，界面机器不友好。每次启动不得不面对那冷酷无情的命令行界面，每次启动计算机时首先看到的画面。它像一个深邃的黑洞，等待着用户输入神秘的命令。

有些上了年纪的人可能还会记得这个标识："C:>"。这是 MS-DOS 的命令提示符。如果有人试图在那时的个人计算机中打开一个文档，他必须小心翼翼地键入"DIR"命令，然后屏幕上立刻列出了一串串文件名和目录。操作者必须紧张地扫视着屏幕，生怕错过任何一个细节。终于，他找到了想要的文件，但接下来的操作却让人犯了难。"该如何打开这个文件呢？"这是每个初学者都经历的必然一课。在 MS-DOS 这类命令行的操作，没有直观的图形界面，一切都靠命令来完成，操作者努力回忆着曾经学过的命令，然后尝试着键入操作命令。终于，他看到屏幕上开始滚动着文本内容，如同探险家念对了咒语从而成功进入神庙。有时，操作者不小心键入了错误的命令，屏幕上就会显示出一行令人费解的错误信息。操作者不由得盯着屏幕发呆，努力想要理解这些错误的含义。然后，不得不重新开始，再次输入正确的命令。

在那个命令行时代，人类与计算机的交互是如此不便，每一个操作都需要精确地键入命令，每一个错误都会让面前的机器看起来如同一个傻瓜，这种操作让计算机和普通用户之间横亘着一堵不可逾越的高墙。难用的命令行的交互方式让一个人寝食难安，他隐约感觉这种反人类的操作方式只适合一些电脑极客而不是普通大众，要让更多人享受个人计算的算力，就需要一种更好的操作方式。

这个人就是乔布斯。作为一个天才的产品经理，1983 年，乔布斯推出了 Lisa 个人计算机（据说这个名字是依照乔布斯女儿的名字命名的），这个计算机在图形用户界面的方面具有划时代的意义。Lisa 是全球首款将图形用户界面（GUI）和鼠标结合起来的个人计算机，提供了更直观、更易于理解的操作方式，用户可以通过点击图标、菜单和按钮来执行各种任务，无须记忆复杂的命令。

图形用户界面的引入使得计算机变得更加用户友好。它减少了用户的学习成本，并提供了更直观的操作反馈。这种界面设计不仅吸引了专业用户，也使得非专业用户能够更轻松地使用计算机，从而推动了计算机的普及。与早期计算机通常只能单任务运行不同，Lisa 支持多任务处理。用户可以同时运行多个应用程序，并在它们之间进行切换，提高了工作效率。此外，Lisa 还随机捆绑了多个商用软件，提供了更完整、更便捷的计算解决方案。

当然，如果依照销量来看，Lisa 远远算不上一个成功的计算机。对于苹果来说，最著名的计算机是 Macintosh。可实际上没有 Lisa 就没有 Macintosh。在 Macintosh 的开发早期，很多系统软件都是在 Lisa 上设计的。Lisa 为苹果后续产品的发展奠定了基础，并推动了图形用户界面技术的不断进步。它引入了图形用户界面，提高了计算机的易用性和用户友好性，支持多任务处理，并整合了先进的硬件和软件。这些创新对计算机产业的发展产生了深远的影响。

GUI 的意义并不是通常认为的加上了图形界面，而是把计算机从单纯的计算带入了一个光影的时代。从此之后，计算机便有了光，从而把算力带入一个新的纪元。

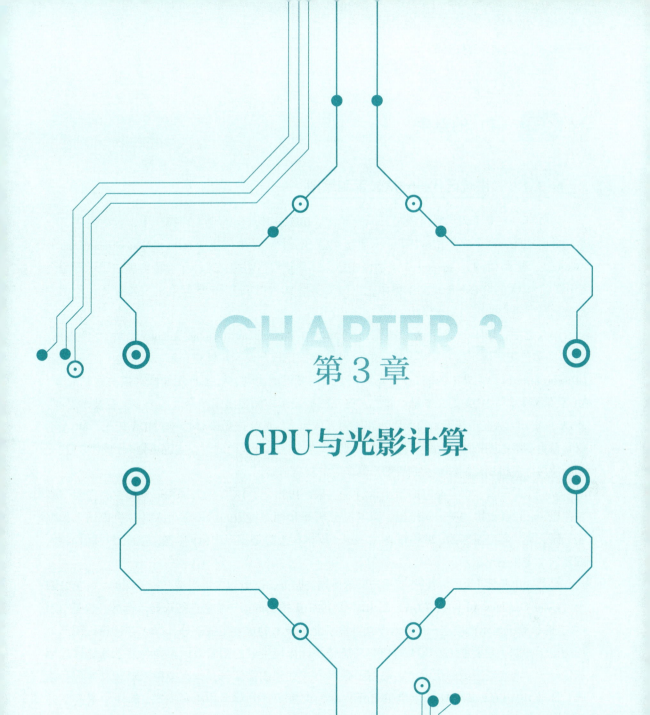

第 3 章

GPU与光影计算

3.1 GPU 的诞生

▶▶ 3.1.1 洪荒时代——从显示到绘图

1981 年，正是个人计算机风起云涌的年代。IBM 在其推出的个人计算机中，首次采用了一个额外的部件，这个部件几易其名，一直延续至今。它就是单色显卡 MDA（Monochrome Display Adapter），其中 Display Adapter 中文翻译成显卡，是非常贴切的。这种显卡是与黑白显示器配合使用的。MDA 的核心功能是文本显示，它能够支持 80 个字符宽和 25 行高的文本模式，为用户提供清晰、稳定的黑白文本显示。

不久之后，IBM 升级了这个部件，用 MGA（Monochrome Graphic Adapter）替代了 MDA。MGA 即单色图形适配器，从英文原来的意思来看，此时个人计算机重点解决的问题已经从显示（Display）转到了绘图（Graphic）。显然，个人计算机的出现，让图形图像成为要关注的对象，MGA 不仅继承了 MDA 的文本显示能力，更在图形显示方面迈出了革命性的一步。在技术层面，MGA 的核心优势在于其强大的图形处理能力（依照当时的生产力来看）。与 MDA 相比，MGA 不仅支持更高级的图形绘制功能，还能够在保留文本显示清晰度的同时，实现更复杂的图形。这一创新使得计算机用户能够享受到更加丰富多彩的视觉体验。

同一个时间段，很多兼容的显卡也冒了出来，1982 年，HGC 大力神图形卡诞生，作为一种单色显卡，由美国大力神公司推出，以其高分辨率和相对低廉的价格在个人计算机市场上占据了一席之地。其分辨率为 720×348 像素，这一规格在当时是相当出色的，能够为用户提供清晰、细腻的文字和图形显示。

当然，单色显卡远远满足不了用户们的挑剔的眼光，毕竟这个世界是五彩斑斓的。彩色绘图卡（Color Graphics Adapter，CGA）是 IBM 于 1981 年推出的第一个彩色图形显示标准，也是 IBM PC 上的计算机显示标准之一。作为早期计算机显示技术的重要组成部分，CGA 在计算机图形处理历史上占据了重要地位。CGA 的核心功能是将计算机生成的图像数据转换为显示器能够理解的信号，从而实现图像的显示。它采用了数字方式处理图像信号，具有多种图形和文字显示模式。标准 IBM CGA 具有 16 千字节的显示内存，支持多种分辨率和色彩模式。其中，最高支持 640×200 像素分辨率和 16 色的显示能力，虽然在最大分辨率下通常不能显示所有 16 种颜色。此外，CGA 还提供两种标准的文字显示模式：40×25×16 色和 80×25×16 色，以及两种常用的图形显示模式：320×200×4 色和 640×200×2 色。在技术细节上，CGA 使用数字信号来控制显示器上的每一个像素，从而实现图像的绘制和显示。它通过一组特殊的接口和电缆与显示器相连，将计算机生成的图像数据传输到显示器上。同时，CGA 还需要相应的驱动程序来支持各种应用程序的图形显示需求。尽管 CGA 的分辨率和色彩深度相对较低，但在当时的计算机应用中已经足够满足大部分需求。它为用户提供了基本的彩色图形显示功能，使得计算机界面不再单调乏味。同时，CGA 的稳定性和兼容性也得到了广泛的认可，成为当时个人计算机领域最受欢迎的显示标准之一。

不久后 Genoa 公司推出的 EGA（Enhanced Graphics Adapter）也在显卡市场上崭露头角。EGA 以其 16 色的绚丽表现力和 640×350 像素的分辨率，在图形显示领域展现了强大的实力。它不仅能够模拟 MDA 和 MGA 的显示效果，更在色彩和分辨率方面实现了质的飞跃，这大大增强了显示效果的色彩层次和视觉冲击力。为了实现这些功能，EGA 内部配备了较为复杂的电路和芯片，能够处理更多的图像信息并转换为显示器能够理解的信号。EGA 的出现使得计算机图形处理进入了一个全新的时代，为设计师和艺术家们提供了更加广阔的创作空间，让他们可以用 16 色的绚丽在 640×350 像素的画卷上挥洒无尽的创意与激情。

除了硬件方面的升级，EGA 还需要相应的软件支持。为此，Genoa 公司和 IBM 共同开发了一套显示驱动程序，以便在各种应用程序中充分利用 EGA 的性能。这些驱动程序不仅提供了基本的图形绘制功能，还支持一些高级的图像处理技术，如色彩映射和位图操作等。从硬件到软件，现代显卡的要素都齐备了。

EGA 的推出对当时的计算机市场产生了深远的影响。它使得个人计算机用户能够享受更加丰富多彩的图形界面和游戏体验。同时，EGA 也推动了计算机图形处理技术的发展，为后续更为先进的显卡产品奠定了基础。

而不久之后，MCGA（Multi-Color Graphics Array），即多色图形阵列也出现了。MCGA 能够支持更高的分辨率和更丰富的色彩表现。它被整合在 IBM 的 PS/2 Model 25 和 30 等个人计算机中，使用 Analog RGB 影像信号，将分辨率提升至 640×480 像素，这在当时是一个相当高的水平。MCGA 可以演绎出最多 256 种颜色的绚烂画面。这些色彩鲜艳、层次丰富的图像，为计算机用户带来了前所未有的视觉体验。

从 MDA 和 CGA 的初露锋芒，到 MGA 和 EGA 的辉煌绽放，再到 MCGA 的崭新篇章，每一步都凝聚着无数科技先驱的智慧与汗水。正是这些显卡的传奇历程，奠定了后来显卡技术和市场发展的坚实基石，而显卡也将逐渐从附属于 PC 机的一个小模块变成不可或缺的重要部件。

▶▶ 3.1.2 青铜时代——从 OEM 开始

1985 年的多伦多，硅谷之火蔓延至此，一家刚刚起步的小公司悄然诞生。这家公司名叫冶天（Array Technology Industry），其名称缩写则更为世人熟知：ATI。

ATI 的创始人是来自中国香港的何国源、Benny Lau 和 Lee Ka Lau。他们三人志同道合、各有所长。何国源曾经是一家电脑公司的高管，擅长市场洞察和技术研发，Benny Lau 精通产品开发，而 Lee Ka Lau 则擅长策略规划。当时，计算机行业正在蓬勃发展，然而，在这个充满机遇的市场中，ATI 却面临着巨大的挑战。作为一家新成立的小公司，他们没有足够的资金和资源与大型企业竞争，甚至连一支完整的研发团队都难以组建，那么公司将走向何处？

幸好，有个业务解救了公司。在公司成立初期，ATI 费尽周折，拿到了 IBM 等大型计算机制造商提供的 OEM（原始设备制造商）服务合同。简单来说，就是 ATI 根据这些巨头的需求，定制并生产符合他们标准的图形显卡，然后以 IBM 等品牌名义销售给最终用户。这项工作从此成就了这家公司。通过与 IBM 等巨头的合作，ATI 不仅获得了宝贵的订单和收入，更重要的是，他们从中积累了大量的生产经验和技术知识。这些经验和知识为 ATI 日后独立设计显卡打下了坚实的基础。

实话实说，IBM 在 PC 时代的开发策略宛如一个带头大哥，建立了一个个人计算机生态。在这个生态中，CPU 厂商英特尔、AMD，操作系统厂商微软，甚至 ATI 这样最早做显卡 OEM 的厂商，都有一席之地。这种策略，让整个硅谷之火可以带动整个产业界的发展。虽然这不是 IBM 的本意，但是却实实在在地为计算机产业的繁荣做出了贡献。

虽然 ATI 在显卡业务上晚了几年，但是从历史进程看，显卡这个技术，还远远谈不上成熟，彼时彼刻还是一片蓝海，静静等着能够掌控图形计算的王者的到来。

仅仅两年之后，ATI 于 1987 年推出了 EGA Wonder 和 VGA Wonder 系列显卡，这两款产品是 ATI 在显卡市场的早期布局。此时计算机对于图形图像处理的需求更加迫切，如果说 EGA Wonder 只是让 ATI 完成了 IBM 这个老师早就布置的作业，那么 VGA Wonder 则让 ATI 成了班里的优等生之一。

VGA（Video Graphics Array）是 IBM 于 1987 年推出的一个图形标准，迅速成为个人计算机行业的事实标准。VGA Wonder 显卡是 ATI 针对这一新标准推出的产品，它提供了比 EGA 更高的分辨率（640×480 像素）和更多的颜色（最多 256 色）。直到今日 VGA 接口也是各种显示设备的标准接口之一，成了一个最长寿的接口标准。ATI 推出的这款显卡的兼容性非常好，可以支持市场上大多数图形界面、软件和显示器，成为当时非常受欢迎的产品。

1991 年 5 月，ATI 推出了具有划时代意义的 Mach8 双芯片图形卡。这款显卡采用了双芯片设计，通过协处理芯片与主图形芯片的紧密配合，实现了高效的图形渲染和数据处理。这种设计不仅大幅提升了显卡的性能，还有效减轻了 CPU 的负担，使得整体系统运行更加流畅。

仅仅一年之后，1992 年 4 月，ATI 再次展现了其强大的技术实力，发布了 Mach32 图形卡。这款显卡集成了图形加速功能，采用了先进的图形处理技术和算法，为用户提供了更加细腻、逼真的图形效果。同时，Mach32 还采用了多种接口规格，以适应当时市场上不同规格的总线标准，展现了 ATI 在兼容性和可扩展性方面的深厚技术功底。

不过这个时候的显卡芯片，统一可以归类到 ASIC 领域，也就是专门的图像芯片，还远远称不上 GPU 的时代。而此时的显示还是 2D 时代，3D 时代即将到来。ATI 已经获得了进入下一个时代的门票。

但是在当时，在显卡市场上大杀四方的却是来自美国加州的 S3 Graphics。该公司成立于 1989 年，比 ATI 还要晚了 4 年进入显卡行业，但是势头很猛。在 20 世纪 90 年代初，S3 Graphics 推出了一系列具有高性能 2D 图形加速功能的显卡产品。其中，最经典的产品之一是 S3 Trio64V+，这款显卡以其高速的 2D 性能和强大的 VCD 软解压实力赢得了广大用户的青睐。它支持高达 1024×768 像素的分辨率，并在低分辨率下支持最高 32bit 真彩色，为用户提供了清晰、细腻的图形效果。此外，S3 Trio64V+还以其高性价比而闻名，成为当时许多用户的首选显卡。

在当时，一个奔腾 133 的主 CPU 配一块 S3 Trio 的显卡，是一台个人计算机的主流配置。由于 S3 显卡在 2D 性能方面的卓越表现，该公司迅速占领了市场份额，并成为当时的显卡市场领导者。无论是在 DOS 游戏时代还是早期 Windows 游戏时代，S3 显卡都为用户提供了流畅、细腻的 2D 图形体验。

然而，显卡领域的一场变革很快来袭，并且将进入一个新的时代。

▶▶ 3.1.3　白银时代——打开 3D 之门的雷神之锤

1993 年的初夏，随着微风轻轻吹过，一部描述史前生物在现代复活的电影悄然登陆了北美的大银幕。当灯光逐渐暗淡，电影开始播放，恐龙们在屏幕上咆哮着、奔跑着，仿佛真的复活成功，来到了现代世界。恐龙的每一个动作、每一个细节的呈现，都让观众们仿佛身临其境，置身于努布拉岛，身后就是凶猛追逐的霸王龙。

这部电影就是《侏罗纪公园》，全球票房超过 9 亿美元，大获成功。它由史蒂文·斯皮尔伯格执导。

电影的制作组请来了工业光魔团队，他们采用了当时领先的三维建模与动画技术。利用专业的三维建模软件，在计算机中构建出恐龙的三维模型，并通过动画技术赋予这些模型生命，使它们能够在屏幕上自由活动。数字雕刻与纹理贴图技术也发挥了重要作用。通过数字雕刻，制作团队能够精细地刻画恐龙的皮肤、肌肉和骨骼结构，使其看起来更加真实。同时，利用纹理贴图技术，为恐龙的皮肤添加了真实的质感和颜色，进一步增强了视觉效果。

工业光魔还运用了动力学模拟与特效技术，通过模拟恐龙的运动、碰撞和重力等物理现象，使恐龙的动作更加自然逼真。特效技术的运用也为电影增添了更多的视觉冲击力，如恐龙的呼吸、水花的溅起等。渲染与合成技术也是不可或缺的一环。通过高性能的渲染，将三维场景转换为二维图像，再通过合成技术将多个渲染好的图像或视频素材组合在一起，形成最终的电影画面。《侏罗纪公园》的诞生，表明计算机参与电影的制作已经达到了相当高的水平。

而就在 2 年之后的 1995 年，另一部动画片的上映让计算机设计影像又达到了一个新的高度。该电影完全由电脑制作，采用了当时最先进的 3D 动画技术，从一个玩具的视角给观众带来了耳目一新的视觉体验。

这部动画电影就是《玩具总动员》。《玩具总动员》是皮克斯的首部全长动画电影，也是动画电影历史上的一部里程碑。

值得一提的是，皮克斯的老板是乔布斯。他在 1986 年以较低的价格从卢卡斯电影公司购得了其计算机动画部（当时乔布斯已经被苹果扫地出门，卖掉了他持有的几乎全部的苹果公司的股份），这个部门后来被他命名为皮克斯。

他在这个项目中投入了大量的资金，甚至在公司运作并不理想的时候，自掏腰包以维持其运营。乔布斯对于计算机能够在未来光影世界中发挥重要作用坚信不疑，而《玩具总动员》的成功证明了这一点。

《玩具总动员》的诞生表明计算机制造影像的时代到来了，而这背后则是计算机图形技术的飞速发展。在 20 世纪 80 年代末到 90 年代初，SGI（硅图）公司凭借其在图形处理方面的深厚积累，开始研发一种新型的工作站，旨在将高端图形技术商业化，并使其更加普及。

1989 年，IRIS 3130 工作站问世，这是 SGI 公司的最新技术成果。这款工作站采用了当时最先进的图形处理器和独特的几何引擎，能够处理复杂的三维图形和动画，同时价格也相对合理，使得更多的企业和个人能够接触到高端图形技术。

随着 IRIS 3130 工作站的推出，计算机成像的商业化进程开始加速。在电影制作领域，IRIS 3130 工作站使得制作人员能够以前所未有的速度和效率处理图像和动画，大大降低了电影制作的成本和时间。这导致了更多的电影开始采用计算机生成的图像（CGI），使得视觉效果更加震撼和逼真。IRIS 3130 工作站配备了 SGI 自家研发的图形处理器，这是其核心部件之一，用于处理复杂的图形和图像渲染任务。这款图形处理器具备强大的计算能力和高效的渲染性能，使得工作站能够处理大规模的三维图形和动画。

除了图形处理器外，IRIS 3130 工作站还搭载了当时先进的中央处理器，如 MIPS 架构的处理器。这些处理器负责执行工作站的操作系统、应用程序和其他非图形任务，与图形处理器协同工作，提供整体的高性能计算体验。

IRIS 系列的成功促成了 SGI 几年后的一起收购。在 1992 年，SGI 看到了 MIPS 处理器在其工作站和服务器产品中的巨大潜力，并决定收购 MIPS 计算机公司。这次收购使得 SGI 获得了 MIPS 处理器架构的所有权，并可以将其整合到自己的产品线中。

电影可以耗时很长来渲染，生成最终的电影画面。但是，另一种计算机带来的娱乐活动却强调计算实时性，这就是电脑游戏。

当时，特殊的图形工作站价格昂贵，而个人计算机上的显卡却难以满足实时处理的要求，市场上缺乏一款能够提供高性能 3D 图形处理能力的显卡，这一天的到来也将不远了。

3D 图形技术开始崭露头角，成为游戏开发者们追求的新方向。

1996 年，约翰·卡马克（John Carmack）和阿方索·约翰·罗梅洛（Alfonso John Romero）紧密合作，一起打造了一个划时代的游戏大作：《雷神之锤》。

雷神是北欧神话故事中的人物，名叫索尔，掌管肥沃与富饶。每当他挥舞着巨大的铁锤，天空便响起震耳欲聋的雷鸣，闪电如银蛇乱舞，紧接着，甘霖普降，滋润着大地，让庄稼挺拔生长。人们仰望着天空，心中充满对索尔的崇敬与感激。

《雷神之锤》就取自这个背景，然而这个游戏是一个第一人称射击游戏，和神话故事毫无关系。

这款游戏采用了革命性的 3D 图形引擎，为玩家呈现了逼真的游戏画面和精准的物理效果。

这使得玩家能够更好地沉浸在游戏的世界中，享受射击的乐趣。这个游戏推出以后大获成功。约翰·卡马克也成了玩家心目中的神。

约翰·卡马克是 id Software 的创始人之一，同时也是一位在游戏界享有极高声誉的程序员。作为一位技术天才，卡马克早就预见到 3D 图形在游戏中的巨大潜力，并着手开发相关的技术。在《雷神之锤》这款经典之作中，作为游戏的主程序员，卡马克负责开发游戏的 3D 图形引擎。这一引擎以其高效性能和逼真效果而广受赞誉。正是由于他的技术贡献，才使得《雷神之锤》能够以流畅的画面和精准的物理效果呈现在玩家面前。

然而，随着《雷神之锤》等 3D 射击游戏的流行，个人计算机在 3D 图形处理上的无力感瞬间暴露无遗。这些游戏所呈现的震撼画面和沉浸式体验，与个人计算机孱弱的 3D 图形处理能力形成了鲜明的对比。玩家们迫切地渴望一种能够让他们真正融入游戏世界、感受其中每一个细节的全新体验。而这一切，都需要一张额外的加速卡来实现——3D 图形加速卡。

Voodoo 显卡由 3dfx Interactive 公司打造，以其空前绝后的 3D 图形加速性能震撼登场。从此，一个跨时代的产品诞生了。Voodoo 显卡成为当时玩 3D 游戏的必需品。玩家们纷纷将目光投向了这款神奇的显卡，渴望拥有它所带来的极致游戏体验。而 3dfx Interactive 公司也因此名声大噪，成为显卡界的佼佼者。对于那些热衷于《雷神之锤》等 3D 游戏的玩家来说，拥有一块 Voodoo 显卡几乎成了一种标志和追求。这款显卡不仅提升了游戏的画面质量，更让玩家在游戏中获得了更流畅、更真实的体验。

Voodoo 显卡之所以成为玩游戏的必需品，是因为其在 3D 图形处理方面的卓越性能和创新技术。Voodoo 显卡采用了专门的 3D 图形加速技术，这与当时大多数个人计算机所配备的 2D 图形处理器形成鲜明对比。这种专门的 3D 加速技术使得 Voodoo 显卡能够更高效地处理复杂的 3D 图形运算，从而提供流畅、逼真的游戏画面。这是第一款支持 3D 加速的显卡，除此之外，Voodoo 显卡引入了一系列创新的渲染技术，如硬件雾化、镜面高光、透明处理等。这些技术大大提升了游戏的视觉效果，使得玩家能够沉浸于更加逼真的游戏世界中。

在 2D 时代，ATI 和 S3 都发布了不少著名的显卡，但是首发的 3D 显卡 Voodoo 却是一家新公司设计的，这就是 3dfx。3dfx 于 1994 年创立，是由 SGI、数字设备公司（Digital Equipment Corporation，DEC）、MIPS 和 Pellucid 等公司联合成立的。SGI、DEC 与 MIPS 在当时就是科技界的巨擘，各自在图形处理、计算机系统和处理器架构领域占据着重要的地位。这三股强大的力量汇聚一起，共同孕育出了 3dfx 这个传奇。

Voodoo 图形卡的设计理念是革命性的，它首次将 3D 渲染任务从 CPU 转移到了图形卡上。在 Voodoo 之前，PC 游戏往往因为依赖 CPU 处理图形而运行缓慢、画面卡顿。但 Voodoo 卡的到来彻底改变了这一局面。它专门负责处理 3D 图形任务，释放了 CPU 的压力，让游戏运行更加流畅、快速。

随着技术的不断进步，Voodoo 家族也迎来了新的成员——Voodoo 2 和 Voodoo 3。在 Voodoo 家族中，Voodoo 2 无疑是最受欢迎的一款。它于 1998 年发布，相比原始的 Voodoo 图形卡有了显著的改进。不仅性能更强，还支持更高的分辨率和色深度。Voodoo 2 成为当时每个想要体验最新 3D 游戏的玩家必备的升级选择。更值得一提的是，Voodoo 2 还是第一批支持 SLI 技术的显卡之一。这种技术允许两张完全相同的显卡协同工作，共同渲染单个 3D 场景，从而进一步提升性能。这一创新设计让玩家们在追求极致性能的道路上又迈进了一步。这两款显卡的推出，再次将 3D 图形性能推向了新的高峰。Voodoo 2 以其 16 位色深度和高达 1024×768 像素的分辨率征服了无数玩家的心。而 Voodoo 3 则更进一步，支持更高的分辨率和 32 位色深度，让游戏画面更加细腻、逼真。

在那个时代，许多 PC 厂商都纷纷与 3dfx 合作，预装 Voodoo 图形卡的系统成为市场上的抢手货。同时，3dfx 也销售可以安装在任何兼容 PC 上的独立显卡，让更多玩家有机会体验到 Voodoo 带来的震撼。同时在品牌机和兼容机上发力，3dfx 的显卡在 3D 时代游刃有余。

毫无疑问，3dfx 在 3D 时代的浪潮中，以其独到的眼光和前瞻性的技术，占得了市场的先机，成为显卡白银时代最后的、也是最璀璨的一道辉煌。在那个风起云涌的年代，当众多厂商还在摸索 3D 技术的门槛时，3dfx 已经凭借其 Voodoo 系列图形卡，将 3D 游戏的魅力淋漓尽致地展现在玩家们的面前。它的出现，不仅引领了游戏图形技术的革新，更让无数玩家为之疯狂，为之倾倒。那一段时光，是 3dfx 的巅峰时刻，也是整个 3D 游戏界最为辉煌的记忆。

很快，3dfx 迎来的是显卡的黄金时代，也是残酷的竞争时代，所有显卡厂商在这个黄金时代开始了一场列王的纷争，一场激烈的大战即将拉开帷幕。

▶▶ 3.1.4 黄金时代——列王的纷争

1993 年，加州二月阳光明媚，正是适合远足踏青的季节。

硅谷中心地段一条繁忙的马路旁，一家闻名遐迩的连锁餐厅——丹尼餐厅（Denny's）熙熙攘攘。餐厅外观简约，与周围的繁华街景相得益彰。宽敞明亮的用餐区域，柔和的灯光洒在精致的桌椅上，给人一种宾至如归的感觉。墙壁上挂着一些温馨的家庭照片和装饰品。餐厅内的特色美食，如伐木工大满贯早餐（Lumberjack Slam）、火腿炒蛋三明治（Moons Over My Hammy）和超级鸟三明治（Super Bird）则是店内常客的最爱。

就像往常一样，一个华裔面孔的年轻人走进了丹尼餐厅，他的目光在用餐区域内迅速扫过，最终定格在一个角落的座位上。那里已经有两个好友在等待着他，他们正在讨论在一个创业机会。虽然此时三人信心满满，但是他们谁也没有预料到，这次会面将成就一个市值万亿的企业。

这个华裔叫黄仁勋，而另外两位是 Chris Malachowsky 和 Curtis Priem。他们讨论成立的公司就是以后在 GPU 领域大放异彩的 NVIDIA。

就在 40 年后，NVIDIA 的市值超过一万亿美元，为了纪念当年三人在丹尼餐厅的这次相会，丹尼餐厅首席执行官 Kelli Valade 宣布了一项激动人心的消息：他们将举办一场名为"丹尼餐厅万亿美元孵化器大赛"的活动。这个仪式还邀请了黄仁勋参加。丹尼餐厅的 CEO Valade 对黄仁勋说："这里已经成为无数创想的摇篮。你的故事，你的经历，是如此鼓舞人心，它们将会持续激励我们丹尼餐厅的每一位员工。"

作为大赛的亮点，丹尼餐厅将提供 2.5 万美元的种子基金，用于资助那些具有潜力和影响力的项目。而参赛的条件也很简单：只要创意或构想是在丹尼餐厅的餐桌上诞生的，就有资格参加。所以读者们如果去美国西海岸旅行，可以去丹尼餐厅吃个饭，如果在餐桌上诞生了伟大构想，说不定也有机会创造下一个万亿美元的公司。

虽然如今 NVIDIA 公司大获成功，但是在当时，NVIDIA 作为一个初创公司还要在显卡这条路上踟蹰很久。

就在这次聚会后不久，NVIDIA 公司正式成立了。

黄仁勋担任了公司的总裁兼首席执行官，这一年，他 30 岁。然而，创业的道路从来都不是一帆风顺的。在 NVIDIA 创立初期，风险投资市场对这个新兴领域并不看好。黄仁勋面临着巨大的资金压力，他必须找到投资者来支持公司的研发工作。在硅谷这个充满机遇的地方，他四处奔波，费尽口舌，最终只找到了两家有意投资的基金，而其中一家的投资额也只有 220 万美元。

尽管资金紧张，但黄仁勋和他的团队坚信自己的技术能够改变世界，他们夜以继日地研发着，期待着能够推出一款革命性的图形芯片。终于，在 1995 年，NVIDIA 推出了他们的第一款产品——NV1 图形芯片。这款芯片在技术上取得了重大突破，让人们对 3D 图形充满了期待。NVIDIA 也成了上了牌桌的玩家。

从此，ATI、S3、3dfx、NVIDIA，众王集齐，开始了一场显卡行业列王的纷争。

然而，市场对 NV1 的反应却并不如预期。NV1 的销量惨淡，公司的资金状况也变得更加严峻。读者们从中也能看出来，新公司第一款芯片产品的大卖，基本上是很难的。就在这个关键时刻，世嘉公司向 NVIDIA 伸出了援手。他们委托 NVIDIA 开发世嘉土星第二代的图形芯片，并支付了 700 万美元的订金。这笔资金对于 NVIDIA 来说无疑是雪中送炭，让他们得以继续坚持下去。虽然最终这个开发计划因为种种原因而未能成功，但 NVIDIA 却因此得以挺过了最艰难的时刻。

终于，在吸取了 RV1 失败的教训后，NVIDIA 在 1997 年推出了 RIVA 128（也称为 NV3），这是全球首款 128 位 3D 图形处理器。这款处理器拥有当时最快的三角形生成率，并且支持 AGP 1X 规范，是当时市场上唯一真正具有 3D 加速能力的 2D+3D AGP 显卡。RIVA 128 的推出，使得 NVIDIA 开始受到设备制造商和消费者的广泛关注，其出色的性能和低廉的价格赢得了市场的青睐。

值得一提的是，让 3dfx 大火的 Voodoo 卡是 3D 显卡，并没有 2D 加速的功能，于是 3dfx 尝试解决这个问题。他们在 Voodoo 卡上加了一张 2D 副卡，就做成了 Voodoo Rush，采用了别家的 2D 加速芯片，这样的设计使得 2D 显示的性能表现相当差劲。不仅如此，可能是由于通信接口的原因，相比起原始的 Voodoo 显卡，Voodoo Rush 在 3D 性能上也有所降低，这无疑使得它在市场上难以获得理想的竞争力。为了弥补这个缺陷，3dfx 直到研发出 Voodoo Banshee（女妖）才在单一芯片上集成了 2D 和 3D 的显示功能。而这个时候已经是 1998 年，比 RIVA128 晚一年。

然而此时，显卡厂家所处的时代不同了。此时市场上出现了一个显著的变化——游戏厂商的话语权显著提高了，游戏软件行业的争斗也进入了白热化的阶段。

在 1997 年前后，id Software 将《雷神之锤 2》的引擎授权给许多其他第三方游戏使用，这引起了 3D 游戏的大繁荣，如《异教徒》《半条命》等名作先后上市。

当时 Voodoo 支持的编程接口是 GLIDE，它是由 3dfx 公司开发的，被用于其 Voodoo 系列 3D 加速卡的专用 API。GLIDE 是为 3D 游戏而设计的，并且在当时非常受欢迎，但是只有 3dfx 一家公司才能使用它。这对于其他游戏开发公司来说非常不便利。

GLIDE API 曾是许多游戏的首选图形接口，但随着时间的推移，越来越多的游戏开始支持 DirectX（D3D）。特别是像《古墓丽影 2》和《极品飞车 3》这样风靡全球的游戏也加入了对 D3D 的支持，这使得 NVIDIA RIVA 128 等非 VooDoo 显卡能够通过 D3D 接口完美地运行这些游戏。这一转变对于 NVIDIA RIVA 128 显卡来说是一个巨大的机遇，因为这使得该显卡能够更广泛地兼容和支持当时流行的游戏。

还有一个原因也不容忽视，那就是游戏编程接口 OpenGL 的诞生。OpenGL（Open Graphics Library，译名："开放图形库"或者"开放式图形库"）是用于渲染 2D、3D 矢量图形的跨语言、跨平台的应用程序编程接口（API）。最初，SGI 公司为其图形工作站开发的 IRIS GL 是一个工业标准的 3D 图形软件接口，虽然功能强大，但是移植性不好，于是 SGI 公司便在 IRIS GL 的基础上开发了 OpenGL。这个接口成了很多图形软件和游戏软件与显卡的驱动接口。

《异教徒》《半条命》这些游戏充分利用了 NVIDIA RIVA 128 显卡良好的 OpenGL 性能，为玩家带来了流畅而逼真的 3D 图形体验。这不仅提升了 RIVA 128 显卡在游戏市场中的知名度，也进一步巩固了其在 OpenGL 领域的领先地位。

面对 OpenGL 的进攻，3dfx 还固守在 GLIDE 的阵地。在 DirectX（D3D）和 OpenGL 的夹击之下，3dfx 的 GLIDE API 逐渐失去了在游戏开发领域的统治地位，3dfx 的显卡也失去了优势。

而 NVIDIA 的 RIVA 128 对 OpenGL 和 DirectX（D3D）两个都支持，于是 Dell、Gateway 等知名电脑厂商纷纷选择使用 NVIDIA RIVA 128 显卡。同时，在零售市场上，Diamond、STB、ASUS、ELSA 和 Canopus 等品牌也相继推出了基于这款芯片的产品。短短不到一年的时间里，NVIDIA RIVA 128 的出货量就突破了 100 万片，标志着 NVIDIA 凭借 NV3 技术成功翻身，赢得了市场和用户的广泛认可。

反观 3dfx，他们过于依赖自家的 GLIDE API，而忽视了与 OpenGL 和 DirectX 的兼容性。这使得许多原本可以支持 3dfx 显卡的游戏因为无法使用 GLIDE API 而放弃了对 3dfx 的支持。此外，3dfx 在与其他硬件厂商的合作方面也不够积极，这使得他们在市场竞争中逐渐孤立无援。

雪上加霜的是，这种趋势一旦发展，将很难再逆转。显卡芯片性能方面容易追赶，但是软件生态却是难以构建。

1998 年，NVIDIA 继续发力，发布了 RIVA TNT（也称为 NV5）。这款产品在技术上进行了进一步的创新，加入了 Twin Texel 双像素流水线，使其在一个周期内可以处理两个像素和两个纹理，从而提升了图形处理的速度和质量。此外，NVIDIA 还在这一时期推出了 OpenGL ICD 和名为"雷管"（Detonator）的驱动程序，这些技术的推出进一步增强了 NVIDIA 在图形处理领域的实力。

1999 年，NVIDIA 在纳斯达克成功上市。上市为 NVIDIA 带来了更多的资金支持和市场曝光，使其能够进一步拓展业务、加强研发，并巩固在图形处理器市场的领导地位。在上市同年，NVIDIA 还发布了划时代的产品。一款命名为 GeForce 256 的新产品，被誉为"改变世界"的力量，其名字蕴含着深厚的意义。"Ge"代表几何学（geometry），"Force"则意味着力量，而"256"则代表着 NVIDIA 新一代的 256 位架构。相较于之前的 128 位架构（如 TNT2），这无疑是一次巨大的飞跃。

在理论上，GeForce 256 的 256 位架构将在高分辨率下（如 1024×768 像素）带来更为流畅的帧频率。GeForce 256 在多边形计算上的能力将超过每秒 1500 万个，这一数字无疑令人震撼。

此外，GeForce 256 还有一个革命性的变化。这一代的显卡把几何计算的 3D 流水线从 CPU 中分离出来，从而释放了 CPU 的带宽。正是因为这个改变，NVIDIA 还自豪地将其称为"通用图形处理器"，简称"GPU"（Graphics Processing Unit）。

显卡最早是专门的 2D 和 3D 加速卡，类似 ASIC 专用芯片。如今进化成 GPU 之后，显卡也有了一定的编程能力，而这个能力最早是为了降低 CPU 的负载而出现的。这在后来将引起一场计算方式的变革，也是算力的革命，当然，还需要十年的打磨。

从此刻开始，GPU 诞生了，一个可以媲美 CPU 的计算形态出现了。

面临 NVIDIA 强势出击，曾经显赫一时的 3dfx 公司却失误频频。

3dfx 原本计划在显卡市场再掀波澜，推出一款震撼业界的 Voodoo 5 6000 产品。这款产品凭借强大的四片 VSA-100 芯片，搭载高速 128MB SDRAM 显存，预计能展现出惊人的图形处理能力。其独特的 T-buffer 功能和前所未有的 8 倍抗锯齿技术，无疑将为用户带来前所未有的视觉体验。

然而，命运似乎并不眷顾这家曾经的显卡霸主。

Voodoo 5 6000 的设计过于复杂，导致生产成本居高不下，售价预计高达 600 美元左右。再加上元件短缺和公司财政问题，这款被寄予厚望的显卡几经推迟发布，最终未能与广大用户见面。Voodoo 4 性能不佳，Voodoo 5 又无法及时上市，导致公司支持率急剧下滑。面对 NVIDIA 的强劲攻势，3dfx 显得力不从心。

为了扭转颓势，3dfx 将目光转向了微软，希望通过收购 Gigapixel 公司获得微软即将推出的 XBOX 图形芯片订单。然而，微软最终选择了与 NVIDIA 合作，成功推出了 XBOX 游戏机。这一打击使得 3dfx 的股票价格再次大幅下跌，公司的前景变得黯淡无光。

到了这个时候，3dfx 已没有太多退路。2000 年，3dfx 宣布破产，NVIDIA 以一亿美元的低价收购了 3dfx 公司的知识产权，这家曾经辉煌的显卡厂商就此陨落。3dfx 品牌也成为了历史。至此，3dfx 公司走完了它的历程，成为一个时代的回忆。

即使 3dfx 掉队了，NVIDIA 也不能高枕无忧，因为他们面临着新的强劲对手——ATI 和 S3。

与 3dfx 不同，ATI 在发展过程中更注重技术的成熟和市场的反馈。他们不断推出符合用户需求的新产品，并积极与各大硬件和软件厂商合作，确保产品的兼容性和稳定性。这种务实的做法使得 ATI 在市场上获得了广泛的支持和认可。

1996 年 1 月，ATI 发布了其首款 3D 显示芯片——3D Rage。这款芯片基于 Mach64 2D 核心，并融入了 3D 功能，采用 0.5 微米的制程技术生产。尽管 3D Rage Ⅰ 在技术上具有一定的创新性，如拥有 1 条像素流水线和 1 个顶点着色单元，能处理光源，并支持 MPEG-1 硬件加速，然而这已经比 NVIDIA 晚了一年。更加麻烦的是，其兼容度问题成为其市场推广的绊脚石，导致销量并不理想。

面对这一问题，ATI 并没有气馁，而是迅速进行了改进。他们解决了兼容度问题，并在第二代 Rage 显卡中带来了两倍的 3D 性能提升。这就是 3D Rage Ⅱ。3D Rage Ⅱ 芯片作为 3D Rage 的升级版本，不仅增强了 3D 性能，还通过第二代的 PCI 总线技术提升了 20% 的 2D 性能。此外，它还新增了 MPEG-2（DVD）播放功能，在当时来说，这可以满足多媒体浪潮的需求。

由此，ATI 的显卡也迎来了高光时刻，它的技术能力赢得了眼光挑剔的乔布斯的青睐。

1998 年 5 月 6 日，在库比蒂诺市迪安扎社区大学的燧石礼堂，一个传奇的发布会正在进行。当灯光逐渐暗淡，舞台中央的幕布缓缓拉开，一个熟悉的身影站在那里，他就是史蒂夫·乔布斯。

乔布斯凝视着观众，然后缓缓伸出手，指向舞台后方。突然，一束聚光灯照亮了一台蓝色半透明的计算机——iMac G3。观众们屏住呼吸，仿佛时间在这一刻静止了。当 iMac G3 完全展现在大家面前时，现场爆发出雷鸣般的掌声和惊叹声。

乔布斯微笑着，他知道他再次做到了，自从他十年前离开苹果后，又一次王者归来。乔布斯的回归，也让世人相信苹果公司将重新崛起。

乔布斯站熟悉的台上介绍产品。他用 iMac G3 重新定义了个人计算机，这款产品的一体式设计和多彩外壳完全颠覆了传统电脑的外观。乔纳森·伊夫的设计理念为 iMac G3 注入了独特的美感，让它成为一件真正的艺术品。他的愿景不仅仅是创造一台电脑，更是要创造一台"人人都能使用的电脑"。而 iMac G3，正是他实现这一理想的起点。

iMac G3 搭载了 ATI 的显卡、3D Rage Ⅱ 和下一代的 3D RAGE pro。在驱动程序方面，3D Rage Ⅱ 芯片提供了广泛的支持，包括微软 Direct3D 等。对于专业的 3D 和 CAD 用户，ATI 还提供了 OpenGL 驱动程序；而对于 AutoCAD 用户，则提供了 Heidi 驱动程序。

由于 3D Rage Ⅱ 芯片的卓越性能和广泛兼容性，它迅速获得了市场的认可，许多主板厂商也纷纷集成了这款显示芯片。此外，ATI 的 3D Xpression+、3D Pro Turbo 以及原装的 All-in-Wonder 显卡也都采用了 Rage Ⅱ 芯片，进一步扩大了其在市场上的影响力。

与 NVIDIA 和 ATI 相比，S3 Graphics 就显得有些落寞。

S3 真正耀眼的时代是 2D 显示时代。Pentium 处理器风头正劲之时，S3 765 应运而生，以其出色的软解压性能和迅捷的 2D 性能,迅速征服了无数科技爱好者的心。它最高支持 2MB EDO 显存,能够实现高分辨率显示,这在当时无疑是高端显示卡才能拥有的功效。S3 765 不仅仅是一块显示卡,更是一次技术的飞跃,将 SVGA 技术推向了新的高峰。当时的人们第一次在屏幕上看到 1024×768 像素的分辨率时,那种震撼和欣喜是无法用言语来形容的。而在低分辨率下,S3 765 更是支持最高 32bit 真彩色,让色彩世界在屏幕上绽放出了前所未有的绚烂。然而,S3 765 的魅力远不止于此。它的价格亲民,使得更多的普通消费者能享受到高科技带来的便利和乐趣。在 Pentium 时代,S3 765 的市场份额如同野火燎原般迅速蔓延,达到了前所未有的广阔。

在 3D 时代,3dfx 的 Voodoo 卡风靡世界时,S3 Graphics 却迟迟没有动作,直到 1998 年,S3 Graphics 才推出第一张真正的 3D 加速卡 Savage(野人)3D。这款显卡的核心架构为 128bit,支持单周期三线性多重贴图,像素填充率达到了 125MPixels/s,每秒最多能生成 500 万个三角形。此外,它还支持 Direct 3D 和 OpenGL,以及 Alpha 混合、多重纹理、抗锯齿、16/24bit Z 缓存、三线性过滤等技术。值得一提的是,Savage 3D 还具备 S3TC 压缩技术,这是一种纹理压缩技术,可以有效地使用材质缓存。

然而,尽管 Savage 系列显卡在技术上有所突破,但 Savage 3D 只支持 8MB 显存,而驱动方面更是问题很多,Savage 3D 的驱动程序与许多操作系统和应用程序存在兼容性问题。这导致用户在使用时经常遇到系统崩溃、蓝屏、程序错误等问题。特别是在新版本的操作系统和应用程序推出后,这些兼容性问题变得更加突出,因为 S3 公司往往无法及时提供更新的驱动程序来解决这些问题。由于驱动程序的缺陷,Savage 3D 的性能表现非常不稳定。在某些情况下,显卡可能无法发挥出其应有的性能水平,导致图形渲染速度缓慢、画面卡顿等现象。这种不稳定性对于需要高性能图形处理的应用来说是非常致命的。

紧接着在 1999 年,S3 Graphics 推出了 Savage 3D 的换代产品——Savage 4。这款显卡支持 AGP 4×技术、真 32 位渲染、S3TC、单周期三线性过滤、多纹理贴图、硬件 DVD 加速、最大 32MB 显存,还支持高级数字平面显示器。其中,S3TC 是 Savage 4 系列的特征技术,它大约可以提供 6:1 的压缩比率,使得材质缓存的使用更为高效。然而,Savage 系列作为 S3 后续推出的显卡产品,未能真正扭转公司的颓势。一方面,Savage 系列在技术上并没有突破性的创新,无法与当时市场上的其他领先品牌抗衡;另一方面,由于 S3 在驱动程序开发方面的劣势依然存在,Savage 系列的显卡也受到了类似的兼容性和稳定性问题的困扰。这使得 Savage 系列在市场上始终未能发挥出其应有的效应,进一步加剧了 S3 的衰败。

英雄迟暮,如同 3dfx 一样,S3 在独立显卡市场的地位逐渐边缘化,无法与 NVIDIA、ATI 抗衡。在经历了一段时间的挣扎后,S3 选择了被 VIA(威盛)公司收购,退出了独立显卡市场。对于那些资深的 DIY 玩家来说,S3 Graphics 的名字依然是他们记忆中无法抹去的一笔。

▶▶ 3.1.5 钻石时代——棋逢对手的较量

进入 21 世纪,ATI 和 NVIDIA 在游戏 GPU 市场上进入了附加赛,两家公司都竭尽全力推出了一系列令人瞩目的产品，以期在市场份额上占据优势。

ATI 率先出招，拿出了 Radeon 9700 Pro。

Radeon 9700 Pro 是 ATI 公司在 2002 年 8 月发布的一款高端显卡芯片。这款显卡以其强大的图形处理能力和先进的技术特性，在游戏和图形处理领域取得了显著的地位。技术规格方面，Radeon 9700 Pro 采用了 0.15 微米的制作工艺，拥有高达一亿零七百万的晶体管数量。其核心频率设定为 325MHz，而显存频率则高达 620MHz。显存方面，它支持 DDR 类型的显存，容量通常为 128MB 或 256MB，位宽为 256bit。显存带宽达到了 19.6Gbit/s，而显存速度则为 2.8ns。

在图形处理能力方面，Radeon 9700 Pro 表现出色。它拥有 8 条像素渲染管线，每条管线都配备了一个纹理渲染管线。这使得其像素填充率达到了 2.2Gbit/s，纹理填充率也同样是 2.2Gbit/s。这样的配置使得它在处理复杂的 3D 图形时能够保持流畅和高效的性能。

此外，Radeon 9700 Pro 还支持多种先进的图形处理技术。它具备 SMARTSHADER 2.1 智能渲染器和 SMOOTHVISION 2.1 动态视觉平滑技术，这些技术能够提供更为逼真和细腻的图形效果。同时，它还采用了 HYPER-Z III+显存优化技术，有效提高显存使用效率，从而获得更高的显存带宽。

接口方面，Radeon 9700 Pro 采用了 AGP 8X 接口标准，这使得它能够与当时的主板兼容并提供高速的数据传输。此外，它还支持多种输出接口，包括 1×VGA 接口、TV-OUT 接口和 1×DVI-I 接口，这为用户提供了更多的连接选择。

在 DirectX 和 OpenGL 支持方面，Radeon 9700 Pro 全面支持 Microsoft DirectX 9.0 和 OpenGL 1.3 规范。这使得它能够充分利用这些图形 API 提供的新功能和特性，为游戏和应用程序带来更为丰富和逼真的图形效果。

作为首批支持 DirectX 9 的 GPU 之一，它在图形性能上实现了质的飞跃。DirectX 9 的引入为游戏开发者打开了新的大门，提供了更为丰富和强大的图形编程接口和功能。这使得游戏画面得以呈现前所未有的逼真度和流畅度，为玩家带来了沉浸式的游戏体验。Radeon 9700 Pro 的成功，不仅彰显了 ATI 在图形技术方面的深厚实力，也为公司在市场上赢得了良好的口碑。

然而，NVIDIA 并非等闲之辈。面对 ATI 的强劲攻势，NVIDIA 迅速应战，推出了 GeForce FX 系列 GPU。GeForce FX 系列是 NVIDIA 在 2002 年开始推出的一系列显卡产品。这一系列以其独特的架构和强大的图形处理能力而闻名。其中，GeForce FX 5800 Ultra 是该系列的旗舰产品，它采用了创新的 CineFX 引擎，为游戏和多媒体应用提供了出色的 3D 图形加速功能。

自 NVIDIA 推出 GeForce FX 系列显卡以来，该系列一直备受游戏玩家和图形处理爱好者的关注。但是，与 ATI 的 Radeon 系列相比，GeForce FX 在帧率和图形质量上有所不足。这种不足在游戏和图形密集型应用中尤为明显，导致用户体验不如预期。除了性能问题，显存带宽的限制成为一个突出问题。在处理高分辨率和高纹理质量的场景时，显存带宽的瓶颈可能导致性能下降和帧率不稳定。这对于追求高品质图形的用户来说是一个不可忽视的问题。GeForce FX 系列显卡在高负荷运行时可能会产生较高的温度和功耗。

为了应对 ATI 的挑战并提升自家产品的性能，NVIDIA 推出了 GeForce 6 系列。这一系列在 2004 年面世，旨在为用户提供更高级别的图形处理能力和更丰富的功能。凭借其出色的性能和前沿的技术，迅速成为市场上的热门选择。在架构与技术方面，GeForce 6 系列采用了全新的设计，不仅提升了渲染管线和顶点处理器的数量，还引入了 PureVideo、Shader Model 3.0 和 SLI 等多项创新技术。PureVideo 技术通过硬件加速解码和后期处理，显著提升了视频播放的质量。Shader Model 3.0 则为开发人员提供了更高级的着色器功能和更灵活的编程模型，推动了 3D 图形效果的创新。而 SLI 技术则允许用户将多块显卡并联，以获得更高的帧率和更流畅的图形效果，满足了高端游戏和多显示器应用的需求。

在性能方面，GeForce 6 系列采用了新的架构和渲染技术。旗舰产品 GeForce 6800 Ultra 更是以空前的晶体管数量展现了其强大的图形处理能力。它拥有高达 16 条渲染管线，这在当时是非常罕见的。此外，该系列还引入了新的显存技术，如 GDDR3，以提供更高的显存带宽和性能。在实际测试中，该系列显卡在帧率和图形质量上都达到了很高的水平，为用户提供了流畅、逼真的游戏体验。同时，该系列还支持高动态范围成像（HDR）和抗锯齿（Antialiasing）等高级图形处理技术，进一步提升了图像质量和视觉效果。

GeForce 6 系列的推出无疑对当时的显卡市场产生了深远的影响。它不仅提升了 NVIDIA 在图形处理领域的地位，还推动了游戏和多媒体应用的发展。该系列显卡的出色性能和丰富功能吸引了大量高端游戏玩家的关注，成为当时市场上的热门选择，NVIDIA 凭借 GeForce 6 系列赢得了市场先机。

压力来到 ATI 这边。除了 Radeon 9700 Pro 之外，ATI 还推出了其他多款知名芯片，如 Radeon 9800 系列等。这些产品同样在市场上取得了不俗的成绩，进一步巩固了 ATI 在 GPU 市场的地位。随后在 2005 年，随着图形技术的不断进步，玩家们对游戏图像质量的要求也日益提高。为了满足这一需求，ATI 推出了全新的 Radeon X1800 系列显卡，为游戏玩家带来了前所未有的视觉体验。Radeon X1800 系列显卡在性能上进行了显著的改进。与前代产品相比，该系列显卡拥有更高的渲染管线和顶点处理器数量，从而能够处理更多的图形数据，提供更流畅、更逼真的游戏画面。

此外，Radeon X1800 系列还采用了先进的架构设计和优化算法，进一步提升了其整体性能，确保玩家在各种高负载场景下都能获得稳定、高效的图形输出。除了性能上的提升，Radeon X1800 系列显卡还支持 HDR（高动态范围成像）渲染技术。HDR 技术是一种在游戏中提高图像质量的重要手段，它通过扩展亮度范围和提升色彩饱和度，使得游戏画面更加真实、细腻。

而 NVIDIA 也不甘示弱，不断推陈出新，与 ATI 展开了一场又一场的激烈较量。2006 年，对于图形处理界而言，是一个值得铭记的年份。这一年，NVIDIA 发布了备受瞩目的 GeForce 8800 系列显卡，它不仅引入了对 DirectX 10 的全新支持，更在图形性能上实现了跨时代的飞跃。

DirectX 10，作为微软推出的新一代图形 API，为开发者提供了更为丰富和灵活的图形渲染工具集。而 NVIDIA 的 GeForce 8800 系列，则是首款全面支持 DirectX 10 的显卡产品。这不仅意味着显卡能够处理更为复杂、真实的图形效果，更代表着游戏和多媒体应用将迈入一个全新的视觉时代。

在图形性能方面，GeForce 8800 系列相较于前任产品有着显著的提升。这得益于其全新的架构设计、更高的渲染单元数量以及更为先进的渲染技术。这一系列的技术革新，使得 GeForce 8800 系列在处理高负载的 3D 场景时更为游刃有余，为玩家带来了更为流畅、逼真的游戏体验。

此外，GeForce 8800 系列还引入了诸多创新技术，如全新的抗锯齿技术、更高效的纹理过滤等，这些都进一步提升了显卡的图形质量和渲染效率。这些技术的加入，让 GeForce 显卡成功登顶。

面对 NVIDIA 的竞争，ATI 被动选择了和 AMD 联合。2006 年，科技界迎来了一件具有里程碑意义的大事——AMD 成功收购了 ATI。

这次收购是 AMD 战略布局的重要一步，也是一次具有深远影响的产业变革。通过收购 ATI，AMD 将 ATI 在图形处理、芯片组和消费电子领域的优势与自身在微处理器领域的领先技术相结合，实现了技术和市场的双重扩张。在当时，业内对这次收购都有非常大的期待，AMD 和 ATI 都是在各自领域内具有卓越实力和影响力的企业。AMD 作为全球知名的微处理器制造商，一直致力于提供高性能、创新的 CPU 技术。而 ATI 则是图形处理领域的佼佼者，以其卓越的图形处理器（GPU）技术和创新能力而闻名于世。

可惜，这次收购却远远没有达到 AMD 的预期，收购使得 AMD 背上了沉重的债务负担，高达 25 亿美元的债务严重影响了其经营状况和财务健康。

为了缓解财务压力，AMD 不得不在 2008 年剥离了芯片制造业务，以维持经营，剥离后的芯片制造厂更名为 GlobalFoundries。尽管 AMD 和 ATI 在各自领域内都是强者，但合并后的整合却充满了挑战。员工整合后出现了文化冲突，导致团队之间的合作不畅，影响了整体运营效率。在收购 ATI 后，AMD 曾寄望于通过结合 CPU 和 GPU 技术来打造全新的产品，以对抗竞争对手。然而，AMD 在 CPU 市场上的表现却大幅下滑，其推土机架构并未带来预期的反响，反而出现了诸多技术问题。这使得 AMD 在市场竞争中陷入了被动局面。

即使面临不利局面，AMD 在图形处理器（GPU）方面也是奋起直追。2008 年，AMD 发布了一款具有划时代意义的 GPU 架构，Radeon HD 4000 系列，它引入了众多创新技术，为后续的 GPU 发展奠定了坚实的基础。

Radeon HD 4000 系列最显著的特点之一是采用了 55 纳米制造工艺。这种先进的制造工艺使得 GPU 的时钟速度得以大幅提升，同时功率效率也得到了显著改善。这意味着在运行相同任务的情况下，Radeon HD 4000 系列的 GPU 能够更快地完成任务，同时消耗更少的电能。除了制造工艺的升级，Radeon HD 4000 系列还是首个支持 DirectX 10.1 的 GPU 架构。DirectX 10.1 使得游戏和其他应用程序能够呈现出更加先进、逼真的视觉效果。通过支持 DirectX 10.1，Radeon HD 4000 系列为用户提供了更加丰富、细腻的图像细节和更加流畅、自然的动画效果。

随着时间的推移，2011 年，AMD 发布了 Radeon HD 7970，这款 GPU 采用了 28 纳米制造工艺，进一步提升了性能和功率效率。此外，Radeon HD 7970 还引入了 PCI Express 3.0 支持，这使得 GPU 与其他系统组件之间的数据传输速度大幅提升，为处理大规模数据集和高分辨率图像提供了强大的支持。

在 Radeon HD 7970 中，AMD 还首次引入了图形核心 Next（GCN）架构。GCN 架构是一种全新的计算架构，旨在提高计算密集型工作负载的性能和功率效率。通过优化算法和硬件设计，GCN 架构使得 Radeon HD 7970 在处理复杂图形和并行计算任务时更加高效、灵活。

此后，AMD 继续发布了新一代的 GPU 产品，包括 Radeon R9 和 RX 系列。这些系列产品在继承前代优点的基础上，进一步引入了诸如高带宽存储器（HBM）和对虚拟现实（VR）应用程序的改进支持等功能。

HBM 是一种新型的存储器技术，它提供了极高的带宽和容量，为处理高分辨率图像和复杂场景提供了强大的支持。当时的显卡存储器全部使用的是 GDDR，HBM 的带宽比 GDDR 要高一大截，于是，HBM 也成为 GPU 在智算时代的核心技术之一。

但是老对手 NVIDIA 也绝没有闲着，同时推出了一系列令人印象深刻的游戏显卡。在 2008 年前后，NVIDIA 的 GeForce 8000 和 9000 系列是与 AMD 的 Radeon HD 4000 系列竞争的产品。这些显卡采用了 NVIDIA 当时的核心技术，如 CUDA 并行计算架构和 PhysX 物理引擎，为游戏玩家提供了出色的性能和图像质量。在 2011 年左右，当 AMD 推出 Radeon HD 7970 时，NVIDIA 则发布了 GeForce 500 和 600 系列显卡。这些显卡同样采用了先进的制造工艺和架构设计，提供了强大的性能和高效的功耗控制。特别是 GeForce GTX 580 和 GTX 680 等高端产品，在游戏性能、散热和超频等方面都表现出色。

进入 Radeon R9 和 RX 系列的时代后，NVIDIA 则推出了 GeForce 10 系列和后续的 20 系列、30 系列显卡。这些显卡采用了全新的架构设计和制造工艺，如 Pascal、Turing 和 Ampere 等。它们不仅在游戏性能上表现出色，还在深度学习、虚拟现实和光线追踪等领域展现出了强大的实力。

特别是从 GeForce GTX 1080 开始，NVIDIA 引入了"Ti"后缀的高端版本，如 GTX 1080 Ti、RTX 2080 Ti 和 RTX 3080 Ti 等。这些显卡在性能上进一步提升，为专业游戏玩家和发烧友提供了极致的游戏体验。

NVIDIA 还推出了一系列针对笔记本电脑的移动版显卡，如 GeForce GTX 和 RTX 系列的"M"后缀产品。这些显卡在性能和功耗上进行了优化，为笔记本电脑用户提供了出色的游戏性能和续航能力。

在 21 世纪 00 年代中期，NVIDIA 和 AMD 之间的竞争达到了高潮。NVIDIA 推出了其首款 SLI（可扩展链接接口）技术，允许多个 GPU 协同工作以提高性能。而 AMD 则以其 CrossFire 技术进行回击，同样实现了多 GPU 并联工作的效果。这些技术的推出进一步提升了游戏性能的上限，为玩家带来了更加震撼的视觉体验。

随着技术的不断进步，NVIDIA 和 AMD 之间的竞争也愈演愈烈。两家公司都试图在时钟速度、处理核心数量和内存带宽等硬件规格上超越对方。这种竞争推动了 GPU 技术的快速发展，使得新一代的 GPU 产品具有越来越先进的功能和能力。

然而，这场竞争并不仅仅局限于硬件规格。为了提升用户体验，NVIDIA 和 AMD 还分别开发了各自的软件和工具。NVIDIA 的 GeForce Experience 软件为玩家提供了自动游戏优化、驱动程序更新等便捷功能，而 AMD 的 Catalyst Control Center 则为其 GPU 提供了全面的管理和优化工具。

尽管竞争激烈，但 NVIDIA 和 AMD 也互相成就了对方。每一代新的 GPU 产品的推出都推动了游戏和图形性能的极限，使得玩家能够享受到更加逼真、流畅的游戏体验。这种竞争也促进了整个图形处理行业的发展和进步。

在科技领域，经常有双雄竞秀的你追我赶的精彩竞争。在游戏 GPU 市场上，NVIDIA 和 AMD 的竞争可谓激烈而深入。多年来，这两家公司你来我往，不断推出新一代的 GPU 产品，以争夺市场的主导地位。

如今，NVIDIA 和 AMD 仍然是图形卡市场的主导者，分别拥有各自的 GeForce 和 Radeon 系列卡。它们继续保持着激烈的竞争态势，每年发布新的、改进的图形卡产品。无论是 NVIDIA 还是 AMD，它们都在努力为玩家提供更加出色的游戏体验。

3.2 色彩世界的计算方式

3.2.1 色彩的显示——RGB

日常生活中的电视、电脑和手机屏幕，之所以能够展现出如此丰富多彩的色彩，全都是基于 RGB 三色显示原理。RGB，这三个字母分别代表着红（Red）、绿（Green）、蓝（Blue）三种基础颜色，它们就像是构建色彩世界的基石，被誉为光的"三基色"。

正如艺术家在调色板上巧妙地混合各种颜料以创造出新的色彩一样，屏幕上那千变万化的颜色实际上都是由红、绿、蓝这三种基础色"调和"而来的。这就像是一个奇妙的色彩魔法，将三原色以不同的比例混合，便能生成千变万化的色彩世界。

试着将红色、绿色和蓝色想象成三种发颜色光的海洋球。每当我们渴望得到明亮的黄色时，只需将红色和绿色的海洋球放进同一个透明框中，远远看去，这个透明框发出黄色；若向往神秘的紫色，便将红色和蓝色海洋球装进去；而想要获得宁静的青色，则需将绿色与蓝色的球放在一起。更为神奇的是，当将这三种基础颜色光的球同时混合在一起，远望这个盛有三种球的框，居然发出的是白色光芒。这便是使用 RGB 三色来表征所有颜色的魅力所在，简单却又不凡。

在计算机技术的语境中，RGB 色彩模式如同一个充满无限可能的三维"色彩魔方"。红色、绿色和蓝色分别把控着这个魔方的三个轴向。可以通过细致地调整每个轴上的"控制滑块"来精准地改变颜色的深浅、明暗以及色调。因此，每当你沉浸在屏幕上的彩色图像或视频时，不妨稍作停留，去欣赏和感慨这背后红、绿、蓝三色的绝妙混合。

而在这个色彩魔方中，每一个滑块的位置都对应着一个精确的数值，范围从 0 到 255。举例来说，当将红色滑块推至最顶端（数值为 255），而保持绿色和蓝色滑块处于最低点（数值为 0）时，屏幕上将绽放出绚丽的纯红色。同理，RGB 值为（0，255，0）代表着生机勃勃的绿色，（0，0，255）则是深邃的蓝色，（255，255，255）是清新亮丽的白色，而（0，0，0）则是深邃的黑色。通过灵活调整这三个整数值，能够以极高的精度掌控屏幕上的每一种颜色。这种数值化的颜色表示方法，不仅使颜色的选择和管理变得更加便捷，还为色彩的计算和编辑提供了可能。

▶▶ 3.2.2　2D 的计算——点、线、面

计算机有了颜色还不够，除此之外还要绘图，而计算机的绘图就是点、线、面的操作。

在计算机图形学中，点、线、面是构成图像的基本元素。它们的绘图方式可以通过各种算法和技术来实现。

（1）点（Point）的绘图方式

在计算机图形学中，点是最基本的图形元素。它通常用一个坐标（x,y）来表示。在绘图时，计算机根据点的坐标在屏幕上绘制一个像素点。点的大小和形状可以通过图形软件或硬件的设置来确定，但在大多数情况下，点被视为一个没有面积和方向的单一位置。

首先，需要确定要在屏幕上绘制的点的坐标（x,y）。这些坐标可以是整数或浮点数，具体取决于所使用的图形系统和分辨率。如果坐标是浮点数，通常需要对它们进行取整操作，以便与像素网格对齐。这可以通过四舍五入、向上取整或向下取整等方法来实现。取整后的坐标将用于确定点在屏幕上的实际位置。一旦确定了点的坐标，就可以使用图形系统提供的绘图命令或函数来绘制点。在大多数情况下，点将被绘制为一个单一的像素点。然而，根据图形系统和设置的不同，点的大小和形状可能会有所变化。例如，一些系统允许设置点的大小为多个像素，或者使用点形状库中的自定义形状来绘制点。

（2）线（Line）的绘图方式

线是由两个端点定义的，可以通过连接这两个点的像素来绘制直线。除了直线，还有曲线等其他类型的线，它们的绘制方式可能更复杂，需要用到更多的数学知识和算法。在计算机图形学中，线的宽度、颜色和样式等属性可以通过图形软件或硬件的设置来确定。例如，可以设置线的宽度为粗线或细线，颜色为红色或蓝色等。

中点画线法是一种在计算机图形学中绘制线条的算法。假设有两个点，分别是起点和终点，想要画出连接这两点的线。但是，在计算机屏幕上，我们只能点亮一个个的像素来模拟这条线。中点画线法就是一种确定这些应该点亮的像素的方法。这个方法的基本思路是，从起点开始，每次看看中点的位置，然后根据中点的位置来决定下一个像素应该在哪里。具体来说，计算机会判断中点是在理想直线的上方还是下方，然后根据这个判断来决定下一个像素是靠近上方还是靠近下方。这样一步步地逼近终点，直到到达终点为止。这个方法的好处是，它只涉及整数的运算，没有浮点数的运算，所以速度比较快。而且，由于它是逐步逼近的，所以绘制出来的线条也

比较平滑，不会出现锯齿状的边缘。

布雷森汉姆（Bresenham）直线算法是一种在计算机图形学中广泛应用的算法，用于在两点之间绘制一条近似直线。这个算法通过一系列的计算和判断，确定了一条直线上应该绘制哪些像素，从而让用户能够在计算机屏幕上看到一条平滑的直线。Bresenham算法从起点开始，逐步向终点绘制像素。在每一步中，算法会根据当前位置和直线的斜率来判断下一个像素的位置。这个判断过程是基于整数运算的，所以Bresenham算法非常高效，适用于各种计算机图形处理场景。为了更形象地理解这个算法，可以想象一个画家在画布上绘制直线的过程。画家会先确定起点和终点，然后拿起画笔，从起点开始，根据直线的走向，一笔一笔地绘制出整条直线。而Bresenham算法就像是这个画家的"助手"，帮助他确定每一笔应该落在哪个像素上，从而确保绘制出的直线既准确又平滑。Bresenham画线算法通过整数运算和逐步逼近的方式，确定了直线上应该绘制的像素，从而让用户能够在计算机屏幕上看到平滑、自然的直线效果。

（3）面（Plane）的绘图方式

面是由多个点或线构成的封闭图形，例如矩形、圆形、多边形等。在计算机图形学中，面的绘制方式通常是通过填充算法来实现的。最常用的填充算法是扫描线填充算法，它通过扫描每一条与面相交的扫描线，确定需要填充的像素位置，并在这些位置上填充颜色。除了填充算法，还有一些其他的面绘制技术，例如纹理映射和光照模型等。这些技术可以使面看起来更加真实和立体。

总的来说，点、线、面是计算机图形学中最基本的图形元素，它们的绘图方式是通过各种算法和技术来实现的。不同的绘图方式和属性设置可以产生不同的视觉效果，使得计算机图形学在各个领域都有广泛的应用。

接下来通过图形API来看一下计算机如何绘图。

调用GPU接口通常是通过图形API（如OpenGL, Vulkan, DirectX等）或者计算API（如CUDA, OpenCL）来实现的。下面将给出一个使用OpenGL的简单例子，这个例子将展示如何创建一个窗口，并在窗口中绘制一个简单的三角形。这个过程体现了GPU的一些基本操作，包括顶点数据的传输、着色器的编译与使用以及图形的渲染。

例：使用OpenGL绘制三角形。

（1）初始化OpenGL环境和创建窗口

首先，需要初始化OpenGL环境并创建一个窗口。这通常是通过第三方库如GLFW来实现的。

（2）编写着色器程序

着色器是用GLSL（OpenGL着色器语言）编写的程序，运行在GPU上。本例需要编写一个顶点着色器和一个片段着色器。

顶点着色器（vertex shader）程度如下。

```
layout (location = 0) in vec3 aPos;   // 位置变量的属性位置值为 0
out vec4 vertexColor; // 向片段着色器输出一个颜色
void main () {
    gl_Position =vec4(aPos, 1.0); // 注意如何把一个 vec3 转换为 vec4
    vertexColor = vec4(0.5, 0.0, 0.0, 1.0); // 把输出变量设置为暗红色
}
```

片段着色器（fragment shader）程序如下。

```
out vec4 FragColor;
in vec4 vertexColor;   // 从顶点着色器传来的输入变量(同种类型的)
void main () {
    FragColor = vertexColor;
}
```

（3）编译和链接着色器程序

这些着色器需要被编译，并将其链接到一个着色器程序中。

（4）定义和传输顶点数据

定义三角形的顶点数据，并将其传输到 GPU。这通常是通过创建顶点缓冲对象（VBO）和顶点数组对象（VAO）来实现的。

（5）渲染三角形

使用着色器程序，绑定顶点数组对象，并调用绘制函数来渲染三角形。

（6）交换缓冲区和处理事件

在渲染循环中，交换前后缓冲区以显示渲染结果，并处理任何窗口事件。

在窗口中绘制一个红色三角形的程序如下。

```
// 顶点着色器源代码
# include <GL/glut.h>
   // 顶点着色器源代码
const char * vertexShaderSource = "#version 330 core \n"
    "layout (location = 0) in vec3 aPos; \n"
    "out vec4 vertexColor; \n"
    "void main () \n"
    "{ \n"
    "    gl_Position =vec4(aPos, 1.0); \n"
    "vertexColor = vec4(0.5, 0.0, 0.0, 1.0); \n" // 红色
    "} \0";

// 片段着色器源代码
const char * fragmentShaderSource = "#version 330 core \n"
    "in vec4 vertexColor; \n"
    "out vec4 FragColor; \n"
    "void main () \n"
    "{ \n"
```

```
        "  FragColor = vertexColor;\n"
        "}\0";

// 顶点数据
float vertices[] = {
    -0.5f, -0.5f, 0.0f,
    0.5f, -0.5f, 0.0f,
    0.0f, 0.5f, 0.0f
};

// 创建并编译着色器
unsigned intcreateShader(const char * shaderSource, unsigned int type) {
    unsigned int shader = glCreateShader(type);
    glShaderSource(shader, 1, &shaderSource, NULL);
    glCompileShader(shader);

    int success;
    char infoLog[512];
    glGetShaderiv(shader, GL_COMPILE_STATUS, &success);
    if (!success) {
        glGetShaderInfoLog(shader, 512, NULL, infoLog);
        printf("ERROR::SHADER::COMPILATION_FAILED\n%s\n",infoLog);
    }
    return shader;
}

int main(intargc, char * * argv) {
    glutInit(&argc, argv);
    glutInitDisplayMode(GLUT_RGBA | GLUT_DOUBLE);
    glutInitWindowSize(800, 600);
    glutCreateWindow("OpenGL GPU Drawing Example");

    // 创建着色器程序
    unsigned int vertexShader = createShader(vertexShaderSource, GL_VERTEX_SHADER);
     unsigned int fragmentShader = createShader(fragmentShaderSource, GL_FRAGMENT_
SHADER);
    unsigned int shaderProgram = glCreateProgram();
    glAttachShader(shaderProgram, vertexShader);
    glAttachShader(shaderProgram, fragmentShader);
    glLinkProgram(shaderProgram);

    // 检查程序链接状态
    int success;
    char infoLog[512];
    glGetProgramiv(shaderProgram, GL_LINK_STATUS, &success);
```

```
    if (!success) {
        glGetProgramInfoLog(shaderProgram, 512, NULL, infoLog);
        printf("ERROR::SHADER::PROGRAM::LINKING_FAILED \n%s \n",infoLog);
    }

    // 删除着色器(它们已经被链接到程序中,因此不再被需要)
    glDeleteShader(vertexShader);
    glDeleteShader(fragmentShader);

    // 创建 VAO、VBO
    unsigned int VAO, VBO;
    glGenVertexArrays(1, &VAO);
    glGenBuffers(1, &VBO);

    // 绑定 VAO 和 VBO
    glBindVertexArray(VAO);
    glBindBuffer(GL_ARRAY_BUFFER, VBO);
    glBufferData(GL_ARRAY_BUFFER, sizeof(vertices), vertices, GL_STATIC_DRAW);

    // 链接顶点属性
    glVertexAttribPointer(0, 3, GL_FLOAT, GL_FALSE, 3 * sizeof(float), (void*)0);
    glEnableVertexAttribArray(0);

    // 渲染循环
    while (!glutLeaveMainLoop()) {
        glClearColor(0.2f, 0.3f, 0.3f, 1.0f);
        glClear(GL_COLOR_BUFFER_BIT);

        // 使用着色器程序
        glUseProgram(shaderProgram);

        // 绘制三角形
        glBindVertexArray(VAO);
        glDrawArrays(GL_TRIANGLES, 0, 3);

        // 交换缓冲区并处理所有 OpenGL 事件
        glutSwapBuffers();
        glutPollEvents();
    }

    // 清理资源
    glDeleteVertexArrays(1, &VAO);
    glDeleteBuffers(1, &VBO);
    glDeleteProgram(shaderProgram);
    return 0;
}
```

注意：上面的代码是一个高度简化的概述，并且省略了很多细节（如错误处理、着色器编译、链接的具体实现等）。在实际应用中，需要使用更加详细和健壮的代码来处理这些情况。此外，可能还需要包含其他库和头文件，以及进行适当的初始化工作。这个例子的目的是给读者一个大致的概念，展示如何使用 OpenGL 和 GPU 来绘制一个简单的图形。

▶▶ 3.2.3　3D 的计算——光影魔术师

在游戏领域中，GPU 作为专门为实时渲染高质量图形而优化的图形处理单元，扮演着至关重要的角色。通过使用专门的硬件架构和软件优化，游戏 GPU 能够处理渲染高分辨率纹理、复杂阴影、动态光照以及其他视觉特效时所需的庞大计算和精密操作。这些计算和操作对于创造细致入微的游戏世界和令人难忘的视觉体验至关重要。GPU 的并行处理能力使得它能够同时处理多个渲染任务，确保游戏在高帧率下运行，从而提供平滑而反应灵敏的游戏体验。

GPU 就像一位光影魔术师，这些硬件单元和组件，如同魔术师的道具一般，各自扮演着重要的角色，共同完成了图形数据的处理和图像的生成，最终为我们呈现出令人目眩的视觉效果。

GPU 内部的硬件单元包括光栅化器、纹理映射单元、像素处理器等，它们负责将 3D 图形数据转换为 2D 像素信息，并进行各种渲染处理，如着色、光照、阴影等。而光线追踪核心等专用硬件则进一步增强了 GPU 的渲染能力，使得图像更加逼真。此外，GPU 还拥有大量的内存和高速缓存，用于存储和处理图形数据。这些存储单元保证了 GPU 能够快速地访问和处理大规模的数据集，从而实现了高效的渲染和流畅的图像处理。

在传统图形管线（graphics pipeline）中，GPU 处理图形通常包含以下几个基本阶段。这些阶段在实时 3D 渲染中起着至关重要的作用，确保从 3D 模型到 2D 屏幕图像的准确和高效转换。

（1）顶点处理阶段（Vertex Processing）

在此阶段，GPU 获取 3D 模型的顶点数据（如位置、法线、纹理坐标等）。顶点着色器（Vertex Shader）被来处理这些顶点数据，可以对顶点进行变换、光照计算或其他自定义操作。处理后的顶点被投影到屏幕空间，准备进行后续的裁剪和视图映射。

（2）图元组装阶段（Primitive Assembly）

顶点数据被组装成图元（primitives），通常是点、线或三角形。这些图元定义了将要被渲染到屏幕上的几何形状。此阶段还可能包括裁剪操作，以确保图元在视锥体内可见。

（3）光栅化阶段（Rasterization）

图元被转换为屏幕上的像素或片段（fragments）。光栅化涉及插值和扫描转换等过程，以确定哪些像素被图元覆盖。生成的片段包含颜色、深度和其他从顶点数据插值得到的信息。

（4）片段处理阶段（Fragment Processing）

片段着色器（Fragment Shader，有时也称为像素着色器 Pixel Shader）用于处理每个片段。在此阶段，可以进行纹理映射、光照计算、阴影处理、颜色混合等操作。片段着色器的输出通常是一个或多个颜色值，以及可能的深度值。

（5）输出合并阶段（Output Merging）

处理后的片段被合并到帧缓冲区中，生成最终的屏幕图像。此阶段可能涉及深度测试（以确定片段是否遮挡了先前绘制的片段）、模板测试（用于特殊效果如阴影或轮廓渲染）和混合（将新片段的颜色与帧缓冲区中的现有颜色合并）。最终，合并后的结果被写入帧缓冲区，准备显示到屏幕上。

这个传统的图形管线模型在实时渲染中非常有效，因为它允许硬件和软件开发者在明确的阶段中优化性能和视觉效果。然而，随着计算能力的提升和渲染技术的演进，一些现代 GPU 和图形 API 支持更灵活和可编程的管线模型，如计算着色器和光线追踪等高级功能。

接下来，本书介绍 GPU 中的各个单元是如何计算这些 3D 光影的。

1. 纹理单元（Texture Units）

假设读者正在玩一个 3D 游戏，其中有一个角色穿着一件有复杂花纹的外套。花纹就是一个纹理，它是一张二维的图片，被应用到角色模型的三维表面上。

当游戏需要渲染这个角色时，纹理单元就开始工作了。它首先会从内存中加载外套的纹理图片，并将其存储在纹理单元的缓存中。然后，当 GPU 渲染角色模型时，纹理单元会根据模型的形状和表面细节，将纹理图片正确地映射到模型上。

纹理映射是将二维的图像或纹理应用到三维表面上的过程，通过这种方式，可以为三维对象添加更多的细节和真实感。比如，在一个 3D 游戏中，角色的皮肤、衣服、武器的表面细节，或者环境的地面、墙壁、树木的纹理等，都是通过纹理映射来实现的。这个过程就像是在一个气球上贴上一张贴纸一样。气球就好比是三维的角色模型，贴纸就好比是二维的纹理图片。纹理单元的任务就是将这张贴纸平整地、无缝地贴到气球上，让气球的表面看起来更加真实、有细节。

为了创造逼真和令人信服的 3D 图形，纹理单元会进行一系列的操作，比如过滤和插值。过滤是为了确保纹理在映射到模型表面时不会出现模糊或锯齿状的边缘；而插值则是为了在纹理图片和模型表面之间建立平滑的过渡，使纹理看起来更加自然、连续。

通过纹理单元的处理，游戏中的角色模型能够呈现出复杂而逼真的纹理效果，让玩家获得更加真实、沉浸式的游戏体验。

纹理单元在 GPU 中扮演着至关重要的角色，它们使得计算机能够以高效和逼真的方式渲染具有复杂纹理的三维图形。无论是制作游戏、电影、动画还是其他需要 3D 图形的应用程序，纹理单元都是实现高质量视觉效果的关键因素之一。

纹理单元通常具有自己的缓存内存，用于存储频繁使用的纹理数据，以便更快速地进行访问和处理。这种设计可以减少从主内存中读取纹理数据所需的延迟，从而提高渲染性能。纹理单元负责处理和管理纹理数据，确保在渲染 3D 图形时能够高效、准确地应用纹理。

现代 GPU 通常配备多个纹理单元，以实现并行处理。这意味着 GPU 可以同时处理多个纹理请求，从而显著提高纹理映射的速度和效率。这种设计使得现代 GPU 能够轻松应对复杂的 3D 场景，其中可能包含大量需要纹理映射的物体和表面。

不同型号和制造商的 GPU 在纹理单元的数量和性能上可能存在差异。一般来说，高端 GPU 会配备更多的纹理单元，以提供更高质量和更复杂的纹理映射能力。这也是高端 GPU 在渲染复杂 3D 场景时能够提供更逼真、更细腻图形效果的原因之一。

2. 光栅化单元（Raster Units）

GPU 中的光栅化单元负责将 3D 几何体转换为屏幕上的 2D 像素。这涉及以下几个步骤，包括三角形组装、裁剪、光栅化、深度剔除、扫描转换、属性插值和片元着色器处理。这些步骤共同工作，生成最终显示在屏幕上的图像。下面分别介绍这些步骤。

（1）三角形组装（Triangles Assembly）

三角形组装在计算机图形学中是一个将顶点数据组织成三角形的步骤。

为了更通俗地描述这个过程，可以借助日常生活中的例子。想象玩家正在搭建一个乐高模型，这个模型由许多不同形状和颜色的乐高积木块组成。每个乐高积木块都有一个特定的位置和朝向，就像 3D 模型中的顶点一样。这些顶点包含了位置、颜色、法线（朝向）等信息。

现在，玩家要用这些乐高积木块来搭建一个房屋。但是玩家不会随机地把积木块堆在一起，而是会按照房屋的结构，有选择地将某些积木块组合在一起。例如工程师可能会把几个积木块放在一起形成一个窗户，或者把更多的积木块组合起来形成一个墙面。

三角形组装的过程就类似于这种乐高积木的组装。在计算机图形学中，3D 模型通常是由许多小的三角形组成的。这些三角形是由顶点定义的，而顶点包含了位置、颜色、法线等信息。三角形组装就是将这些顶点按照特定的方式组合起来，形成一个个三角形。

每个三角形都是由三个顶点定义的，这三个顶点按照顺时针或逆时针的顺序连接在一起。通过组合这些三角形，就可以得到一个完整的 3D 模型。这个过程就像是用乐高积木块搭建房屋一样，需要按照一定的规则和顺序来进行。简单来说，三角形组装就是将顶点数据按照特定的方式组织成三角形的过程。这个过程是计算机图形学中非常重要的一步，因为它为后续的光栅化等步骤提供了基础。

光栅化单元从顶点处理阶段接收输入顶点数据并将其组装成三角形。然后将三角形传递到下一个阶段进行处理。三角形组装是将描述物体形状的 3D 点连接起来形成三角形的过程，这些三角形是在屏幕上渲染图像的基本构建块。本质上，这就像拼图一样，每个三角形代表一个拼图块，三角形数量越多，图像就越精细。

（2）裁剪（Clipping）

裁剪在计算机图形学中是一个将图形限制在某个特定区域内的过程。

假设现在需要制作一个手工拼贴画，有很多不同形状和颜色的纸片，想要把它们粘贴在一张画布上。但是，画布大小是有限的，不能把所有的纸片都粘贴在上面，因为那样会超出画布的边界。所以，需要进行一些选择，只粘贴那些能够完全或部分适应画布大小的纸片。对于那些太大的纸片，可能需要用剪刀将它们裁剪成更小的尺寸，以适应画布的大小。

计算机图形学中的裁剪就类似于这个过程。

在计算机图形学中，有很多图形和图像只想让其显示那些在某个特定区域内的部分。这个特定区域可以是一个窗口、一个屏幕或者一个更小的图形边界。裁剪的过程就是将那些超出特定区域的图形部分去掉，只保留在区域内的部分。这可以通过各种算法来实现，比如判断图形的边界是否与裁剪区域相交，如果相交则进行相应的裁剪操作。这个过程在计算机图形学中非常重要，因为它可以确保我们只显示和渲染那些真正需要的部分，从而提高渲染效率和显示效果。

也就是说，在渲染之前，光栅化单元执行裁剪操作，以确保视锥体外的三角形被丢弃。这是优化渲染性能的关键步骤，就像将一张照片被裁剪成适合框架的大小一样。通过丢弃这些部分，图形渲染管道可以将其资源集中在仅渲染屏幕可见部分上，从而提高性能并减少不必要的计算。就好像一个主持人，上身西装革履，下身大短裤在直播比赛，但是由于整个下身都在桌子的下面，录像机看不到，所以就不去做太多装饰。

本质上，裁剪确保人们在屏幕上看到的内容正是想要看到的，没有多余或不必要的元素。从这个角度来说，在看不见的地方，就没有计算的发生。即：不显示则无计算。

（3）光栅化（Rasterization）

在计算机图形学中，光栅化就是将 3D 模型转换成 2D 像素的过程，这个转换过程在计算机图形学中被称为光栅化（Rasterization）。它使人可以在普通的 2D 屏幕上看到丰富多彩的 3D 世界。无论是玩游戏、看电影还是做设计，都离不开光栅化这个神奇的过程。

在光栅化过程中，3D 模型首先被转换到屏幕空间，这个过程涉及模型的位置变换、光照计算等步骤。然后，光栅化单元会确定哪些像素应该被着色，这通常基于模型的几何形状、表面材质和纹理映射等信息。这些像素随后被赋予相应的颜色值，以创建出屏幕上的 2D 图像。

想象有一张照片，这张照片是由许多小的像素组成的。现在，想要把这张照片放大并打印出来，但是打印机只能打印出一个个的小点，而不能直接打印出整个图像。为了实现这个目标，需要将照片上的每个像素都转换成打印机能够理解的小点。这个过程就类似于光栅化。在计算机图形学中，若想将一个 3D 的场景或模型显示在 2D 的屏幕上，就需要将 3D 的模型转换成 2D 的像素。

光栅化就像是把 3D 的模型"拍扁"成 2D 的照片一样，它会把模型上的每个小三角形都转换成屏幕上的像素。这个过程需要考虑到三角形的位置、大小、颜色等因素，以确保转换后的像素能够准确地呈现出原来的 3D 模型。

将 3D 的模型转换成屏幕上能够显示的 2D 像素的过程涉及很多复杂的计算和操作，光栅化单元通过计算三角形在每个像素中的覆盖范围，然后插值顶点属性（如颜色、纹理坐标），最终生成每个像素的属性值（如颜色、深度等）。

假设有一幅由许多小块乐高积木搭建而成的 3D 模型，每一块积木都有自己的颜色和形状。现在，想要把这个 3D 模型拍成一张照片，但是相机只能捕捉到 2D 的画面。

光栅化的过程就好比是用一个网格板（就像纱窗那样）放在 3D 模型前面，然后从每个网格的小孔里看过去，记录下每个小孔对应的 3D 模型上的颜色。这样，就得到了一个由许多小方格组成的 2D 图像，每个小方格都记录了原 3D 模型上对应位置的颜色和形状信息。

这个过程就像是把 3D 的乐高积木模型"压扁"成了一张 2D 的照片。虽然照片失去了原来的 3D 立体感，但是它保留了足够的信息，让我们可以在 2D 的平面上欣赏到原来 3D 模型的样子。

光栅化是实时渲染中的一个关键环节，它对创建逼真和互动的视觉效果至关重要。在视频游戏、虚拟现实等应用中，光栅化技术的性能和质量直接影响着用户体验。随着技术的不断发展，现代 GPU 的光栅化单元已经能够高效地处理复杂的 3D 场景，为我们带来更加流畅、逼真的视觉体验。

（4）深度剔除（Z-culling）

想象读者此时正在一个拥挤的房间里，房间里有很多人和物体。读者站在房间的一边，想要看清楚房间另一边的某个特定物体。但是，因为房间里有很多人和物体，所以有些物体会挡住你的视线，让你无法看到房间另一边的那个特定物体。

现在，想象读者的眼睛就是一个相机，想要"渲染"或"拍摄"房间另一边的那个特定物体。但是，在"渲染"之前，需要先确定哪些物体是可见的、哪些物体是被遮挡的。这个过程就类似于深度剔除。

深度剔除是一个在 3D 图形渲染中用来确定哪些物体或像素对于观察者来说是可见的过程。在计算机图形学中，每个像素都有一个深度值（Z 值），这个深度值表示该像素离相机的距离。深度剔除的过程就是比较每个像素的深度值，以确定哪些像素是可见的，哪些像素是被遮挡的。如果一个像素的深度值比另一个像素的深度值小（即离相机更近），那么它就会遮挡住另一个像素。因此，在渲染过程中，只需要渲染那些可见的像素，而不需要渲染被遮挡的像素。

光栅化单元执行深度剔除，以确保只渲染最接近相机的像素。这是通过将每个像素的 z-depth 与帧缓冲器中的当前深度值进行比较，并丢弃在当前深度值之后的像素来完成的。图形渲染中的深度剔除，是指丢弃场景中被其他像素遮挡的像素的过程。这是通过将每个像素的深度值与帧缓冲区中当前像素的深度值进行比较来实现的。如果当前像素的深度值更接近相机，则保留当前像素，丢弃其他像素。

本质上，深度剔除确保只渲染可见的像素，提高性能并减少不必要的计算。

（5）扫描转换（Scan Conversion）

考虑一个场景：一个小朋友正在用一根画笔在一张方格纸上画一个三角形。每个方格代表一个像素，小朋友任务是确保三角形内部的方格都被填满颜色，而三角形外部的方格保持空白。

小朋友的手开始从三角形的顶部顶点出发，沿着三角形的边缘向下画。每当画到一个方格的边界时，就会停下来判断这个方格是在三角形的内部还是外部。如果在内部，就用画笔填满这

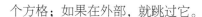
个方格；如果在外部，就跳过它。

这个过程就像是扫描转换。在计算机图形学中，扫描线就像是人的视线，它一行一行地扫描屏幕上的像素。每当扫描线遇到三角形的边缘时，它会计算出与边缘的交点，并确定交点之间的像素是否应该被三角形覆盖。

通过这种方式，扫描转换能够准确地确定哪些像素应该被渲染成三角形的颜色、哪些像素应该保持原样。这就像是用画笔在方格纸上仔细地填充三角形一样，确保不会漏掉任何一个应该被覆盖的像素。

扫描转换在图形渲染中是一个确定哪些像素应该被特定图形（比如三角形）覆盖的过程。

光栅化单元执行扫描转换，以确定哪些像素被三角形覆盖。这是通过扫描每行像素并计算三角形边缘与扫描线的交点来完成的。通过确定哪些像素被覆盖，图形管线可以准确地将 3D 场景渲染到 2D 屏幕上。实质上，扫描转换就像用颜色填充三角形的形状来创建完整的图像。

（6）属性插值

属性插值在图形渲染中是一个将三角形的顶点属性平滑地分配到其表面像素的过程。

想象一下，读者有一杯红茶和一杯绿茶，把两者混合在一起，茶的颜色就会介于红色和绿色之间，这就是插值的一个日常例子。

在图形渲染中，属性插值就像是颜色的混合。例如，一个三角形的三个顶点分别为红色、绿色和蓝色。当渲染这个三角形表面时，属性插值会根据三个顶点的颜色，计算出覆盖区域内每个像素的颜色值，使其平滑过渡。

可以把三角形的每个顶点想象成不同颜色的茶，而三角形内部的点就像是混合后的茶水。通过插值，可以"混合"顶点的颜色，从而得到三角形内部每一点的颜色。这个混合的过程，就是根据三角形顶点到该点的距离来决定的。靠近哪个顶点，那么该点的颜色就更倾向于哪个顶点的颜色。

在图形渲染中，这个过程是通过数学公式来精确计算的，从确保颜色的过渡是平滑的，不会出现突兀的跳跃。这样，当观察渲染后的图像时，就会看到一个连贯而顺滑的画面，而不是一块块的颜色拼接。

属性插值就像是调茶师一样，巧妙地将不同的"原料"（在这里是颜色或其他图形属性）混合在一起，创造出令人赏心悦目的视觉效果。

光栅化单元使用一种称为"重心坐标"的技术来进行属性插值。它根据每个像素相对于三角形顶点的位置，计算出应该分配给该像素的属性值。通过使用重心坐标在三角形表面上插值顶点的属性，确定每个像素的属性。通过确定每个像素的属性，图形渲染管道可以使用适当的明暗、颜色和其他视觉效果准确地渲染 3D 场景到 2D 屏幕上。

这样，每个像素都会获得一个平滑过渡的属性值，从而实现了从顶点属性到像素属性的平滑插值。将不同的顶点属性平滑地融合在一起，以创建出一个连贯、自然的图像效果。它是图形渲染中不可或缺的一步，确保了图像的真实感和视觉效果。

（7）片元着色器

片元着色器是计算机图形学中的一个重要概念，用于确定图形中每个像素的最终颜色。

想象一下，为一个手工制作的纸质模型上色。这个模型有很多小片，每一片都需要涂上颜色。工具是一支非常精细的画笔和多种颜色的颜料。任务是为每一片涂上恰当的颜色，在无阴影环境中使得整个模型看起来有立体感、具有光影效果以及真实的颜色渐变。因此需要根据模型的不同部分（比如是靠近光源还是远离光源）来决定使用哪种颜色、涂多浓的颜料。

在这个例子中，每一片纸就相当于图形渲染中的"片元"，而画笔和颜料则相当于"片元着色器"。片元着色器的工作就是为每个片元（像素）计算并赋予最终的颜色值。

在计算机图形学中，片元着色器会接收关于当前像素（片元）的各种信息，比如它的位置、法线方向、纹理坐标等，并根据这些信息以及外部传入的光照、相机等数据，计算出这个像素应该显示的颜色。这个过程会考虑阴影、高光、纹理等多种效果，从而创造出逼真的 3D 图像。片元着色器就像是一位精细的画师，为每个像素精心挑选并涂抹上合适的颜色，使得整个图像看起来更加生动、立体和真实。

一旦光栅化单元为每个像素生成了片元，片元将传递给片元着色器进行其他处理，如纹理映射、光照和着色等。

片元着色器就像是一位为模特添加最后修饰的化妆师。在图形渲染中，它指的是在属性插值之后，确定屏幕上每个像素的最终颜色和外观的过程。这是通过应用各种效果，如阴影、纹理映射和光照计算来实现的。通过应用这些效果，片元着色器可以创建出视觉上惊人而逼真的图像，准确地表示 3D 场景。

3. 像素操作单元（Pixel Operations Units）

像素操作单元在计算机图形学中，负责在图形渲染流水线的最后阶段对像素进行一系列后期处理操作。这些操作能够提升图像质量、实现特殊效果，并确保渲染结果的正确性。

（1）混合（Blending）

一位油画大师正在细致地用画笔在画布上描绘着轻飘飘的云层和五彩斑斓的玻璃窗。为了呈现出那种半透明的美感，他不会简单地把一种颜色涂在另一种颜色上面，而是巧妙地将它们调和，创造出全新的色彩层次。这正是混合的魅力所在。

现在，把这个概念带入到计算机图形世界中。在计算机图形渲染的领域里，屏幕上的每一个小点，也就是像素，都拥有自己的颜色值。可以把这些像素想象成一杯杯果汁或清澈的水，每个都有自己独特的色彩。

当计算机需要在已有的图像上添加新的图像元素时，比如绘制一个半透明的云层，它就会进行像素颜色的"混合"。这个过程就像是将新口味的果汁（新像素的颜色）倒入原有的清水（旧像素的颜色）中，调配出一杯全新的美味饮品（混合后的颜色）。

在这个过程中，计算机会综合考虑新旧像素的颜色以及它们的透明度，运用特定的算法来决定最终的颜色效果。这个算法，就好比是调酒师的手法，掌控着混合的精妙平衡。

通过混合技术，计算机图形学能够模拟出颜色的交融、透明度的叠加等复杂效果，让我们的 3D 世界在 2D 屏幕上栩栩如生。不论是半透明的窗纱、柔和的阴影，还是梦幻般的光晕，都是混合技术的杰作。

（2）抗锯齿（Anti-aliasing）

当在计算机上放大一张图片时，图片的边缘部分出现了明显的"锯齿"状图案。这是因为像素是方形的，而物体的边缘可能是斜线或曲线，所以无法完美对齐。

而抗锯齿技术就是为了解决这个问题而诞生的。它就像是在用户和图画之间加上了一块更细腻、没有格子的透明板，让用户能够看到更平滑、更真实的图像边缘。

在计算机图形学中，抗锯齿技术通过一系列算法和处理步骤，对图像边缘进行柔化和平滑处理，使得在有限的像素数量下，图像的边缘看起来更加自然和连续。通过抗锯齿处理，可以提升图像的视觉质量，让 3D 场景在 2D 屏幕上呈现得更加逼真和细腻，并减少在较低分辨率或受限色深下渲染图像时可能出现的视觉伪影（如锯齿状边缘或像素化）。这种技术的实质是通过混合相邻像素的颜色，以创建它们之间更平滑的过渡，使人眼产生更高分辨率或更平滑的边缘的错觉。

通过应用抗锯齿技术，图形渲染管道可以创建更真实、更具视觉吸引力的图像，特别是在锐利的边缘很严重的情况下。有了抗锯齿技术，计算机生成的图像就能更加真实、吸引人。特别是在那些边缘锐利的场合，比如文字和线条的绘制，这项技术就像给图像加上了一层"柔焦"滤镜，让它们看起来更加柔和、精美。

（3）渲染目标操作

一位画家正在创作一幅大型壁画。由于壁画太大，无法一次性完成整个作品，所以需要将它分成若干个小块，每块单独绘制。这些小块就像是绘画的"目标"，需要逐个完成它们，最终将它们拼接在一起，形成完整的壁画。

在这个过程中，可能会对每个小块进行一些特殊的操作。比如，可能会调整某个小块的颜色、亮度或对比度，以便让它与其他小块更好地融合；或者可能会在某个小块上添加一些细节，如阴影、高光或纹理，以增强壁画的整体效果。

计算机图形学中的"渲染目标操作"，就可以类比这些对壁画小块的操作。

在计算机图形渲染中，渲染目标通常是指一个用于存储渲染结果的二维像素数组（比如纹理或屏幕缓冲区）。渲染目标操作则是对这个二维像素数组进行的一系列操作，如清除、复制、修改等。

清除操作就像是将壁画小块上的内容全部擦除，为绘制新的内容做准备；复制操作就像是将一个已经绘制好的小块复制到另一个位置或另一个小块上；修改操作则是对小块上的像素进行直接修改，如改变颜色、添加效果等。

通过渲染目标操作，显卡可以灵活地控制渲染结果的存储和处理方式，实现各种复杂的渲染效果和技术。这些操作可能包括清除渲染目标（为新一轮绘制做准备）、复制或移动渲染目标的内容（用于实现多重缓冲或镜头效果），以及对渲染目标进行其他特殊效果处理（比如景深模糊或屏幕空间反射）。渲染就如同在建造建筑物之前创建一个 3D 模型，在 3D 模型中生成 2D 图像的过程。通过使用软件、算法和硬件的组合来模拟光照、纹理、阴影和其他视觉元素对场景中的物体的影响。最终结果是逼真的图像或动画场景，可用于电影、视频游戏、虚拟现实和建筑可视化等各种用途。本质上，渲染就像创建一个虚拟世界，可以以真实和沉浸的方式进行探索和体验。

像素操作单元在图形渲染中扮演着"画家"的角色，它遵循片元着色器的指令，在屏幕或渲染目标这块"画布"上，使用像素的颜色和属性作为"颜料"进行绘画，从而生成最终的二维图像。

这一过程涉及一系列对像素的操作，包括混合、遮罩、组合等，旨在确保图像的颜色、纹理等视觉效果能够精确地反映三维场景的真实状况。

实际上，像素操作单元的这一系列操作，就是对三维场景进行"栅格化"或"光栅化"的过程。在这个过程中，三维场景中的几何图形被转换成二维屏幕上的像素表示，并同时应用了各种视觉效果和渲染技术，例如纹理映射、阴影计算、透明度处理等。

通过像素操作单元的精确"绘制"，用户能够欣赏到生动且视觉上令人惊叹的图像，这些图像准确地展现了三维场景中的物体、光照和相机视角等元素。这一过程就像多位画家联手创作精美的壁画一样，像素操作单元凭借其强大的处理能力，将三维世界转换成二维图像。

4. 着色（Shading）

着色在计算机图形学中是一个专业术语，就像小朋友给白色石膏玩具涂色的过程，他会根据模型的不同部分和细节，为其涂上不同的颜色，使其看起来更加立体和真实。比如，他可能会在模型的凸起部分涂上浅色，而在凹陷部分涂上深色，以模拟光线照射的效果。这样，当光线照在模型上时，凸起部分会显得更亮，而凹陷部分会显得更暗，从而增加了模型的层次感和真实感。

在计算机图形渲染中，着色根据光线与场景中物体的相互作用，计算物体表面的颜色值。通过模拟光线如何照射到物体表面，以及物体表面如何反射、吸收光线，可以为物体赋予不同的颜色、亮度和阴影，从而创建出逼真的三维图像。

着色会考虑光源的位置、物体的形状和材质等因素。就像在为模型玩具上色时，会根据模型的形状和细节来决定涂什么颜色一样，着色算法也会根据这些因素来计算物体表面的颜色值。着色就像是为三维模型"上色"一样，通过模拟光线与物体的相互作用，来创建更逼真的三维图像。

着色单元需要计算光线如何照射到不同的表面上，以及它如何被这些表面吸收、反射或传递。这允许创建不同的效果，例如阴影、高光和颜色渐变，这些效果有助于增加场景的外观和深度。着色是创建视觉上吸引人的图形的重要工具，在广泛的应用领域中发挥作用，包括视频游戏、电影和建筑设计。

在这些着色算法之中，Phong 着色是一种在计算机图形学中广泛使用的技术，用于实时计算 3D 对象的光照和阴影。它是由 Bui Tuong Phong 于 1973 年提出的，至今仍然是实现逼真 3D 渲染的重要工具之一。Bui Tuong Phong 是越南籍，他在提出相关算法的论文之后不久，于 1975 年因白血病去世，享年 32 岁，天妒英才，但是 Phong 着色沿用至今。

在 Phong 着色中，每个像素的颜色是通过考虑观察者的视线、光源和表面法线之间的角度来计算的。这些角度信息被用于计算漫反射、镜面反射和环境光分量。其中，漫反射分量是根据表面法线和光源之间的角度来计算的，这个分量通常用于模拟粗糙表面的反射效果，其颜色取决于物体的材质和光源的颜色。镜面反射分量则是根据光源的反射方向和观察者的视线之间的角度来计算的，代表了光线直接从光源反射到观察者眼中的颜色。当光线照射到光滑表面时，会按照特定的角度反射出去，形成高光效果。镜面反射分量用于模拟这种效果，其强度和颜色取决于物体的材质、光源的颜色和观察者的位置。环境光分量则代表了物体表面在所有方向上均匀散射的光线，与光源的位置和方向无关。它主要用于模拟来自周围环境的间接光照，为物体提供一个基础亮度，使得物体在没有被直接照亮的情况下也能被看到。这些分量共同决定了像素的最终颜色。

使用 Phong 着色计算像素的颜色时，将漫反射、镜面反射和环境光分量相加，然后将得到的颜色应用于像素。这个过程针对表面上的每个像素进行重复，从而产生平滑、逼真的表面。

Phong 着色的魅力在于能够模拟出多种多样的材质效果。无论是哑光的表面，还是那些高度反射的金属质感，Phong 着色都能轻松驾驭，呈现出一个栩栩如生的视觉世界：在一个游戏场景中，玩家控制的角色正站在茂密的森林里。阳光透过树梢，斑驳地洒落在树木、草地和各种物体上。这一切的美妙光影，都是 Phong 着色的魔法所为。它精心计算每一束光线的路径，如何照射在物体表面，又如何被反射进我们的眼睛，从而营造出一个让人仿佛身临其境的虚拟世界。

不仅如此，Phong 着色还是众多计算机图形应用的得力助手。在视频游戏、动画制作等领域，它都发挥着不可或缺的作用，带来一次又一次的视觉盛宴。它通过精确计算每个像素的颜色、位置以及与光线的交互方式，打造出光滑、有光泽的物体表面，就如同在现实世界中看到的那样。

5. 光线追踪（Ray Tracing）

光线追踪是一种在计算机图形学中用于模拟光线与场景中物体相互作用的高级技术，追踪光线从光源发出，经过物体表面反射、折射等路径，最终到达观察者的过程。光线追踪能够生成非常逼真的图像效果。

与传统的光栅化技术相比，光线追踪能够更好地模拟真实世界中的光线行为，包括阴影、反射、折射、散射等现象。这使得光线追踪在需要高质量图像渲染的领域，如电影制作、建筑设计、产品设计等，具有广泛的应用价值。

假设有一个简单的场景：一个房间里有一张桌子，桌子上放着一个光滑的金属球，房间的某个角落有一盏灯。模拟这个场景在光线照射下的样子，特别是金属球上的反射和阴影。

这时，就可以使用光线追踪技术。

想象一下，光线从灯泡发出，照亮了整个房间。当这些光线碰到金属球时，它们会被反射，就像镜子一样。人的眼睛（或者相机）捕捉到了这些反射的光线，所以观众才能看到球的光泽和形状。

光线追踪技术就是来模拟这个过程。它会从相机开始，沿着每条光线的路径反向追踪，看看这些光线在房间里碰到了什么，以及它们是如何被反射或吸收的。对于金属球来说，光线追踪会计算出光线在球面上的反射方向，并继续追踪这个反射光线，直到它再次碰到某个物体，或者离开房间，或者达到某个预设的最大追踪深度。

在这个过程中，光线追踪还会考虑阴影的问题。如果有一束光线在从灯泡到金属球的路上被桌子挡住了，那么金属球的那一部分就会处于阴影之中，反射的光线也会相应减弱。

通过模拟所有这些光线的反射、折射和吸收过程，光线追踪技术能够生成非常逼真的图像效果，包括准确的阴影、反射和其他光影效果。这也是为什么光线追踪技术在电影、游戏和建筑设计等领域中得到了广泛应用的原因。

在电影制作中，光线追踪技术可以生成逼真的光影效果，为观众带来沉浸式的观影体验。在建筑设计中，光线追踪可以帮助建筑师模拟不同光照条件下的建筑外观和内部光影效果，从而做出更明智的设计决策。在产品设计中，光线追踪则可以帮助设计师创建出具有高度真实感和细节表现力的产品渲染图，以更好地展示产品的外观和质感。

尽管光线追踪技术能够提供高质量的图像渲染效果，但它也占用了显卡芯片很大的资源。这是因为因为光线追踪需要进行大量的数学计算和几何运算，以模拟光线在场景中的传播和与物体的相互作用。

对于每个像素，光线追踪可能需要追踪多条光线，并计算它们与场景中物体的交点、反射方向、折射方向等，这些计算都需要消耗大量的计算资源。此外，光线追踪还需要处理场景中的复杂几何形状、纹理、材质等细节，以生成逼真的图像效果。这些细节的处理也需要大量的计算和存储资源。

光线追踪能够生成高质量的图像效果，但它也需要高性能的计算机硬件支持。这也是为什么光线追踪技术在过去主要应用于电影制作等高端领域，而较少应用于游戏等实时渲染领域的原因。

然而，这些现在都不成问题，因为现在的 GPU 内部都设计了独立的用于光线追踪的核。

GPU 的中的 RT 核心就是专门为解决光线追踪而设计的。RT 核心专门设计用于加速射线追踪，旨在加速射线追踪这一计算密集型任务，从而实现在游戏、虚拟现实和建筑可视化等应用程序中的实时性能。RT 核心能够比传统的基于 CPU 的方法更快地执行射线追踪所需的各种专用计算。

RT 核心进行的计算主要包括射线-盒相交、射线-三角形相交以及 BVH 遍历等。这些计算是射线追踪算法中的核心步骤，对于实现高质量的实时渲染至关重要。

射线-盒相交：RT 核心可以快速确定一条射线是否与场景中一个物体的边界框相交，从而快速剔除不可见或不相关的对象。

射线-三角形相交：RT 核心可以快速确定一条射线是否与表示场景中物体一部分的三角形相交，从而快速准确地计算光线与物体交互时的颜色和强度。

BVH 遍历：RT 核心可以快速遍历表示场景中物体的树形结构——边界体层次结构（BVH），从而快速剔除和计算可见对象。

下面重点描述一下 BVH 遍历。BVH 的全称是 Bounding Volume Hierarchy，是一种用于计算机图形学和计算机视觉中表示 3D 空间中一组对象的树形数据结构。

BVH 的目的是提供一种有效的方法来剔除不可见或与当前视图不相关的对象，以优化渲染性能。这是通过将场景划分为包含一部分对象的边界体的分层结构来实现的。

在 BVH 的根部是一个包围整个场景的边界体。然后，将该边界体递归地分成较小的边界体，每个边界体包含一小部分对象。该过程将继续进行，直到每个边界体仅包含一个对象或少量对象为止。

一旦构建了 BVH，它就可以用于快速剔除不可见或与当前视图不相关的对象。这是通过测试每个边界体与视图视锥体（即从当前摄像机位置可见的空间部分）进行的。如果边界体未与视图视锥体相交，则可以安全地从渲染过程中剔除该体所包含的所有对象。

通过快速确定射线与场景中物体的相交情况，RT 核心可以高效地剔除不可见或不相关的对象，从而减少不必要的计算量，提高渲染速度。同时，它还能够快速准确地计算光线与物体交互时的颜色和强度，从而生成逼真的光影效果。

在游戏、虚拟现实和建筑可视化等应用程序中，实时性能是非常重要的。RT 核心的应用极大提高了光线追踪算法的速度，相比 CPU，它显著提升了这些领域的渲染速度和图像质量，为用户带来更加流畅、逼真的视觉体验。

随着技术的不断发展，RT 核心将在未来发挥更加重要的作用，推动计算机图形学的进步。

3.3 GPU 的编程

▶▶ 3.3.1 OpenGL

20 世纪 80 年代，随着计算机图形技术的快速发展，市场上出现很多计算机图形工作站，当时这个行业的佼佼者是 SGI。

SGI 是一家专注于高性能计算机图形技术的公司，他们的图形工作站广泛应用于电影制作、动画制作、科学研究等领域。随着图形工作站的应用扩大，SGI 意识到，业界需要一个更开放、更通用的图形标准来满足行业的需求，于是 SGI 公司为其图形工作站开发的 IRIS GL 应运而生。IRIS GL 就是 OpenGL 的原型。

1992 年 7 月，SGI 公司公开发布了 OpenGL 的 1.0 版本。这是一个跨平台的计算机图形应用程序接口（API），不依赖任何具体的硬件设备或操作系统。OpenGL 1.0 为开发者提供了一套丰富的图形处理功能，包括几何变换、光照模型、纹理映射、抗锯齿等。

随着 OpenGL 的发布，越来越多的硬件厂商和软件开发商开始支持这个标准。微软公司在 Windows NT 操作系统中加入了 OpenGL 的支持，使得 OpenGL 能够在个人计算机上广泛应用。此后，OpenGL 逐渐成为计算机图形处理领域的事实标准。

本质上，OpenGL（Open Graphics Library，开放式图形库）是一个用于渲染 2D 和 3D 图形的开放标准图形 API。这个接口包含了一系列可以操作图形、图像的函数，供开发人员与图形硬件进行交互，从而创建出从简单的图形比特到复杂的三维场景。OpenGL 常用于 CAD、虚拟现实、科学可视化程序和电子游戏开发等领域。OpenGL 是一个跨语言、跨平台的应用程序编程接口，它可以在不同的平台和操作系统上使用，如 Windows、macOS 和 UNIX/Linux。

自 OpenGL 1.0 以来，SGI 公司和后来的 OpenGL 架构评审委员会（ARB）不断推出新的版本，以支持新的图形处理功能和硬件特性。其中，OpenGL 1.1、1.2、1.3 等早期版本主要增加了对新的硬件特性的支持，提高了图形处理性能。OpenGL 2.0 引入了可编程着色器的概念，允许开发者编写自定义的着色器程序来实现更复杂的图形效果。OpenGL 3.0 及以后的版本进一步加强了可编程性，同时引入了对现代图形处理单元（GPU）的更多支持。

OpenGL 的核心思想是将 3D 场景分解为基本图元，这些基本图元包括点、线、多边形等简单的几何形状。然后，OpenGL 使用一种称为光栅化的过程将这些基本图元转换为屏幕上的像素。在这个过程中，OpenGL 会考虑各种因素，如光照、纹理、深度等，以生成最终的图像。

OpenGL 提供的基本功能非常丰富，包括线框绘制、光照模型、纹理映射、深度测试等。这些功能为开发人员提供了创建复杂 3D 场景所需的基本工具。例如，线框绘制允许开发人员以线条的形式呈现 3D 对象，这对于调试和可视化非常有用。光照模型则模拟了真实世界中的光照效果，使 3D 场景更加逼真。纹理映射可以将图像（即纹理）应用到 3D 对象的表面，增加其细节和真实感。深度测试则用于确定哪些对象在屏幕上应该是可见的，哪些对象应该被遮挡。OpenGL 的功能非常强大，它支持各种各样的图形操作，开发人员可以使用这些功能来创建逼真的 3D 场景和动画。此外，OpenGL 还支持与窗口系统、输入设备和音频设备的交互，使得开发人员可以轻松地将其集成到各种应用程序中。

此外，OpenGL 还支持许多扩展功能，这些扩展功能通常由硬件厂商或开源社区提供。这些扩展功能可以增强 OpenGL 的渲染能力，提高图形质量和效率。例如，抗锯齿技术可以减少图像中的锯齿状边缘，使图像更加平滑。高级光照技术可以模拟更复杂的光照效果，如全局光照和阴影。多重采样技术则可以提高图像的分辨率和清晰度。

OpenGL 的设计允许利用图形硬件的加速功能，因此将其运用在许多类型的硬件上都是可以的，包括个人计算机、工作站和超级计算机。OpenGL 的实现通常由显示设备厂商提供，并且非常依赖于该厂商提供的硬件。

可以这么说，OpenGL 的发展历史是一部计算机图形处理技术的进步史。从最初的 IRIS GL 到现代的 OpenGL 版本，OpenGL 不断推动着计算机图形处理技术的发展和创新。

由于 OpenGL 的开放性和灵活性，许多公司和组织都为其开发了各种扩展和工具库。这些扩展和工具库提供了更多的功能和便利性，使得 OpenGL 在各个领域的应用更加广泛。

OpenGL 的开放性和标准化特性导致了其存在多种实现和变体，这些变体针对不同的应用场景和平台进行了优化。以下是一些 OpenGL 的变体。

1）OpenGL ES（OpenGL for Embedded Systems）：OpenGL ES 是针对嵌入式系统（如移动设备、PDA 和游戏主机）设计的图形 API。它是一个轻量级的 OpenGL 子集，旨在提供高效的图形性能，同时减少资源消耗。专为低功耗设备和有限的计算资源设计。它被广泛用于智能手机、平板电脑、游戏机等设备上。随着计算机图形技术的不断进步，OpenGL ES 仍在不断发展和完善中。新的版本将继续引入新的图形处理功能、优化性能和提高可编程性，以满足不断变化的市场需求和技术挑战。OpenGL ES 有多个版本，其中 ES 2.0 引入了可编程着色器，而较新的版本则进一步增加了功能并提高了性能。

2）WebGL（Web Graphics Library）：WebGL 是一种在不需要任何插件的情况下，在 Web 浏览器中实现 3D 图形的技术。它基于 OpenGL ES 2.0，允许将 JavaScript 和 OpenGL ES 着色器语言结合使用，通过 HTML5 的 canvas 元素进行渲染。WebGL 使得开发人员能够在网页上创建复杂的 3D 图形和应用程序，无须依赖特定的浏览器插件或专有技术。

3）Vulkan：Vulkan 是一个由 Khronos Group（开放标准组织）维护的、跨平台的、低开销的 3D 图形 API。可以帮助开发人员更好地利用现代 GPU 的特性，并提供更快、更轻便、更高级的渲染和计算功能。它最初于 2016 年发布，旨在提供一种更高效、更灵活的方式来处理 3D 图形渲染和计算。与 OpenGL 不同，Vulkan 使用现代的、基于 GPU 的架构，允许应用程序直接控制 GPU 的操作，并最大化 GPU 的性能。Vulkan 的主要优势是性能和灵活性。与其他图形 API 相比，它更快、更轻便，并且支持多线程渲染、异步计算和低延迟渲染等高级功能。它还提供了更多的硬件控制，允许开发人员更好地利用现代 GPU 的特性。Vulkan 还是一个跨平台 API，可在 Windows、Linux 和 Android 等操作系统上运行。它也可以与其他 API 和技术，如 OpenCL 和 OpenGL，一起使用，提供更全面的计算和渲染解决方案。

与 OpenGL 不同，Vulkan 提供了更低级别的硬件访问，允许更精细的控制和优化。它旨在减少 CPU 开销，支持并行处理和多线程操作，从而提高图形渲染的效率和性能。Vulkan 还支持显式和并行的多 GPU 操作，包括在同一物理设备上的多个图形处理器之间的分割渲染工作。

这些 OpenGL 的变体和衍生技术不仅扩展了 OpenGL 的应用范围，还针对特定的使用场景提供了优化的图形处理能力。它们共同构成了现代图形处理生态系统的重要组成部分，为开发人员提供了广泛的选择和灵活性。

随着 GPU 越来越多承担了很多非图形相关的并行计算任务，OpenGL 也允许开发者在图形处理单元（GPU）上执行非图形渲染相关的并行计算任务。OpenGL Compute 就这样产生了。OpenGL Compute 也称为 Compute Shader，是 OpenGL 中用于通用计算的一部分。Compute Shader 在 OpenGL 4.3 版本中引入，并在后续的版本中得到了进一步的完善和发展。

OpenGL Compute 是一种强大的工具，它允许开发者在 GPU 上执行并行计算任务，从而加速各种计算密集型应用。通过合理利用 Compute Shader 的特性和优化技巧，开发者可以实现高效的并行计算和数据处理。

与传统渲染管线中的着色器不同，Compute Shader 并不直接参与图形渲染过程，而是作为一个独立的计算单元存在。它可以在 GPU 上并行执行大量的计算任务，利用 GPU 的并行处理能力来加速各种计算密集型应用。

Compute Shader 的基本概念包括工作组（Work Group）和调度（Dispatch）。工作组是 Compute Shader 执行的最小单元，它由一组线程（也称为 Invocation）组成。这些线程在 GPU 上以并行的方式执行 Compute Shader 程序。工作组可以是 1 维、2 维或 3 维的，具体取决于 Compute Shader 程序中指定的本地工作组大小（Local Work Group Size）。

在 OpenGL 中，通过指定全局工作组大小（Global Work Group Size）和本地工作组大小来确定需要执行的工作组数量以及每个工作组中的线程数。全局工作组大小定义了整个计算任务需要执行的总线程数，而本地工作组大小则定义了每个工作组中的线程数。OpenGL 运行时系统会根据这些信息将工作组分发到 GPU 上执行。

Compute Shader 的性能突出，可以支持复杂的渲染及数据处理等任务。由于它在 GPU 上执行，因此可以利用 GPU 的并行处理能力和高带宽内存来加速计算过程。这使得 Compute Shader 在许多领域都有广泛的应用，如科学计算、图像处理、物理模拟、机器学习等。

使用 Compute Shader 需要注意一些细节。例如，在编写 Compute Shader 程序时，需要显式地指定输入输出图像的读写权限（Readonly 或 Writeonly），否则编译会失败。此外，在绑定 Framebuffer 之后需要对其进行清除操作，以免生成的图像数据出现异常。

▶▶ 3.3.2　DirectX

同样是在 20 世纪 90 年代初，当时微软公司意识到图形和多媒体内容在计算机应用中的重要性日益增加。为了提供更好的图形和声音处理能力，微软决定开发一组专门用于多媒体处理的 API，这就是 DirectX 的雏形。

在那个时代，Windows 操作系统并不是一个以游戏或多媒体应用为主导的平台，而是更多地用于办公和日常任务。因此，Windows 系统的图形和声音处理能力相对较弱，无法满足日益增长的多媒体需求。

1995 年，DirectX 首次亮相，被称为"GameSDK"。这个版本主要关注对图形硬件的直接访问能力，以实现对 2D 图像的加速。DirectX 的初衷是为了弥补 Windows 3.1 系统在图形和声音处理方面的不足。然而，由于当时许多硬件并不支持 DirectX，以及与 OpenGL 相比缺乏竞争力，DirectX 1.0 并没有取得太大的成功。

在 DirectX 2.0 中，微软进行了一些改进，增加了对动态效果的支持，并开始引入 Direct3D 技术。然而，这个版本仍然相对初级，并没有引起太大的关注。

变革逐渐由量变到质变，终于，微软在 DirectX 5.0 中取得了重要的突破。这个版本的 DirectX 在声卡和游戏控制器方面进行了改进，支持了更多的设备。同时，Direct3D 技术也得到了进一步的发展，性能逐渐提升。DirectX 5.0 的出现标志着 DirectX 开始走向成熟。

趁热打铁，DirectX 6.0 在 1998 年发布，引入了许多重要的改进。这个版本加入了双线性过滤、三线性过滤等优化 3D 图像质量的技术，使得游戏中的 3D 效果更加逼真。

同时，DirectX 也开始得到更多硬件厂商的支持，逐渐成为行业标准。DirectX 7.0 的最大特色是支持 T&L（坐标转换和光源），这进一步提升了 3D 图形的渲染能力和效果。此外，DirectX 7.0 还引入了 DirectPlay 网络功能，为多人在线游戏提供了更好的支持。随着技术的不断进步和多媒体应用的日益普及，DirectX 继续发展并引入了更多新的功能和特性。例如，DirectX 8.0 引入了像素着色器和顶点着色器等高级图形处理技术；DirectX 9.0 则进一步提升了图形渲染的效率和质量；而 DirectX 10 及以后的版本则更加关注提供更高效、更真实的图形效果，以及对新一代硬件和技术的支持。

如今，DirectX 已经成为 Windows 操作系统中不可或缺的一部分，广泛应用于各种多媒体应用和游戏中。它的发展历程不仅见证了计算机图形技术的飞速进步，也反映了微软在多媒体处理领域的持续创新和领导地位。

与 OpenGL Compute 类似，DirectCompute 是 Microsoft DirectX 的一部分，它是一个专门用于 GPU 通用计算的 API。这个 API 允许开发者利用 GPU 进行非图形渲染的并行计算任务，从而显著提高计算性能。

DirectCompute 是一种开放标准，这意味着不同的硬件厂商都可以为其产品提供 DirectCompute 支持。尽管它最初是在 DirectX 11 API 中实现的，但支持 DirectX 10 的 GPU 也能利用 DirectCompute 的一个子集进行通用计算。对于那些支持 DirectX 11 的 GPU，则可以使用 Direct-Compute 的全部功能。

DirectCompute 的优点在于其并行处理能力。由于 GPU 的设计初衷是为了并行处理大量的图形数据，因此它们非常适合执行那些可以并行化的计算任务。通过 DirectCompute，开发者可以相对容易地将这些任务映射到 GPU 上，从而实现显著的性能提升。此外，DirectCompute 还提供了一种相对简单的方式来编写支持并行处理的应用程序。这使得开发者能够更容易地进入并行计算领域，并在诸如科学计算、数字信号处理、计算机视觉和机器学习等领域开发高效的应用程序。

DirectX 和 OpenGL 都是用于图形渲染的 API，那么读者肯定好奇它们有哪些异同。

（1）平台支持

DirectX：由微软开发，主要用于 Windows 平台。DirectX 提供了一整套用于游戏开发的 API，包括 Direct3D 用于 3D 图形渲染、Direct2D 用于 2D 图形渲染等。

OpenGL：是一个开放标准，可以在多个平台上使用，包括 Windows、Linux、macOS 等。这使得 OpenGL 在跨平台开发方面更具优势。OpenGL 常用于 CAD、虚拟现实、科学可视化程序和电子游戏开发。

（2）性能与资源占用

DirectX：在 Windows 平台上，DirectX 可以充分发挥硬件性能，使得模拟器运行更流畅，运行速度快。但相应地，CPU 使用率可能会相对较高。

OpenGL：通常被认为占用资源更少，更适合多开用户。然而，其流畅度可能不如 DirectX。

（3）兼容性

DirectX：在性能方面表现出色，但兼容性可能较差。尽管如此，DirectX 具备一项名为 HEL 的功能，可以模拟其他硬件部件（如显卡的 3D 硬件加速功能），从而在某些情况下提供额外的效果。

OpenGL：通常被认为具有较好的兼容性，但性能可能不如 DirectX。OpenGL 是一个与硬件无关的软件接口，可以在不同的平台之间进行移植。

（4）应用范围

DirectX：除了用于 Windows 平台的游戏和多媒体程序外，还广泛应用于 Microsoft XBOX 等电子游戏开发。

OpenGL：主要用于绘制从简单的图形到复杂的三维场景。它常用于 CAD、虚拟现实、科学可视化程序以及电子游戏开发等领域。

总之，DirectX 和 OpenGL 在平台支持、性能与资源占用、兼容性以及应用范围等方面存在差异。选择使用哪一个取决于开发者的具体需求，如目标平台、性能要求以及是否需要跨平台兼容性等。

▶▶ 3.3.3　OpenCL

OpenCL（Open Computing Language）是首个支持异构系统通用并行编程的开放式免费标准，也是一个统一的编程环境。它为 CPU、GPU 等异构平台提供了跨设备的并行计算框架，使开发者能够高效利用多种处理器的计算资源。

OpenCL 由一门用于编写 kernels（在 OpenCL 设备上运行的函数）的语言（基于 C99）和一组用于定义并控制平台的 API 组成。此外，OpenCL 还提供了基于任务分割和数据分割的并行计算机制。由于 OpenCL 的通用性，它支持大量不同类型的应用。

使用 OpenCL 编程通常需要完成以下步骤。

1）发现构成异构系统的组件。

2）探查这些组件的特征，使软件能适应不同硬件单元的特性。

3）创建在平台上运行的指令块（内核）。

4）建立并管理计算中涉及的内存对象。

5）在系统中正确的组件上按正确的顺序执行内核。

6）收集最终结果。

这些步骤通过 OpenCL 中的一系列 API 再加上一个面向内核的编程环境来完成。OpenCL 通过显式暴露硬件架构细节来提供高度的可移植性，而非将硬件隐藏在高层抽象之后。这意味着 OpenCL 程序员必须显式地定义平台、使用情境，以及在不同设备上调度工作。

OpenCL 由非营利性技术组织 Khronos Group 掌管，类似于另外两个开放的工业标准 OpenGL 和 OpenAL，这两个标准分别用于三维图形和计算机音频方面。OpenCL 扩展了 GPU 用于图形生成之外的能力，使得多核的效率能够完全释放。OpenCL 的运行时系统负责管理并行计算的调度和执行。它根据开发者通过 API 指定的参数和配置，将核函数调度到合适的设备上执行，并处理设备间的数据交换和同步。运行时系统还提供了性能分析和调试工具，帮助开发者优化并行计算的效率和准确性。

OpenCL 的一个关键优势是它能够支持多种硬件平台，包括 CPU、GPU、FPGA 和 DSP，使开发者能够编写一次代码并在许多不同类型的设备上运行。这使得它成为需要在异构平台上进行高性能计算的应用程序的一个有吸引力的选择，例如科学计算、机器学习和图像处理。

OpenCL 是一个开放的标准，这意味着它不受任何特定供应商或架构的控制。它得到了许多公司和机构的支持，包括 AMD、Apple、Intel、NVIDIA 等，使它成为一个被广泛采用和得到良好支持的并行计算编程框架。

那么读者一定很好奇，同样是 GPU 的编程接口，OpenCL 和 OpenGL 有哪些区别？

简单来说，OpenCL 是并行计算，而 OpenGL 是图形计算。虽然底层都调用 GPU，但二者的目的不同。

（1）OpenCL（Open Computing Language）

1）并行计算：OpenCL 专为并行计算设计，允许开发者利用多核 CPU、GPU 以及其他类型的处理器（如 FPGA）进行高性能计算。

2）通用性：OpenCL 是一种通用的计算框架，适用于各种类型的数据并行任务，如科学计算、图像处理、机器学习等。

3）跨平台：OpenCL 是开放的，并且支持多种操作系统和硬件平台。

4）编程模型：OpenCL 使用基于任务的编程模型，其开发者将计算任务划分为一系列可以在 GPU 上并行执行的工作项（work-items）。

（2）OpenGL（Open Graphics Library）

1）图形渲染：OpenGL 主要用于 2D 和 3D 图形渲染，是视频游戏、CAD 软件、虚拟现实和许多其他图形应用程序的基础。

2）实时渲染：OpenGL 特别适用于需要实时渲染的场景，如游戏和模拟。

3）图形管线：OpenGL 提供了一系列工具和函数，用于定义和管理图形渲染管线，包括顶点处理、光栅化、片段着色等。

4）图形硬件交互：OpenGL 允许开发者直接与图形硬件交互，从而实现高效的图形渲染。

尽管 OpenCL 和 OpenGL 在某些方面有所重叠（例如，它们都可以与 GPU 交互），但它们的主要目的和用途是不同的。OpenCL 更多地关注并行计算和数据处理，而 OpenGL 则专注于图形渲染和实时图形生成。同样是使用 GPU，二者有着本质应用方向的不同。

3.4 CUDA——并行计算大师

▶▶ 3.4.1 生而逢时——CUDA

GPU 最初是专为图形计算而设计的硬件，其核心任务是加速图形的渲染过程，从而为用户提供流畅且细致的视觉体验。但随着时间的推移，技术人员发现 GPU 的并行处理能力可以应用于更多领域，而不限于图形处理。

随着技术的不断进步，人们开始认识到 GPU 的巨大潜力。与传统的 CPU 相比，GPU 在并行处理上有着得天独厚的优势。CPU 通常是串行处理的，即一次只能处理一个任务，而 GPU 则可以同时处理多个任务，这种并行处理能力使得 GPU 在某些计算密集型任务上表现出色。

然而，要充分发挥 GPU 的并行处理能力，并不是一件简单的事情。它需要专门的并行编程工具和框架来支持。这就是为什么尽管 GPU 有强大的并行处理能力，但在 CUDA 推出之前，其应用主要还是局限在图形渲染领域。

在这样的背景下，NVIDIA 于 2006 年推出了 CUDA（Compute Unified Device Architecture）。CUDA 不仅是一个运算平台，更是一个全新的编程模型，它允许程序员使用类 C 的编程语言进行 GPU 编程，从而极大地降低了并行计算的门槛。通过 CUDA，开发人员可以更加直观地利用 GPU 的强大计算能力，而无须深入了解图形学的复杂细节。

在 CUDA 推出之前，尽管人们意识到 GPU 的并行处理能力有巨大的应用潜力，但由于缺乏合适的编程工具和框架，这种潜力并未得到充分发挥。CUDA 的推出，无疑为 GPU 在通用计算领域的应用打开了一扇大门。从此，GPU 不再仅仅是图形渲染的工具，更成为科学计算、数据分析、深度学习等多个领域的重要计算资源。

CUDA 的推出是 GPU 发展史上的一个重要里程碑。它不仅为 GPU 在通用计算领域的应用提供了强大的支持，还极大地推动了并行计算技术的发展，使得更多的开发人员和企业能够利用 GPU 的强大计算能力来解决各种复杂的计算问题。

那么 GPU 和 CUDA 是如何配合的？

GPU 在硬件层面提供了强大的并行计算核心，即 CUDA 核心；而在软件层面，CUDA 作为一个编程工具，允许开发者编写能够充分利用这些硬件资源的程序。这两者的结合使得 GPU 成为高性能计算和图形处理领域的佼佼者。

（1）硬件架构 CUDA 核心

GPU 是一个拥有许多小工作台的超级工厂。每个小工作台就是一个 CUDA 核心，它们能够并行地、高效地执行任务。这些 CUDA 核心特别设计用于快速执行数学和逻辑运算，是 GPU 能够进行大规模并行计算的关键。当运行一个需要大量计算的程序或任务时，比如深度学习模型或 3D 图形渲染，这些 CUDA 核心就会忙碌起来，各自处理任务的一部分，从而加速整体计算过程。

CUDA 核心是 NVIDIA GPU 中的计算单元，用于执行并行计算任务。这些核心按照特定的层次结构组织在一起，包括线程、线程块和网格，使得开发者能够灵活地优化任务并行度，以适应不同类型的计算需求。每个 CUDA 核心都包含了算术逻辑单元（ALU），用于执行数学运算和逻辑操作，以及其他特殊的硬件单元，如浮点数处理单元、整数处理单元、逻辑单元和共享内存等，以提供快速的数学运算和数据处理能力。

CUDA 核心是 NVIDIA GPU 中用于执行并行计算任务的基本单元，具有高度的灵活性和可扩展性，可以适应不同类型的计算需求，并通过提供高效的并行计算能力和丰富的编程工具，加速了科学计算、深度学习、计算机视觉、图形渲染等领域的发展。

（2）CUDA 编程工具

CUDA 不仅仅是 GPU 内的一个部件，它还是一个强大的编程工具或平台。就像工厂需要有工人知道如何操作机器一样，开发者需要知道如何编写程序来利用 GPU 的这些 CUDA 核心。CUDA 编程工具提供了这样的接口和指令集。通过 CUDA，开发者可以用熟悉的编程语言（如 C/C++）编写代码，然后告诉 GPU 如何分配任务给这些 CUDA 核心，以及如何管理和优化这些任务的执行。

硬件 CUDA 核心可以同时处理多个数据流，从而实现高效的并行计算。通过 CUDA 编程工具，开发人员可以使用 C/C++、Fortran、Python 等编程语言来编写 GPU 加速的程序，利用 CUDA 核心来实现高效的并行计算。此外，CUDA 还提供了一些高级工具和库，例如 cuBLAS、cuDNN、cuFFT 等，可以进一步简化 GPU 编程过程，并提供高度优化的算法和数据结构，加速各种应用程序的运行速度。

在 CUDA 架构中，每个线程块都可以在 GPU 内的任何可用处理单元上并行执行，提高了资源利用率和性能。此外，线程之间可以通过共享存储器进行协作和数据交换，这对于线程之间的协作非常重要。全局内存是在 GPU 上可用的最大内存区域，可用于存储较大的数据结构。

而软件编程 CUDA 是一个并行计算平台和编程模型，它允许软件开发人员使用 NVIDIA 的 GPU 进行通用计算。通过 CUDA，开发人员可以将计算密集型任务分解为大量可以并行处理的小任务，并将这些任务分配给 GPU 的众多核心进行处理。这种并行处理的能力使得 GPU 在某些计算任务上比传统的 CPU 更加高效。

CUDA 的突破性意义在于它提供了一种利用 GPU 进行通用计算的高效方法。通过 CUDA，开发者可以直接访问 GPU 的硬件资源，并利用其并行处理能力来加速各种计算密集型应用。这使得 GPU 不再局限于图形渲染，而是成为一种强大的通用计算工具。

CUDA 的出现对许多领域产生了深远的影响。在科学研究领域，CUDA 加速了各种模拟和计算任务的完成，如流体力学模拟、地震分析等。在图像与视频处理领域，CUDA 提供了高效的并行处理能力，使得图像识别、增强等操作得以实时完成。此外，CUDA 还在计算生物学、化学、机器学习等领域发挥了重要作用。

CUDA 的另一个重要意义在于它推动了 GPU 并行计算技术的发展。CUDA 的成功使得越来越多的厂商开始关注 GPU 并行计算，并推出了自己的解决方案。这促进了 GPU 并行计算技术的普及和发展，使得更多的应用能够受益于 GPU 的高性能计算能力。

CUDA 的推出是 NVIDIA 在计算技术领域的一次重大突破，它极大地扩展了 GPU 的应用范围，并改变了高性能计算和游戏开发的格局。

CUDA 还推动了 GPU 计算生态系统的发展。许多软件库和框架都支持 CUDA，使得开发人员能够更容易地利用 GPU 进行计算。这些库和框架包括用于深度学习的 TensorFlow 和 PyTorch、用于科学计算的 CUDA 库等。

▶▶ 3.4.2　CUDA 成就了 GPU 的灵魂

在 CUDA 出现之前，GPU 主要负责图形渲染的工作。GPU 作为 CPU 的一个辅助处理器，主要用于减轻 CPU 在图形处理方面的算力负担。然而，随着 CUDA 的推出，GPU 的功能得到了极大的扩展，它不再仅仅是一个图形处理器，而是一个具有强大并行计算能力和自主编程能力的核心部件。GPU 也在 CUDA 的牵引下，其体系架构向通用计算架构发展。

为了支持编程和通用计算，GPU 架构需要进行一系列的改进和优化。增强对通用计算的支持是其中的关键一环。这要求 GPU 架构具备更高的灵活性和可扩展性，以便能够处理各种类型的计算任务。

在传统的图形处理中，GPU 主要专注于渲染管线中的特定阶段，如顶点处理、像素着色等。然而，在通用计算中，GPU 需要能够执行更广泛的算法和操作，包括线性代数、物理模拟、数据分析等。因此，GPU 架构需要进行改进，以提供更通用的计算能力和更灵活的编程接口。

为了实现这一目标，GPU 设计师们引入了更多的可编程性和灵活性。例如，他们增加了更多的通用计算单元，优化了内存层次结构以支持更复杂的数据访问模式，并提供了更高级别的编程语言和工具，如 CUDA 和 OpenCL，使开发人员能够更容易地编写和调试 GPU 代码。

此外，GPU 架构还需要在并行处理、内存带宽、功耗和能效等方面进行改进和优化，以满足不断增长的计算需求和性能要求。这些改进不仅提高了 GPU 在通用计算领域的性能，还推动

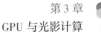

了 GPU 在其他领域的应用和发展，如人工智能、机器学习、高性能计算等。

随着 GPU 计算能力的不断提升和 CUDA 等编程模型的完善，GPU 逐渐开始与 CPU 平起平坐，甚至在某些领域超越了 CPU 的性能。这使得 GPU 成为现代计算机系统中不可或缺的一部分，与 CPU 共同承担着处理各种计算任务的重任。

可以说 CUDA 的推出是 GPU 发展历程中的一个重要里程碑，它标志着 GPU 从一个辅助处理器转变为一个具有强大计算能力和自主编程能力的核心部件，为计算机科学技术的发展带来了深远的影响。

在 CUDA 的支持下，GPU 拥有大量的流处理器，这些流处理器是执行并行计算任务的基本单元。每个流处理器都能够独立地执行计算指令，从而实现高度的并行化。

为了提高效率，这些流处理器被组织成更大的组，称为"流式多处理器"（SM）。每个 SM 包含多个流处理器，以及其他的硬件资源，如寄存器、共享内存和指令调度器。这种结构使得 SM 能够更有效地管理和调度其内部的流处理器，从而实现更高的计算吞吐量和更低的延迟。

在 CUDA 编程模型中，开发人员可以将计算任务划分为多个线程，并将这些线程映射到 GPU 的流处理器上执行。CUDA 提供了一套丰富的 API 和工具链，使得开发人员能够灵活地控制和管理这些线程的执行，包括线程的创建、同步、通信以及数据共享等。

GPU 的并行处理模型和流处理器的架构为高性能计算、图形渲染以及其他计算密集型任务提供了强大的支持。利用这些特性，开发人员能够充分发挥 GPU 的计算能力，实现更高效、更快速的应用程序。

增强对通用计算的支持是 GPU 架构改进的重要方向之一，通过提高灵活性和可扩展性，优化并行处理和内存访问等方面，GPU 将能够更广泛地应用于各种计算任务中。更高效的内存访问是 GPU 架构改进中的关键一环，尤其对于实现 CPU 和 GPU 之间更有效的数据传输至关重要。改进缓存层次结构和内存控制器是实现这一目标的重要手段。通过增加内存控制器的数量、提高它们的带宽和优化数据传输机制，可以实现更高效的数据吞吐和更低的访问延迟。这有助于减少 CPU 和 GPU 之间的数据传输瓶颈，提高整体性能。此外，还有一些其他技术可以用于改进 GPU 的内存访问性能。采用数据预取和流式处理技术可以提前将数据加载到 GPU 中，避免访问延迟；使用内存映射和统一寻址空间可以简化 CPU 和 GPU 之间的数据共享和交互。通过改进缓存层次结构和内存控制器以及其他相关技术，GPU 可以实现更高效的内存访问性能。这将有助于提高 CPU 和 GPU 之间的数据传输效率，进一步释放 GPU 的计算潜力，为各种应用程序带来更高的性能和更好的用户体验。

CUDA 使开发人员能够以并行的方式编写代码，这意味着可以同时执行多个操作或处理多个数据项。GPU 拥有数千个处理核心，非常适合执行这种类型的并行计算。通过 CUDA，开发人员可以使用类似 C/C++ 的高级语言编写并行代码，并指定哪些部分应该在 GPU 上运行。CUDA 提供了一组 API 和库，使开发人员能够直接访问和控制 GPU 硬件。这些 API 和库封装了底层硬件细节，使开发人员能够更容易地编写高效的 GPU 代码。开发人员可以使用这些工具来管理 GPU

内存、调度任务、优化数据传输等。这些特性使得CUDA特别适合加速计算密集型任务，如图像处理、物理模拟、机器学习等。将这些任务分解为可以并行处理的小部分，并使用GPU进行处理，可以显著提高性能。CUDA提供了各种优化的数学库和函数，使开发人员能够更容易地实现这些计算密集型任务。CUDA是一种跨平台的解决方案，可以在多种NVIDIA GPU上运行。这意味着开发人员可以编写一次CUDA代码，并在多种不同的硬件平台上运行它，从而简化了开发和部署过程。CUDA还提供了一组调试和优化工具，帮助开发人员找到代码中的错误并提高性能。这些工具包括性能分析器、调试器、内存检查器等，可以帮助开发人员识别瓶颈、优化内存访问模式、减少数据传输开销等。CUDA通过提供并行化编程接口、硬件访问接口、加速计算密集型任务的能力、跨平台兼容性以及调试和优化工具，帮助开发人员充分利用NVIDIA GPU的性能进行各种计算任务。

CUDA的成功推动了GPU计算领域的发展，使得越来越多的开发者和研究人员开始关注和使用GPU进行高性能计算。这也进一步巩固了NVIDIA在GPU市场的领先地位。如今，CUDA已经成为高性能计算领域的一种重要标准，广泛应用于科学计算、机器学习、深度学习、图像处理、视频编解码等领域。

▶▶ 3.4.3 SIMT

SIMT（Single Instruction Multiple Thread）是一种并行处理架构，用于现代GPU和其他加速器设备。它最初由NVIDIA在其CUDA架构中引入，后来被AMD和英特尔等其他GPU供应商采用。

在SIMT架构中，多个线程使用相同的指令并同时执行任务。这允许高效地并行处理数据密集型任务，例如与图形渲染、机器学习和科学计算相关的任务。

SIMT架构由许多处理单元组成，称为CUDA核心或流处理器，每个处理器都可以并行执行多个线程。这些处理器被组织成流式多处理器（Streaming Multiprocessor，SM）或计算单元（Computing Unit，CU）的组，是执行计算的底层硬件单元负责管理CUDA程序中并行计算的执行。

SM是一种高度并行和灵活的处理单元，经过优化以执行广泛的计算，包括图形和通用计算。它能够同时执行数千个线程，从而实现高性能计算，并使其成为许多应用程序中的关键组件，包括科学模拟、机器学习和计算机图形学。

每个GPU都包含多个SM，这些SM被组织成一个网格状的结构。每个SM都能够并行执行多个线程，每个线程运行同一个程序的不同实例。线程被组织成块，而块则被进一步组织成网格。

SM负责管理这些线程的执行，并包含多个称为CUDA核心的处理单元，这些处理单元负责执行每个线程内的单个指令。SM还包含各种类型的内存，包括共享内存和寄存器，用于存储在线程之间共享的数据和快速访问频繁使用的数据。

SM/CU将一组线程分配给执行单元，该执行单元负责并行执行它们。在每个执行单元内，线程以批处理方式执行，每个批次包含一定数量的线程，称为 warp。warp 的大小可以根据特定的架构而有所不同，但通常为 32 或 64 个线程。

当一个块被执行时，它的线程被划分为 warp，并安排在可用的 SM/CU 上执行。执行单元以轮询的方式处理 warp，执行完毕一个 warp 的每个指令，就会转移到下一个 warp 并继续执行指令。这样可以有效地利用可用的处理资源，并避免空闲时间。

块内的线程可以通过共享内存相互通信。共享内存是所有同一块中线程共享的快速低延迟内存空间。这允许线程之间进行高效的数据交换和同步，这对于许多并行处理任务至关重要。

每个线程被分配一个唯一的标识符，用于确定其在执行流水线中的位置。然后将线程分组成块，在多个 SM/CU 上并行执行。块内的线程可以通过共享内存相互通信，从而实现高效的数据交换。

SIMT 架构还支持动态并行性，允许在运行时内部创建新线程。这个特性在递归算法和其他需要灵活线程数量的任务中特别有用。

由于其高效性和灵活性，SIMT 架构已成为并行处理的流行选择。它允许在最小开销下高效地执行大量线程，非常适合数据密集型任务。它也已成为科学计算和其他高性能计算应用的重要工具。

每个 SM 都包含多个 SP、Tensor Core、RT Core 以及一些专用的图形图像处理硬件。

流处理器（Streaming Processor，SP）：这是 GPU 中最基本的单元之一，也称为 CUDA 核心。每个 SP 负责执行指令流中的操作，如算术和逻辑运算、位操作、浮点运算等。

Tensor Core：它被优化用于执行矩阵乘法运算。这是许多深度学习算法的关键组成部分。这些操作涉及将大矩阵相乘以产生可用于进行预测或更新模型参数的结果。矩阵乘法可能会消耗大量计算资源，特别是对于大型矩阵。

RT Core：这些硬件模块旨在加速光线追踪，这是计算机图形学中用于模拟光线行为的技术。RT Core 可以比传统基于 CPU 的方法更快地执行光线追踪所需的复杂计算。RT core 更多用于专业计算，例如 CAD、动画制作和虚拟现实等。

在用于数据中心的 GPGPU 中，通常只保留 CUDA core 和 Tensor Core 就可以了。它们主要用于数据中心的 AI 训练。

GPU 上的 CUDA 核心是被设计用于处理通用计算任务的，尤其是涉及浮点计算的任务。这意味着它们可以执行各种数学运算，包括加法、减法、乘法和除法，以及更复杂的操作，如三角函数、对数和指数函数。

除了基本的算术运算，CUDA 核心还可以执行矩阵运算，如矩阵乘法，这在机器学习和科学计算应用中很常见。它们也可以用于图像和信号处理任务，如卷积、滤波和傅里叶变换。

GPU 的向量单元是专门设计用于同时对大量数据元素执行并行计算的。通常，它由多个处理核心组成，每个核心都有自己的数据通路和本地内存。

向量单元架构针对数据并行性进行了优化，这意味着一个单独的指令可以同时在多个数据元素上执行。这是通过将数据分成小块（称为"向量"）并且并行处理它们来实现的。

向量单元通常采用 SIMD（单指令多数据）架构来实现。该架构可以使相同的指令在多个数据元素上同时执行。这使得 GPU 能够实现高度并行和高处理吞吐量。

此外，向量单元可能包括专用硬件单元，如纹理映射单元，用于加速纹理操作，或计算单元，用于更通用的计算。GPU 中向量单元的设计针对数据并行性和高吞吐量计算进行了优化，这对于 GPU 在并行计算任务中的整体性能至关重要。

GPU 旨在高度专业化和可配置，使用户可以针对广泛的用例进行优化。特定 GPU 上存在的具体模块将取决于具体的型号和预期用例。

NVIDIA GPU 中的 CUDA 核心旨在支持并行计算任务中常用的各种数学运算，包括以下几种。

浮点数运算：包括浮点数的加、减、乘、除等运算。

矩阵运算：CUDA 核心可以高效地执行矩阵乘法、加法和其他运算。这些运算常用于机器学习和深度学习任务中。

傅里叶变换：CUDA 核心可以执行快速傅里叶变换（FFT）和反傅里叶变换。这在信号处理和图像分析任务中使用。

卷积：CUDA 核心可以执行卷积运算。这在图像处理和计算机视觉任务中使用。

位运算：CUDA 核心可以执行位运算，如按位与、或、异或和位移等运算。这在密码学和压缩算法中使用。

总的来说，CUDA 核心非常灵活，可以支持并行计算任务中常用的各种数学运算。

GPU 相对于 CPU 在并行计算中的优势可以总结如下。

1）大规模并行：相较于 CPU 几十个处理核心，GPU 拥有数千个处理核心，能够同时执行大量计算。

2）更快的内存访问速度：GPU 具有高带宽内存架构，能够更快地访问数据，减少等待数据获取的时间。

3）优化的并行工作负载：GPU 专门为并行工作负载设计，其架构针对矩阵乘法和图像处理等任务进行了优化。

4）降低功耗：GPU 每个操作消耗的功率比 CPU 低，使其在大规模并行计算任务中更加节能。

5）成本效益：在执行并行计算任务时，GPU 往往比 CPU 更便宜，使其成为许多应用的成本效益解决方案。

与 CPU 相比，GPU 的能耗比更优，特别是在高性能计算方面。这使它们非常适合在成本是主要考虑因素的应用中使用。GPU 非常适合需要大量并行处理和高计算能力的任务，而 CPU 则更适合需要更多的顺序处理和通用计算的任务。通过在系统中同时使用 CPU 和 GPU，可以实现更大的性能提升。

▶▶ 3.4.4 CUDA 编程实例

本节以 CUDA 内核函数 MatrixMulKernel 为例子介绍 CUDA 的编程。

MatrixMulKernel 用于对矩阵 A 和 B 进行矩阵乘法运算，并将结果存储在 C 中。主机代码调用 MatrixMultiplication 函数来启动内核并将结果复制回主机。

该内核使用一个二维线程块网格，每个线程块由 16×16 个线程组成。网格大小是根据要相乘的矩阵大小计算的。

```c
# include <stdio.h>
# define N 1024
__global__ void MatrixMulKernel(float * A, float * B, float * C, int n)
{
    int i =blockIdx.x * blockDim.x + threadIdx.x;
    int j =blockIdx.y * blockDim.y + threadIdx.y;
    if (i < n && j < n)
    {
        float sum = 0.0f;
        for (int k = 0; k < n; ++k)
        {
            float a = A[i * n + k];
            float b = B[k * n + j];
            sum += a * b;
        }
        C[i * n + j] = sum;
    }
}

void MatrixMultiplication(float * A, float * B, float * C, int n)
{
    float *dev_A, * dev_B, * dev_C;
    cudaMalloc((void * *)&dev_A, n * n * sizeof(float));
    cudaMalloc((void * *)&dev_B, n * n * sizeof(float));
    cudaMalloc((void * *)&dev_C, n * n * sizeof(float));
    cudaMemcpy(dev_A, A, n * n * sizeof(float), cudaMemcpyHostToDevice);
    cudaMemcpy(dev_B, B, n * n * sizeof(float), cudaMemcpyHostToDevice);
    dim3 dimBlock(16, 16);
    dim3 dimGrid((n + dimBlock.x - 1) / dimBlock.x, (n + dimBlock.y - 1) / dimBlock.y);
    MatrixMulKernel<<<dimGrid, dimBlock>>>(dev_A, dev_B, dev_C, n);
    cudaMemcpy(C, dev_C, n * n * sizeof(float), cudaMemcpyDeviceToHost);
    cudaFree(dev_A);
    cudaFree(dev_B);
```

```
        cudaFree(dev_C);
    }

    int main()
    {
        float *A, *B, *C;
        A = (float *)malloc(N * N * sizeof(float));
        B = (float *)malloc(N * N * sizeof(float));
        C = (float *)malloc(N * N * sizeof(float));

        for (int i = 0; i < N * N; ++i)
        {
            A[i] = i % N;
            B[i] = (i + 1) % N;
            C[i] = 0.0f;
        }
        MatrixMultiplication(A, B, C, N);

        for (int i = 0; i < N; ++i)
        {
            for (int j = 0; j < N; ++j)
            {
                printf("%f ", C[i * N + j]);
            }
            printf("\n");
        }

        free(A);
        free(B);
        free(C);
        return 0;
    }
```

使用 CUDA，开发人员可以利用 GPU 并行计算能力来加速各种类型的应用程序，包括科学计算、图形处理、机器学习、数据分析等。CUDA 通过将大量的计算分成许多小任务，并在 GPU 上并行执行这些任务来加速应用程序。CUDA 还提供了一些优化工具和调试工具，以便开发人员能够更好地调整应用程序的性能。

CUDA 的一个重要特点是其对 NVIDIA GPU 的高度优化，这使得使用 CUDA 编写的代码可以在 NVIDIA GPU 上实现更好的性能。CUDA 也可以与其他编程接口如 OpenCL 结合使用，以便支持更广泛的硬件平台。近年来，CUDA 已成为许多高性能计算和深度学习应用程序中广泛使用的编程平台之一。

3.5　开源 GPU 实例—— MIAOW

▶▶ 3.5.1　阳春白雪：难得一见的开源 GPU

随着计算需求的日益增长，GPU 架构，特别是 GPGPU（通用图形处理器）架构，成为一直以来的研究热点。但是与 CPU 相比，GPU 的开源项目少得可怜。

与此同时，CPU 作为计算机系统的核心，其研究拥有一套成熟的工具集。这些工具种类繁多，功能全面。它们主要包括性能模拟器、仿真器、编译器、剖析工具和建模工具。这些工具为研究者提供了从不同层次和角度对 CPU 架构进行探索和优化的可能性。

值得注意的是，近年来出现了多种寄存器传输级别（RTL）的微处理器实现。这些实现包括 OpenSPARC、OpenRISC、LEON 等，以及较新的 RISC-V 处理器，这些项目有很多可以应用的实例。这些 RTL 级别的实现为研究者提供了宝贵的资源：它们允许对微架构进行详细的探索，帮助理解和量化面积和功率的影响。

而在 GPU 的研究和发展领域，虽然也存在大量的性能模拟器、仿真器、编译器、剖析工具和建模工具，这些工具为 GPU 的性能优化、功能验证以及应用开发提供了有力的支持，然而，当深入到更底层的微架构探索和优化时，研究者就会发现一个显著的问题：缺乏 RTL（寄存器传输级别）的实现以及低级别的详细微架构规格说明。

RTL 级别的实现对于深入理解 GPU 的微架构、探索新的优化方法以及进行功率和面积的有效设计至关重要。然而，目前 GPU 领域在这一方面存在明显的空白，这限制了研究人员对 GPU 架构的深入理解和创新能力的提升。

与此同时，GPU 也开始面临一系列技术和设备可靠性的挑战，这些挑战与驱动 RTL 级别 CPU 研究的问题类似。由于缺乏 RTL 级别的 GPU 实现，研究者无法在 GPU 领域进行与 CPU 领域类似的深入研究和优化工作。尽管 CPU 和 GPU 在某些方面存在共通之处，但它们的架构和运行机制存在显著的差异，因此 CPU 的研究方法并不能直接应用于 GPU。

因此，一个开源的 GPU 项目就显得弥足珍贵。这样的实例寥寥无几，MIAOW 项目就显得意义重大。

▶▶ 3.5.2　MIAOW 的简介和目标

MIAOW（Many-core Integrated Accelerator of Widgets）是加拿大多伦多大学开发的开源 GPU 项目，旨在创建一个开放、可扩展且模块化的 GPU 架构，以支持各种应用，包括科学计算、机器学习和图形渲染。该项目的独特之处在于其完全开源的特性，允许任何人在不受专有 GPU 设计的法律或财务障碍的情况下研究、修改和使用 MIAOW GPU 技术。

本节内容主要来自 MIAOW 的白皮书。读者若有兴趣可以进一步研究，相关具体内容可以查看 *MIAOW Whitepaper*。

MIAOW GPU 架构的可扩展性和模块化设计使得它可以根据具体用例进行自定义和优化。此外，该架构与现有软件框架和编程语言的兼容性使其易于集成到现有工作流程中。这些特性使得 MIAOW 成为一个灵活且实用的工具，有助于推动基于 GPU 的通用计算在各个领域的发展。

作为一款开源 GPGPU 研究项目，其设计目标并非完全复现商业 GPGPU（如 NVIDIA 或 AMDGPU）的功能或性能规格，而是探索一种微架构设计方法论。

为了达成这个目标，MIAOW 还提供了一个开源的 RTL 实现，能够运行未经修改的基于 OpenCL 的应用程序。这使得研究人员可以使用 MIAOW 来探索新的 GPU 设计思路、验证基于模拟器的硬件特征化以及进行物理设计等方面的研究。这些优势和功能使得 MIAOW 成为一个有价值的工具，有助于推动 GPGPU 研究的发展。

在 MIAOW 的设计过程中，设计者主要考虑了以下三个驱动目标。

1）真实性：MIAOW 旨在成为一个现实的 GPU 实现，其设计原则和实现权衡都参考了工业级 GPU。这样的设计使得基于 MIAOW 的研究更具实际意义，能够更直接地应用于实际产品。

2）灵活性：为了适应各种类型的研究需求，探索前瞻性的设计思想，MIAOW 被设计成一个高度灵活的平台。它支持多种配置和扩展，可以根据研究者的需要进行定制。此外，设计者还计划将 MIAOW 打造成一个端到端的开源工具，以促进研究社区的合作和创新。

3）软件兼容性：为了降低使用门槛，MIAOW 采用了标准和广泛可用的软件堆栈，如 OpenCL 和 CUDA 编译器。这意味着研究者可以直接使用这些熟悉的工具在 MIAOW 上执行各种应用程序，而无须学习新的编程语言或编译器技术。这种软件兼容性不仅提高了 MIAOW 的易用性，还有助于吸引更多的研究者使用 MIAOW 进行研究。

MIAOW 是一个专注于提供 GPU 计算能力的多核集成加速器的 RTL 实现。它的设计旨在满足真实性、灵活性和软件兼容性的需求，为研究者提供一个强大而灵活的研究平台。设计者相信，MIAOW 的出现将推动 GPGPU 领域的研究和发展，为未来的高性能计算提供更多的可能性。

在构建 MIAOW 这一 GPGPU 的 RTL 实现时，之所以为项目的范围和重点设定了清晰的界限，是因为有很多不能实现的功能。

1）图形功能：MIAOW 专注于提供 GPU 计算能力，而非实现图形处理功能。这意味着在设计过程中，设计者不会投入资源去开发与图形渲染相关的硬件逻辑。

2）全兼容性：设计者不追求兼容所有针对 GPU 编写的应用程序，而是接受一个功能子集。这样的选择允许设计者在设计和实现的复杂性上做出权衡，集中精力实现核心的计算功能。

3）完整芯片功能：对于部分芯片功能（如内存控制器和片上网络），设计采用基于 PLI 接口的行为级模型，而不是在 RTL 级别实现。这样做可以节省设计时间，同时保持足够的灵活性以供研究使用。

4）独立 ASIC 实现：MIAOW 不是为了成为一个可以独立实现的 ASIC（应用特定集成电路）而设计的。设计者的目标是提供一个研究平台，而不是一个商业产品，所以若想要拿它直接做芯片，需要二次开发和完善。

5）与商业设计竞争：设计者明确地将与商业设计的竞争视为一个非目标。MIAOW 的存在是为了推动学术研究和技术创新，而不是与市场上的商业产品进行直接竞争。

设计者开发了 MIAOW 作为 AMD Southern Islands（SI）ISA 的一个子集的实现。设计者选择这个 ISA 和设计风格是因为它代表了 GPGPU 设计的典型特征，并且在 AMD 和 NVIDIA 的方法之间有一些共通之处。

通过实现这个 ISA 的子集，设计者达到了以下三个主要目标。

1）真实性：MIAOW 的 ISA 是真实的，与内部 ISA（如 PTX 或 AMD-IL）相比，它是一个外部 ISA，可以在实际产品中找到。这种真实性使得基于 MIAOW 的研究更具实际意义和应用价值。

2）前瞻性：作为一个从零开始的设计，MIAOW 的架构灵活性与开源特性，使其能够持续适配新兴计算范式（例如人工智能等），从而在未来几年内保持研究实用价值。同时为学术界提供了探索前瞻性架构设计的实验平台。

3）软件兼容性：通过实现完整的 OpenCL 编译器和应用程序生态系统，设计者确保了 MIAOW 的软件兼容性。这意味着研究者可以使用广泛可用的工具和框架来开发和运行各种应用程序，从而降低了使用门槛。

具体而言，MIAOW 关注计算单元的微体系结构，并在可综合的 Verilog RTL 中实现它们。而内存层次结构和内存控制器等部分则留作行为（仿真）模型进行处理。这样的设计选择使得设计者能够在保持足够灵活性的同时，集中精力实现核心的计算功能。

MIAOW 作为一个专注于 GPU 计算能力的多核集成加速器的 RTL 实现，其在推动 GPU 研究方面的转型能力体现在以下三个角度。

（1）为传统微体系结构研究增加物理设计视角

传统的 GPU 微体系结构研究往往局限于高级模拟和理论分析，而 MIAOW 的出现为这类研究增加了物理设计的视角。通过 RTL 实现，研究者可以更深入地了解微体系结构在实际硬件中的表现，包括设计复杂性、性能瓶颈等问题。例如，设计者重新审视并在 RTL 中实现了一种先前提出的 warp 调度技术——线程块压缩。通过这一实践，可以了解该技术在实际硬件中的有效性和设计复杂性，为后续的优化和改进提供有力支持。

（2）探索新类型的研究

MIAOW 的灵活性使得研究者可以在其上探索迄今为止在 GPU 研究中不可行的新类型研究。例如，设计者将 CPU 中提出的 Virtually Aged Sampling-DMR 工作引入到 GPU 中，提出了一种针对 GPU 的故障预测设计。通过评估其复杂性、面积和功耗开销，可以了解该设计在实际应用中的可行性和潜力。此外，设计者还研究了定时推测的可行性以及其错误率与能量节省之间的权衡，为 GPU 的能效优化提供了新的思路。

（3）校准模拟器基础的硬件表征

模拟器在 GPU 研究中扮演着重要角色，但其准确性往往受到硬件表征的限制。MIAOW 作为一个真实的 GPU 实现，可以为模拟器提供准确的硬件表征数据，从而校准模拟器的准确性。例如，设计者进行瞬态故障注入分析，并将结果与模拟器研究进行比较。通过这种方式，可以发现模拟器在模拟实际硬件行为时的不足之处，进而改进模拟器的设计和提高其准确性。

综上所述，MIAOW 在推动 GPU 研究方面的转型能力体现在为传统微体系结构研究增加物理设计视角、探索新类型的研究以及校准模拟器基础的硬件表征等三个方面。这些能力使得研究者可以更深入地理解 GPU 的微体系结构和工作原理，为未来的 GPU 设计和优化提供有力支持。

▶▶ 3.5.3　MIAOW 的架构

在现代 GPU 中，为了增强数据的并行处理能力，普遍采用了 SIMT（Single Instruction，Multiple Threads）体系结构。这是一种比传统的 SIMD（Single Instruction，Multiple Data）更为高级的并行处理模型。在 SIMT 体系结构中，着色器程序（shader program）运行的最小单位是线程（thread）。

为了进一步提高效率，多个运行相同着色器程序的线程会被组织成一个线程组（thread group）。这个线程组在 NVIDIA 的 GPU 架构中被称为 warp，而在 AMD 的 GPU 架构中则被称为 wavefront。

在 NVIDIA 的 GPU 中，warp 是并行处理的基本单位。一个 warp 通常包含 32 个线程，这些线程同时执行相同的指令。如果 warp 中的线程访问不同的内存地址或遇到分支指令，GPU 会采用某种策略来处理这些差异，以确保 warp 内的所有线程都能高效地执行。

与 NVIDIA 的 warp 类似，AMD 的 wavefront 也是一组并行执行的线程。不过，wavefront 的大小可能因 AMD 的不同 GPU 架构而异。同样地，wavefront 内的线程共享相同的指令流，但可能处理不同的数据。这种将线程组织成 warp 或 wavefront 的方式有助于提高 GPU 的并行处理能力和资源利用率。通过同时处理多个线程的数据，GPU 可以更有效地利用内存带宽和计算资源，从而加快图形渲染和通用计算任务的速度。

以下从几个方面介绍 MIAOW 的架构。

1. 指令集

MIAOW 成功实现了 AMD 的 Southern Islands 指令集架构（ISA）的一个子集，为研究者提供了一个深入了解 GPU 微体系结构的平台。以下是 MIAOW 实现的 ISA 关键特性和组件的总结。

（1）架构状态和寄存器

1）程序计数器：跟踪当前执行的指令地址。

2）执行掩码：用于条件执行和线程活动管理。

3）状态寄存器：存储影响程序执行的状态信息。

4）模式寄存器：控制不同的执行模式或配置。

5）通用寄存器：标量寄存器（s0～s103），用于单个数据项操作；向量寄存器（v0～v255）用于并行数据操作。

6）本地数据存储（LDS）：提供线程间共享数据的机制。

7）32 位内存描述符：用于描述内存访问的属性和格式。

8）条件码：包括标量条件码和向量条件码，用于条件分支和谓词执行。

（2）程序控制

通过预测和分支指令支持复杂的控制流。

（3）指令编码

支持可变长度指令编码，既有 32 位指令也有 64 位指令，以适应不同的操作复杂性和寻址需求。

（4）标量指令

分为五种格式（SOPC、SOPK、SOP1、SOP2、SOPP），涵盖各种算术、逻辑和控制操作。

（5）向量指令

四种格式中，其中三种（VOP1，VOP2，VOPC）使用 32 位指令，一种（VOP3）使用 64 位指令以支持三个操作数的寻址。

（6）内存读取指令

1）标量内存读取（SMRD）指令是专门用于内存读取的 32 位指令，具有两种格式（LOAD，BUFFER_LOAD）。

2）向量内存指令使用两种格式（MUBUF，MTBUF），均为 64 位宽，以支持灵活和高效的内存访问模式。

（7）数据共享操作

支持对本地数据共享（LDS）和全局数据共享（GDS）的读写操作，以实现线程间的数据交互和协同工作。

（8）内存寻址模式

支持两种内存寻址模式：基址+偏移和基址+寄存器，以提供灵活的内存访问方式。

在现代 GPU 设计中，指令集架构（ISA）是实现高性能计算和多线程能力的关键。Southern Islands（SI）ISA，作为 AMD 的一种重要 GPU 架构，提供了丰富的指令和功能来支持复杂的图形和计算任务。然而，实现整个 SI ISA 对于一个小型设计团队来说可能是不切实际的。因此，MIAOW 项目精心选择了 SI 的 95 条指令作为其实现的子集。

这个子集的选择不是随意的，而是基于以下多个关键因素。

1）基准测试剖面：通过分析在各种基准测试中最常用和最具影响力的指令，MIAOW 团队能够确定哪些指令对于实现高性能至关重要。

2）可实现的数据路径操作类型：考虑到在寄存器传输级别（RTL）中实际实现指令的复杂性和资源需求，团队选择了那些能够提供最大效益同时保持设计复杂性可控的指令。

3）消除与图形相关的指令：由于 MIAOW 主要关注计算性能而非图形渲染，因此与图形处理直接相关的指令被排除在子集之外。

这个精选的子集不仅使 MIAOW 能够在有限的资源下实现高性能，而且还提供了一个灵活和可扩展的基础，以便将来添加更多指令或功能。

从架构的角度来看，MIAOW 实现的 ISA 定义了一个独特的处理器，它结合了顺序核心和向量核心的特点。这种混合体设计使得 MIAOW 能够同时处理标量和向量数据，从而提高了整体的处理能力。此外，通过单一的指令供应和内存供应，MIAOW 实现了大规模的多线程能力，这是现代 GPU 的一个重要特征。

将 MIAOW 与历史上的经典机器进行比较，我们可以发现一些有趣的相似之处。例如，Cray-1 向量机以其强大的向量处理能力而闻名，而 HEP 多线程处理器则以其高效的多线程能力而著称。SI ISA 作为这两种机器思想的结合体，在 MIAOW 中得到了体现，并通过几十年的研究和进展得到了进一步的完善。

2011 年提出的 Maven 设计与 MIAOW 在许多方面都密切相关。Maven 可能提供了更加灵活的实现方式，包括探索更广泛的设计空间。这使得 Maven 和 MIAOW 都成为研究现代 GPU 设计和优化的有力工具。通过比较和分析这两个项目，可以更深入地理解 GPU 架构的复杂性和多样性，以及如何在有限的资源下实现高性能计算。

图 3-1 展示了与 AMD Southern Islands 兼容的 GPU 的高级设计。这一设计是现代高性能 GPGPU 的基石。在这个架构中，一个主机 CPU 负责将计算内核分配给 GPGPU。一旦内核被分配，GPU 的超线程调度程序就接管了处理流程，负责计算内核的分配，并将 wavefront（在 AMD 架构中，这是并行执行的一组线程）调度到计算单元（CU）上。

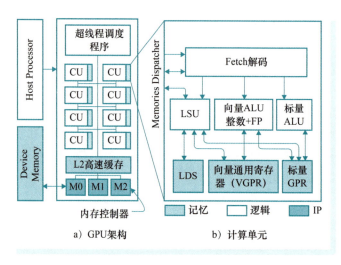

● 图 3-1　GPU 的高级架构设计

调度程序不仅负责管理 wavefront 的分配，还负责分配 wavefront 槽、寄存器以及本地数据存储（LDS）空间。这些资源的有效管理对于确保 GPU 上的高效并行处理至关重要。

如图 3-1b 所示，每个 CU 都是执行内核的关键组件。它们被组织为包含标量算术逻辑单元（简称为标量 ALU）、矢量算术逻辑单元（简称为矢量 ALU）、负载存储单元以及内部 scratch pad 存储器（即 LDS）的结构。这种设计使得 CU 能够同时处理标量和矢量数据，从而实现灵活的计算能力。

CU 通过存储控制器访问设备内存。为了提高数据访问的效率，标量数据访问和指令都配备了 L1 缓存。此外，还有一个统一的 L2 缓存，用于进一步减少访问主存的延迟。

MIAOW GPGPU 遵循这一高级设计，并在此基础上进行了一些定制化的改进。它包括一个简单的调度程序、可配置数量的计算单元，以及一个存储控制器。此外，MIAOW 还集成了一个片上网络（OCN）和一个带缓存的存储器层次结构，以优化数据传输和访问。

值得注意的是，MIAOW 的设计允许在每个 CU 上调度多达 40 个 wavefront。这一特性显著提升了 MIAOW 的多线程处理能力，使其能够更高效地处理大量并行任务。这也是 MIAOW 在设计上追求高性能和灵活性的一个重要体现。

总的来说，MIAOW GPGPU 的设计旨在实现高性能的并行计算，同时保持与 AMD Southern Islands 架构的兼容性。通过结合先进的调度程序、灵活的计算单元配置、高效的存储控制器以及优化的存储器层次结构，MIAOW 为现代 GPU 计算提供了一个强大而灵活的平台。

2. 微架构

图 3-2 展示了 MIAOW 的计算单元高级微架构，并详细介绍了其中最复杂模块的细节。这一设计旨在提供高效的并行计算能力，同时保持与现有 GPU 架构的兼容性。

以下是每个微体系结构组件的功能的简要描述。

（1）Fetch 单元

如图 3-3 所示，Fetch 单元是超线程调度程序和 CU 之间的接口。当 wavefront（波前）被调度到 CU 上时，Fetch 单元负责接收初始程序计数器（PC）值、可用的寄存器和本地内存范围，以及该 wavefront 的唯一标识符。这些标识符在执行 wavefront 时被用于通知调度程序。

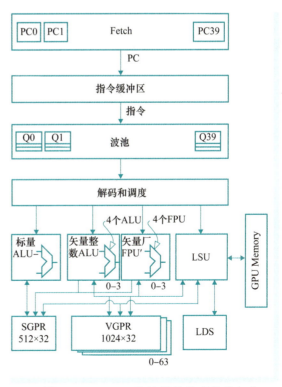

● 图 3-2　MIAOW 的计算单元高级微架构

此外，Fetch 单元还跟踪所有执行中 wavefront 对应的当前 PC，以确保指令流的正确性。

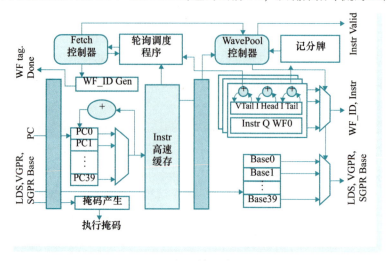

● 图 3-3　Fetch 单元和 WavePool

（2）WavePool 单元

波前指令池（WavePool）作为管理所有取指指令的队列模块，扮演着关键角色。它支持最多同时在计算单元中驻留 40 个 wavefront，由 40 个独立队列提供支持。WavePool 与 Fetch 单元和发射单元（Issue Unit）紧密协作，确保指令在 CU 内部高效流动。这种设计有助于实现高效的指令调度和并行处理。

（3）Decode 单元

Decode 单元负责处理指令解码。它将 64 位指令的两个 32 位半部分组合在一起，并根据指令类型决定由哪个单元执行该指令。此外，Decode 单元还执行逻辑寄存器地址到物理地址的转换，为指令的执行做好准备。

（4）发射单元

发射单元（Issue Unit）跟踪所有正在执行的指令，并作为一个记分牌来解决对通用寄存器和特殊寄存器的依赖关系。它确保在发出指令之前，所有操作数都已准备好。此外，发射单元还处理屏障和停机指令，确保指令流的正确性和同步性。

（5）向量 ALU

如图 3-4 所示，向量 ALU 对 wavefront 的所有 64 个线程的数据执行算术或逻辑操作（整数和浮点数）。具体执行哪些操作取决于执行掩码。在 MIAOW 的设计中，有 16 位宽的向量 ALU，每个整数和浮点数各有 4 个。一个 wavefront 被处理为 16 个批次的 4 个，这种设计有助于实现高效的并行计算和数据处理。

（6）标量 ALU

与向量 ALU 不同，标量 ALU 对每个 wavefront 执行单个值的算术和逻辑操作。此外，分支指令也在此处解决。标量 ALU 的设计旨在提供灵活的单个值计算能力，以支持各种复杂的计算和控制流需求。

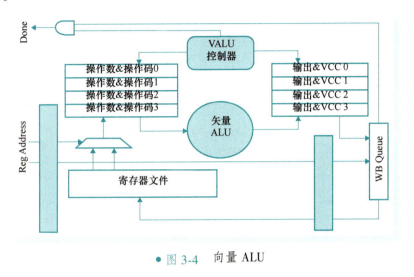

● 图 3-4　向量 ALU

（7）Load Store 单元

Load Store 单元负责处理向量和标量内存指令。它与全局 GPU 内存和本地数据存储（LDS）进行交互，处理负载和存储操作。Load Store 单元的设计旨在实现高效的数据传输和访问，以支持 GPU 的高性能计算需求。通过优化数据访问模式和使用缓存策略，Load Store 单元有助于提高整体计算性能和能效。

3. MIAOW 的寄存器类型

在 MIAOW 的微架构中，寄存器文件是 CU 的核心组成部分，这些文件用于存储 wavefront 在执行过程中所需的数据和临时结果。为了支持高效的并行计算和快速的数据访问，这些寄存器文件经过了精心的设计。

（1）向量寄存器文件

1）容量与布局：计算单元拥有 1024 个向量寄存器，这些寄存器被所有 wavefront 共享使用。为了提升效率并减少冲突，向量寄存器文件被组织为 64 个 bank，每个 bank 对应一个 wavefront 的寄存器集合。

2）寻址方式：访问向量寄存器时，使用基本寄存器地址和虚拟地址来计算实际的物理寄存器地址。这种灵活的寻址方式支持快速的指令执行和数据检索。

3）寄存器组 bank 的进一步划分：每个寄存器文件的 bank 可以根据具体的设计需求进一步细分为更多的小 bank。这种划分将在设计选择阶段进行详细讨论，以确保达到最佳的性能和资源利用效果。

（2）标量寄存器文件

1）容量与布局：与向量寄存器不同，标量寄存器文件包含 512 个标量寄存器，这些寄存器被组织成 4 个 bank，以支持标量指令的高效执行。

2）使用方式：标量寄存器在执行单个值的算术和逻辑操作时表现出更高的灵活性。此外，分支指令的处理也依赖于这些标量寄存器。

（3）特殊寄存器

除了标准的向量和标量寄存器外，MIAOW 还为每个 wavefront 提供了一组特殊寄存器，包括以下几种。

1）exec 寄存器：这是一个 64 位寄存器，用于存储线程的掩码信息，以精确控制哪些线程将执行特定的指令。通过 exec 寄存器，MIAOW 实现了高效的线程调度和管理。

2）vcc 寄存器：这个 64 位寄存器存储了在执行向量指令时生成的条件代码。它为后续的条件执行或分支指令提供了关键的状态信息。

3）scc 寄存器：与 vcc 类似，但专门用于存储执行标量指令时生成的条件代码。这个 1 位的寄存器提供了对标量指令执行结果的快速访问。

4）M0 寄存器：这是一个 32 位的临时存储寄存器，用于在指令执行过程中存储中间结果或临时数据。它有助于减少寄存器冲突并提高整体性能。

从整个 GPU 总体架构上看，MIAOW 精心组织向量和标量寄存器文件，以及引入特殊寄存器，旨在实现高效的并行计算、精确的线程控制和快速的数据访问。这种设计不仅提升了整体性能，还为开发者提供了更大的灵活性和控制能力。

4. 超线程调度器

MIAOW 的超线程调度器是整个架构中的核心组件，负责全局的 wavefront 调度。它从主机 CPU 接收工作组，并将这些工作组有效地分配给各个 CU。调度器确保每个 wavefront 在 CU 上的本地数据存储（LDS）、全局数据存储（GDS）和寄存器文件的寻址空间不会发生冲突或重叠。

（1）版本与模型

MIAOW 的超线程调度器提供了两种版本：可合成的寄存器传输级（RTL）模型和 C/C++模型。这两种模型为开发者提供了在不同场景和需求下选择和优化的灵活性。

（2）工作组处理流程

1）主机接口：工作组首先通过主机接口到达 MIAOW。这个接口负责处理所有与主机之间的通信，是数据流入 MIAOW 的门户。

2）待处理工作组表（PWT）：当工作组到达时，主机接口首先检查待处理工作组表中是否有空闲插槽。如果有，则接受该工作组；否则，它会通知主机当前无法处理更多的工作组。

3）控制单元与资源分配：被接受的工作组随后被控制单元选中进行分配。控制单元将工作组传递给资源分配器，后者负责查找具有足够资源的 CU。如果找到了空闲的 CU，资源分配器会将 CU 的 ID 和相关的分配数据传递给资源表和 GPU 接口。

4）执行与资源管理：资源表记录了所有已分配的资源，并在执行结束后负责清除这些记录。同时，它还更新资源分配器的内容可寻址存储器（CAM），以便后续的 CU 选择。控制单元在整个过程中起着流量控制的作用，确保不会将工作组分配给资源表标记为繁忙的 CU。

5）GPU 接口与 wavefront 分配：最后，GPU 接口将工作组进一步细分为 wavefront，并逐个将这些 wavefront 传递给 CU 执行。一旦 wavefront 开始在 CU 中执行，超线程调度器的工作就暂时结束，直到该 wavefront 在 CU 中完成执行并被移除。

（3）灵活性与扩展性

RTL 调度器为工作组分配提供了一个基础机制，并将具体的分配策略封装在资源分配器中。当前的分配器采用了一种简单的策略：选择具有足够资源且 ID 最低的 CU 来运行工作组。但这种策略是可以修改的，通过更改资源分配器的实现，可以轻松地为 MIAOW 的超线程调度器引入新的或更复杂的调度策略。这种设计使得调度器非常灵活，能够适应不同的工作负载和应用场景。

在设计 MIAOW 微架构时，设计者做出了一系列关键的设计选择，这些选择旨在平衡现实性和灵活性两个主要目标。设计决策受到了 AMD GCN 显卡架构的启发，同时设计者根据自己的解释和需求进行了调整。

1）取指带宽：MIAOW 的设计优化了指令高速缓存命中和单条指令获取的情况。相比之下，GCN 规范支持每次取指多达 16 或 32 条指令，这可能与其缓存行设计相匹配。GCN 还包括一个额外的缓冲区，用于在取指和波前指令池之间缓存每个 wavefront 的获取的多个指令。虽然 MIAOW 的当前设计侧重于单条指令获取，但通过更改取指模块和指令存储器之间的接口，可以轻松扩展取指带宽。这种灵活性允许使用者根据具体应用场景和需求调整设计。

2）波前指令池槽：基于负载平衡的初步分析，MIAOW 使用了 6 个波池槽。设计评估表明，这些槽在 50% 的时间内都被填满，这表明取指带宽和波池槽数量之间达到了合理的平衡。笔者预计 GCN 设计具有更多的槽，以适应其更宽的取指带宽。然而，MIAOW 的波池槽数量是可参数化的，可以根据需要进行调整。由于波池阶段在物理设计中占用的面积相对较小，因此增加槽数量对面积和功耗的影响也相对较小。

3）发射带宽：MIAOW 所设计的发射带宽用以匹配取指带宽，并提供一个平衡的机制。这与评估结果相一致。增加每周期发出的指令数将需要更改发射阶段和寄存器读取阶段，并增加寄存器读取端口。相比之下，GCN 文档表明其发射带宽为 5，这似乎是不平衡的设计，因为它意味着每个周期发出 4 个向量指令和 1 个标量指令，而每个 wavefront 通常由 64 个线程组成，矢量 ALU 宽度为 16 位。笔者推测 GCN 的实际发射策略可能更加复杂，以适应其特定的架构和工作负载需求。MIAOW 的发射带宽设计提供了良好的灵活性和可扩展性，可以根据具体应用场景进行调整。

4）整数和浮点功能单元的数量：MIAOW 设计采用了 4 个整数和 4 个浮点向量功能单元。这一设计决策是为了与工业界的设计实践（如 GCN 架构和 Rodinia 基准测试）保持一致。这些功能单元的高利用率证明了这一数量的合理性。同时，功能单元的数量可以在顶层模块中进行参数化调整，以满足不同的性能需求。需要注意的是，这些功能单元在芯片面积和功耗中占有很大比例，因此在设计时需要权衡性能和功耗。

5）寄存器端口的数量：设计者探索了两种寄存器文件设计。第一种设计使用由 Synopsys 设计编译器生成的单端口 SRAM 寄存器文件，并进行了大量分区以减少争用。在仿真中，可以观察到少于 1% 的访问存在争用，因此这种设计是有效的。然而，由于这种设计包含专有信息并且配置不能公开，设计者还提供了第二种基于触发器的寄存器文件设计，它具有 5 个端口。这两种设计都可以在 MIAOW 中实现，并为用户提供了灵活性和多个选择。需要注意的是，寄存器端口的数量对芯片的面积和功耗也有一定影响。

6）每个功能单元中 Writeback 队列的插槽（slot）数量：为了简化实现，设计者在每个功能单元中只使用了一个写回队列插槽。设计评估表明，这个数量是足够的。然而，GCN 设计采用了一种排队机制来仲裁对分区寄存器文件的访问，这可能与设计者的设计选择有所不同。写回队列插槽的数量是可以参数化的，因此用户可以根据需要进行调整。需要注意的是，虽然每个插槽的面积和功耗开销很小，但在大规模并行处理中，这些开销可能会累积起来。

7）功能单元类型：GCN 和其他工业 GPU 具有更多专门支持图形计算的功能单元，如纹理处理单元和几何处理单元。然而，在 MIAOW 设计中，设计者主要关注通用计算功能单元。这一选择虽然限制了 MIAOW 对建模图形工作负载的表现，但提高了其在通用计算领域的灵活性。需要注意的是，通过创建新的数据路径模块，可以扩展 MIAOW 以支持更多类型的功能单元。这将在一定程度上影响芯片的现实性和灵活性，具体取决于所研究的工作负载。在未来的工作中，可以考虑添加更多的功能单元类型以支持更广泛的应用场景。

3.5.4 MIAOW 的设计实现

1. 实现摘要

图 3-5 详细展示了 MIAOW 的实现方式，其中的组件包括采用可合成的寄存器传输级（RTL）和编程语言接口（PLI）或 C/C++ 模型。

在 MIAOW 中，设计者将计算单元作为重点，并使用可合成的 Verilog RTL 来实现它。CU 是 GPU 中执行实际计算任务的关键部分。

超线程分派器则负责将任务分配给各个计算单元。超线程分派器提供了两种实现版本：一种是可合成的 RTL 模块，适用于需要详细评估硬件性能、面积和功耗的场景；另一种是 C/C++ 模型，适用于仿真中不太关注分派器面积和功耗的情况。使用 C/C++ 模型可以显著节省仿真时间并简化开发过程。

RTL 设计还允许使用者评估不同调度策略的复杂度、面积和功耗，从而为优化 MIAOW 的性能提供有力支持。

对于片上网络（OCN）和内存控制器的实现，MIAOW 采用了更简单的 PLI 模型。OCN 被建模为计算单元和内存控制器之间的交叉开关，负责在计算单元和内存之间的数据传输。这个简化模型有助于减少仿真的复杂性，同时仍然能够捕捉到系统的主要行为特征。

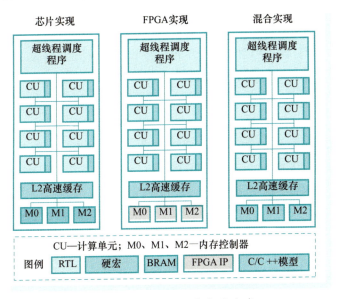

● 图 3-5　MIAOW 的实现方式

为了提供灵活性，设计者坚持采用行为式内存系统模型。这个模型包括设备内存（具有固定延迟）、指令缓冲区和本地数据存储（LDS）。通过处理合并的发散内存请求，该内存模型优化了性能，允许同时处理多个内存请求，从而提高内存访问的效率。

此外，MIAOW 还模拟了一个简单的可配置缓存。这个缓存是非阻塞的，基于先入先出（FIFO）的简单未决请求表（MSHR）设计。它采用关联性和写回的最近最少使用（LRU）替换策略。缓存的大小、关联度、块大小以及命中和缺失延迟都是可编程的，这为用户提供了根据特定应用需求进行优化的灵活性。用户还可以选择更复杂的内存子系统技术，以进一步满足特定的工作负载需求。

2. 验证和物理设计

为了确保 MIAOW 设计的正确性和性能，设计者遵循了标准的验证流程，包括单元测试和基于内部开发的随机程序生成器的回归测试。在测试中，设计者使用了体系结构跟踪的指令仿真器来验证 MIAOW 的指令执行是否与预期一致。

具体来说，设计者选择了 Multi2sim 作为参考指令仿真器，并对其进行了各种改进。这些改进包括修复错误、处理 wavefront 的多线程性质以及乱序回退等问题。通过使用 AMD OpenCL 编译器和设备驱动程序，设计者生成了用于测试的二进制文件。

在物理设计方面，设计者采用了相对简单的方法。使用 Synopsys Design Compiler 进行综合，并通过 IC Compiler 进行布局和布线。设计者使用了 32nm 工艺库来完成设计实现。基于 Design Compiler 的综合结果，本设计的 CU 的设计面积为 15mm²，在所有基准测试中平均消耗 1.1W 功率。

在时钟周期方面，设计者能够将设计合成至可接受的范围。时钟周期的范围为 4.5ns 到 8ns，最终选择了 4.5ns 作为目标时钟周期。然而，布局方面却遇到了一些挑战。由于 SRAM 和寄存器文件在设计中占主导地位，没有进行平面规划的自动布局可能会导致失败。虽然通过黑盒化处理能够产生一个初步的布局，但详细的物理设计仍需要进一步完善和优化。

3. FPGA 实现

除了软件仿真外，MIAOW 还成功地在先进的大型 FPGA 上进行了实现，这一 FPGA 变体被称为 Neko，它在适应 FPGA 技术方面进行了重大修改。设计者选用了一款高性能的 Xilinx Virtex7 XC7VX485T FPGA，它拥有 303600 个查找表（LUT）和 1030 块 RAM，并安装在 VC707 评估板上。

Neko 的设计由一个连接到嵌入式 Microblaze 软核处理器的 MIAOW CU 组成，它们通过 AXI 互联总线进行通信。Microblaze 在软件中实现了超线程调度程序，负责将数据预存到寄存器文件中，并作为访问内存的中间层（需要注意的是，Neko 并不直接与内存控制器连接）。

由于 FPGA 资源有限，Neko 的 CU 相比标准的 MIAOW CU 具有较少的 ALU。标准的 MIAOW 计算单元包含四个 SIMD 和四个 SIMF 单元，分别用于矢量整数和浮点运算，而 Neko 减少了这些单元的数量。这意味着虽然 Neko 可以执行标准 CU 的所有操作，但由于计算资源较少，其吞吐量较低。

将 ALU 映射到 Xilinx 提供的 IP 核（或 DSP 单元）有助于在 FPGA 中增加资源利用率，因为 SIMD 尤其是 SIMF 单元会占用大量 LUT。然而，这会显著改变这些单元的延迟时间，因为使用 DSP 单元进行乘法需要多级流水线，而使用多个 DSP 单元可以创建较少级的流水线。这一改变最终需要对其余流水线进行修改，从而降低与 ASIC 设计的相似性。这个问题将留待未来的工作来解决。

Neko 的寄存器文件架构也与 MIAOW 有所不同。简单地将 MIAOW 的寄存器文件映射到触发器会导致资源过度使用和路由困难，特别是考虑到矢量 ALU 寄存器文件包含大量条目（65536个）。使用块 RAM 也不是理想的选择，因为每个块 RAM 只支持两个端口，少于寄存器文件所需的数量。为了解决这个问题，设计者采用了分行和双时钟 BRAM 的方法，以满足端口和延迟要求。

在 Neko 的实现中，计算单元主要使用 LUT 和块 RAM 资源，约消耗了 64% 的可用 LUT 和 16% 的可用块 RAM。需要注意的是，由于 Neko 的架构相对简化，其性能较低。

▶▶ 3.5.5 功耗、性能和面积

为了评估 MIAOW 作为 GPU 实现的潜力，*MIAOW Whitepaper* 将其与行业内的 GPU 在面积、

功率和性能这三个核心指标上进行了对比。需要明确的是，MIAOW 的目标并非完全复制现有的行业实现，而是提供一个既灵活又可扩展的设计框架。为了检验 MIAOW 在这些指标上是否呈现出与行业 GPGPU 设计相似的趋势，作者选择了同样基于 SI 架构的 AMD Tahiti GPU 作为参照。

在对比过程中，由于 Tahiti 的某些详细数据并未公开，作者在必要时参考了模型数据、模拟器数据或其他 NVIDIA GPU 的数据。

为了深入研究性能，作者在 Multi2sim 环境中挑选了六个 OpenCL 基准测试，包括 Binary-Search、BitonicSort、MatrixTranspose、PrefixSum、Reduction 和 ScanLargeArrays。此外，MIAOW 还能运行 Rodinia 基准测试集中的四个更为复杂的测试：kmeans、nw、backprop 和 gaussian，这些测试被用于后续的案例研究。通过这些测试和对比，作者期望能更全面地评估 MIAOW 的性能表现。

1. 面积分析

设计的核心目标是深入验证 MIAOW 的总面积以及各个模块间的面积分配情况，以确保它们符合行业的设计规范。为此，设计者使用了 Synopsys 的 1 端口寄存器文件进行合成工作。但需要注意的是，MIAOW 正式发布时采用的是基于 5 端口的触发器寄存器文件。

为了更好地评估 MIAOW 的面积数据，选择了 28nm 工艺的 AMD Tahiti（即 SI GPU）作为参照对象。为了确保对比更为准确，将 Tahiti 的相关数据调整至 32nm 工艺标准。

对比结果显示，MIAOW 的面积分配是合理的：功能单元占据了大约 30% 的总面积，而寄存器文件则占据了 54%。在采用 1 端口 Synopsys RegFile 的条件下，MIAOW 的总面积为 9.31mm^2。相比之下，经过缩放的 Tahiti CU 的面积为 6.92mm^2。尽管 MIAOW 的面积略大，但这主要是由于其设计更为灵活，并具有较高的可扩展性。随着设计的进一步优化和工程师们的持续努力，MIAOW 的面积有望进一步缩小。

MIAOW 当前相对较大的面积是可以理解的，因为它的设计还处于不断成熟的过程中。此外，设计团队的经验也在积累，功能单元也还未达到行业内的优化水平。相信随着时间的推移和技术的不断进步，MIAOW 将会变得更加完善和高效。

2. 功耗分析

在进行 MIAOW 的功耗分析时，设计者借助了 Synopsys Power Compiler 工具来运行 SAIF 活动文件。这些文件是通过在 VCS 环境中运行基准测试所生成的，为功耗分析提供了详细数据。为了更全面地评估 MIAOW 的功耗表现，设计者将其与 NVIDIA GPU 的功耗模型进行了对比。但需要注意的是，行业内的 GPU 具体的功耗分配和总功耗数据往往并未公开，因此该比较仅限于已公开的信息。

从对比结果来看，MIAOW 与 NVIDIA 在功耗的分配上存在显著差异。在 MIAOW 中，功能单元（FU）的功耗占比相对较高，达到了 69.9%，而在 NVIDIA 的 GPU 中，功能单元的功耗占比仅为 36.7%。这种差异可能源于 MIAOW 的功能单元效率相对较低，导致其功耗较高。不过，在 FQDS（快速数据选择）和 RF（寄存器文件）的功耗贡献上，MIAOW 和 NVIDIA 的表现大致相似。

MIAOW 的总功耗测得为 1.1W，这一数值在绝对水平上相对较低，可能与使用的技术库有关。设计者采用了 Synopsys 的 32nm 技术库，该技术库是专为低功耗设计而优化的（典型工作电压为 1.05V，工作频率为 300MHz）。然而，由于缺乏行业内具体的功耗数据作为参考，设计者无法准确地判断 MIAOW 的功耗水平在行业中的具体位置。总的来说，虽然 MIAOW 在功耗分配上与行业内的 GPU 存在差异，但其总功耗相对较低，显示出了一定的低功耗设计优势。

3. 性能分析

在进行 MIAOW 性能分析时，设计者原计划直接与 AMD Tahiti 的性能进行对比，但由于 AMD 性能计数器存在的问题，这一计划无法实现。因此，设计者转而选择了风格相似的 NVIDIA GPU Fermi 1-SM GPU 作为参照对象。

为了更精确地评估 MIAOW 的性能，设计者采用了 CPI（每指令周期数）作为主要的性能指标。这一指标能够帮助我们深入了解设计的平衡性和规模。设计者详细记录了各类指令的 CPI 数据，并以此为基础进行了全面的性能分析。

从分析的关键结果（如图 3-6 所示）来看，MIAOW 在三个基准测试中的表现与 NVIDIA GPU 相当，显示出了一定的竞争力。然而，在另外三个测试中，MIAOW 的 CPI 却降低了 2 倍。这种差异可能是由多种因素共同作用的结果，包括但不限于指令级别的不同、周期测量过程中引入的噪声，以及微体系结构之间的差异。尽管如此，MIAOW 的 CPI 在相似范围内，验证了其设计的可行性。

CPI	DMin	DMax	BinS	BSort	MatT	PSum	Red	SLA
Scalar	1	3	3	3	3		3	3
Vector	1	6	5.4	2.1	3.1	5.5	5.4	5.5
Memory	1	100	14.1	3.8	4.6	6.0	6.8	5.5
Overall	1	100	5.1	1.2	1.7	3.6	4.4	3.0
NVidia	1	–	20.5	1.9	2.1	8	4.7	7.5

• 图 3-6　MIAOW GPU 性能分析

此外，在分析过程中还发现，波前指令池队列插槽的数量很少成为性能瓶颈。具体来说，在 50% 的周期内，系统中至少有一个空闲插槽可供使用（在 20% 的周期内甚至有两个空闲插槽）。这一发现表明，设计在资源利用方面仍有优化空间，可以通过更合理的资源分配和管理来进一步提升性能。

同时，整数向量 ALU 在各个基准测试中均得到了充分的利用，而第 3 个和第 4 个浮点（FP）向量 ALU 的利用率却不足 10%。这一发现表明，当前的设计可能在某些方面存在过度配置或不平衡的问题。因此，未来的优化可以考虑对浮点向量 ALU 的数量和配置进行调整，以期达到更高的整体性能。

综上所述，虽然 MIAOW 在性能上表现出一定的平衡性，但在功耗和性能方面仍有待进一步提升。未来的研究工作可以重点关注功能单元的效率优化、功耗降低以及资源利用率的提高等方面，以全面提升 MIAOW 的综合性能。

▶▶ 3.5.6　线程块压缩

随着并行计算技术的快速发展，优化具有不规则控制流的内核性能变得越来越重要。在此背景下，Fung 等人提出的线程块压缩（Thread Block Compression，TBC）技术为这一挑战提供了有效的解决方案。TBC 技术通过动态重新组织工作项，以应对程序中的分支分歧，进而提高功能单元的利用率和并行处理效率。本节对在 MIAOW 中实现 TBC 技术所需的关键模块修改进行综述，并分析其对系统性能和复杂性的影响。

为了支持 TBC 技术，首先需要对取指和波前指令池模块进行适应性修改。这是因为 TBC 技术涉及动态重新组织工作项，形成新的 wavefront，这就要求波前指令池的数据结构和管理策略能够高效地处理这些动态变化。具体来说，波前指令池需要能够灵活地存储和提取重新形成的 wavefront 中的指令，以确保处理器的连续高效运行。

在实现 TBC 技术时，解码模块同样需要进行相应的修改。为了明确标识程序中的分歧分支，需要引入两个新指令：fork 和 join。fork 指令用于标识分支点的开始，而 join 指令则用于标识分支的汇合点。这两个新指令的引入，不仅要求解码模块能够正确识别和解析这些指令，还需要对解码逻辑进行相应的扩展和修改，以适应新的指令集。

为了支持分支后的重新汇合，必须引入一个 PC 堆栈。该堆栈用于保存分支点的程序计数器（PC）值，以便在遇到 join 指令时，能够从 PC 堆栈中弹出相应的 PC 值，确保程序能够回到正确的执行路径上。这一机制的引入，不仅提高了程序的执行效率，也增强了系统的稳定性和可靠性。

SALU 模块中的 wavefront 形成逻辑是 TBC 技术实现的关键部分。为了处理分支和重新形成的 wavefront，需要对 SALU 模块进行修改。这包括设计新的分支处理单元和 wavefront 管理策略。新的分支处理单元能够在分支发生时正确地形成新的 wavefront，并在需要时恢复原始 wavefront 的执行。这些修改确保了处理器在处理具有不规则控制流的内核时能够保持高效和稳定。

尽管上述修改对于实现 TBC 是必要的，但它们并不会显著增加 MIAOW 的复杂性。这是因为这些修改主要集中在特定的模块和逻辑上，如 SALU 模块中的分支处理单元，而不会干扰到其他与 TBC 无关的部分。这种模块化的设计使得系统的复杂性得到有效控制，同时也提高了系统的可扩展性和可维护性。

TBC 技术在 MIAOW 中的实现可以显著提高具有不规则控制流的内核的性能。通过对取指和波池模块、解码模块、PC 堆栈以及 SALU 模块的修改，MIAOW 成功地引入了 TBC 技术，并与 MIAOW 紧密集成。这些修改虽然增加了实现的复杂性，但并不会对整个系统的性能和稳定性产生负面影响。相反，它们为处理不规则控制流的内核提供了更高效和稳定的解决方案。未来，设计者将继续探索和优化 TBC 技术在 MIAOW 中的应用，以进一步提升系统的性能和稳定性。

TBC 旨在通过动态重新组织工作项来提高不规则控制流内核的性能，但这需要对处理器的多个关键部分进行重大修改。

在标准实现中，当一个 wavefront（即一组并行执行的工作项）被分派到 CU 时，它会访问相同寄存器文件上的不同寄存器空间。每个工作项通常访问相同的寄存器，但访问的是寄存器文件的不同页面。寄存器的绝对地址在解码阶段计算。

然而，在使用 TBC 时，这个假设不再成立。因为重新形成的 wavefront 中的工作项可能来自不同的原始 wavefront，它们访问的寄存器具有相同的偏移量但基值不同。这需要在发射阶段为每个重新形成的 wavefront 维护有关偏移量的寄存器占用信息，而不是全局绝对寄存器信息。这增加了复杂性，因为现在必须跟踪更多信息。

在 VGPR 模块中，这种变化要求维护一个表，其中包含重新形成的 wavefront 中每个工作项的基寄存器。在访问期间，必须为每个工作项计算寄存器地址。这导致两个主要的复杂性开销源：计算不同地址并将这些地址路由到每个寄存器页面。

由于架构限制，设计了一些限制来管理这种复杂性。首先，在分歧期间禁止访问标量寄存器文件和本地数据存储（LDS），因此 wavefront 级别的同步必须在全局数据存储（GDS）中进行。此外，由于无法直接生成使用 fork/join 指令的代码片段，因此测试使用了手写汇编。

为了评估 TBC 的效果，使用了包含分歧区域的循环的测试代码，并用矢量指令填充。通过控制分歧区域中矢量指令的数量和分歧水平来测试不同场景。基线测试使用了基于后支配栈的重合机制（PDOM），没有任何 wavefront 形成。然后，编译测试并在两个版本的 MIAOW 上运行，一个使用 PDOM，另一个使用 TBC。

总的来说，TBC 是一种有效的技术，可以提高具有不规则控制流的内核性能，但它需要对处理器的关键部分进行重大修改，并增加了一些复杂性开销。通过仔细设计和管理这些修改，可以最大限度地提高性能，同时最小化对复杂性和开销的影响。

研究团队实施了 TBC 技术，并对其性能进行了量化评估。评估结果显示，在不存在分歧（即工作负载中的各个线程执行路径一致）的情况下，TBC 的性能与之前的研究相似。然而，在存在分歧的工作负载（即线程执行路径不一致）中，TBC 展现出了性能提升。这表明 TBC 在处理具有不规则控制流的内核时具有潜力。

然而，研究团队也注意到了实现 TBC 所带来的显著设计影响。特别是，为实现 TBC 所做的修改主要集中在设计的关键路径区域，导致关键路径延迟的增加。具体来说，关键路径延迟从 8.00ns 增加到了 10.59ns，增加了 32%。这意味着处理器的整体运行速度可能会受到影响，因为关键路径延迟是限制处理器频率的重要因素之一。

此外，研究团队还观察到发射阶段的面积增加了。发射阶段是处理器中负责指令调度和分配的关键部分，而 TBC 的实施导致该阶段的面积从 0.43mm² 增加到 1.03mm²。这反映了 TBC 技术所带来的额外硬件复杂性和成本。

尽管 TBC 技术在某些工作负载中能够提高性能，但它也带来了显著的设计挑战和成本增加。因此，在未来的研究中，需要权衡 TBC 技术的性能提升与其对处理器设计和成本的影响。

MIAOW 的研究结果不仅与 Fung 等人的发现一致，即 TBC 在特定工作负载下可以提高性能，而且通过使用寄存器传输级别（RTL）模型，能够更加深入地实现 TBC 并精确地测量其对处理器设计的影响。RTL 模型提供了硬件设计的详细视图，使研究人员能够准确地识别性能瓶颈和优化机会。

TBC 还对发行阶段产生了显著的影响。发行阶段是处理器中的关键部分，负责指令的调度和分配，处理主要的微体系结构事件。在该阶段，大部分的 CU 控制状态都存在。由于 TBC 的实施，发行阶段面临了更大的压力，使得跟踪这些微体系结构事件变得更加困难。这表明 TBC 引入的复杂性可能会对处理器的整体性能和效率产生负面影响。

为了应对这种增加的复杂性，可能需要进行微体系结构的创新。这不仅是对现有设计的简单修改，而是涉及进一步的设计细化、重新流水线化以及其他潜在的优化策略。通过这些创新，有望减少 TBC 带来的负面影响，同时保持或提高其带来的性能提升。

需要强调的是，这项案例研究的目的并不是批评 TBC 或对其可行性做出最终判断。相反，是为了通过使用详细的 GPGPU RTL 模型来展示如何更好地评估新技术的复杂性。这为未来的研究提供了有价值的见解和参考，以推动图形处理器和其他相关领域的技术进步。

在新型研究探索方面，可以继续深入研究 TBC 和其他类似技术的优化策略。通过结合先进的建模和仿真工具、创新的微体系结构设计方法以及实际的应用场景需求，可以探索出更加高效、灵活和可靠的图形处理器架构。这将有助于满足现代计算需求，并推动图形和并行计算领域的持续发展。

▶▶ 3.5.7 MIAOW 的总结

MIAOW 的 GPGPU 设计基于 Southern Islands 指令集架构（ISA）。在设计和开发 MIAOW 时，团队主要关注了三个核心目标：真实性、灵活性和软件兼容性，并通过一系列的实验和验证，证明了 MIAOW 在这三个方面的出色表现。

首先，真实性是 MIAOW 设计的关键目标之一。为了实现这一目标，团队详细模拟了 GPGPU 中的各种微架构组件，如 CU、存储器层次结构和互联网络。这种详尽的模拟确保了 MIAOW 能够精确地反映实际 GPGPU 硬件的性能和功耗特性，从而为研究人员提供一个真实的测试环境。

其次，灵活性也是 MIAOW 的一个重要特点。为了满足广泛的研究和应用需求，MIAOW 被设计成具有高度可配置性。用户可以根据自己的需求调整各种参数和配置，以探索不同的设计选择和优化策略。这种灵活性使得 MIAOW 能够适应多种不同的应用场景和研究项目，为用户提供了更大的便利性和选择空间。

此外，软件兼容性是 MIAOW 的另一个关键优势。由于它完全兼容 Southern Islands ISA，因此可以无缝运行现有的 AMD GPU 软件栈，包括驱动程序、编译器和运行时库等。这种兼容性显著降低了软件迁移和开发成本，使研究人员能够在 MIAOW 上快速部署和测试他们的应用程序，从而加速了研发进程。

为了展示 MIAOW 的功能和用途，设计者还提到了四个案例研究。第一个是物理设计探究，从物理设计的角度深入研究了传统微架构的特征和挑战。第二个是新型研究探索，借助 MIAOW 的灵活性和可配置性，团队探索了一种新型的研究方法——基于模拟器的硬件特征化研究方法。这种方法可以在模拟器中快速原型化和验证新的硬件设计思想，从而加速硬件创新。第三个是验证与校准，为了确保 MIAOW 的准确性和可靠性，团队通过与实际硬件的对比测试验证了 MI-AOW 在各种应用场景下的性能和功耗特征与实际硬件高度一致。最后一个是创新性技术方法，MIAOW 不仅是一个研究工具，其设计和实现本身也代表了独立贡献。团队在设计过程中提出并实现了许多创新性的技术和方法，对推动 GPGPU 架构的发展具有重要的价值。

MIAOW 是一个功能强大且易于使用的 GPGPU 设计和实现工具。它不仅为研究人员提供了一个真实、灵活和软件兼容的平台来探索和优化 GPGPU 架构，而且还展示了其在推动硬件创新和应用发展方面的潜力。

行胜于言，对于开源 GPU MIAOW 的介绍到这里就结束了，有兴趣的读者可以下载 MIAOW 的代码进行实际学习和操练，进一步了解其功能和优势，并在此基础上开发符合某些需求的 GPU 也是一个不错的尝试。

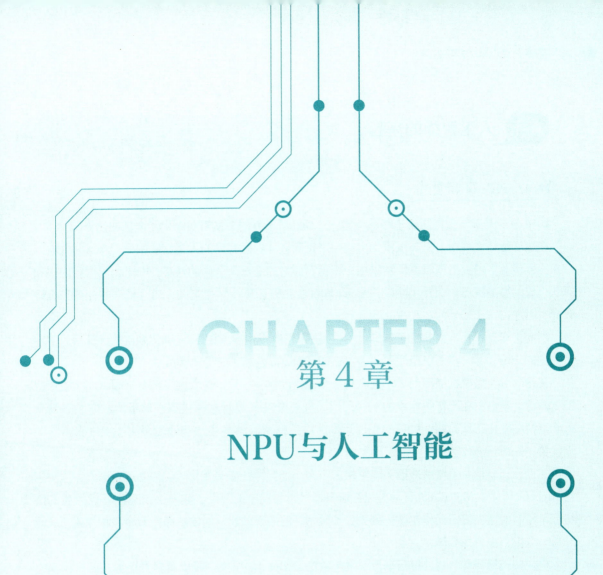

第 4 章

NPU与人工智能

4.1 人工智能的兴起

▶▶ 4.1.1 巅峰之战

2016 年 3 月 9 日，韩国首尔四季酒店，一场前所未有的围棋对决吸引了全球的目光。

在这场巅峰之战中，人类围棋顶尖高手李世石迎战谷歌开发的人工智能围棋程序 AlphaGo。

比赛伊始，场上的气氛就异常紧张。李世石面对的是一个全新的对手，一个由无数行代码和算法构成的智能机器。在开局阶段，AlphaGo 就展现出了其强悍的棋风，通过精准的计算和策略布局，迅速占据了场上的主动权。

然而，李世石并未因此乱了阵脚。这位经验丰富的围棋大师在经过细致缜密的计算后，下出了关键的一步。这一步不仅稳住了局势，还向 AlphaGo 发起了有力的挑战。

关键时刻，摄像机捕捉到了李世石的一个细微动作——他抬头看向了代替 AlphaGo 落子的黄博士。这是李世石在比赛中养成的一种习惯，他总会在关键时刻通过观察对手的动作和表情来推测其情绪变化，从而探查对手的心理活动。这种独特的洞察能力让他在多次比赛中获得了心理优势，并最终击败对手。

然而，当李世石习惯性地抬头试图从对手身上捕捉微妙情绪变化时，他迅速意识到，这一招对 AlphaGo 无效。AlphaGo 的背后是无数服务器运行着精密的算法，它不会流露出任何人类的情绪。李世石的这一习惯动作在这一刻失去了效用。但即便如此，他依然保持着冷静和专注，试图从每一个细节中寻找突破口。

棋局的较量异常激烈，每当李世石发起攻势，AlphaGo 总能以最优解轻松化解，其失误率之低令人惊叹。随着棋局的深入，AlphaGo 逐渐稳固了优势，没有给李世石留下任何反扑的机会。

毫无疑问，这一局李世石输了。

在与 AlphaGo 的首局对决后，李世石深刻体会到了对面这台智能机器的可怕实力。他反思自己在棋局开始时就陷入了 AlphaGo 的节奏，之后始终未能找回自己的步调。李世石坚信，若能抢占先机并发挥出自己的真实水平，他完全有能力取得胜利。

在第二局的较量中，李世石调整了策略，布局阶段他显得更为谨慎。他努力分析开局形势，以防再次被 AlphaGo 牵着鼻子走。然而，持续的高强度思考对李世石的脑力造成了极大的考验。

当棋局进行到第 36 手时，李世石感到大脑已经超负荷运转，需要暂时离开战场来放松和调整。他提出要去天台抽烟，以此缓解紧张情绪和脑力的疲劳。

在天台上，李世石静静地抽着烟，试图平复内心的紧张情绪。然而，在他放松警惕的这段时间里，他的对手——冷酷无情的 AlphaGo，却并未停止施展它强大的运算能力。

就在李世石沉浸于尼古丁带来的片刻宁静时，AlphaGo 已经凭借远超人类大脑的运算速度，下出了改变围棋历史的一步——五路肩冲。肩冲是在围棋中压迫或侵消对方的一种走法，通常是在对方棋子的斜上方成"尖"的位置落子，一般下在四线（即第五路，如果以棋盘边缘为第一路线的话），针对对方三线（即第四路）的棋子。五路肩冲的作用主要是压迫对方的阵地，限制其发展，并可能对其形成威胁。

当李世石回到棋盘前，他的目光落在了 AlphaGo 五路肩冲的一步。他的眼中闪过一丝惊愕与困惑，这一步棋完全打破了人类的围棋理念，初看之下，似乎是一步臭棋。然而，李世石毕竟是围棋界的佼佼者，他迅速让自己冷静下来，开始深入地分析这一步棋的奥妙。

经过缜密的计算，李世石惊讶地发现，这步棋竟然如同一座大山，将他筹划的布局牢牢压住。无论接下来如何发展，AlphaGo 似乎都能占据优势。他陷入了深深的沉思，仿佛置身于一个巨大的迷宫之中，寻找着唯一的出路。

时间一分一秒地流逝，李世石的眉头紧锁，仿佛要将所有的智慧都凝聚在这一刻。然而，经过了长达 12 分钟的苦思冥想，他仍然没有找到有效的应对策略。他的内心充满了挫败感，但同时也对 AlphaGo 的棋艺深感敬佩。这一刻，他意识到，自己正在与一个前所未有的强大对手交锋，而这场对弈注定会成为他围棋生涯中最难忘的一局。

从那一手五路肩冲开始，李世石的局势急转直下。面对 AlphaGo 无情的算法攻势，他仿佛陷入了一片黑暗的泥沼，挣扎却越陷越深。尽管他拼尽全力，却依旧无法挽回败局，只能眼睁睁地看着 AlphaGo 一步步稳固胜势。李世石最终输掉了比赛。

赛后，李世石久坐棋盘前，眼中闪烁着不甘。目前，总比分上他已经 0：2 落后，形势不容乐观。

第三局。

李世石深吸了一口气，他知道，这将是他最后的机会。于是，他毅然决定放开手脚，采取一种前所未有的激烈搏杀下法。这种棋风极难驾驭，稍有不慎便会满盘皆输。但李世石已经别无选择，只能寄希望于这种极端的策略能够打乱 AlphaGo 的节奏。

从开局的第一刻起，李世石便如同一位勇猛的武士，向 AlphaGo 发起了猛烈的攻势。他的每一步棋都充满了力量和决心，仿佛要将对手彻底击溃。然而，面对李世石的狂暴攻击，AlphaGo 却如同一位沉稳的大师，高接低挡，轻松化解了李世石的每一记重拳。这场人机对决，已经演变成了一场惊心动魄的搏杀。

AlphaGo 在中后盘稳固如同山岳，其优势已经如日中天，无法撼动。李世石面临着前所未有的压力，他知道，这不仅仅是一盘棋的胜负，更是人类与机器之间尊严与荣耀的较量。他挥舞着棋子，每一次落子都如同战士的冲锋，试图为人类棋手守住最后一丝尊严。

然而，0：3 的结局如同冷水浇头，让人心寒。围棋，这个曾经让人类引以为傲的智力游戏，似乎在人工智能面前显得如此脆弱。人类的极限在这一刻显得那么遥不可及，而机器的算法却如同天堑，难以逾越。

这三局比赛，李世石如同一位悲壮的英雄，展现出了比机器更强烈的斗志。他的每一步棋都充满了决绝与坚定，但无奈机器的算法如同铁壁铜墙，让人无法突破。

赛后，李世石的哽咽道歉的画面转播让人心痛。这个曾经桀骜不驯、年少轻狂的棋手，在人工智能面前也显得如此无助。他曾经的锐气与傲气在这一刻似乎被彻底磨灭，他深刻体会到自己在机器面前的渺小与无力。

三局已输，大局已定。

第四局，李世石放手一搏，为人类的荣耀而战。比赛伊始，局势似乎并没有太大变化，李世石再次处于下风，但他并未因此慌乱。

他沉稳地应对着 AlphaGo 的攻势，每一步棋都经过深思熟虑，仔细推演到最佳状态。第 77 手时，李世石的胜率已经微乎其微。这时，观战的棋手已经摇头，这次巅峰对决看来就要以人类全输的结局告终。

就在这时，李世石下出了载入史册的一手棋——"神之一手"，空挖。这不仅仅是一步棋，更是李世石对人类智慧与尊严的坚守与捍卫。

AlphaGo 似乎并未将李世石的第 78 手放在心上，只是简单地进行了单退处理，继续执行着它的算法。"退"，指的是双方棋子相互接触时，采取的一种策略性移动。当己方棋子被对方棋子挡住去路时，可以选择将这颗棋子向己方原来的方向回退一步。

然而，几步之后，强大的 AlphaGo 才如梦初醒，意识到自己对于这一手的判断出现了严重的失误。

这一刻，AlphaGo 罕见地露出了算法的破绽，不再像之前那样精准地控制棋局。在全世界观众的注视下，它开始像一位业余棋手一样，做出了令人迷惑的送死行为。

这个曾经无所不能的人工智能，此刻竟然无法再找到更优的解决方案，而是陷入了自我学习的模式。它的价值网络判断出现偏差，搜索算法也彻底崩溃，AlphaGo 的下法变得如同初学者一般笨拙。

而导致这一切的，正是李世石的第 78 手——那被誉为"神之一手"的空挖。"空挖"是指在对方棋形的空当处，特别是在对方形成"跳"的两个棋子之间落子。"空挖"的主要目的是分断对方的棋子连接，把对方可能形成的势力范围或棋形断开，从而便于自己的棋子侵入、攻击甚至围捕对方的棋子。虽然"空挖"是一个有力的攻击手段，但使用时也需要谨慎。如果使用不当，反而可能为对手补强局面，加速对手的胜利。

在 AlphaGo 的算法中，这一手挖的出现概率微乎其微，仅有十万分之七。然而，李世石却精准地击中了 AlphaGo 的死穴，一击致命。

当比赛进行到第 180 手时，AlphaGo 无奈地选择了投子认输。

李世石的这神之一手，这是人类历史上第一次——也很有可能是唯一一次——职业棋手在正式比赛中战胜人工智能的记录。然而，这场胜利并未给人类带来太多的喜悦，反而更加凸显了人工智能的不可阻挡。

第五局，李世石毅然执黑，又一次向不可一世的人工智能 AlphaGo 发起挑战。然而，结果并未如他所愿，他再次落败，以 1：4 的总比分结束了这场人与机器的较量。

AlphaGo 的强大，已经无须多言。它冷静、精准，每一步棋都仿佛在宣告着机器的崛起和人类的衰落。李世石，这位曾经的围棋霸主，在这场比赛中显得如此落寞。他尽力了，但面对无情的人工智能，他的努力似乎变得如此苍白无力。

电视机前的观众不由感叹，在这场人机对弈中，人类的智慧显得如此渺小。围棋，这项被誉为人类智慧结晶的运动，在人工智能面前全面失守。

比赛结束后，李世石默默地离开了赛场，他的背影显得那么孤独和无助。而 AlphaGo 则继续它在围棋界的征服之旅。此后，它更是所向披靡，在中日韩等国与数十位高手对决，无一败绩。在 2017 年 5 月的乌镇围棋峰会上，它更是以 3：0 的完美战绩击败了世界第一的柯洁，从此名震江湖。

AlphaGo 是人工智能时代最优秀的产物之一，人工智能的进步让它能够像人一样洞悉棋局、运筹帷幄，成为一代传奇。

AlphaGo 成为绝顶围棋高手的秘诀主要在于它掌握了两大"秘籍"：深度学习和强化学习。深度学习可以理解为模仿我们大脑的学习方式。我们的大脑由许多神经元相互连接，帮助我们理解、记忆和做出决策。深度学习通过构建一个庞大的神经网络来模拟这种连接方式，让它能够像大脑一样处理和学习大量的数据。在 AlphaGo 中，这个神经网络就像是一个围棋大师的大脑，它能够"看到"围棋棋盘的情况，并迅速给出下一步的最佳走法。这个"大脑"被称为"策略网络"，它能在极短的时间内分析出任何一个围棋局面的优劣，并告诉 AlphaGo 应该如何做出决策。

强化学习则像一个小孩子通过不断尝试和犯错来学习如何做得更好。AlphaGo 也是这样，它通过不断地与围棋环境互动，尝试不同的走法，看看哪种走法能赢得比赛，并记住这种方法。下次遇到类似的情况时，它就知道该如何应对了。在 AlphaGo 里，强化学习不仅帮助优化了"策略网络"，还优化了另一个叫作"价值网络"的"小助手"。这个"小助手"的任务是预测当前棋局的胜负可能性，就像是一个预言家，能提前看到比赛的结果。

再来说说 AlphaGo 的"骨架"——深度神经网络和蒙特卡洛树搜索算法。深度神经网络就像是刚才提到的"大脑"，负责快速分析棋局和预测每一步棋的可能性。这个"大脑"非常强大，但需要大量的历史棋局数据和专业棋手的对局来"喂养"它，让它变得更加聪明。而蒙特卡洛树搜索算法，就像是 AlphaGo 的"指南针"，它通过模拟很多场围棋比赛来找出每一步棋的最佳选择。这个"指南针"会结合"大脑"的分析结果和自己的模拟结果来不断优化搜索策略，确保 AlphaGo 每一步都走得最好。

AlphaGo 的胜利似乎在宣告着一个新时代的来临：人工智能的时代，已经不可阻挡地到来了。

而这一切，还要从 20 世纪 40 年代开始说起。

▶▶ 4.1.2 从源起到低潮

1. M-P 模型

在人类历史的长河中，大脑一直被视为一个神秘且复杂的"黑匣子"。

直到 1943 年，两位杰出的学者——心理学家 Warren McCulloch 和数学家 Walter Pitts，出于对大脑工作原理的浓厚兴趣，联手开展了一项划时代的研究。

他们深入探索了生物神经元的奇妙世界，试图解码这些微小细胞如何精准地接收、处理和传递信息。经过漫长的研究和实验，他们总结出了一阶特性，并基于此提出了一个革命性的数学模型，即后来被誉为"M-P 模型"的理论框架。

这个模型简洁而强大，它模拟了生物神经元的基本行为，也成为神经网络的基础。

M-P 模型的核心是一个精巧的阈值加权和机制。在这个模型中，神经元如同一个精密的开关，接收并处理来自各方的信号。当这些信号的加权和超过一个特定阈值时，神经元就会被激活，产生一个输出信号；反之，则保持静默。

M-P 模型的提出，为人工智能领域的发展点亮了一盏明灯。它让人们看到了通过电子元器件和计算机程序模拟生物神经网络的可能性，为后来的研究者们指明了一条新的探索道路。

当 M-P 模型在学术界公布时，并没有掀起涟漪。这仿佛是一个无足轻重的理论，但是两位学者凭借卓越智慧和勇气，为神经网络的研究打下了坚实的基础，激发了人们对人工智能领域的无限想象和期待。

但是在当时，从 M-P 模型到人工智能应用显然还有很长的一段路要走，这段路程艰辛而又曲折。

2. Hebb 学习律

在 M-P 模型的基础上，1949 年，心理学家 Donald O. Hebb 提出了一个革命性的假说，认为神经元之间的突触联系不是固定不变的，而是可以随着神经元的活动而发生变化。这一假说为后来人工神经网络的学习训练算法奠定了基础，成为神经网络发展史上的一个重要里程碑。

Hebb 观察到，人类的学习过程主要发生在神经元之间的突触上。当两个神经元同时被激活时，它们之间的突触连接会变得更强，这被称为"长时程增强"（LTP）。相反，如果两个神经元的活动不同步，它们之间的突触连接则会变弱。

基于这一观察，Hebb 提出了著名的 Hebb 学习律。Hebb 学习律可以简单地表述为：当两个神经元同时兴奋时，它们之间的突触连接强度将会增加；而当它们活动不一致时，突触连接强度则会减弱。这个规则为神经网络的学习提供了一种生物学解释，也为后来的人工神经网络学习算法提供了灵感。

在人工神经网络中，Hebb 学习律被用来调整神经元之间的连接权重。当两个神经元的输出值相同时，它们之间的连接权重会增加；反之，如果输出值不同，则连接权重会减小。通过这种方式，神经网络能够逐渐学习到输入数据中的模式，并对新的输入做出正确的响应。

Hebb 学习律的提出对人工神经网络的发展产生了深远的影响。它不仅为神经网络的学习训练算法提供了起点，还为后来的研究者提供了宝贵的启示。在随后的几十年里，基于 Hebb 学习律的各种改进和扩展算法不断涌现，推动了神经网络领域的快速发展。

3. 感知器模型

在神经网络的发展历程中，1957 年是一个重要的转折点。这一年，罗森勃拉特（Frank Rosenblatt）以 M-P 模型为基础，提出了一个全新的概念——感知器（Perceptron）模型。

感知器模型的结构非常简单，但符合神经生理学的原理。它主要由输入层、权重和激活函数组成。输入层负责接收外部信号，权重则用来调节不同输入信号的重要性，而激活函数则负责将加权输入转换为输出信号。通过调整权重，感知器可以对不同的输入模式进行分类和识别。

罗森勃拉特证明了两层感知器（即输入层和输出层）就能够对简单的输入进行分类。这一发现引起了学术界的广泛关注，因为在此之前，人们普遍认为要实现复杂的模式识别任务，需要构建更加复杂的网络结构。然而，罗森勃拉特的两层感知器模型却以简洁而高效的方式实现了这一目标。

此外，罗森勃拉特还提出了包含隐藏层处理元件的三层感知器这一重要的研究方向。隐藏层的引入使得神经网络能够处理更加复杂的任务，如非线性分类和函数逼近等。这一研究方向为后来的深度学习奠定了基础，成为神经网络领域的一个重要分支。

罗森勃拉特的感知器模型不仅包含了现代神经网络的基本原理，还标志着神经网络方法和技术的重大突破。它使得人们开始意识到，通过模拟生物神经系统的工作原理，人类有可能构建出能够学习、适应的智能机器。尽管感知器模型在当时还存在许多局限，如无法处理异或问题等，但它为神经网络的发展指明了方向，为后来的研究者提供了宝贵的启示。

4. 自适应线性元件

1959 年，神经网络领域迎来了又一个重要的里程碑。这一年，美国著名工程师伯纳德·威德罗（Bernard Widrow）和马尔科姆·霍夫（Marcian Hoff）等人提出了一种全新的网络模型——自适应线性元件（Adaptive Linear Element，ADALINE）。与此同时，他们还引入了 Widrow-Hoff 学习规则，这是一种基于最小均方差算法的神经网络训练方法。

ADALINE 网络模型的特点在于其连续取值的自适应线性特性，这使得它能够处理一类特定的自适应系统问题。与之前的模型相比，ADALINE 不仅结构更简单，而且具有更强的实用性和适应性。通过调整网络中的权重，ADALINE 能够对输入信号进行线性组合，并产生一个连续的输出值。

Widrow-Hoff 学习规则为 ADALINE 网络模型的训练提供了有效的手段。这种学习规则基于最小均方差算法，通过不断调整网络中的权重，使得网络的输出能够尽可能地接近期望的输出。这种训练方法不仅简单有效，而且具有较快的收敛速度。

ADALINE 网络模型主要用于解决线性分类和自适应滤波等实际问题。在线性分类方面，ADALINE 能够学习并对输入数据进行分类，适用于模式识别和信号处理等任务。例如，它可以被训练来识别手写数字或字母，或者区分不同类型的信号。

此外，ADALINE 还广泛应用于自适应滤波领域。自适应滤波器是一种能够自动调整其参数以适应输入信号变化的滤波器。ADALINE 通过不断调整其权重，能够实现最佳的输入信号滤波效果。这一应用在通信、音频处理、图像处理等领域具有重要意义。

需要注意的是，虽然 ADALINE 网络模型在解决某些实际问题上取得了成功，但它也存在一些局限。例如，它只能处理线性可分的问题，对于非线性问题则无能为力。为此，后来的研究者们提出了更加复杂的神经网络模型和学习算法。

ADALINE 网络模型作为第一个成功应用于解决实际问题的人工神经网络，为神经网络的发展奠定了基础，并推动了神经网络在多个领域的应用和进步。

5. 感知器（Perceptron）

在人工智能和神经网络的历史中，1969 年是一个转折点。这一年，马文·明斯基（Marvin Minsky）和西摩尔·帕伯特（Seymour Papert）出版了他们的经典之作 *Perceptrons*，书中对感知器这类网络系统的功能和局限进行了深入的数学研究。

明斯基和帕伯特指出，简单的线性感知器的功能是有限的。他们证明了，线性感知器无法解决线性不可分的两类样本的分类问题。换句话说，当数据不能被一条直线（或在多维空间中的一个超平面）划分时，线性感知器就无法正确地进行分类。一个著名的例子就是"异或"（XOR）问题，这是一个简单的逻辑关系，但线性感知器却无法实现。

线性感知器试图通过计算输入特征的线性组合（即加权和），并应用一个阈值函数（通常是单位阶跃函数）来进行二元分类决策。

然而，XOR 问题要求分类器识别出当且仅当输入的两个特征值不同时（即一个为真，一个为假）输出为真，否则输出为假。这种逻辑关系在二维平面上无法用一条直线（即线性决策边界）来划分。换句话说，XOR 问题的输入和输出之间不存在线性关系，因此无法通过线性感知器来准确建模。

为了直观地理解这一点，可以考虑 XOR 问题的输入和输出：

当输入为 (0, 0) 时，输出为 0（两个特征都为假）。

当输入为 (0, 1) 时，输出为 1（一个特征为真，一个为假）。

当输入为 (1, 0) 时，输出为 1（一个特征为真，一个为假）。

当输入为 (1, 1) 时，输出为 0（两个特征都为真）。

这些点在二维平面上分布时，无法用一条直线来清晰地将它们分为两类。读者可以尝试在纸上画一下，无论如何都不能将这些输出结果分成一边全是 0、另一边则全是 1 的两类。因此，线性感知器无法找到合适的线性决策边界来准确分类 XOR 问题的输入。

要解决 XOR 问题，需要引入非线性元素。一种常见的方法是使用多层感知器（MLP）或多层神经网络，通过在网络中添加隐藏层和激活函数（如 Sigmoid 函数或 ReLU 函数）来引入非线性。这使得网络能够学习更复杂的非线性关系，进而解决 XOR 问题。

在当时，由于这些研究还没有成熟，所以 *Perceptrons* 一书的结论对当时的人工神经元网络研究产生了非常消极的影响。许多研究者开始怀疑神经网络的实际应用价值和未来发展潜力，导致神经网络的研究进入了长达 10 年的低潮期。在这段时间里，尽管仍有一些研究者坚持在神经网络领域进行探索，但整体上，这个领域的研究进展缓慢，缺乏突破性的成果。

然而，历史总是充满波折。在这段低潮期之后，神经网络研究迎来了新的曙光。即使在低潮期，也有很多新的理论被提出，为神经网络的复兴奠定了基础。

▶▶ 4.1.3　起死回生

1. Hopfield 网络

1982 年，美国物理学家约翰·霍普菲尔德（John Hopfield）提出了一种全新的神经网络模型，即离散 Hopfield 网络。该模型不仅极大地推动了神经网络领域的研究，还为后来的人工神经网络发展奠定了坚实的理论基础。

在网络的设计中，霍普菲尔德创新地引入了李雅普诺夫（Lyapunov）函数，用于分析网络的稳定性。该函数后来被称为能量函数，成为研究神经网络稳定性和动力学行为的重要工具。通过引入能量函数，霍普菲尔德证明了网络在达到稳定状态时，能量函数将达到最小值，从而保证了网络的稳定性。

仅仅两年后，霍普菲尔德进一步提出了连续神经网络模型，将网络中神经元的激活函数从离散型改为连续型。这一改进使得网络在处理连续值输入时具有更好的性能和灵活性。

1985 年，霍普菲尔德与 Tank 合作，利用 Hopfield 神经网络成功地解决了著名的旅行推销员问题（Traveling Salesman Problem，TSP）。

旅行推销员问题（TSP）是一个经典的难题，可以想象成一个旅行商人需要访问多个城市，但只能访问每个城市一次，并最终返回起点城市。他的目标是找到访问所有这些城市的最短路径。这就像规划一个最省时的旅行路线，确保每个景点都去一次，且不走重复的路。

那么，Hopfield 神经网络是如何解决 TSP 的呢？

首先，需要将 TSP 问题转化为神经网络可以处理的形式。这通常意味着为每个城市分配一个神经元，神经元之间的连接权重代表城市之间的距离。

然后，根据城市间的距离来设置神经网络的权重。如果两个城市之间的距离较短，那么它们之间的连接权重就较强；反之，如果距离较远，权重就较小。

设置好网络后，开始运行神经网络。神经元会根据接收到的信号和连接权重来调整状态。随着时间的推移，整个网络会达到一种稳定状态，这可以看作所有神经元之间的一种"共识"。

最后，从神经网络的稳定状态中解读出 TSP 的解。通常，这意味着查看哪些神经元是活跃的（或处于高状态），并将这些神经元对应的"城市"连接起来，形成一条路径。这条路径就是神经网络找到的访问所有"城市"并返回起点的最短路径。

需要注意的是，虽然 Hopfield 神经网络为 TSP 等组合优化问题提供了一种新的解决方法，但它并不总是能找到最优解。这是因为神经网络可能会陷入局部最小值，而无法达到全局最优解。然而，即便如此，Hopfield 神经网络仍然为这类问题的解决提供了一种新的、有时更有效的思路。

Hopfield 神经网络的核心是一组非线性微分方程，这些方程描述了网络中神经元的动态行为和相互作用。霍普菲尔德的模型不仅对人工神经网络的信息存储和提取功能进行了非线性数学概括，提出了动力方程和学习方程，还为网络算法提供了重要公式和参数。这些工作为人工神经网络的构建和学习提供了理论指导，极大地推动了神经网络领域的发展。

在 Hopfield 模型的影响下，大量学者重新燃起了研究神经网络的热情，积极投身于这一领域。他们的工作不仅丰富了神经网络的理论体系，还为神经网络在模式识别、图像处理、优化计算等领域的应用奠定了坚实的基础。今天，Hopfield 神经网络及其衍生模型仍然是人工神经网络领域的重要研究方向之一。

2. Boltzmann 机模型

1983 年，Kirkpatrick 等人首次认识到模拟退火算法（Simulated Annealing，SA）在求解 NP 完全组合优化问题上的潜力。模拟退火算法的基本思想来源于固体退火原理，即将固体加热至足够高的温度，再让其缓慢冷却。在这个过程中，固体内部的粒子会逐渐达到一个能量最低的状态。Metroplis 等人在 1953 年首次提出了这一算法，用于模拟这种物理过程来寻找问题的全局最优解。

受到模拟退火算法的启发，1984 年，当时还在卡内基梅隆大学做研究的 Geoffrey Hinton 与约翰·霍普金斯大学的 Sejnowski 等人合作，提出了大规模并行网络学习机。这种学习机的一个重要特点是明确提出了隐单元（hidden unit）的概念。隐单元在网络中起着中介的作用，它们并不直接与外界交互，但对于网络的学习和表示能力至关重要。这种结合了隐单元和模拟退火思想的学习机后来被命名为 Boltzmann 机。

Boltzmann 机是一种基于能量的概率模型。每个网络状态都有一个与之相关联的能量值，而网络的状态转换则是根据这些能量值来进行的。具体来说，状态转换遵循 Boltzmann 分布，这使得网络能够在高能量状态和低能量状态之间进行跳转，从而有可能跳出局部最优解，找到全局最优解。

Boltzmann 机中的神经元是并行工作的，这意味着它们可以同时更新自己的状态。这种并行性使得 Boltzmann 机在处理大规模数据时具有高效性。通过调整网络中的权重和偏置项，Boltzmann 机可以从数据中学习并提取有用的特征。这种学习能力使得 Boltzmann 机在模式识别、图像处理等领域具有广泛的应用潜力。

这一模型具备几个显著特点：首先，其神经元状态具有随机性，不同于传统神经网络的确定性更新，这种随机性有助于网络逃离局部最优，探寻全局最佳解；其次，它引入了一个能量函数，用于评估网络在特定状态下的优劣——训练过程即是通过调整网络参数，使得正确分类时能量低，错误分类时能量高；最后，Hinton 和 Sejnowski 为之设计了专门的学习算法，通常利用梯度下降或随机梯度下降来最小化能量函数的期望值。然而，由于多层 Boltzmann 机的计算复杂度较高，实际应用中常采用其简化版——受限 Boltzmann 机，它保留了原模型的能量函数和随机性，同时降低了计算难度。

尽管 Boltzmann 机在实际应用中有其局限性，但它在深度学习领域的发展中起到了重要的理论支撑作用。特别是受限 Boltzmann 机和深度置信网络的提出，为深度学习模型的训练提供了有效的预训练手段。同时，Boltzmann 机的概率图模型架构也为后续的概率图模型发展提供了宝贵的启示。

3. 反向传播算法

1986 年，神经网络领域迎来了一次重大的突破。Geoffrey Hinton、David E. Rumelhart 和 Ronald J. Williams 这三位杰出的科学家共同撰写了论文 "Learning representations by back-propagating errors"，该论文随后在享有盛誉的 *Nature* 期刊上发表。他们所提出的反向传播算法，不仅详细阐述了其工作原理，还展示了这一算法在神经网络学习中的广泛应用前景。

在反向传播算法问世之前，神经网络的研究和应用一度受到技术的限制。尽管神经网络模型具有强大的潜力，但如何有效地训练和调整包含中间"隐藏"神经元的复杂网络结构，一直是科研人员面临的难题。这些隐藏层增加了网络的深度和表达能力，但同时也加大了训练的难度。此前的训练方法往往效率低下，甚至在某些情况下无法收敛到理想的结果。

反向传播算法的出现，为神经网络研究领域注入了一股强大的动力。它通过巧妙地计算并传播误差，使得神经网络能够精确地调整其内部的权重和偏置，从而实现更高效的学习和优化。这一算法不仅克服了早期神经网络模型的训练难题，还极大地提升了网络的性能和准确率。Hinton 等人的这一创新性工作，不仅为神经网络的学习提供了一种全新的、高效的方法论，更重要的是，他们为神经网络技术的广泛应用奠定了坚实的基础。随着时间的推移，神经网络逐渐渗透到各个领域，无论是图像和语音识别、自然语言处理，还是更高级的应用如自动驾驶和智能推荐系统，反向传播算法都发挥着不可或缺的作用。

特别是在深度学习兴起之后，反向传播算法的重要性更加凸显。深度学习模型通常包含更多的隐藏层和神经元，这使得模型的复杂度大大增加。然而，正是反向传播算法的强大能力，使得这些复杂模型得以有效训练和优化。随着数据量的不断增大和计算能力的飞速提升，神经网络的性能也得到了前所未有的提高。

Hinton、Rumelhart 和 Williams 在 1986 年提出的反向传播算法，无疑是神经网络和深度学习发展历程中的一座重要里程碑。他们的贡献不仅在于算法本身，更在于这一算法为神经网络技术的广泛应用和深入发展开辟了道路。

4. 并行分布处理理论

1986 年，Rumelhart 和 McClelland 共同撰写了 *Parallel Distributed Processing：Exploration in the Microstructures of Cognition* 一书。这本书标志着并行分布处理（Parallel Distributed Processing，PDP）理论的建立，对认知科学研究产生了深远的影响。

并行分布处理理论强调信息的并行处理和分布式存储。该理论认为，认知过程是由大量神经元或处理单元并行工作、相互作用而实现的。这些处理单元之间通过连接权重进行信息传递，形成一个复杂的网络结构。网络的整体性能不是由单个处理单元决定的，而是所有处理单元协同工作的结果。

在该书中，Rumelhart 等人对具有非线性连续转移函数的多层前馈网络的误差反向传播算法（即 BP 算法）进行了详尽的分析。他们解决了长期以来没有有效权值调整算法的难题，使得多层神经网络的学习成为可能。BP 算法通过反向传播误差来调整网络中的连接权重，从而实现网络的学习和优化。这种算法能够解决感知机所不能解决的问题，例如异或问题。

并行分布处理理论和 BP 算法的提出，从实践上证实了人工神经网络具有很强的运算能力和学习能力。它们不仅解决了 *Perceptrons* 一书中关于神经网络局限的问题，还为神经网络的进一步发展和应用奠定了坚实的基础。此后，神经网络在模式识别、图像处理、语音识别、自然语言处理等领域取得了广泛的应用和显著的成果。

并行分布处理理论是一个解释人类大脑如何处理信息的理论。它表明，人类的大脑并不是像传统计算机那样一步一步地处理信息，而是同时处理多个信息，类似于许多小电脑在一起工作，这就是所谓的"并行处理"。此外，这个理论还表明，信息在人类的大脑中是分散存储的，即没有一个特定的地方存储所有的信息，而是分布在大脑的各个部分。当我们需要使用这些信息时，大脑会同时从各个部分提取出来，这就是"分布处理"。

并行分布处理理论的一个重要应用是在人工神经网络中。人工神经网络是一种模拟人类大脑工作方式的计算机程序。通过模拟大脑的并行分布处理方式，人工神经网络可以同时处理多个任务，并且具有很强的学习和适应能力。

并行分布处理理论就像是一个解释大脑工作方式的"用户手册"，帮助人类更好地理解人类大脑的智慧和复杂性。同时，这个理论也为人工智能的发展提供了新的思路和方法。

5. 神经网络自组织理论

1988 年，Linsker 在神经网络领域取得了显著的进展，他对感知机网络（一种简单的神经网络模型）提出了新的自组织理论。这一理论为神经网络如何自我组织、学习以及适应外部环境提供了新的见解。

更重要的是，Linsker 在 Shannon 信息论（由 Claude Shannon 提出，是现代通信和数据处理的

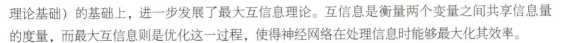

理论基础）的基础上，进一步发展了最大互信息理论。互信息是衡量两个变量之间共享信息量的度量，而最大互信息则是优化这一过程，使得神经网络在处理信息时能够最大化其效率。

Linsker 的这些工作不仅为神经网络的设计和优化提供了新的理论基础，更重要的是，它们点燃了基于神经网络的信息应用理论的光芒。这意味着，神经网络不再仅仅是模拟生物大脑的工具，而是成为一种强大的、可以应用于各种信息处理任务的技术。

简而言之，Linsker 的工作不仅推动了神经网络理论的发展，还为神经网络在实际应用中的广泛使用奠定了基础。他的最大互信息理论为神经网络在信息处理中的应用开辟了新的道路，使得神经网络成为一个研究热点，并在后续的年份里持续受到关注和发展。

Linsker 的自组织理论提出了一些新的观点，主要包括以下几点。

1）无监督学习：自组织理论强调神经网络应该能够在没有外部标签或监督的情况下学习。这意味着网络必须能够根据其输入的统计特性自适应地调整其权重，以在内部形成表示外部世界的模型。

2）特征检测和表示学习：自组织网络被设计为能够检测输入数据中的重要特征，并通过形成内部表示来捕捉这些特征的结构。这些表示可以用于执行各种任务，如分类、聚类或降维。

3）拓扑保持映射：Linsker 的理论中一个关键的概念是保持输入空间拓扑结构的映射。换句话说，如果输入数据中的两个点彼此接近，那么在网络内部表示中，这两个点也应该保持相近。这一特性对于许多应用来说是非常重要的，因为它允许网络保留输入数据的局部结构信息。

4）信息最大化：在自组织理论中，一个常见的目标是最大化输出层所保留的关于输入的信息量。这通常通过优化互信息（输入和输出之间的共享信息量）来实现。Linsker 的工作特别强调了这一点，他提出了最大互信息原则，作为训练神经网络的一种有效方法。

5）动态平衡与稳定性：自组织网络需要在适应新输入的同时保持其内部表示的稳定性。这就要求网络在权重调整过程中实现动态平衡，既能够响应新的刺激，又不会完全忘记先前学到的知识。

6）层次结构：许多自组织网络具有层次结构，这意味着它们由多个处理层组成，每个处理层都对其输入执行某种形式的特征提取或抽象。这种层次结构允许网络逐步从原始输入数据中提取出越来越抽象和复杂的特征。

总的来说，Linsker 的自组织理论强调了神经网络在无人监督的情况下的学习能力、特征检测和表示学习的重要性，以及通过信息最大化原则来优化网络性能的方法。这些观点为神经网络的设计和训练提供了新的思路，推动了神经网络领域的发展。

6. RBF 网络

1988 年，Broomhead 和 Lowe 在神经网络领域取得了重要突破，他们引入了径向基函数（Radial Basis Function，RBF）来设计分层网络。RBF 网络是一种特殊类型的神经网络，它使用径向基函数作为激活函数，这些函数根据输入与中心之间的距离产生响应。

RBF 网络的设计方法将神经网络的设计与数值分析和线性适应滤波相结合，这意味着 RBF 网络能够结合数值分析的精确性和线性滤波器的适应性。具体来说，RBF 网络通过在隐藏层使用径向基函数来转换输入空间，从而在输出层产生线性可分的响应。这种转换允许网络学习并适应各种复杂的输入模式。

此外，RBF 网络的分层设计使得网络能够以层次化的方式处理信息。较低层负责捕捉输入数据的局部特征，而较高层则负责将这些特征组合成更抽象和全局的表示。这种结构不仅提高了网络的表达能力，还有助于减少训练所需的参数数量，从而加快了学习速度。

Broomhead 和 Lowe 的工作为神经网络的设计提供了新的思路，特别是将径向基函数引入神经网络中，使得神经网络能够更好地处理复杂的输入模式，并以一种层次化的方式表示信息。这为神经网络在各个领域的应用开辟了新的道路，并推动了神经网络技术的进一步发展。

RBF 网络的分层设计有很多好处，使其在实际应用中很受欢迎。首先，RBF 网络能很好地捕捉输入数据的关键信息和细节，就像用放大镜观察细节一样。这种关注局部特点的方式使 RBF 网络在处理复杂问题时更加灵活和高效。其次，由于 RBF 网络关注局部信息并且结构相对简单，它通常比其他类型的神经网络训练得更快，节省资源。

另外，RBF 网络在设计时考虑到了避免陷入局部最小值的问题，就像在寻找最佳解决方案时，能够更容易地找到全局最优解，而不是被局部的好结果所迷惑。此外，RBF 网络的结构和原理相对简单，便于研究人员和开发人员掌握和使用，就像使用一款简单易用的工具，能够快速上手并发挥它的功能。

最后，RBF 网络具有很强的适应性和灵活性，可以处理各种类型和规模的数据。通过调整 RBF 网络的参数和结构，可以轻松地调整网络的性能和复杂度，以满足不同应用的需求。这就像一个可以调节的工具，可以根据实际需要来调整它的性能和功能。

RBF 网络具有多种实际应用场景。由于其强大的非线性处理能力和逼近能力，RBF 网络可以用于逼近已知的函数，即在给定的输入和输出数据之间建立映射关系。这使得 RBF 网络能够用于预测和建模任务，例如根据历史数据预测未来的趋势或结果。

7. 支持向量机和 VC 维数

在 20 世纪 90 年代初，Vapnik 和他的团队为机器学习领域带来了两个革命性的概念：支持向量机（SVM）和 VC 维数。这两个概念不仅深化了人们对机器学习的理解，还为数据分类问题提供了有效的解决方案。

首先，支持向量机（SVM）是解决分类问题的一种强大工具。想象一下，有一大堆数据点被分为两类，例如红色的点和蓝色的点。需要找到一个明确的方法，能够有效地将这些数据点分开。而 SVM 能够找到一个最优的分割界限，这个界限可以是直线、曲线或者在高维空间中的"超平面"。这个最优分割界限的特点是，它能够确保不同类别的数据点被尽可能清晰地分隔开，并且这个分割线（或超平面）与离它最近的数据点保持尽可能远的距离，从而确保当新的、未见过的数据点出现时，可以根据这些点相对于分割线的位置，准确地判断它们应该属于哪一个类别。

当讨论分割线的"复杂性"时，VC 维数这一概念至关重要。为了更好地理解它，可以采用一个直观的比喻。假设需要用一条线来分割红色和蓝色的数据点。一条简单的直线可能足以处理线性可分的数据，但如果数据的分布更加复杂，就需要一条曲线来进行有效的分割。这条曲线的复杂程度，或者说它适应不同数据分布的程度的"能力"，就是 VC 维数所要衡量的。然而，有一个微妙的平衡需要把握：如果分割线过于复杂，它可能会过于紧密地拟合训练数据，包括其中的噪声和异常值，这样在新数据上的泛化能力就会下降。这就是所谓的"过拟合"现象。VC 维数就像是一个调节器，可以在选择分割线时找到一个平衡点，既避免分割线过于简单而无法有效分隔数据，又防止其过于复杂而导致过拟合。

尽管 SVM 在小样本、非线性及高维模式识别问题中表现出特有的优势，并且已成功应用于多个领域，如文本分类、图像识别、生物信息学和金融预测等，但它在实际应用中并未得到广泛推广，主要原因在于其计算复杂度较高。

SVM 算法在处理大规模训练样本时，由于需要求解二次规划问题，涉及 m 阶矩阵的计算（m 为样本的个数），当 m 很大时，矩阵的存储和计算将耗费大量的机器内存和运算时间，这限制了 SVM 在大数据集上的应用。此外，SVM 的性能依赖于参数设置（如核函数、惩罚系数等），而这些参数的选择往往依赖于经验或交叉验证，这增加了模型选择和调优的难度。

经典的 SVM 算法只给出了二类分类的算法，而在实际应用中，多类分类问题更为常见。虽然可以通过一些方法（如一对多、一对一组合模式或 SVM 决策树等）将 SVM 扩展到多类分类问题，但这些方法往往增加了模型的复杂性和计算成本。

虽然 SVM 具有许多优势，如高准确率和对非线性问题的良好处理能力，但其计算复杂度高、速度慢、资源需求量大、模型选择经验性强以及不易以自然的方式解决多分类问题等缺陷限制了其在人工智能领域的广泛应用。然而，对于小样本、非线性及高维模式识别等问题，SVM 仍然是一个有效的工具。

▶▶ 4.1.4　卷积神经网络

1. 诺贝尔奖得主

1981 年，瑞典斯德哥尔摩，诺贝尔生理学或医学奖颁奖典礼在瑞典皇家科学院隆重举行。来自世界各地的科学家、学者和媒体齐聚一堂，共同见证这一科学界的盛事。这一年的诺贝尔生理学或医学奖颁给了 Torsten Wiesel 和 David H. Hubel，以表彰他们在视觉系统研究方面的杰出贡献。

现场爆发出热烈的掌声和欢呼声，人们的目光都聚焦在两位获奖者身上。一时间，这两个科学家的名字在科学界大放异彩。而他们的获奖原因，还需要追溯到二十年前的一个科学发现。

1958 年，Torsten Wiesel 和 David H. Hubel 在哈佛大学的 Stephen Kuffler 实验室相遇，那时他们一个是博士后，一个是临时的助理。谁能想到，这个相遇开启了他们长达 25 年的科研合作。在 Kuffler 实验室，二人对视觉系统的研究逐渐展开。那些日子里，他们并肩作战，共同探索着视觉的奥秘。

人们总是好奇，大脑是如何通过眼睛"看见"周围世界的呢？

在美剧《兄弟连》有这样一个场景：在攻打卡灵顿的战斗中，战士布洛依经历了一段激烈而又惨烈的战斗场面。战斗结束后，在医务室里，温特斯中尉发现布洛依失魂落魄地坐在地板上。医务官告知温特斯，布洛依称自己看不见了，而布洛依的眼睛并没有什么问题。温特斯尝试与布洛依交流，鼓励他，随后布洛依表示自己能看见了。这次失明被医官称为歇斯底里性失明，可能是由巨大压力下的心理反应导致的。

这个故事其实说明了一个问题，即使眼睛没有问题，那么也可能看不到东西。所以，人并不是仅仅用眼睛来"看见"世界的。眼睛，就像是一个接收图像信息的天线，而真正让人"看见"并理解这个世界的，是大脑。大脑会对这些图像信息进行深度的加工和处理。

当时的 Torsten Wiesel 和 David H. Hubel 也在研究这个问题，他们以猫作为实验对象，探索大脑的视觉秘密。他们重点研究了猫的初级视皮层，首次揭示了大脑如何处理看到的图像。他们的这一发现被详细地记录在了"Receptive fields, binocular interaction and functional architecture in the cat's visual cortex"这篇论文里。正因为这一突破性的研究，他们两位科学家在 1981 年共同荣获了诺贝尔生理学或医学奖。

他们的实验是这样安排的：当电极插入猫的大脑皮质时，能够通过大屏幕向它展示视觉刺激，即光斑。这些光斑模拟了猫所能感知的整个视野，而靠近电极的视觉神经元会因刺激而兴奋，这种兴奋被设备精准捕捉并记录下来。

为了找出哪种刺激形式最能影响这些神经元的放电模式，他们系统地改变了光斑的形状、大小和位置。实验发现，圆形光斑并不是最有效的刺激方式。相反，具有特定方向的条形光斑更能引起神经元的强烈反应。

在这个感受野中，有一个中心区域，称为"开"区域。当条形光斑刺激这个区域时，神经元会非常活跃。然而，当光斑宽度增加，覆盖了中心区域两侧的"关"区域时，神经元的放电频率反而会降低。这些"关"区域是刺激难以激活神经元的区域，刺激反应的效果会减弱。

在视觉皮层中，具有这种特定感受野的细胞称为简单细胞。这些细胞对条形光斑的朝向非常敏感，而且它们的最佳刺激方式就是条形光斑。可以把简单细胞想象成视觉系统中专门用来感知线条或边缘的"小探测器"。当整个"开"和"关"区域被均匀的光照覆盖时，这些细胞就不会被激活。这种特性使得简单细胞在视觉处理过程中扮演着非常重要的角色。

在深入研究猫的大脑视觉皮层时，他们又有了一个令人惊奇的发现。除了之前知道的简单细胞外，还有一种特别的细胞，称为复杂细胞。这些复杂细胞与简单细胞有些许不同：它们并没有那种"开"和"关"的相互拮抗区域。但是，和简单细胞相似的是，它们也能对特定方向的条形光斑产生反应，无论这个光斑是黑底白带还是白底黑带。

有趣的是，这些复杂细胞的"视野"通常比简单细胞更广阔。只要条形光斑进入它们的"视野"，它们就会立刻做出反应。可以把这些复杂细胞想象成更加高级的线条或边缘探测器。与简单细胞相比，它们处理信息的方式更为抽象。

那么，这些视觉皮层的细胞是如何拥有各自的"视野"的呢？两位科学家给出了一个有趣的假设。他们认为，简单细胞的"视野"可能是由一系列线性排列的神经元共同作用形成的，这些神经元位于大脑的背外侧膝状核（LGN）区域。同样地，复杂细胞的"视野"可能是由一系列朝向特定的简单细胞联手打造的。

这个理论被称为"前馈模型"，意思是每一个神经元的"视野"都是由它之前的视觉处理过程塑造的。从这个角度看，人的视觉系统就像一个层级结构，从最初感知光的强度，到辨别对比度，再到识别线条和边缘，每一步都在逐渐将光信号转化为我们可以理解的视觉信息。

这个贡献不仅让 Torsten Wiesel 和 David H. Hubel 得到了科学界的高度认可，荣获了诺贝尔生理学或医学奖，他们还获得了众多其他荣誉和职务，包括成为美国艺术与科学院院士、美国国家科学院院士以及英国皇家学会外籍院士等。

他们共同发现了视觉系统中的层级结构和两种关键细胞，即简单细胞和复杂细胞，不仅增进了人们对视觉感知过程的理解，而且为卷积神经网络的设计提供了生物学上的灵感，从而对人工智能领域产生了深远的影响。

尽管 David H. Hubel 已于 2013 年逝世，但他的研究成果和科学精神仍然持续影响着科学界。他和 Torsten Wiesel 在神经科学领域的贡献已经被永久地写入教科书，成为该领域的经典理论之一，激励着后来的科学家们继续探索视觉系统和神经科学的奥秘。

2. 新认知机

1980 年，日本学者福岛邦彦（Kunihiko Fukushima）也开始了猫的视觉系统的研究。受到这一自然现象的启发，福岛邦彦构想出了一种全新的人工神经网络模型，并将其命名为"新认知机"（Neocognitron）。

新认知机是一种具有层级结构的神经网络，其设计灵感来源于生物视觉系统的层级处理方式。在这个模型中，福岛邦彦引入了类似于生物视觉系统中的简单细胞和复杂细胞的结构。这些结构在神经网络中起到了关键作用，能够逐层提取和抽象输入数据的特征，从而实现高效的图像识别和处理。

具体来说，简单细胞负责检测图像中的特定边缘和方向信息，响应输入图像的局部特征。而复杂细胞则具有更大的感受野，能够汇总和抽象简单细胞的输出，从而提取出更高级别的特征。这种层级结构的设计使得新认知机能够逐级地处理和解释图像信息，从低级特征逐步抽象到高级特征。

值得注意的是，新认知机的结构与现代卷积神经网络（CNN）中的卷积层和池化层有着惊人的相似之处。实际上，可以将简单细胞和复杂细胞的操作类比为现代 CNN 中的卷积和池化操作。卷积层通过卷积运算提取图像的局部特征，而池化层则对特征进行下采样，以减少数据的维度和计算复杂度。

然而，尽管新认知机在结构上具有创新性，但它也存在一定的局限。最重要的一点是，该模型没有采用反向传播算法来更新权值。反向传播算法是一种有效的优化方法，能够通过计算损失函数对权值的梯度来调整网络参数，从而提高模型的性能。由于缺乏这种优化机制，新认知机的性能在一定程度上受到了限制。

尽管如此，福岛邦彦的贡献仍然不可忽视。他的新认知机为后来的卷积神经网络的发展奠定了坚实的基础。通过引入层级结构和类似于生物视觉系统的处理机制，福岛邦彦为人工神经网络领域带来了新的思路和方法。他的工作不仅启发了后续研究者对卷积神经网络的研究和改进，还为深度学习领域的发展做出了重要贡献。

3. TDNN 与 SIANN

在人工智能的发展历程中，1987 年迎来了一个重要的创新。Alexander Waibel 等人提出了时间延迟神经网络（Time Delay Neural Network，TDNN），这一技术被誉为卷积神经网络的先驱。TDNN 的诞生为语音识别领域带来了革命性的进步。

TDNN 是一种特殊设计的神经网络，它专门用于处理时间序列数据，尤其是语音信号。通过引入时间延迟的概念，该网络能够灵活地处理不同时间点的数据，捕捉语音中的细微变化。为了提升处理效率，TDNN 还采用了快速傅里叶变换（FFT）技术对输入的语音信号进行预处理。FFT 能够将复杂的语音波形转换成频域表示，从而更容易提取出关键特征，供神经网络进行学习和识别。

这项技术的推出极大地提升了语音识别准确率。在实验中，TDNN 展现出了比当时主流的隐马尔可夫模型（HMM）更优越的性能。这一突破不仅加速了语音识别技术的商业化应用，还为后来的卷积神经网络设计提供了灵感和基础。

TDNN 的影响深远，不仅促进了人工智能在语音识别领域的发展，还为自然语言处理、机器翻译等相关领域带来了新的思路和方法。

在 1988 年，科学家 Wei Zhang 开创性地提出了一种名为平移不变人工神经网络（Shift-Invariant Artificial Neural Network，SIANN）的二维卷积神经网络。这是人工智能领域的一大突破，因为它使得机器能够更精确地识别和处理医学影像等复杂的二维图像数据。

SIANN 的独特之处在于其"平移不变性"，这意味着无论图像中的物体如何移动，这个网络都能准确地找到并识别它们。这对于医生来说非常有用，因为他们可以依靠 SIANN 快速、准确地检测医学影像中的异常或病变区域。

Wei Zhang 提出的 SIANN 最初是为了检测医学影像而设计的。医学影像的复杂性要求算法具有高度的精确性和稳定性，而 SIANN 正好满足了这些需求。通过训练，SIANN 能够准确地从医学影像中识别出异常或病变区域，为医生的诊断和治疗提供有力支持。

SIANN 的成功不仅证明了二维卷积神经网络在处理复杂图像数据上的优势，还为后续卷积神经网络的发展提供了重要的参考和启示。

4. 卷积神经网络

在 20 世纪末，随着计算机科技的飞速发展，银行系统面临着一个挑战：如何更高效、准确地处理大量的支票。每天，银行都要处理成千上万的支票，而支票上的手写数字却让工作人员感到十分棘手。因为许多人的字迹龙飞凤舞，让识别工作变得非常困难。

就在这时，一个小助手出现了，它就是 LeNet-5！

LeNet-5 是一个卷积神经网络，擅长识别手写数字。当银行收到支票后，工作人员只需用扫描装置轻轻一扫，支票上的手写数字就会被高清重现。然后，这些数字图片会被送到 LeNet-5 进行处理。LeNet-5 是处理图像的高手，它先把图片转换为灰度图，再进行归一化处理，让图片更适合自己的"口味"。

接下来，就是 LeNet-5 大展身手的时刻了！它通过多层卷积和池化操作，从图像中提取出有用的特征。经过一系列复杂的计算，LeNet-5 就能准确地识别出支票上的每一个手写数字。

有了 LeNet-5 的帮助，银行工作人员再也不用为手写数字发愁了。他们只需根据 LeNet-5 识别出的数字串，就能快速确认支票金额和其他信息，轻松完成交易验证和执行。

这个智能小助手不仅提高了银行支票处理的效率和准确性，还为银行节省了大量的人力成本。更重要的是，LeNet-5 的准确识别还有助于预防金融诈骗，保护用户和金融机构的资金安全。

LeNet-5 的创新性和实用性使其能够处理大量的图像数据，并从中提取出有用的特征。这一特点使得它在图像识别和处理领域占据显著的优势，为后续的图像识别技术的发展奠定了坚实的基础。手写数字识别等成功应用案例，不仅证明了深度学习技术的巨大潜力，也激发了科研人员对深度学习技术的进一步探索和研究。

提到 LeNet-5，就不得不提它的发明者 Yann LeCun。

Yann LeCun，1960 年出生于法国巴黎附近。他在 1983 年获得法国高等电子与电工技术工程师学校（ESIEE Paris）的学士学位。在 1987 年，他从 Pierre et Marie Curie 大学获得计算机科学博士学位。在完成博士学业后，Yann LeCun 于 1987 年至 1988 年在多伦多大学 Geoffrey Hinton 的实验室进行博士后研究。也正是在这里，他开启了人工智能研究之路。

1989 年，Yann LeCun 成功构建了用于图像识别的卷积神经网络。这个网络是早期卷积神经网络的重要代表，为后来的 CNN 发展奠定了基础。

LeCun 的网络引入了一些新颖的结构和概念，如局部响应、权重共享和池化。这些结构成为后来卷积神经网络的核心思想之一，大大提高了网络的效率和性能。该网络主要应用于图像识别任务，特别是手写数字识别。通过训练，网络能够准确地识别和分类手写数字，展示了卷积神经网络在处理图像识别问题上的潜力。

在当时，由于算力和资源的限制，尽管该网络在性能上表现出色，但并未得到大力推广和发展。然而，它的出现为后续的卷积神经网络研究提供了重要的参考和启示。

终于，十年磨一剑，Yann LeCun 在 1998 年提出了 LeNet-5 网络。LeNet-5 是一个包含卷积层、池化层（又称下采样层）和全连接层的深度神经网络。这种结构使得网络能够有效地提取图像特征，并通过逐层处理，最终实现高效的图像识别。具体来说，LeNet-5 由 7 层组成，包括 2 个卷积层、2 个池化层和 3 个全连接层，这种结构为后续的卷积神经网络设计提供了重要参考。

LeNet-5 在手写数字识别问题上取得了显著成功。通过训练，该网络能够准确地识别和分类手写数字，这在当时是一项重大的突破。这一成功不仅展示了卷积神经网络在处理图像识别问题上的潜力，也为后续的相关研究提供了有力的支持。

更重要的是，LeNet-5 被广泛应用于银行支票处理中，这是卷积神经网络首次大规模商用。这一应用不仅提高了银行支票处理的效率和准确性，也标志着深度学习技术开始从实验室走向实际应用场景。

LeNet-5 的成功应用无疑在深度学习的历史中写下了浓墨重彩的一笔，展示了这项技术在实际场景中无与伦比的优势。作为第一个被投入实际应用的卷积神经网络，LeNet-5 的出现不仅代表了技术的进步，也开启了卷积神经网络在实际应用中的新篇章。

LeNet-5 仅仅是个开始，卷积神经网络的奇妙之处还远远没有结束。

▶▶ 4.1.5　机器学习的革命

1. 深度神经网络模型

2006 年，由 Geoffrey Hinton 和他的学生 Ruslan Salakhutdinov 在《科学》杂志上发表了一篇题为 "Reducing the Dimensionality of Data with Neural Networks" 的论文。在这篇论文中，Hinton 和 Salakhutdinov 提出了逐层训练方法和深度神经网络模型，不仅解决了长期以来困扰学术界的训练难题，还赋予了机器像人脑一样的学习能力。这一重大突破使得机器能够更深入地理解数据、更准确地识别模式、更智能地做出决策。

论文提出了深度学习的两个核心观点，并对后续的研究和应用产生了深远影响。论文指出，多层人工神经网络（即深度学习模型）具有很强的特征学习能力，能够从原始数据中提取出更为本质和有用的特征表示，有助于解决分类和可视化等任务。这一点对于处理高维、复杂的数据集尤为重要。

然而，深度学习模型由于其深度（即多层的堆叠）而难以训练。为了解决这个问题，Hinton 和 Salakhutdinov 提出了逐层训练的方法。在这种方法中，先训练网络的第一层，然后将这一层的输出作为下一层的输入进行训练，以此类推。每一层的训练都可以采用无监督学习方式，如自编码器（autoencoder）等。通过这种方式，可以将复杂的优化问题分解为一系列更简单的子问题，从而降低了训练深度神经网络的难度。

这篇论文的贡献在于它为深度学习的发展奠定了基础,尤其是逐层训练方法的提出,使得深度神经网络的训练变得更加可行和高效。此外,论文还展示了深度学习在降维和特征提取方面的强大能力,为后续的研究和应用提供了重要的启示。

用更通俗的语言来解释一下这篇文章的核心内容:深度神经网络就像一座多层的大楼。如果一次性建造完整座大楼很困难,那么可以一层一层地建造。这就是他们提出的逐层训练方法。每一层都单独学习,学完后,再把这一层学到的东西作为下一层学习的基础,逐步推进,让整个网络更加高效地完成学习任务。

举个例子,如果要训练一个识别图片的网络,首先可以让网络自己学习图片中的基本特征,比如边缘、颜色等(这就是无监督学习)。然后再告诉网络这些特征对应的图片是什么(这就是有监督学习)。结合这两种方法,网络就能更好地完成识别任务。这可以总结为一句口诀:"先用无监督学习找特征,再用有监督学习优化任务。"

文中还提到了深度自编码器,可以用于学习数据的压缩与解压。它先把数据压缩成更小的形式,然后再从这个压缩的形式中恢复出原始数据。通过这个过程,自编码器能学习到数据中的重要特征。而深度自编码器就是把多个这样的工具串联起来,形成一个更强大的工具。

深度学习的强大之处在于,它能够在简化数据的同时保留住最关键的特征,就像把一本书浓缩成几页纸的关键点,虽然篇幅减少了,但最重要的信息仍然保留。

这篇论文犹如一颗深埋在学术土壤中的种子,经过精心的浇灌和培育,终于破土而出,展现出强大的生命力。它所提出的深度学习理论和方法,突破了传统机器学习领域的局限,引领着学术界和工业界迈向一个全新的时代。

并且,自 20 世纪 80 年代以来,Geoffrey Hinton 这位机器学习大师不断贡献新的成果。从玻尔兹曼机模型,到反向传播算法,再到深度神经网络的研究,每一次,Geoffrey Hinton 都会带来不一样的突破。Geoffrey Hinton 的传奇远没有结束。

2. 卷积神经网络

就在 6 年后的 2012 年,Hinton 再次携手他的研究团队,包括 Alex Krizhevsky 和 Ilya Sutskever 等多伦多大学的杰出研究者,在人工智能领域投下了一颗重磅炸弹。他们发表了一篇具有划时代意义的文章,这篇文章不仅阐明了如何通过深度学习算法在人工智能领域取得实践上的突破,更以其前瞻性的洞察,引领了整个行业的变革。

这篇文章就是"ImageNet Classification with Deep Convolutional Neural Networks"(使用深度卷积神经网络进行 ImageNet 分类),该成果赢得了 2012 年的 ImageNet 大规模视觉识别挑战赛(ILSVRC),并引发了一场至今仍在进行的 AI 和机器学习革命。

这篇文章在人工智能历史上具有划时代的意义。它不仅是深度学习领域的一次重大突破,更以其前瞻性和颠覆性的成果推动了整个人工智能行业的巨大变革。

Hinton 通过训练一个大型的深度卷积神经网络,成功地将 ImageNet LSVRC-2010 竞赛中的

120万张高分辨率图像分类到1000个不同的类别，并在测试数据上取得了显著的成果：top-1错误率为37.5%，top-5错误率为17.0%，远超此前的先进水平。这一实践上的突破证明了深度学习在处理大规模图像分类任务上的有效性。

该文章展示了多项技术创新。首先，神经网络的设计包含6000万个参数和65万个神经元，由五个卷积层和三个全连接层组成，这种结构在当时是非常先进的。其次，文章采用了非饱和神经元和高效的GPU实现方式来加速训练过程，充分体现了对计算资源的有效利用。最后，为了减少全连接层的过拟合问题，采用了"dropout"正则化方法，这是一种新颖且非常有效的技术。

在ILSVRC-2012竞赛中，这个网络的top-5测试错误率为15.3%，远低于第二名的26.2%。这一胜利不仅证明了深度学习在处理复杂视觉任务上的优越性，还激发了整个行业对深度学习的热情和投入。此后，深度学习在图像识别、语音识别、自然语言处理等多个领域取得了重大进展。

这篇文章的意义远不仅限于其在ImageNet竞赛中的胜利，更在于其对深度学习领域的推动和引领作用。它展示了深度学习在处理大规模复杂任务上的潜力和优势，为后来的研究者提供了宝贵的经验和启示。

深度学习，作为机器学习的一个分支，通过模拟人脑神经网络的运作方式，让机器能够像人类一样学习和理解复杂的数据模式。在这项技术的助力下，Hinton、Krizhevsky和Sutskever的研究团队得以在图像识别、语音识别、自然语言处理等多个领域取得显著进展。他们的研究成果不仅在学术界引起了巨大的反响，也为工业界的人工智能应用开辟了新的道路。

如今，深度学习已经渗透到生活的方方面面。从语音识别到图像识别，从自然语言处理到智能推荐，从无人驾驶到医疗诊断……深度学习的身影无处不在。它正在以前所未有的速度和规模改变着世界，引领着人们迈向一个更加智能、更加美好的未来。

为了表彰几位杰出人物在人工智能领域的贡献，2018年，计算机科学领域的最高荣誉——图灵奖，授予了三位杰出的科学家：Yoshua Bengio、Geoffrey Hinton和Yann LeCun。他们因在深度学习领域的突破性贡献而共同获此殊荣，被誉为"深度学习三巨头"。

在开启人工智能这扇大门的路上，研究者们前赴后继，一场人工智能领域的算力革命也开始了。

4.2 GPGPU 的 AI 计算

▶▶ 4.2.1 GPGPU 在人工智能时代崛起

在"ImageNet Classification with Deep Convolutional Neural Networks"这篇具有里程碑意义的文章中，Hinton及其团队揭示了他们如何巧妙地利用GPU的强大计算能力，通过精湛的CUDA编程技术，显著地提升了深度神经网络的训练效率。他们的努力使得深度神经网络在 GPU 上的训练速度达到了前所未有的新高度。这一突破不仅印证了 GPU 在深度学习领域的巨大潜力和优势，还彻底颠覆了传统 CPU 在处理复杂任务时的速度极限。

在神经网络结构设计方面，团队创新性地采用了分组卷积策略，将卷积运算分散到多个 GPU 上进行并行处理，大大加快了训练进程。此外，他们还巧妙地运用了数据增强技术，通过裁剪、翻转原始图像等手段，增加了训练样本的多样性。这不仅有助于更全面地训练网络，还进一步提升了 GPU 计算资源的利用率，优化了训练效果。

这一研究的深远影响并不局限于学术界，还推动了工业界的技术革新。GPU 由此在机器学习领域崭露头角，逐渐成为人工智能时代的核心计算引擎。其强大的并行计算能力和高效的数据处理能力为人工智能的飞速发展提供了坚实的算力基础，推动了深度学习、机器视觉、自然语言处理等技术的不断创新与突破。从此，GPU 稳坐人工智能算力基座的宝座，成为机器学习的得力助手，引领着智能科技的新潮流。

GPU 为训练这种大规模的神经网络提供了必要的计算能力。在深度学习中，每个卷积层、池化层和全连接层都涉及大量的矩阵乘法和数据操作。传统的 CPU 架构在处理这种高度并行化的计算任务时效率较低，而 GPU 则通过其并行处理单元（CUDA 核心）和大规模内存带宽，能够显著加速这些计算。

在论文中，Krizhevsky 等人使用了两片 NVIDIA GTX 580 GPU 来训练他们的 CNN 模型。与传统的 CPU 训练方法相比，这种并行化方法将训练时间从数周缩短到数天。这对于快速迭代模型、尝试不同的架构和超参数至关重要。GPU 还促进了更大规模模型的训练。由于 GPU 的内存比 CPU 更大，可以训练更大、更复杂的模型。在论文中，他们使用了一个包含 6000 万个参数和 65 万个神经元的深度 CNN，这在当时的计算资源下是非常具有挑战性的。GPU 的并行计算能力还使得数据加载和预处理变得更加高效。在训练神经网络时，数据的加载和预处理（如图像增强、标准化等）是非常重要的步骤。GPU 的并行处理能力使得这些任务能够更快速地完成，从而提高了整体训练效率。

NVIDIA GeForce GTX 580 是 NVIDIA 公司于 2010 年 11 月 9 日发布的一款显卡，采用第二代 Fermi（费米）架构，核心代号为 GF110。这款显卡是 NVIDIA 第 2 代 DirectX 11 显卡中的单核心旗舰级显卡，用于取代第一代的 NVIDIA GeForce GTX 480。

GTX 580 的主要技术参数包括：拥有 512 个流处理器，显存类型为 GDDR5，显存容量通常为 1536MB，显存位宽为 384bit。它的核心频率通常设定在 772MHz 左右，显存频率则在 4008MHz 左右。此外，GTX 580 支持 DirectX 11 和 Shader Model 5.0 技术，最高分辨率可以达到 2560×1600 像素。

GTX 580 在当时是一款非常强大的显卡，能够轻松应对大部分的高性能游戏和应用。然而，随着技术的不断进步和新一代显卡的推出，GTX 580 已经逐渐被取代。虽然这并不是专门为 AI 所设计的，但它成为当时最适合进行 AI 计算的芯片之一。在 AI 浪潮中，GPU 逐渐从强调渲染转向更注重 AI 训练和推理的运算过程。

▶▶ 4.2.2 从图像处理到 AI 计算

随着 AI 的兴起和发展，GPU 的角色已经从主要支持图形渲染逐渐转变为支持 AI 训练和推理的运算。这种转变是由 GPU 的并行处理能力和高效内存管理等特点所推动的，这些特点使得GPU 成为处理 AI 工作负载的理想选择。

在传统的图像渲染过程中，GPU 主要负责加速图像的生成，包括游戏中的 3D 场景、电影特效等。然而，随着深度学习和神经网络等 AI 技术的广泛应用，GPU 的这些并行处理能力逐渐被应用于更复杂的数据处理任务中。

在 AI 的训练和推理中，GPU 能够并行处理大量的数据，并快速执行矩阵乘法和向量运算等常见的神经网络操作。这使得 GPU 显著加速了神经网络的训练和推理过程，从而提高了 AI 应用的性能和效率。

GPU 的内存管理策略也有助于 AI 训练和推理。GPU 使用专门的显存来存储数据和执行计算任务，使得数据在 GPU 和 CPU 之间的传输更加高效。对于需要大量数据和计算的 AI 任务来说，这种高效的内存管理策略是非常重要的。而 GPU 本身也开始了一场更加适配 AI 运算的进化。

2012 年 NVIDIA 发布 Kepler 架构。Kepler 架构首次引入了 SMX（Streaming Multiprocessor eXtended）架构，每个 SMX 包含多个 CUDA 核心、指令调度单元、寄存器文件、共享内存、纹理单元等组件，能够高效地处理并行计算任务。此外，Kepler 架构还采用了动态并行技术，允许 GPU 在执行过程中动态创建和管理线程，从而更好地利用计算资源。Kepler 架构的 GPU 还引入了GPU Boost 技术，可以根据负载情况动态调整 GPU 的核心频率和电压，以实现更好的性能和能效表现。此外，Kepler 架构还支持多种新的图形和计算 API，如 OpenGL 4.3、DirectX 11.1、CUDA 5.0 等，为开发者提供了更丰富的功能和灵活性。

在内存管理方面，Kepler 架构引入了统一的内存架构，将显存和缓存统一管理，提高了内存访问效率和带宽。同时，Kepler 架构还支持 ECC（Error-Correcting Code）内存校验技术，提高了计算的可靠性和稳定性。

2014 年 NVIDIA 发布了 Maxwell 架构，它继承了 Kepler 架构的基础，并在性能、能效和功能方面进行了显著的改进和优化。Maxwell 架构的 GPU 被广泛用于深度学习、游戏图形处理、虚拟现实和高性能计算等领域。在架构设计上，Maxwell 采用了全新的 SM（Streaming Multiprocessor）设计，通过改进控制逻辑分区、负载均衡、时钟门控粒度、编译器调度以及每时钟周期发出的指令条数等，实现了更高的每瓦特性能和每单位面积的性能。与 Kepler 架构相比，Maxwell 架构在相同功耗下能够提供更好的性能，或者在相同性能下能够降低功耗。

Maxwell 架构还引入了多种新技术以提高能效和性能，包括支持动态超分辨率技术（DSR）、多帧采样抗锯齿技术（MFAA）和基于体素的全局光照（VXGI）等，这些技术可提供更流畅、更逼真的图形效果。此外，Maxwell 架构还支持硬件级别的视频编码和解码加速，以及 GPU Boost

2.0 技术，能够根据负载情况动态调整 GPU 的核心频率和电压，以最大限度地提高性能和能效。

2017 年，NVIDIA 向世界展示了其新一代高性能计算架构——Volta。这一代的 GPU 针对 AI 运算引入了一个新的部件，在计算领域，这却是一个划时代的标志。Volta 架构就是 NVIDIA 为了让计算机能够更快、更高效地处理复杂任务而设计的一种新型架构，它为计算机搭建了一个更加宽敞、智能的"工作车间"，让里面的"工人"（也就是处理器核心）能够更快速地完成各种任务。

那么，Volta 架构到底带来了哪些重大改变呢？

它让计算机变得更"聪明"了。Volta 架构引入了 Tensor Core 技术，这是一种专门为深度学习优化的计算单元。深度学习是一种让计算机能够像人一样学习和思考的技术，而 Tensor Core 就像是给计算机装上了一个"大脑加速器"，让它能够更快地学习和处理信息。Tensor Core 可以同时执行矩阵乘法和加法运算，显著提高了深度学习模型的训练和推理速度。Volta GV100 中的统一存储技术包括新型访问计数器，可以更准确地迁移存储页，提高了内存访问效率。Volta 架构支持协作组（Cooperative Groups）和新的 Cooperative Launch API，增强了线程之间的协作能力，提高了并行计算效率。Volta 增加了对新型同步模式的支持，能够更好地协调和管理 GPU 内的计算任务。在 Volta 架构中，每个 SM 单元被重新设计，以提高计算效率。每个 SM 单元包含多个处理块（Process Block），每个处理块中包含不同类型的计算核心，如 FP64、FP32、INT32 等，以及 Tensor Core 和 LD/ST Unit 等。这种设计使得 SM 单元能够更灵活地处理不同类型的计算任务。

Volta 架构针对深度学习进行了优化，包括支持更高效的卷积神经网络（CNN）运算、更快速的训练算法等。此外，Volta 架构还支持多种深度学习框架，如 Caffe2、MXNet、CNTK、TensorFlow 等，这些框架可以利用 Volta 的性能来获得更快的训练速度和更高的多节点训练性能。

2018 年 NVIDIA 推出了 Turing 架构，这一架构不仅进一步提升了深度学习性能，还引入了实时光线追踪技术。在深度学习方面，Turing 架构通过引入新的 Tensor Core，加速了矩阵运算和深度学习中的其他关键计算任务。这些 Tensor Core 是专门为深度学习优化的计算单元，能够显著提高训练和推理的速度和效率。与前代架构相比，Turing 架构在深度学习性能上取得了显著的提升。

除了深度学习性能的提升，Turing 架构还引入了实时光线追踪技术。实时光线追踪是一种模拟光线在物体表面反射和折射的渲染技术，能够生成更加逼真、真实的图像效果。为了支持实时光线追踪，Turing 架构引入了新的 RT Core（光线追踪核心），这些核心专门用于加速光线追踪计算，使得 GPU 能够实时渲染出逼真的光影效果。

在硬件设计方面，Turing 架构采用了全新的 SM 设计，每个 SM 包含了更多的 CUDA 核心和更大的共享内存，提供了更强的并行处理能力和更高的内存带宽。此外，Turing 架构还支持新的 GDDR6 显存技术，提供了更高的显存带宽和容量，以满足大规模数据处理和图形渲染的需求。

Turing 架构是 NVIDIA 在 GPU 领域的一次重大创新，通过引入新的 Tensor Cores 和 RT Cores 等技术，实现了深度学习性能和图形渲染能力的显著提升。这些改进不仅推动了深度学习等领域的发展，也为游戏图形处理、虚拟现实和高性能计算等领域带来了更好的用户体验和性能表现。

按照两年一代的节奏，NVIDIA 在 2020 年推出了 Ampere 架构。这标志着计算机图形处理和人工智能性能的一大飞跃。Ampere 架构不仅采用了尖端的制程工艺，在设计和功能上也实现了多项突破，引领了弹性计算时代的发展。Ampere 架构在规模上达到了前所未有的高度，拥有高达 540 亿个晶体管，成为史上最大的 7 纳米芯片。这一成就不仅展示了 NVIDIA 在半导体技术上的卓越实力，也为后续的性能提升奠定了坚实的基础。Ampere 架构在 Tensor Core 技术上取得了显著进展。作为专门为深度学习优化的计算单元，Tensor Core 在 Ampere 架构中实现了进一步的性能提升和功能扩展，使基于 Ampere 架构的 GPU 能够更高效地处理深度学习任务，加速训练和推理过程，为人工智能应用的发展提供了强有力的支持。Ampere 架构还引入了全新的精度标准 Tensor Float-32（TF32）。这一创新性的技术无须更改任何程序代码，即可将人工智能速度提升最高 20 倍。除了在人工智能领域的突破，Ampere 架构还针对数据分析和高性能计算（HPC）领域进行了全面优化。凭借出色的计算性能和可扩展性，Ampere 架构的 GPU 能够轻松应对大规模数据处理和复杂的科学计算任务，成为数据中心、云服务和超算中心等高性能计算环境的首选技术。

▶▶ 4.2.3　张量加速计算——Tensor Core

最初，GPU 通过 CUDA Core 加速并行计算，后来，Tensor Core 又被引入。Tensor Core 是 NVIDIA 在其 GPU 架构中引入的一种专门用于深度学习和其他张量运算的硬件加速单元。在传统的 GPU 中，进行矩阵乘法等张量运算时，通常通过一系列的 CUDA 核心来完成。然而，随着深度学习等应用的快速发展，对大规模张量运算的需求不断增加，传统的 GPU 架构已经无法满足这种需求。

为了解决这个问题，NVIDIA 在 Volta 架构中引入了 Tensor Core。Tensor Core 是一种专门为深度学习优化的计算单元，它可以直接执行矩阵乘法和加法运算，而无须依赖传统的 CUDA 核心。这种设计大大提高了深度学习模型的训练和推理速度，使 Volta 架构成为当时最适合深度学习的 GPU 架构之一。

CUDA Core 与 Tensor Core 之间分工协作。在传统的 GPU 中，每个 CUDA 核心都支持单精度（FP32）和双精度（FP64）计算。然而，在深度学习中，很多应用并不需要双精度的精度，而是更注重计算速度和内存占用。因此，Tensor Core 被设计为支持半精度（FP16）计算，每个 Tensor Core 内部包含了多个处理单元，可以同时执行多个半精度运算。这种设计使得 Tensor Core 在单位时间内可以完成更多的计算任务，从而提高整体性能。

除了半精度计算，Tensor Core 还支持一种称为 TensorFloat-32（TF32）的新型数据类型。TF32 是一种混合精度数据类型，它使用与 FP16 相同的位数表示指数和尾数，但提供了更高的动态范围和精度。这种数据类型可以在保证计算速度的同时，提高深度学习模型的准确性和稳定性。

在 Ampere 架构的 Tensor Core 中，计算单元经过了精心的设计和优化。与传统的 CUDA 核心不同，Tensor Core 中的计算单元专门用于执行矩阵乘法和加法等张量运算，因此在进行深度学习的推理和训练时能够提供极高的性能。

Tensor Core 中的计算单元采用了混合精度计算技术，支持多种数据类型和精度要求。例如，它们可以同时支持半精度（FP16）和全精度（FP32）计算，以适应不同类型的深度学习任务。此外，Ampere 架构还引入了新的数据类型 TensorFloat-32（TF32），它结合了 FP16 和 FP32 的优点，提供了更高的动态范围和精度，同时保持了较高的计算性能。

在计算单元内部，Tensor Core 采用了大规模并行处理的方式，可以同时处理多个张量运算任务。这使得 Tensor Core 能够在单位时间内完成更多的计算工作，从而提升了整体性能。此外，Tensor Core 还支持高效的数据传输和存储机制，可以快速地读取和写入内存中的数据，减少了数据传输的延迟和开销。

下面本书将举一个具体的例子来说明 Tensor Core 是如何进行计算的。

假设有两个半精度浮点数（FP16）矩阵 A 和 B，它们都是 4×4 的大小，希望计算它们的矩阵乘法 C = AB。

矩阵 A：

```
[1, 2, 3, 4]
[5, 6, 7, 8]
[9, 10, 11, 12]
[13, 14, 15, 16]
```

矩阵 B：

```
[1, 0, 1, 0]
[0, 1, 0, 1]
[1, 0, 1, 0]
[0, 1, 0, 1]
```

矩阵 C 是想要计算的结果。

在传统的 GPU 上，可能会编写一个 CUDA 程序，使用 CUDA 核心来计算每个元素的乘法并将它们加在一起以得到 C 的每个元素。但是，在支持 Tensor Core 的 GPU 上，可以利用 Tensor Core 来加速这个过程。

Tensor Core 能够在一次操作内完成多个元素的乘法和加法操作。对于 4×4 的矩阵乘法，Tensor Core 可以一次处理多个元素的乘法，并将结果累加到输出矩阵中。

在 NVIDIA 的 GPU 中，Tensor Core 通常通过特定的库（如 cuBLAS 或 cuDNN）来调用。这些库提供了高级别的 API，使得开发者能够更容易地利用 Tensor Core 进行计算。

以下是一个简化的伪代码示例，说明如何使用 Tensor Core 来计算矩阵乘法：

```
import cupy as cp
import cupyx.scipy.linalg
# 假设 A 和 B 是已经以 FP16 格式加载到 GPU 内存中的 4×4 矩阵
```

```
A = cp.array([...], dtype=cp.float16) # 替换"..."为矩阵 A"的实际数据
B = cp.array([...], dtype=cp.float16) # 替换"..."为矩阵 B"的实际数据
# 使用 cuBLAS 或类似的库来调用 Tensor Core 进行矩阵乘法
C = cp.matmul(A, B)
# C 现在包含矩阵乘法的结果
print(C)
```

上面的代码示例使用了 cupy 库，它是一个类似于 NumPy 的库，但专为 GPU 计算而设计。在实际应用中，可能会使用 cuBLAS 或其他 NVIDIA 提供的库来执行矩阵乘法，这些库内部会利用 Tensor Core 进行优化。

在实际应用中，矩阵通常会比 4×4 大得多，但 Tensor Core 的用法是类似的。对于更大的矩阵，可能需要对矩阵进行分块（tiling），以便适应 Tensor Core 的输入大小，并通过多次调用 Tensor Core 操作来完成整个矩阵乘法。调用 Tensor Core 计算的速度比 CUDA Core 的速度更快。

4.3 人工智能的计算范式

4.3.1 标量、向量、矩阵和张量

标量、向量、矩阵和张量都是用来表示数量的，但是它们表示的方式和维度都不一样。在机器学习和深度学习领域，它们是很重要的数学概念。

1）标量：就是一个单独的数字，比如 5 或者-3。它没有方向，只有大小。标量通常用小写字母表示，例如 x、y 和 z。标量的例子包括温度、质量和时间。标量是最简单的数学对象，常用于表示方程中的常数或系数。

2）向量：可以理解为一组数字，比如 [3,4]。这些数字按照顺序排在一起，就像一个箭头，有大小也有方向。在二维空间里，这个箭头可以表示一个点的位置或者一个移动的方向。向量是具有大小和方向的有序数字集合。向量通常用粗体小写字母表示，例如 $\mathbf{v}$、$\mathbf{u}$ 和 $\mathbf{w}$。向量的例子包括速度、位移和力。向量可以与标量进行相加、相减、缩放和相乘运算。向量的大小是它的长度或大小，方向是它与参考轴之间的角度。

3）矩阵：就是多个向量排列在一起，形成一个表格，比如 [[1,2],[3,4]]。矩阵可以表示更复杂的变换和关系，比如旋转、缩放等。矩阵通常用粗体大写字母表示，例如 $\mathbf{A}$、$\mathbf{B}$ 和 $\mathbf{C}$。矩阵可以加、减、乘、求逆等运算，还可以用来求解线性方程组。

4）张量：可以看作是更高维度的矩阵。如果矩阵是二维的，那么张量可以是三维、四维甚至更高维的。在深度学习中，张量经常用来表示图像、视频等多维数据。张量是将标量、向量和矩阵的概念推广到更高维度的数学对象。张量通常用带有上标和下标的粗体大写字母表示，例如 $\mathbf{T}_{ij}$、$\mathbf{T}_{ijk}$。张量可以有任意数量的指标，可以表示各种物理量，例如应力、应变和电磁场。张

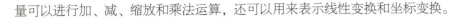

量可以进行加、减、缩放和乘法运算，还可以用来表示线性变换和坐标变换。

▶▶ 4.3.2 CPU 的落寞

CPU 作为计算机的核心组件，扮演着至关重要的角色。它不仅是计算机的大脑，更是执行各种运算和任务的引擎。而在这些运算中，标量运算是 CPU 的强项。

标量运算，顾名思义，指的是仅涉及单个数字的运算。无论是简单的加法、减法，还是稍微复杂的乘法、除法，CPU 都能以惊人的速度和效率轻松应对。这种一对一的数字运算对于 CPU 来说就像是解决一道小学数学题，轻而易举，毫不费力。

然而，CPU 的强大之处并不仅仅局限于简单的标量运算。当面对大量的标量数据时，CPU 通过计算并行技术能够发挥其并行处理的能力，同时处理多个标量运算，进一步提升运算效率。这就像一位数学高手在解决一系列数学问题时，能够并行计算，迅速找到每个问题的答案，而不需要逐个计算。

CPU 的这种卓越性能得益于其精密的设计和优化的架构。它拥有高速的缓存，能够迅速读取和存储数据，减少等待时间。同时，CPU 内部的多个核心和线程可以协同工作，实现并行处理，进一步提高运算速度。这使得 CPU 在处理大量标量运算时能够发挥出最大的潜力，成为不可或缺的得力助手。

为了支持向量运算，CPU 进行了多方面的努力和优化。它引入了单指令多数据（SIMD）指令集，如英特尔的 MMX、SSE、AVX 和 ARM 的 NEON 等。这些指令允许 CPU 在一条指令中同时对多个数据元素（即向量）执行相同的操作，从而显著提高处理速度和吞吐量。某些 CPU 还集成了专门的向量处理器或向量处理单元（VPU），专为处理一维数组（向量）的操作而设计。它们能够高效地处理向量运算，如矩阵乘法、向量加法和向量点积等。为了最大化向量运算的性能，硬件（CPU）和软件（操作系统、编译器和应用程序）需要紧密协作，包括选择适当的算法和数据结构、优化内存访问模式以及确保数据和指令在 CPU 上高效流动等。

然而，即使有这些优化，CPU 在处理人工智能的计算范式时，仍显得力不从心。

随着人工智能特别是深度学习的兴起，对计算能力的需求呈指数级增长。矩阵和张量运算是深度学习的基石，它们涉及大量的乘法和加法操作，要求高度的并行处理能力来加速运算。尽管现代 CPU 已经具备了多核和多线程的能力，但在面对这种计算密集型任务时，其并行处理能力仍然显得捉襟见肘。

CPU 的核心数量通常远远少于 GPU 中的处理单元数量。GPU 拥有成百上千个核心，可以同时处理多个任务，非常适合执行大规模的并行计算。相比之下，CPU 的核心数量有限，只有几十到上百个，两者有相差 1~2 个数量级的差距，无法提供与 GPU 媲美的并行处理能力。这意味着在处理大规模矩阵和张量运算时，CPU 可能无法充分利用其计算能力，导致计算效率低下。

在 AI 应用中，这种并行处理能力的限制成为 CPU 的显著劣势。随着深度学习模型的复杂性和数据量的增加，对计算能力的需求不断提高。CPU 的并行处理能力有限，使得它在处理这些任务时显得相对缓慢，难以满足实时性和高效率的要求。

矩阵和张量运算不仅涉及大量的计算操作，还需要频繁地进行数据传输和访问。内存带宽和延迟成为其中的关键因素。CPU 与内存之间的带宽限制可能导致数据传输速度缓慢，无法及时满足计算需求。尤其是在处理大规模数据集时，这种带宽限制可能成为性能的主要瓶颈。

此外，CPU 的内存访问延迟通常比 GPU 更高。GPU 通常具有专门的内存层次结构和优化策略，能够降低内存访问延迟并提高数据传输效率。相比之下，CPU 的内存访问机制可能更加复杂，涉及多个缓存层级和内存管理策略，可能导致更高的访问延迟。

在 AI 时代，这种内存带宽和延迟的限制进一步加剧了 CPU 在矩阵和张量运算方面的局限。深度学习模型需要处理大量的数据，并进行频繁的读写操作。CPU 的内存带宽和延迟限制可能导致无法高效地处理这些数据，影响模型的训练和推理速度。这使得 CPU 在构建高效、实时的 AI 应用时，可能不是最佳的选择。相比之下，GPU 等专用硬件在并行处理能力和内存带宽方面具有明显优势，更适合处理这种计算密集型任务。

▶▶ 4.3.3　GPU 的崛起

与 CPU 的逐渐式微相比，GPU 则完美地融入了这个时代。

GPU 拥有成百上千个核心，这些核心可以同时执行大量线程，形成了其独特的高度并行架构。这种架构源于图形渲染的需求，需要对屏幕上的每一个像素进行并行处理以实现高效的图像生成。为了满足这一需求，GPU 被设计为能够同时处理多个像素的计算，逐渐演变出高度并行的架构。

这种高度并行架构非常适合处理大规模的向量和矩阵运算。深度学习和人工智能算法中经常涉及大规模的向量和矩阵运算，如矩阵乘法、卷积等。这些运算在 GPU 上可以得到高效的执行，因为 GPU 的设计允许它同时处理多个数据元素，并且在单个时钟周期内完成多个操作。这种并行计算的能力使得 GPU 在处理这些运算时比 CPU 快得多。在传统的 CPU 架构中，这些运算往往需要顺序执行，无法充分利用处理器的计算能力。

在 GPU 的高度并行架构下，可以将向量和矩阵运算分解为多个小的计算任务，并分配给不同的核心同时执行。由于 GPU 拥有大量的核心，每个核心都可以独立处理一部分计算任务，从而实现并行计算的效果。这种并行处理的方式可以显著加速向量和矩阵运算的执行速度，因为多个核心可以同时工作，无需等待其他任务的完成。这种高效的并行处理能力使得 GPU 在处理大规模的向量和矩阵运算时表现出色。

例如，NVIDIA 的 GPU 内部拥有成百上千个 CUDA 核心（CUDA Core），这些核心可以同时处理多个计算任务。与传统的 CPU 相比，GPU 可以并行执行更多的线程，大大提高了计算效率。在深度学习和人工智能领域，许多算法涉及对大量数据的并行处理，而 GPU 的并行计算能力正好满足了这一需求。

GPU 拥有高效的内存层次结构，包括缓存（Cache）和显存（VRAM）。缓存用于存储频繁访问的数据，以减少访问主存的时间；显存则用于存储大量的数据，便于 GPU 快速访问。这种内存层次结构确保了数据在核心之间的快速传输，进一步提高了计算效率。

需要注意的是，机器学习的算法对存储的需求往往高于计算的需求。可以说，人工智能的发展凸显了冯·诺依曼架构下内存墙的问题，解决存储速度的问题一直是芯片设计中的核心挑战。

近年来，GPU 厂商开始为深度学习等特定应用提供专用硬件支持。例如，NVIDIA 的 GPU 中引入了张量核心（Tensor Core），这些核心专门为深度学习所需的数学计算而设计。张量核心可以加速矩阵乘法和卷积等关键操作，进一步提升了 GPU 在深度学习领域的性能。

NVIDIA 的 CUDA 编程框架为开发者提供了利用 GPU 资源进行高效计算的能力。CUDA 框架允许开发者使用类似于 C 语言的语法编写 GPU 代码，轻松利用 GPU 的并行计算能力。此外，许多深度学习框架（如 TensorFlow、PyTorch 等）都支持 CUDA，使得开发者可以轻松地在 GPU 上运行深度学习模型。

随着技术的不断发展，后续的 GPU 架构在继承以上优势的基础上，进一步提升了计算性能和能效比。例如，NVIDIA 的 Ampere 架构引入了第三代 Tensor Core，进一步提高了深度学习性能。这些发展为人工智能的发展注入了更强大的动力。

可以说，人工智能时代的崛起带来新的计算范式，而 GPU 完美地适应了这一范式，成为人工智能时代的算力基石。

时势造英雄，时势也造就了 GPU 的辉煌。

▶▶ 4.3.4 专用 AI 处理器的诞生

众所周知，CPU 和 GPU 都不是专门为人工智能设计的，但是 GPU 更完美地融入了人工智能时代。那么，有没有一种原生于人工智能时代的处理器，能够更加直接、更加贴合地实现人工智能算法，并提供更加强大的算力？

答案是肯定的，不止一个人曾有过这样的设想，并将其付诸实践，于是专用 AI 处理器应运而生。

在人工智能飞速发展的今天，专用的 AI 处理器或 AI 芯片扮演着举足轻重的角色。这些芯片是专门为满足人工智能应用的需求而设计的硬件解决方案。CPU 作为通用计算的核心，虽然能够胜任各种类型的计算任务，但在处理人工智能算法时，其效率往往不及专用 AI 芯片。同样，虽然 GPU 在并行计算方面有着出色的表现，特别是在深度学习训练上，但在针对人工智能任务的优化上，专用 AI 芯片更胜一筹，特别是在推理方面。

简单来说，GPU 在训练任务上表现突出，因其具备可编程性，这是专用 AI 处理器无法完全匹敌的；而专用 AI 处理器在推理任务上则凭借低成本和低功耗的优势，远超其他产品形态。

尽管两者在各自领域具有显著优势，但随着技术的不断发展，这两者的界限并非固定不变，彼此间的竞争和融合将持续进行。

专用的 AI 处理器的设计初衷就是针对人工智能算法进行深度优化，以提供显著的性能提升。

通过内置的硬件加速器和定制化的指令集，这些处理器能够针对图像识别、语音识别、机器翻译和自动驾驶等复杂的人工智能任务进行优化，实现更高效、更准确的计算。此外，ASIC/AI 芯片在处理大规模数据集时，其高效的计算能力和低能耗特性也使其成为人工智能领域的理想选择。

在架构上，专用的 AI 处理器包括多核心处理器、高速缓存和专用加速器等核心组件。多核心处理器采用并行计算设计，可以同时处理多个任务；高速缓存则能够显著提高数据访问速度；而专用加速器则针对特定算法进行优化，以实现更高的计算效率。这些组件协同工作，为人工智能任务提供强大的计算能力。

相比于 CPU 和 GPU，专用的 AI 处理器在处理人工智能任务时展现出显著的优势。它们不仅具有更高的计算效率和更低的能耗，而且还具有更高的灵活性和可扩展性。通过针对特定算法和场景的优化，专用的 AI 处理器能够提供更高的计算密度和能效比，推动了人工智能技术的快速发展和应用。

4.4 TPU——专用人工智能处理器

▶▶ 4.4.1 TPU 的简介

云端的大数据集和众多的计算机之间的协同作用，推动了机器学习的复兴，特别是深度神经网络（DNN）在诸如语音识别方面取得了突破性成果。DNN 成功地将词语错误率降低了 30%，这是过去 20 年来最大的进步之一。在图像识别领域，DNN 同样大放异彩，将竞赛中的错误率从 2011 年的 26% 锐减至 3.5%。此外，DNN 还在围棋比赛中战胜了人类冠军，展现了其强大的智能水平。

DNN 具有广泛的适用性，能够解决众多问题。因此，设计一款专门为 DNN 优化的 ASIC（应用特定集成电路），用于处理语音、视觉、语言、翻译、搜索排名等任务，具备实际意义。

神经网络（NN）的灵感来源于大脑的功能，其基本单元是人工神经元。这些神经元通过计算输入的加权和，并应用非线性函数［如 ReLU 函数：$\max(0, \text{value})$］来模拟生物神经元的工作方式。这些人工神经元被组织成层状结构，一层神经元的输出作为下一层的输入。DNN 之所以被称为"深度"，是因为它们超越了传统的几层网络，能够利用云端的大数据集来训练更多、更大的网络层，以捕获更高级别的模式或概念。GPU 为这一过程提供了强大的计算能力。

神经网络的工作过程可以分为两个阶段：训练和推理。训练阶段是通过大量数据来学习和优化网络参数（即权重）的过程；推理阶段则是利用训练好的网络来对新数据进行预测或分类。这两个阶段分别对应着开发与生产环境。开发人员需要选择合适的网络层数和类型，而训练过程则会自动确定每个神经元的权重。

需要注意的是，几乎所有的训练过程都是在浮点数上进行的，这也是 GPU 在深度学习领域如此受欢迎的原因之一。然而，在推理阶段，可以使用量化技术将浮点数转换为较窄范围的整数（通常仅为 8 位）。这种转换通常足以满足推理的精度需求，同时还能显著降低计算复杂性和能耗。实际上，8 位整数乘法的能耗和芯片面积可以比 IEEE 754 16 位浮点乘法低 6 倍左右；而对于整数加法来说，其能耗可以降低 13 倍，面积减少 38 倍之多。这些优势使得量化技术在推理阶段具有广泛的应用前景。

目前流行的三种神经网络及其特点如下：

1）多层感知器（MLP）

结构：多层感知器由多个全连接层组成，每个新层是先前层的所有输出（全连接）加权和的非线性函数的集合。

特点：在 MLP 中，每个神经元与前一层的所有神经元相连，并通过加权和及非线性激活函数产生输出。这种网络在处理结构化输入数据（如表格数据）时表现良好，但在处理图像或序列数据时可能不够高效。

2）卷积神经网络（CNN）

结构：卷积神经网络通过卷积层来处理具有网格结构的数据，如图像。每个卷积层是通过卷积操作计算先前层的空间相邻子集的加权和并应用非线性函数后的输出集合。

特点：CNN 通过权重共享（即卷积核）和局部连接性来减少参数数量并提高空间特征的识别能力。这使得 CNN 在处理图像、视频等具有空间结构的数据时非常有效。

3）循环神经网络（RNN）

结构：循环神经网络用于处理序列数据。在每个时间步，RNN 的当前状态是基于前一个状态和当前输入的加权和的非线性函数的集合。

特点：RNN 能够捕获序列数据中的时间依赖性。然而，传统的 RNN 在处理长序列时可能面临梯度消失或梯度爆炸的问题。为了解决这个问题，出现了更复杂的 RNN 变体，如长短期记忆（LSTM）和门控循环单元（GRU）。

LSTM：长短期记忆网络是一种特殊的 RNN，通过引入门控机制（输入门、遗忘门和输出门）来决定哪些信息应该被记住、哪些应该被遗忘。这使得 LSTM 能够更好地处理长期依赖关系。

在 AI 时代，选择合适的硬件来处理 AI 的计算变得至关重要。尽管 GPGPU 已经广泛被用于深度学习和其他 AI 任务，但人们仍在探索是否有更优的选择。这个问题的答案各异，因为不同的 AI 应用和工作负载对硬件的需求各不相同。

有人认为，对于特定的 AI 任务，定制化的 ASIC 可能更为高效。这些 ASIC 芯片是专为特定的 AI 算法设计的，能够在功耗和性能上达到最佳平衡。例如，谷歌的 Tensor Processing Unit（TPU）就是一种专门为 TensorFlow 深度学习框架优化的 ASIC 芯片，它在处理神经网络推断任务时表现出色。

谷歌的 TPU 的核心是一个巨大的矩阵乘法单元，这个矩阵乘法单元具有 65536 个 8 位 MAC，峰值吞吐量为 92 TeraOps/秒，配备一个 28 MB 的软件管理片上存储器。

与同一数据中心中部署的服务器级 Intel Haswell CPU 和 NVIDIA K80 GPU 相比。TPU 的确定性执行模型比 CPU 和 GPU 的时变优化（如缓存、乱序执行、多线程、多处理、预取等）更适合神经网络计算的需求。这三种芯片的测试基准使用 TensorFlow 框架中编写的神经网络应用程序（MLP、CNN 和 LSTM），这些应用程序表示了 95% 的数据中心神经网络的推理需求。尽管某些应用程序的利用率较低，但 TPU 的平均速度比其同时代的 GPU 或 CPU 快 15~30 倍，每瓦 TOPS 约高 30~80 倍。此外，使用 GPU 的 GDDR5 内存在 TPU 中将使实现的 TOPS 增加三倍，并将每瓦 TOPS 提高到 GPU 的近 70 倍、CPU 的 200 倍。

以上就是 TPU 第一代的介绍。TPU 这种专用芯片不仅加速了神经网络的计算，还显著降低了功耗。对于需要处理大量神经网络任务的数据中心，TPU 无疑是一种非常优秀的硬件选择。

事实真的是这样的吗？测试证明了 TPU 在推理方面有非常大的性能和功耗优势。

数据中心在处理神经网络（NN）推理工作负载时面临诸多挑战。三种主要处理单元——CPU、GPU 和 TPU（张量处理单元）在性能方面差异显著。为了进行基准测试，研究人员精心选择了三种具有代表性的 NN 类型。这些 NN 虽然代码量不大，仅为 100~1500 行，但在大型、复杂的应用程序中扮演着至关重要的角色。这些应用程序通常是面向用户的，因此对响应时间有着极为严格的要求。

尽管 GPU 在神经网络训练方面表现出众，但在推理阶段，由于其固有的延迟限制，其性能并未达到人们的期望，仅仅略胜于 CPU。相比之下，TPU 在推理性能上展现出了显著的优势。具体来说，TPU 的推理速度比 K80 GPU 和 Haswell CPU 快 15~30 倍。更为引人注目的是，如果 TPU 的内存系统能够得到改进，其推理速度甚至有可能提升到 30~50 倍。

此外，TPU 的功耗效率也得到了充分评估。结果显示，TPU 的性能/瓦特比（即每瓦特电能所产生的性能）远超当代产品，高达 30~80 倍。如果采用改进后的内存系统，这一数字甚至有望飙升至 70~200 倍，这无疑为数据中心在提升性能的同时降低能耗提供了新的可能。

尽管 CNN 在图像识别等领域的应用日益广泛，但在数据中心，CNN 的工作负载实际上只占到了总工作负载的 5%。这意味着在设计和优化处理单元时，不仅要关注 CNN 的性能需求，还需要考虑其他类型神经网络的特性和要求。对于架构师来说，如何平衡不同类型神经网络的需求，以及如何充分发挥 TPU 等新型处理单元的性能优势，将成为未来的挑战。

▶▶ 4.4.2 TPU 的架构设计

为了加速神经网络的推理和训练，谷歌人工智能芯片 TPU（Tensor Processing Unit，张量处理器芯片）对深度学习中常用的运算类型（例如矩阵乘法、卷积和激活函数）进行了优化。TPU 能够并行处理大量数据，每个处理单元能够同时执行多个计算。TPU 的关键特性之一是它们能够执行低精度计算，使它们能够比传统的 CPU 和 GPU 更高效，且能耗更低。TPU 还配备了大量的片上内存，以减少不同组件之间数据移动的需要，从而提高数据存储与处理的效率。

TPU 特别适合大规模深度学习工作负载，例如在海量数据集上训练复杂的神经网络。它在谷歌内部广泛用于图像和语音识别、自然语言处理和推荐系统等任务。

除了性能和能效之外，TPU 的设计还具有高度可扩展性。多个 TPU 可以连接在一起以创建大规模计算集群，从而可以更快地处理大型数据集。

1. TPU 1.0 的架构

如图 4-1 所示，TPU 1.0 的核心是由乘加器组合形成的 256×256 的运算器阵列，即乘法矩阵。这个乘法矩阵可以对有符号或无符号整数执行 8 位乘加运算，运算结果是 16 位，并被收集在矩阵单元下方的累加器中。乘法矩阵是 TPU 中最重要的部分，TPU 中的其他模块都围绕它工作，或者给它提供输入数据，或者接收它的输出。

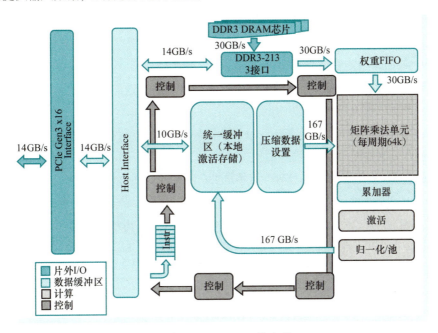

● 图 4-1　TPU1.0 的架构

乘法矩阵的上方是用作滤波器权值输入的 FIFO（First In First Out，先进先出）缓冲区。这个 FIFO 缓冲区接收来自片外 DRAM（动态随机存取存储器）的权值数据。乘法矩阵的左侧是输入像素数据的缓冲区，乘法矩阵下方是用于接收输出乘加结果的累加器。

TPU 1.0 还包含了一个 Unified Buffer（统一缓冲区），大小为 24 MB，用于保存中间结果，这也是矩阵计算单元的输入来源。通过一个可编程的 DMA（Direct Memory Access，直接内存访问）在 CPU memory 和 Unified Buffer 间传输数据。TPU 1.0 的设计目标是通过矩阵乘法指令的执行来掩盖其他指令的延迟，但当激活的输入或权重数据尚未就绪时，矩阵单元会进入等待模式。

TPU 1.0 的峰值性能达到了 92 Tops（Tera Operations Per Second，每秒一万亿次操作）。TPU

指令通过 PCIe Gen3 x16 总线从主机发送到 TPU 的指令缓冲区，内部模块通过 256B 宽的总线连接，可以实现高速的数据传输能力。

256×256 个 MAC（乘加器）对有符号或无符号整数执行 8 位乘加运算。16 位乘积将被收集在矩阵单元下方的 4 MB 32 位累加器中（4MB 表示 4096 个 256 元素的 32 位累加器）。矩阵单元每个时钟周期都会生成一个 256 元素的部分和。在 TPU 计算时，2048 个 256 元素的累加器可以达到峰值性能，TPU 实际实现时，为了设计余量，翻了一倍。

2. TPU 1.0 的指令

那么 TPU 是如何工作的？

TPU 处理器有五条关键指令，它们揭示了 TPU 工作的核心机制。

1）Read_Host_Memory：这条指令负责从主机 CPU 的内存中读取数据，并将其传输到 TPU 的统一缓冲区（UB）。统一缓冲区作为 TPU 内部处理之前的数据暂存区域。

2）Read_Weights：权重是机器学习模型（特别是神经网络）中的关键参数。这条指令从专门的权重存储器中读取这些权重，并将其传输到权重 FIFO（先进先出队列）中。权重 FIFO 被设计用于按顺序向矩阵单元提供权重。

3）MatrixMultiply/Convolve：这条指令触发矩阵单元从统一缓冲区中读取数据，并执行矩阵乘法或卷积操作。这些操作是机器学习工作负载中的常见计算任务。矩阵的大小（B×256）和权重矩阵（256×256）表明 TPU 能够处理大规模的并行计算。完成这样的操作可能需要多个时钟周期（由 B 的流水线周期决定）。

4）Activate：在神经网络中，激活函数用于引入非线性，使得模型能够学习并执行更复杂的任务。这条指令在 TPU 专用硬件上执行非线性函数（如 ReLU、Sigmoid 等），并可以利用同一硬件执行池化操作，这是一种卷积神经网络中常见的计算任务。

5）Write_Host_Memory：TPU 完成了其计算任务后，结果数据需要被发送回主机 CPU。这条指令负责将数据从统一缓冲区写回到主机内存，以便 CPU 或其他系统组件可以进一步处理或使用这些数据。

需要注意的是，由于 TPU 是通过相对较慢的 PCIe 总线与主机 CPU 通信的，因此在设计和优化这些指令时需要考虑数据传输的开销。此外，TPU 采用了 CISC（复杂指令集计算机）风格的指令，这种设计通常意味着每条指令都可以执行多个操作，这虽然有助于提高性能，但也可能增加指令的复杂性和执行时间。

下面是一些其他关键指令。

1）备选主机内存读/写：这些指令提供了额外的方式来读取或写入主机内存，能够用于处理特殊情况或优化某些类型的数据传输。

2）设置配置：这类指令用于配置 TPU 的某些参数或模式，以适应不同的计算任务或优化性能。

3）中断主机：这个指令允许 TPU 在需要时中断主机 CPU 的执行，以报告完成状态、错误情况或请求新的数据。

4）调试标签：调试标签指令用于在开发或调试过程中，标记代码位置或状态，有助于开发者理解和跟踪 TPU 的行为。

5）nop："无操作"指令，通常用于占位或实现时间延迟。在 TPU 中，它可能用于等待某些条件成立或确保指令对齐。

6）halt：这个指令用于停止 TPU 的执行。在接收到 halt 指令后，TPU 将停止所有当前和未来的操作，直到收到新的指令或重置。

CISC MatrixMultiply 指令的总长度为 12 个字节，这些字节被分配给不同的字段，其指令格式如下。

1）统一缓冲器地址（3 个字节）：指定要从统一缓冲区读取数据或写入结果的地址。统一缓冲区是 TPU 内部的存储区域，用于暂存输入数据、中间结果和最终输出。

2）累加器地址（2 个字节）：指定累加器的地址，累加器是 TPU 中用于存储中间计算结果的寄存器。在矩阵乘法等操作中，累加器用于累加多个乘积项。

3）长度（4 个字节）：表示要处理的数据长度或矩阵的维度。在卷积操作中，这 4 个字节可能分为两个字段，分别表示卷积的两个维度（如宽度和高度）。

4）操作码和标志（剩余字节）：操作码指定了指令的类型（在这里是 MatrixMultiply），标志位用于指示指令的附加信息或特殊行为，如启用某些优化或执行卷积而非矩阵乘法等。

这种指令格式的设计允许 TPU 以紧凑和高效的方式编码复杂的操作，并提供足够的灵活性以支持多种不同类型和规模的计算任务。

3. TPU 的数据存取

接下来介绍 TPU 如何读取和写入数据。

1）每个时钟周期，TPU 都能读取和写入 256 个值。这就像是 TPU 在每个时钟"滴答"都能完成 256 个小任务。

2）TPU 可以执行矩阵乘法或卷积等复杂的数学运算。

下面介绍权重块和双缓冲区。

1）矩阵单元里保存了一个 64 KB 的权重块，相当于 TPU 的"小笔记本"，可以在这里快速查找和使用权重。

2）为了隐藏移动这个"小笔记本"所需要的时间（大约 256 个周期），TPU 使用了双缓冲区的设计。这就像是有两本"小笔记本"，当 TPU 使用其中一本的时候，另一本可以在后台悄悄地准备好，这样 TPU 就不用等待，可以连续不断地工作。

这种 TPU 设计主要是用来处理"密集"的矩阵，即矩阵里的大部分元素都非零。如果矩阵很"稀疏"（有很多零元素），这个 TPU 可能就不那么高效了。然而，稀疏性在未来的设计中会是一个很重要的考虑因素，因为稀疏矩阵在实际应用中很常见，如果能高效地处理它们，TPU 的性能将大幅提升。

当用 8 位来表示权重，而用 16 位来表示激活（或者反过来）时，TPU 的计算速度会减半。如果权重和激活都用 16 位来表示，TPU 的计算速度会变得更慢，只有原来的四分之一。这是因为处理更大位数的数据需要更多的时间和资源。

矩阵单元的权重在神经网络计算中扮演着至关重要的角色，它们是影响矩阵乘法或卷积等操作结果的关键参数。这些权重是通过一个在芯片上专门设计的权重 FIFO（先进先出队列）来传输的。FIFO 这种数据结构按照数据进入的顺序来读取，确保权重按照正确的顺序被处理。

权重 FIFO 是从称为 Weight Memory 的 8 GB DRAM 中读取权重的。DRAM 是一种常用的计算机内存，能够存储大量的数据并快速访问。在这个场景中，Weight Memory 存储了神经网络模型所需的权重。这些权重在推理过程中是只读的，意味着它们只被用来进行计算，而不会被修改。8 GB 的容量非常大，支持同时加载多个神经网络模型，有利于多任务处理或模型切换。

权重 FIFO 的深度为四个块，这意味着它可以同时存储四个块的权重数据。这种设计有助于减少因等待权重加载导致的计算延迟。当一个块的权重被读取并传送到矩阵单元时，下一个块的权重已经在 FIFO 中准备好，可以随时被读取。

在执行计算过程中，矩阵单元产生的中间结果（临时数据）被保存在一个 24 MB 的片上统一缓冲区中。这个缓冲区作为矩阵单元的输入，存储了需要被进一步处理的数据。由于这些数据是存储在芯片上的，所以访问速度非常快，能够支持矩阵单元的高效计算。统一缓冲区的设计也简化了数据流动和内存管理，因为所有的输入数据都集中在一个地方。

TPU 微架构设计的核心理念是为了让矩阵单元保持繁忙状态，从而最大化计算资源的利用率。为了实现这一目标，TPU 采用了 4 级流水线来处理 CISC 指令。在流水线架构中，每条指令被分解成多个阶段，并依次执行。这种设计允许同时处理多个指令，从而提高整体的处理速度。

具体到 TPU 的 CISC 指令，每个指令在流水线的不同阶段执行，这有助于减少指令之间的依赖，使指令能够更高效地并行处理。通过将其他指令的执行与 MatrixMultiply 指令重叠，TPU 可以隐藏这些指令的执行时间，从而减少总体计算时间。

Read_Weights 指令是 TPU 中的一个关键指令，用于从 Weight Memory 中读取权重数据。这个指令采用了分离式访问/执行的方法。Read_Weights 指令首先发送权重的内存地址，然后在进行实际读取权重数据之前完成指令的其余部分。这种分离式设计允许 TPU 在等待权重数据返回的同时继续执行其他指令，更有效地利用计算资源。

当 TPU 进行矩阵运算时，确保数据的即时性和流水线的高效性至关重要。如果输入激活或权重数据未能准备就绪，将导致矩阵单元暂时无法进行计算，从而造成处理停顿。这种停顿对于高性能计算来说是不利的，因为它直接影响到整体的处理速度和吞吐量。

需要注意的是，与传统的 RISC 流水线相比，CISC 指令的执行周期更长。在传统的 RISC 设计中，每个流水线阶段通常只占据一个时钟周期，使得指令的执行过程更加清晰和可预测。然而，在 TPU 中，CISC 指令可能会占用一个站点的数千个时钟周期，这使得流水线重叠图表的构建变得复杂且不直观。

在神经网络中的某一层的激活必须在下一层的矩阵乘法开始之前完成的情况下，会出现一个特定的挑战，即"延迟槽"现象。矩阵单元必须等待，直到能够安全地从统一缓冲器中读取所需的数据。这种等待是为了确保数据的正确性和一致性，但同时也引入了额外的延迟。此外，读取大型 SRAM（静态随机存取存储器）所消耗的功率显著高于执行算术运算所需的功耗。

4. 脉动阵列

如图 4-2 所示，TPU 中的脉动式数据流是一种高效的数据处理方式，特别适用于矩阵乘法和深度学习等计算密集型任务。脉动式数据流的核心思想是将数据以流水线的形式在阵列中传输和处理，以实现高计算吞吐量和能源效率。

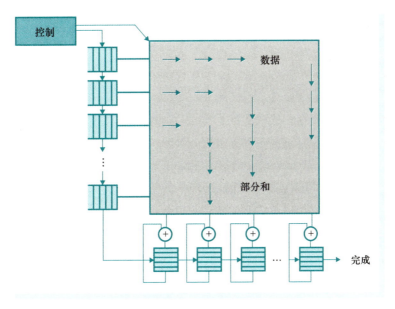

● 图 4-2　脉动阵列

什么是脉动式数据流？为了优化能效和减少不必要的能耗，矩阵单元采用了流式执行策略。通过流式执行，矩阵单元可以更加高效地处理数据，减少统一缓冲器的读取和写入操作，从而降低整体能耗。这种操作也被称为"脉动式"。

在具体实现上，可以看到数据从矩阵的左侧流入，而权重则从顶部加载。这种布局和流动方式有助于实现数据在矩阵中的高效传输和处理。同时，给定的 256 元素乘累加操作以对角线波前的形式在矩阵中移动，进一步优化了计算过程，使数据能够在最短的时间内得到处理并产生结果。

值得注意的是，权重数据是提前预加载到矩阵单元中的。当新的数据块到达时，权重可以立即与之结合并开始进行计算，无须等待权重数据的加载。这种预加载机制与流式执行相结合，确保了数据处理的连续性和高效性。

通过流式执行和预加载机制等优化策略，矩阵单元在保证计算正确性的同时，能够最大限度地提高能源效率和数据处理速度。这对于实现高性能计算和节能减排具有重要意义。

在 TPU 中，脉动式数据流通常与脉动阵列（Systolic Array）结合使用。脉动阵列是一种由多个处理单元组成的阵列结构，每个处理单元负责执行一部分计算任务，并将结果传递给相邻的处理单元。通过脉动的方式在阵列中流动数据，TPU 可以实现数据的并行处理和重用，从而提高计算效率。

具体来说，TPU 的脉动式数据流通常涉及以下几个步骤。

1）数据加载：权重数据从 TPU 的顶部加载，而输入数据则从左侧流入脉动阵列。这些数据按照一定的间隔和顺序流入阵列中的各个处理单元。

2）数据处理：每个处理单元接收来自左侧和顶部的数据，并执行乘法和累加操作。乘法操作将输入数据和权重数据相乘，累加操作则将乘法结果与之前的结果相加。这样，每个处理单元都在不断地更新和积累部分结果。

3）数据流动：处理完的数据继续向右和向下流动，进入下一个处理单元。这种流动方式确保了数据在阵列中的连续性和一致性。同时，新的数据不断从左侧和顶部流入阵列，以补充和处理新的计算任务。

4）结果输出：最终，经过多个处理单元的计算和积累，得到了完整的输出结果。这些结果可以从阵列的右侧或底部流出，用于后续的计算或存储操作。

脉动式数据流的优势在于它能够充分利用 TPU 的并行处理能力，减少数据的读写次数和传输延迟，提高计算吞吐量和能源效率。通过优化数据流动方式和处理单元的设计，TPU 可以实现更高效的矩阵乘法和深度学习计算，为人工智能等领域的应用提供强大的支持。

▶▶ 4.4.3 TPU 的编程

TensorFlow 是一个广泛使用的开源机器学习框架，支持在多种硬件上高效地进行深度学习训练和推理，包括 CPU、GPU 和 TPU。当应用程序的部分或全部使用 TensorFlow 编写时，开发者可以利用 TensorFlow 的灵活性和可扩展性来优化模型，并确保这些模型可以在不同的硬件平台上无缝运行。

为了实现这一目标，TensorFlow 提供了一组 API 和工具，允许开发者将模型编译为可以在 GPU 或 TPU 上运行的代码。这些 API 抽象了底层硬件的细节，使得开发者可以专注于模型设计和优化，而无须担心如何在特定的硬件上实现这些模型。TensorFlow 还支持与其他流行框架和库的集成，如 Keras、PyTorch 等，这进一步增强了其兼容性和灵活性。通过这种方式，开发者可以轻松地将他们现有的应用程序迁移到 TPU 上，利用 TPU 的高性能和能效优势来加速机器学习工作负载。

为了确保应用程序可以轻松地从 CPU 和 GPU 迁移到 TPU，TPU 的软件堆栈需要与这些传统处理器的软件堆栈兼容。这种兼容性不仅简化了开发流程，还允许开发者利用现有平台上的经验和知识，加速 TPU 的采用和部署。

TPU 的软件堆栈设计通常与 GPU 的架构有相似之处，尤其是在驱动程序层面上。这种设计分离了内核空间与用户空间的职责，有助于提升系统的稳定性、灵活性和可维护性。

1. 内核驱动程序

内核驱动程序是操作系统内核的一部分，负责底层的硬件交互。

对于 TPU 来说，内核驱动程序主要负责内存管理和中断处理，确保 TPU 能够访问到必要的内存资源，并且在需要时能够响应系统中断。

由于内核空间直接与硬件交互，因此内核驱动程序需要具有高度的稳定性和安全性。为了实现这一目标，内核驱动程序通常被设计得相对轻巧，并且变动较少。

2. 用户空间驱动程序

用户空间驱动程序位于操作系统的用户空间，提供了应用程序与 TPU 之间的接口。

用户空间驱动程序负责设置和控制 TPU 的执行，包括数据格式化和指令转换等任务。当应用程序通过 API 请求 TPU 执行操作时，用户空间驱动程序会将这些调用转换为 TPU 能够理解的指令，并将这些指令和数据发送到 TPU 进行处理。

由于应用程序的需求和 API 可能会频繁变化，用户空间驱动程序也需要定期更新以适应这些变化。这种设计使得用户空间驱动程序可以更加灵活地满足应用程序的需求，同时也便于进行调试和功能增强。

TPU 在处理机器学习模型时使用一种常见工作流程，特别是针对模型的首次评估和后续评估的优化策略。

1）编译模型：当用户空间驱动程序首次遇到一个新的模型时，需要将该模型编译成 TPU 可以理解的指令。这个过程包括解析模型结构、优化计算图，以及将高层 API 调用转换成底层的 TPU 指令。

2）缓存程序映像：编译完成后，生成的程序映像（即 TPU 指令序列）会被缓存起来。这样，在后续的评估中，如果模型结构没有发生变化，就可以直接从缓存中加载程序映像，避免了重复编译的开销。

3）加载权重到 TPU：权重数据是模型训练过程中学到的参数，对于推理过程至关重要。在首次评估模型时，用户空间驱动程序会将权重数据从主机内存加载到 TPU 的权重存储器中。由于 TPU 通常具有专门的权重存储器和高速数据传输路径，这一步骤可以高效地完成。

当权重加载到 TPU 的 DDR 后，后续 TPU 就只访问其缓存和 DDR 来获得权重。

1）全速运行：由于程序映像和权重数据已经在首次评估时被加载和缓存，后续的评估过程可以以全速运行。这意味着 TPU 可以直接从其内部存储器中读取指令和权重数据，而无须等待从主机内存中加载。

2）层级计算与重叠执行：为了提高计算效率，TPU 通常一次只对一个层进行计算，并通过重叠执行策略（如流水线技术），使矩阵乘法单元隐藏大多数非关键路径操作。这意味着在计算某个层的同时，TPU 可以同时处理数据加载、指令解码等其他任务，最大限度地利用计算资源。

3）最大化计算时间与 I/O 时间的比例：通过优化数据流动和计算调度，TPU 旨在最大化其计算时间与输入/输出（I/O）时间的比例，确保 TPU 在处理大规模数据时保持高效能，减少因等待数据加载或传输而造成的计算资源浪费。

▶▶ 4.4.4 TPU 的演进

TPU 的演进见表 4-1。

表 4-1 TPU 的演进

	TPU v1	TPU v2	TPU v3	TPU v4
发布年份	2016	2017	2018	2021
工艺/nm	28	16	16	7
芯片面积/mm²	331	< 625	< 700	< 400
片上内存/MB	28	32	32	144
时钟频率/MHz	700	700	940	1050
内存	8 GB	16 GB	32 GB HBM	32 GB HBM
内存带宽/(GB/s)	34	600	900	1200
功耗/W	75	280	220	170
性能/TOPS	23	45	123	275

第一代 TPU 的设计旨在优化深度学习推理的性能和能效比。它采用 8 位矩阵乘法引擎，通过 PCIe 3.0 总线与主机处理器通信，并使用 CISC 指令进行驱动。这种设计不仅保证了 TPU 与各种主机处理器的兼容性，还能够高效处理复杂的计算任务。在制造工艺方面，第一代 TPU 采用了 28 nm 工艺，实现了较高的集成度和较低的功耗。其芯片面积控制在 331 mm² 以下，热设计功率为 28~40 W，在保证了高性能的同时，也充分考虑了能效比和散热问题。在片上内存方面，第一代 TPU 配备了 28 MB 的内存和 4 MB 的 32 位累加器，用于存储中间结果和处理矩阵乘法运算的结果。此外，它还集成了 8 GB 的双通道 2133 MHz DDR3 SDRAM 作为外部内存，提供了高达 34 GB/s 的带宽，有效缓解了内存带宽瓶颈。

作为一款专为深度学习推理定制的加速器，第一代 TPU 在性能方面具有显著优势。首先，其 8 位矩阵乘法引擎能够高效处理大规模的矩阵运算，这是深度学习中常见的计算任务之一。其次，通过优化内存设计和提供高速的外部内存接口，TPU 实现了较高的内存带宽和较低的数据传输延迟，进一步提升了性能。

芯片研发成功后仅 15 个月后，TPU 就可以在 Google 的数据中心部署应用，并且其性能远超预期。TPU 的每瓦性能是 GPU 的 30 倍、CPU 的 80 倍。2016 年 5 月，在 Google I/O 开发者大会上，Google 首席执行官 Sundar Pichai 对外公布了 TPU 这一突破性成果。他介绍道，用户不但可以通过 Google 云平台接触到 Google 内部使用的高性能软件，还可以使用 Google 内部开发的专用硬件——TPU。这也是 TPU 首次公开亮相。

此外，第一代 TPU 还具有灵活性和可扩展性的优势。它支持多种深度学习框架和算法，能够与各种主机处理器无缝集成，为开发者提供了更广泛的选择空间。同时，定制化设计也使得谷歌可以根据具体需求进行快速迭代和优化。

第一代 TPU 的推出对深度学习领域产生了深远的影响。它不仅为谷歌自身的云服务提供了强大的计算支持，还推动了整个行业在硬件加速方面的发展。随着技术的不断进步和应用场景的不断拓展，未来 TPU 有望在更多领域发挥重要作用。

TPU 2.0，即第二代 TPU 芯片，是谷歌在 2017 年发布的一款专为人工智能运算服务设计的高性能处理器。相比于第一代 TPU，TPU 2.0 在性能上有显著的提升，支持更复杂的神经网络模型和更高的训练吞吐量。在性能方面，TPU 2.0 采用了更先进的技术和架构设计，使其处理性能得到大幅提升。每片 TPU 2.0 芯片的处理性能最高可达每秒 180 万亿次浮点运算（teraflops），远超第一代。此外，TPU 2.0 通过优化硬件和软件，进一步提高了能效比和计算效率。TPU 2.0 在功能上也更加完善。与第一代相比，它不仅能够进行高性能计算和浮点计算，还支持更复杂的神经网络模型。这意味着 TPU 2.0 可以处理更大规模、更复杂的机器学习任务，满足日益增长的计算需求。同时，TPU 2.0 支持更高的训练吞吐量，可以更快地处理大量数据，加速机器学习模型的训练过程。

TPU 2.0 在应用方面也取得了重要突破。谷歌在发布会上展示了一个包含 64 片二代 TPU 芯片的 TPU pod 运算阵列。这个运算阵列可以为单个机器学习训练任务提供每秒 11.5 千万亿次的浮点计算能力，大幅加快了机器学习模型的训练。这种集群应用的功能使得 TPU 2.0 在处理大规模机器学习任务时表现出更高的效率和灵活性。

2018 年，谷歌推出了第三代 TPU——TPU 3.0。与前两代相比，这一代 TPU 在性能、灵活性和可扩展性上都有了质的飞跃。TPU 3.0 采用了当时最先进的制程工艺，结合全新的架构设计，实现了计算密度的大幅提升。每个 TPU 3.0 芯片集成了大量计算核心，使得其在大规模矩阵运算、深度学习训练等计算密集型任务中表现出色。此外，TPU 3.0 还优化了内存访问和数据处理流程，进一步提高了计算效率。为了满足不同应用场景的需求，TPU 3.0 在设计上更加注重灵活性。它支持多种数据精度计算，包括 8 位、16 位和 32 位，这使得 TPU 3.0 在处理不同类型的数据时保持高效。TPU 3.0 还支持多种深度学习框架和算法，为开发者提供了广泛的选择。通过与云服务的紧密集成，TPU 3.0 可以轻松应对弹性扩展、负载均衡等复杂场景。随着深度学习模型规模的增长和计算需求的日益增加，可扩展性已成为衡量硬件加速器性能的重要指标之一。TPU 3.0 通过先进的互联技术和扩展模块设计，实现了强大的可扩展性。用户可以将多个 TPU 3.0 芯片组合成高性能计算集群，以满足更大规模的计算需求。此外，TPU 3.0 还支持与其他类型硬件（如 CPU、GPU 等）的协同工作，为构建异构计算系统提供了有力支持。

为了应对高性能计算带来的散热挑战，TPU 3.0 采用了创新的液体冷却技术。这种技术通过循环冷却液快速带走芯片产生的热量，确保了 TPU 3.0 在长时间高负荷运行时仍能保持稳定性能。同时，液体冷却技术还有助于降低数据中心的能耗和运营成本。

TPU 3.0 的计算能力相比上一代 TPU 2.0 提升了 8 倍以上，达到了每秒 1000 万亿次浮点计算（100 PFlops），这是一个非常惊人的速度。TPU 3.0 继续沿用了脉动阵列设计，这种设计优化了矩阵乘法与卷积运算。通过优化这些运算，TPU 3.0 能够更高效地处理神经网络模型，提高了计算效率和吞吐量。TPU 3.0 支持构建 TPU Pod 运算集群，这种集群能够提供千万亿次的硬件加速能力。与前两代相比，TPU 3.0 在可扩展性和灵活性方面更加强大，能够适应各种规模的计算需求。此外，它还支持多种深度学习框架和算法，为开发者提供了更广泛的选择。

2021 年 5 月 19 日，谷歌正式发布了 TPU v4，标志着这一产品线从最初专注于推理的芯片，逐步演变为同时支持推理和训练的全功能 AI 芯片。TPU v4 在性能上实现了显著提升，不仅优化了推理能力，还在训练方面展现出强大实力。TPU v4 在架构设计上进行了大胆创新，采用了更加灵活和可扩展的方案。首先，它支持多种数据精度计算，包括 FP32、FP16 和 INT8 等，以满足不同类型的应用需求。其次，TPU v4 采用了模块化设计，使得多个芯片可以轻松组合成高性能计算集群，实现线性性能扩展。此外，TPU v4 还支持与其他类型硬件（如 CPU、GPU 等）的协同工作，为构建异构计算系统提供了有力支持。

随着深度学习领域的不断发展，各种新的框架和算法层出不穷。为了更好地支持这些应用，TPU v4 在软件生态方面进行了全面优化，广泛支持 TensorFlow、PyTorch 等主流深度学习框架，以及多种常见的神经网络结构和算法。这使得开发者能够轻松地将 TPU v4 集成到现有的工作流中，加速模型的开发和部署。

每个 TPU v4 芯片包含两个 Tensor Core（TC），这是其计算能力的核心。每个 Tensor Core 包含四个 128×128 的矩阵乘法单元（MXU），这些单元专为高效矩阵运算而设计。此外，每个 Tensor Core 还配备了一个向量处理单元（VPU），该单元拥有 128 个通道，每个通道包含 16 个 ALU 和 16 MB 的矢量存储器（VMEM）。这两个 Tensor Core 共享一个 128 MB 的公共存储器（CMEM），以实现高效的数据共享和访问。

TPU v4 是谷歌推出的用于深度学习的张量处理单元的最新版本，其显著的特点之一是硬件支持 DLRM（深度学习推荐模型）中的嵌入式操作，具体通过名为 SparseCore（SC）的数据流处理器实现。SparseCore 是 TPU v2 以来 TPU 架构的一部分，但在 TPU v4 中得到了进一步的优化和提升。

1）稀疏性支持：在许多深度学习推荐模型中，嵌入层占据了大量的模型参数和计算量。这些嵌入层通常是稀疏的，意味着大部分元素为零，只有少数元素是非零的。SparseCore 专门设计用于高效处理这种稀疏数据，通过仅计算非零元素进行，大幅减少了计算量和内存访问。

2）数据流处理：SparseCore 采用数据流处理方式，能够以高效的方式处理连续的数据流。在 DLRM 中，嵌入层的查找和更新操作可以看作是数据流操作，SparseCore 优化了这些操作的执行，减少等待时间和资源争用。

3）硬件加速：SparseCore 作为 TPU v4 硬件的一部分，直接在硬件层面加速了对稀疏嵌入操作。与传统的 CPU 或 GPU 相比，SparseCore 能够更快速、更高效地执行这些操作，加快模型的训练和推理速度。

4）面积和功耗优化：尽管 SparseCore 提供了强大的稀疏处理能力，但它仅占用了 TPU v4 芯片的一小部分面积和功耗。这表明谷歌在设计 TPU v4 时，成功地实现了高性能与低功耗、小面积的平衡。

5）软件兼容性：SparseCore 与谷歌的 TensorFlow 等深度学习框架兼容，使得开发者能够轻松利用 SparseCore 的硬件加速功能，而无须对现有的代码和模型进行大量修改。

综上所述，TPU v4 中的 SparseCore 是一种专为深度学习推荐模型中的稀疏嵌入操作设计的硬件加速器。它通过高效的稀疏处理、数据流处理和硬件层面的优化，实现了对这些操作的高性能、低功耗执行，为深度学习推荐系统的训练和推理提供了强大的支持。

值得注意的是，TPU v4 中的每个芯片都包含了 SparseCore，这种数据流处理器能够大幅加速依赖于嵌入的模型，同时仅占用很小的芯片面积和功率。与之前的版本相比，TPU v4 在性能和能效方面都有了显著的提升。具体来说，自 2020 年以来，TPU v4 的性能比 TPU v3 提高了 2.1 倍，能效比提高了 2.7 倍。此外，通过扩大超级计算机的规模，TPU v4 的总体速度几乎提升了 10 倍。

与竞争对手的产品相比，TPU v4 也展现出了卓越的性能和能效优势。例如，在相似规模的系统下，TPU v4 比 Graphcore IPU Bow 快了约 4.3 倍到 4.5 倍，比 NVIDIA A100 快了 1.2 倍到 1.7 倍，并且功耗更低。这意味着在运行相同任务的情况下，TPU v4 能够更快速、更高效地完成任务，同时降低能源消耗和碳排放。

未来可能会涌现出更多创新的硬件加速器，为深度学习的发展注入新的活力。无论是性能提升、能效比优化还是应用场景的拓展，未来的硬件加速器都将面临新的挑战和机遇。

4.5 人工智能编程与测试

▶▶ 4.5.1 人工智能的编程——TensorFlow

在深度学习的热潮中，Google Brain 团队在 2010 年左右建立了 DistBelief，这是他们的第一代专有机器学习系统。DistBelief 被部署在谷歌和 Alphabet 公司的多个商业产品中，包括谷歌搜索、语音搜索、广告等。然而，DistBelief 的代码库相对复杂，难以维护和扩展。为了简化和重构

DistBelief 的代码库，使其成为一个更快、更稳健的应用级别代码库，谷歌指派计算机科学家，如 Geoffrey Hinton 和 Jeff Dean，领导了这个项目。

Geoffrey Hinton 这位大神大家都比较熟悉了，下面简要介绍一下 Jeff Dean。

Jeff Dean 是一位美国计算机科学家，被广泛认为是现代大规模分布式计算系统的先驱之一。他在谷歌公司担任要职，对谷歌的许多重要技术成果，如 MapReduce、BigTable、Spanner 以及 TensorFlow，都做出了杰出贡献。

Jeff Dean 的教育背景十分出色。他于 1990 年在明尼苏达大学获得了计算机科学与经济学的学士学位，并以最优等成绩（summa cum laude）毕业。之后，他继续在华盛顿大学攻读计算机科学，并于 1996 年获得博士学位。他的研究方向主要是面向对象语言的程序优化。

在获得博士学位后，Jeff Dean 加入了 DEC 公司的 Western Research Lab，开始了他的职业生涯。然而，他并不满足于仅仅在编译器领域工作，因此在 1999 年，他加入了当时规模相对较小的谷歌公司。在谷歌，他参与了网络爬虫、索引、查询系统以及 AdSense 等核心技术的设计与实现，并且逐渐崭露头角。

Jeff Dean 在谷歌的一项重要成就是 MapReduce 的提出和实现。MapReduce 是一种编程模型，用于大规模数据集的并行处理。它极大地简化了分布式计算的编程复杂性，使得普通开发者也能够利用谷歌强大的计算资源来处理海量数据。MapReduce 不仅成为谷歌内部的核心技术之一，也被广泛应用于其他公司和机构。

除了 MapReduce 之外，Jeff Dean 还参与了 BigTable 和 Spanner 等分布式存储系统的开发。BigTable 是一个高可扩展的、分布式的、用于存储大规模结构化数据的系统，而 Spanner 则是一个全球分布式的、强一致性的关系数据库。这些系统为谷歌提供了强大的数据存储和处理能力，支持着谷歌的各种业务。

进入 2010 年代，人工智能时代的来临，Jeff Dean 也随之将注意力转向了人工智能领域。他领导了 TensorFlow 的开发工作。TensorFlow 是一个开源的机器学习框架，广泛应用于深度学习和其他机器学习领域。TensorFlow 的推出极大地促进了人工智能技术的发展和普及，使得更多的研究者和开发者能够方便地构建和训练复杂的机器学习模型。

最终，在 Geoffrey Hinton 和 Jeff Dean 的领导下，TensorFlow 于 2015 年正式发布。TensorFlow 的名字来源于其操作的数据结构——张量（Tensor），以及数据在计算图中的流动（Flow）。

自发布以来，TensorFlow 迅速成为最受欢迎的深度学习框架之一。其优秀的架构设计理念、强大的分布式计算能力、丰富的学习资料以及对 Android 系统的原生支持，都使得 TensorFlow 在机器学习领域具有显著的优势。目前，TensorFlow 已经超越了其他许多深度学习框架，成为使用率最高的深度学习框架之一。

深度学习框架如 TensorFlow 等，为了充分发挥 GPU 的硬件特性，提供了专门的优化库。这些库利用 GPU 的并行处理能力、高带宽内存访问以及特定的计算指令集，对神经网络推理过程进行了深度优化。通过优化库的支持，深度学习模型可以在 GPU 上实现更快的推理速度和更高的精度。

TensorFlow 的优化库主要包括 TensorFlow Lite 和 TensorFlow Serving。TensorFlow Lite 是一个轻量级的解决方案，适用于移动和嵌入式设备上的推理任务。它通过减少模型大小和内存占用，以及优化计算图，使得模型在资源受限的设备上也能高效运行。TensorFlow Serving 则是一个高性能的推理服务，支持分布式部署和在线学习，适用于大规模推理任务。

这些优化库通过利用 GPU 的硬件特性，使得深度学习模型在推理过程中能够实现更高的性能和精度。它们不仅提供了丰富的 API 和工具，还提供了多种优化策略，如自动混合精度训练、模型剪枝、量化等，帮助开发者根据具体需求选择最适合的优化方案。因此，这些优化库已经成为深度学习应用中不可或缺的一部分。

下面本书用简单明了的语言来解释一些 TensorFlow 的基本概念。

1）Tensor（张量）：可以把张量想象成一个容器，里面装着数据。这些数据可以是数字、字符串等，而且这些数据可以是多维的，比如一维的列表、二维的表格等。TensorFlow 用张量来表示输入的数据和模型处理后得到的结果。

2）Operation（操作）：操作是对张量进行计算，如加法、乘法、矩阵运算等。在 TensorFlow 中，这些操作被组织成一个计算图，每个操作都是图中的一个节点。

3）Graph（图）：图是由一系列的操作和张量组成的一个计算流程。可以把它想象成一个流水线，数据（张量）在流水线上流动，并经过各个操作节点进行处理。TensorFlow 使用图的方式来描述复杂的计算过程。

4）Session（会话）：会话是 TensorFlow 中执行计算图的环境。可以把它理解为一个工作间或工厂，计算图就是在这个工作间里被执行的。会话负责分配计算资源（如 CPU、GPU 等），并确保图中的操作按照正确的顺序执行。

5）Variable（变量）：变量是 TensorFlow 中用来存储可修改数据的特殊张量，通常用于表示机器学习模型的参数（比如神经网络的权重和偏置）。这些变量在训练过程中会不断更新，以优化模型的性能。

6）Placeholder（占位符）：占位符是 TensorFlow 中的一个特殊操作，用于表示图中的输入数据操作。可以把它想象成一个预留的空位，等待在运行时填入实际的数据。这样，就可以用同一张计算图来处理不同的输入数据了。

举一个简单的 TensorFlow 编程例子，构建和训练一个简单的线性回归模型。线性回归模型用直线来描述数据之间关系。比如，有一组数据点，它们散布在一张图上，想找到一条直线，使得这条直线尽可能地贴近这些数据点。这条直线就是线性回归模型的结果，它可以帮助预测新的数据点可能会落在哪里。线性回归模型是一种用来预测一个变量（通常被称为"因变量"或"目标变量"）与另一个或多个变量（被称为"自变量"或"特征"）之间关系的简单数学模型。这种关系在线性回归中是线性的，意味着因变量是自变量的加权和，再加上一个常数项（也称为偏置项）。

举个例子，假设想了解人的体重（因变量）与身高（自变量）之间的关系。在收集了一些人的身高和体重数据后并将其画在一张图上，每个数据点表示一个人的身高和体重。可以找到一条直线，使得这条直线能够穿过这些数据点，或者至少尽可能地接近它们。这条直线就是线性回归模型，它描述了身高和体重之间的线性关系。通过这条直线，可以大致估计一个人的体重，只要知道他们的身高。例如，如果这条直线表明，每增加 1 厘米身高，体重平均增加 0.5 千克，那么就可以用这个信息来预测一个身高 180 厘米的人的体重，即使之前没有这个人的具体数据。

线性回归模型在实际生活中有很多应用。例如，在房地产领域，房屋的价格可能与房屋的面积、卧室数量、地理位置等因素有关。通过收集一些房屋的销售数据，并使用线性回归模型进行分析，房地产经纪人可以估计出其他类似房屋的可能售价。这对于定价、评估和比较房屋价值非常有用。

通过前面的描述可以得知，线性回归模型是一种简单而强大的工具，它可以帮助我们理解和预测变量之间的关系。通过将数据拟合到一条直线上，便可以根据已知的自变量值来预测因变量的值，从而为决策提供有力的支持。

构建和训练一个简单的线性回归模型通常包括以下几个步骤。

1）收集数据：首先，需要收集一些包含自变量和因变量的数据。这些数据可以来自实验、调查或现有数据集。

2）准备数据：在构建模型之前，可能需要对数据进行一些预处理，比如清洗数据、处理缺失值、转换数据类型等。

3）定义模型：接下来，定义一个线性回归模型，它描述了因变量和自变量之间的关系。这个模型通常是一个数学公式，包含自变量的系数（权重）和偏置项。

4）训练模型：使用收集到的数据来训练模型。训练过程是通过调整模型中的系数和偏置项，使得模型预测的因变量与实际观察到的因变量之间的差异最小化。这个过程通常通过梯度下降优化算法实现。

5）评估模型：训练完成后，需要评估模型的性能。这可以通过计算预测值与实际值之间的误差来完成。常见的评估指标包括均方误差（MSE）和平均绝对误差（MAE）等。

6）使用模型进行预测：当模型的性能达到预期后，便可以使用它来进行预测。输入新的自变量值，模型便会输出相应的因变量预测值。

使用 TensorFlow 来描述线性回归模型的代码如下。

```
import tensorflow as tf
import numpy as np

# 创建一个简单的线性回归模型 y = Wx + b
# 随机生成一些样本数据
x_train = np.random.rand(100).astype(np.float32)
y_train = x_train * 0.1 + 0.3
```

```
# 定义模型参数
W = tf.Variable(tf.random.normal([1]), name='weight')
b = tf.Variable(tf.zeros([1]), name='bias')

# 构建模型
def model(x):
return x * W + b

# 定义损失函数和优化器
loss_fn = tf.keras.losses.MeanSquaredError()
optimizer = tf.keras.optimizers.SGD(0.01)

# 训练模型
train_data = tf.data.Dataset.from_tensor_slices((x_train, y_train))
train_data = train_data.batch(1)

for epoch in range(100):
    for x, y in train_data:
        with tf.GradientTape() as tape:
          y_pred = model(x)
          loss = loss_fn(y, y_pred)
        gradients = tape.gradient(loss, [W, b])
        optimizer.apply_gradients(zip(gradients, [W, b]))

    if epoch % 10 == 0:
        print(f'Epoch {epoch}, Loss: {loss.numpy()}, W: {W.numpy()}, b: {b.numpy()}')

# 测试模型
x_test = np.array([1.0, 2.0, 3.0, 4.0, 5.0, 6.0], dtype=np.float32)
y_test = model(x_test)
print(f'Predictions: {y_test.numpy()}')
```

这段代码执行以下步骤：

1）导入 TensorFlow 和其他必要的库。

2）生成一些随机的线性数据作为训练集。

3）定义模型的权重 W 和偏置 b。

4）定义线性回归模型 model(x)。

5）定义损失函数为均方误差（Mean Squared Error）。

6）定义优化器为随机梯度下降（SGD）并设置学习率。

7）使用 tf. data. Dataset 创建训练数据集。

8）进行 100 轮的训练循环，并使用 tf. GradientTape( ) 跟踪模型参数的梯度。具体步骤包括如下几步。

a. 计算模型预测值。

b. 计算损失。

c. 计算梯度。

d. 应用梯度更新模型参数。

9）每 10 轮打印一次当前的损失和模型参数。

10）使用训练后的模型对测试数据进行预测并打印结果。

▶▶ 4.5.2　人工智能测试基准——不服跑个分

1. ImageNet

如何评价 AI 处理系统的能力（包括 AI 处理器）？这个问题早在很久以前就有人开始思考。2007 年，一个宏大的构想开始在普林斯顿大学年轻教授李飞飞的脑海中酝酿。她意识到，如果想要人工智能真正"看见"并理解这个世界，那么它需要的不仅仅是算法和算力，更需要海量的、经过精心标注的图片数据。于是，她牵头创建了一个名为 ImageNet 的数据库，收集并整理了数百万张图片，为机器学习的研究提供了强有力的数据支持。

为了实现这一目标，李飞飞和她的团队通过众包平台雇用了大量人员，对图片进行筛选、排序和标注。这是一个艰巨而烦琐的过程，因为每张图片都需要被仔细地分类和标注，以确保数据的准确性和可靠性。然而，团队的努力得到了回报。到 2009 年，ImageNet 数据库已经包含了 1500 万张标注好的照片，这个数字在科学界引起了轰动。

ImageNet 数据库的质量和数量都是空前的。它不仅涵盖了从动物、植物到日常用品等各个领域，而且每张图片都经过了精心的标注和处理。这使得它成为计算机视觉领域研究的宝贵资源，为机器学习算法的训练和测试提供了强有力的支持。

李飞飞并没有止步于此。她深知，只有让更多的人使用 ImageNet 数据库，才能最大限度地推动计算机视觉领域的发展。因此，她做出了一个大胆而明智的决定：将 ImageNet 数据集免费开放给全球的科研团队使用。

这一决定立刻引起了全球科研团队的热烈反响。无数的研究人员开始利用 ImageNet 数据库进行各种创新性的研究，他们开发出了更加先进的机器学习算法，显著提高了计算机视觉任务的准确性和效率。ImageNet 数据库成为计算机视觉领域的"圣地"，每年都会举办一场盛大的竞赛，吸引世界各地的顶尖人才参与其中。这便是 ImageNet 大规模视觉识别挑战赛（ImageNet Large Scale Visual Recognition Challenge，ILSVRC）。

ImageNet 大规模视觉识别挑战赛自 2010 年起每年举办一届。该竞赛使用 ImageNet 数据库中的一个"修剪"过的子集，包含 1000 个非重叠的类别，旨在推动物体识别和场景理解等视觉任务的研究进展。该竞赛吸引了全球众多研究团队的参与，包括学术界、工业界和研究机构的顶尖人才。竞赛的目标是在给定的数据集上评估不同算法的性能，并通过准确率等指标来比较各个团队的成果。参赛团队需要设计并训练出高效的机器学习模型，以在图像分类、物体检测、场景识别等任务上取得最佳表现。

ILSVRC 的举办对计算机视觉领域的发展起到了重要的推动作用。它提供了一个公平竞争的平台，使得不同团队可以展示其研究成果并进行比较。每年的竞赛都吸引了大量的关注和参与，成为全球范围内计算机视觉研究的焦点之一。通过 ILSVRC，研究者们不断刷新着在图像识别和理解方面的性能记录，推动了相关技术的进步和创新。

值得一提的是，2012 年的 ILSVRC 竞赛取得了巨大的突破，被广泛认为是深度学习革命的开始。在这一年的竞赛中，一些研究团队利用 CNN 在图像分类任务上取得了显著的性能提升，打破了之前传统方法的记录。这一突破性的成果证明了深度学习在视觉识别任务中的潜力，引领了后续几年深度学习在计算机视觉领域的迅速发展。

对于那些 AI 炼金师——致力于优化和推进 AI 技术的研究者来说，各种测试集和基准在评估和提升模型性能方面扮演着至关重要的角色。ImageNet 作为一个著名的图像分类数据集，已经成为计算机视觉领域的标志性基准。然而，除了 ImageNet 之外，还存在许多其他的 AI 测试基准，各自在不同的领域和任务中发挥着重要作用。

2. MLPerf

MLPerf 是由谷歌、英特尔、百度、英伟达等数十家业界厂商共同倡导并推动的项目，其主要目的是创建一套用于测量和提高机器学习软硬件性能的通用基准，从而帮助评估不同机器学习系统和算法的性能。这些基准覆盖了图像分类、物体识别、翻译、推荐、语音识别、情感分析以及强化学习等 AI 业界的常见应用场景。

在发展过程中，MLPerf 不断推出新的基准测试版本，以适应不断变化的机器学习技术和应用场景。例如，继 AI 训练基准 v0.5、v0.6 之后，MLPerf 推出了 AI 推理基准 v0.5。这一版本主要针对目前常见的应用，如图像识别、物体检测及机器翻译等，并且测试模拟的场景都与真实情况密切相关。

此外，MLPerf 的推理测试仍在持续开发中，旨在提供更全面的 AI 芯片测试。通过不断更新和完善基准测试，MLPerf 旨在成为机器学习领域权威的性能评估工具，为研究者、开发者和用户提供可靠、公正的性能评估标准，推动技术的创新和应用。

对于数据科学家、机器学习工程师和 ML（机器学习）研究人员来说，如果模型训练需要数天甚至数周的时间，将极大降低工作效率。这正是 MLPerf 基准测试项目存在的意义：它旨在衡量在不同硬件和软件环境下完成常见 ML 问题所需的训练时间。通过比较不同系统在这些基准测试上的表现，可以对它们的性能有一个大致的了解。

MLPerf 0.5 版本主要关注的是 GPU 和 TPU 的提交，这虽然是 ML 领域广泛认可的基准测试竞赛的初始版本，但它可能并不足以完全反映系统在处理非常大规模问题上的性能。这是因为实际的 ML 挑战往往更加复杂，需要处理的数据量和模型规模都可能远远超过当前 MLPerf 训练任务的范围。

为解决这个问题，MLPerf 以及其他类似的基准测试项目需要不断发展和改进。这可能包括增加更大规模的数据集和更复杂的模型，以更全面地评估系统的性能。同时，也需要关注其他方面的性能指标，如模型的准确性、稳定性和可解释性等，这些都是评估一个 ML 系统是否优秀的重要因素。

在实际工作中，处理更大规模的图像集合以及进行其他 ML 应用时，稳定且高效的训练性能是至关重要的。选择在 ImageNet 图像分类数据集上训练 ResNet-50 v1.5 作为案例研究是非常合适的，因为这个数据集和模型都是业界公认的基准，能够很好地反映系统在处理大规模图像数据时的性能。

通过在 ImageNet 上训练 ResNet-50，可以观察并优化系统在处理更大规模图像集合时的稳定训练性能。这种优化可能涉及多个方面，包括数据加载和预处理、模型架构和参数选择、训练策略和算法优化等。通过这些优化，可以提高系统的训练效率，减少训练时间，同时保持或提高模型的准确性。

3. COCO 数据集

计算机视觉领域的研究者一直追求着一个目标：让机器能够像人类一样，准确地识别并理解图像中的各种物体和场景。但这一目标的实现，需要依赖大量真实、多样且标注精确的数据。在这样的背景下，COCO（Common Objects in Context）数据集应运而生。

COCO 数据集的创建是一个浩大的工程。研究者们从各种来源广泛采集图像，确保了数据集的广泛性和多样性。每张图像都经过了精心的标注。标注者们仔细地在图像中勾勒出每一个物体的边界，并为它们分配了唯一的标签，甚至为每张图像配上了描述性的文字。这一切，都是为了让机器能够更好地理解图像中的内容。

COCO 数据集很快成为计算机视觉领域的一个重要基准。研究者们利用它训练和评估自己的模型，在目标检测、实例分割和图像字幕生成等任务上取得了显著的突破。而 COCO 数据集也在不断地发展和更新，为未来的视觉技术研究提供更加坚实的数据基础。

可能大家好奇，既然有了 ImageNet，为什么还要有 COCO？这是因为，虽然 COCO 和 ImageNet 都是计算机视觉领域广泛使用的数据集，但它们在数据构成、标注方式和应用场景等方面存在显著差异。

（1）数据构成

COCO 数据集注重图像中的场景和实例分割，强调图像中物体之间的相互关系。它包含了大量日常生活场景中的图像，每张图像都有详细的实例级标注，包括物体的边界框、分割掩码和类别标签等。COCO 数据集中的图像通常包含多个物体，且这些物体的大小、位置和遮挡情况各不相同，这使得 COCO 数据集在目标检测、实例分割等任务中是一个很好的挑战者。

ImageNet 数据集则主要关注图像分类任务。它包含了大量从互联网上收集的图像，每张图像都被标注为一个特定的类别。ImageNet 数据集中的图像通常只包含一个主要的物体，且这个物体通常位于图像的中心位置，这使得 ImageNet 数据集在图像分类任务上具有很好的性能。但是，ImageNet 数据集在目标检测、实例分割等任务上的性能可能不如 COCO 数据集，因为它缺乏详细的实例级标注和复杂的场景信息。

（2）标注方式

COCO 数据集采用了详细的实例级标注方式，标注者需要仔细地在图像中勾勒出每个物体的边界，并为每个物体分配唯一的标签。这种标注方式虽然需要大量的人力和时间成本，但可以提供更准确、更详细的数据集信息。

ImageNet 数据集的标注方式则相对简单，通常只需要为每张图像分配一个类别标签。这种标注方式构建大规模的数据集的速度较快，但对于需要详细位置信息的任务（如目标检测、实例分割等）来说可能不够准确。

（3）应用场景

由于 COCO 数据集具有详细的实例级标注和复杂的场景信息，它通常被用于训练目标检测、实例分割等需要精确位置信息的模型。此外，COCO 数据集还可以用于图像字幕生成等涉及自然语言理解和生成的任务。

ImageNet 数据集则主要用于训练图像分类模型。由于其标注简单、任务目标单一，ImageNet 数据集可以快速地构建大规模的分类模型，并在图像分类任务上表现优秀。但是对于需要更详细位置信息的任务来说，ImageNet 数据集可能不是最佳选择。

4. 测试基准——人工智能的磨刀石

测试基准在人工智能（AI）的促进和发展中起着至关重要的作用。它们不仅为 AI 研究提供了标准化的评估工具，还推动了 AI 芯片的技术创新和竞争、算法优化和模型改进等。

1）标准化评估：测试基准为 AI 算法和模型提供了统一的评估标准。这使得不同研究团队和企业能够公平地比较他们的方法，确保结果的可重复性和可靠性。这种标准化评估有助于确定哪些技术在特定任务上表现最佳，从而加速技术的采纳和应用。

2）技术创新和竞争：测试基准往往伴随着公开的挑战赛或竞赛，这些活动激发了研究团队之间的竞争精神。为了在这些竞赛中脱颖而出，研究者必须不断创新，开发新的算法和技术。这种竞争环境极大地推动了 AI 领域的技术进步。

3）算法优化：通过参与测试基准，研究者可以获得关于其算法性能的丰富反馈。这些反馈可用于识别算法中的弱点，从而进行有针对性的优化。此外，测试基准通常包含多种不同的任务和数据集，这有助于研究者在多种场景下测试和优化他们的算法。

4）模型改进：测试基准还可以用于评估和改进 AI 模型的性能。通过比较不同模型在基准测试上的表现，研究者可以深入了解哪些模型结构、训练策略或超参数设置更有效。这种洞察力可以指导未来的模型设计和开发，提高模型的准确性和效率。

5）行业应用：许多测试基准都针对特定的实际应用场景设计，如自动驾驶、医疗图像分析或自然语言处理。这些基准不仅推动了相关技术领域的发展，还为行业提供了实际可用的 AI 解决方案。通过参与这些基准测试，企业可以更好地了解如何将 AI 技术应用于其业务中，从而提高生产力和降低成本。

6）社区协作和知识共享：测试基准通常由广泛的社区共同开发和维护。这促进了研究者之间的协作和知识共享，有助于加速 AI 领域的发展。通过共同参与基准测试的开发、评估和改进过程，研究者可以相互学习、交流经验并共同推动 AI 技术的进步。

测试基准在推动 AI 的促进和发展方面发挥着关键的作用。它们为 AI 研究提供了标准化的评估工具、激发了技术创新和竞争、指导了算法优化和模型改进、推动了行业应用并促进了社区协作和知识共享。

4.6 开源 AI 处理器的实例——NVDLA

▶▶ 4.6.1 NVDLA 的简介

NVDLA（NVIDIA Deep Learning Accelerator）是 NVIDIA 开发的一种开源深度学习加速器架构。它是一套基于开放行业标准的 IP 核心模型，旨在为深度学习推理提供高效、灵活且可扩展的硬件加速解决方案。NVDLA 的设计目标是简化集成、提高可移植性，并支持广泛的性能水平和应用场景。

深度学习推理的大多数计算工作都是基于数学运算，这些运算大致可以分为四个部分：卷积、激活、池化和归一化。由于它们的内存访问模式高度可预测，并且易于并行化，因此它们特别适合专用硬件实现。NVIDIA 深度学习加速器项目推动了一种标准化的、开放的架构，以满足推理的计算需求。NVDLA 架构既可扩展又高度可配置，其模块化设计保持了灵活性并简化了集成。标准化深度学习加速促进了与现代大多数深度学习网络的互操作性，并推动了机器学习在大规模应用中的统一发展。

NVDLA 硬件提供了一种简单、灵活、稳健的推理加速解决方案。它支持广泛的性能级别，并且可以轻松扩展，适用于小型、成本敏感的物联网（IoT）设备到以性能为导向的 IoT 设备的大型应用。NVDLA 是基于开放行业标准的一组 IP 核模型，包括 Verilog 模型（用于 RTL 级的综合和仿真），以及 TLM SystemC 仿真模型（用于软件开发、系统集成和测试）。NVDLA 软件生态系统包括设备端软件堆栈（作为开源发布的一部分）、用于构建深度学习模型的完整训练基础设施，以及将现有模型转换为设备端软件可用的形式的解析器。

开源 NVDLA 项目是由一个开放、有指导的社区来管理的。NVIDIA 欢迎对 NVDLA 做出贡献，并通过开放流程为外部用户和开发人员提供修改建议的机会。贡献者需要同意贡献者许可协议，以确保贡献者的任何 IP 权利都授予所有 NVDLA 用户；不希望回馈 NVDLA 的用户则无须这样做。项目的开发将在公开环境中进行，NVDLA 软件、硬件和文档将通过 GitHub 提供。

NVDLA 是一个为加速深度学习推理而设计的硬件架构。这个架构由多个独立的模块组成，每个模块负责特定功能，比如处理卷积运算、激活函数和池化操作等。

这个架构的设计非常灵活，可以根据不同的需求来调整和优化。比如，如果某个系统不需要池化操作，可以完全去掉负责池化的模块；如果需要更高的卷积性能，则可以增加负责卷积的模块的性能，而不需要改动其他部分。

NVDLA 硬件可以和系统的其他部分很好地协作。它使用标准的接口与系统的内存、处理器等部分进行通信从而能够轻松集成到不同的系统中去。

在使用 NVDLA 硬件进行推理时，通常需要一个管理处理器来发送配置信息和激活命令。管理处理器可以是系统的主处理器，也可以是一个专用的微控制器。一旦 NVDLA 硬件完成了推理任务，就会向管理处理器发送一个中断信号，通知它任务已经完成。然后管理处理器就可以开始下一个推理任务了。NVDLA 作为一个灵活高效的深度学习推理硬件架构，能够加速深度学习推理过程。

NVDLA 提供了两种配置模式：小型 NVDLA 和大型 NVDLA。

小型 NVDLA 非常适合成本敏感的物联网设备、人工智能和自动化系统。这些系统通常有明确的任务，成本、面积和功耗是其主要考虑因素。通过 NVDLA 的可配置资源，可以在成本、面积和功耗方面实现优化。

神经网络模型可以进行预编译和性能优化，这使得较大的模型可以被"缩减"，减少加载复杂性。这种方式让规模较小的 NVDLA 实现成为可能，其中模型占用的存储空间更少，系统软件加载和处理的时间也更短。

这些专门构建的系统通常一次只执行一项任务，因此，在 NVDLA 运行时，牺牲系统性能通常不是大问题。相对廉价的上下文切换机制——有时是由于处理器架构的选择，有时是由于使用像 FreeRTOS 这样的系统进行任务管理——使得主处理器不会因为处理大量的 NVDLA 中断而过载。这消除了对额外微控制器的需求，主处理器既负责粗粒度的调度和内存分配，也负责细粒度的 NVDLA 管理。

通常，基于小型 NVDLA 模型的系统不会包括可选的第二个内存接口。当整体系统性能不是首要考虑因素时，缺少高速内存路径的影响通常不是关键性的。在这样的系统中，系统内存（通常是 DRAM）的功耗可能低于 SRAM，因此使用系统内存作为计算缓存更为节能。

简单来说，小型 NVDLA 模型让深度学习技术在更广泛的领域得以应用，特别是在对成本和功耗有严格要求的场景中。通过优化和缩减模型，可以在不牺牲太多性能的情况下，实现更高效的深度学习推理。

大型 NVDLA 模型在对高性能和多功能性时有较高要求的情况下表现更佳。面向性能的物联网系统可能会在许多不同的网络拓扑上进行推理，因此保持高度灵活性非常重要。此外，这类系统可能会同时执行许多任务，而不是将推理操作序列化，因此推理操作不得消耗主机上过多的处理能力。为了满足这些需求，NVDLA 硬件包含一个用于高带宽 SRAM 的可选内存接口，并能够通过专用控制协处理器（微控制器）与系统通信，以减少主处理器上的中断负载。

在实际应用中，高带宽 SRAM 连接到 NVDLA 的快速内存总线接口，用作 NVDLA 缓存。可选地，它可以与系统中其他高性能计算机视觉相关组件共享，进一步减少对系统主内存（Sys DRAM）的访问。

NVDLA 的协处理器的要求相对常规，因此许多通用处理器都适用（如基于 RISC-V 的 PicoRV32 处理器、ARM Cortex-M 或 Cortex-R 处理器，甚至内部微控制器设计）。当使用专用协处理器（coprocessor）时，主处理器仍处理一些 NVDLA 管理任务。例如，尽管协处理器负责 NVDLA 硬件的调度和细粒度编程，但主机将仍需负责粗粒度调度、NVDLA 内存访问的 IOMMU 映射（必要时）、NVDLA 输入数据和固定权重数组的内存分配，以及 NVDLA 运行的其他系统组件和任务之间的同步。

简而言之，大型 NVDLA 模型为那些需要高性能和灵活性的应用提供了强大的支持。通过引入高带宽的 SRAM 和专用的控制协处理器，它有效地平衡了推理操作的性能和主机的处理负担，使得系统能够更高效地处理复杂的任务和多任务并行的情况。

▶▶ 4.6.2　NVDLA 的架构

如图 4-3 所示，NVDLA 架构具有可扩展性和高度可配置性，可以根据具体需求进行定制。

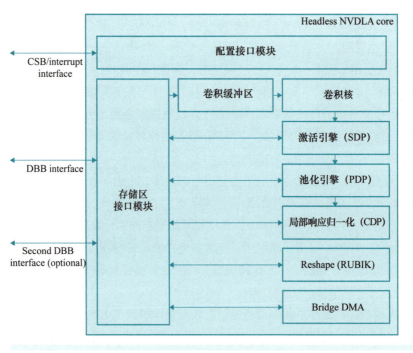

● 图 4-3　NVDLA 架构

它采用模块化设计，由多个独立的处理单元组成，包括卷积核心（Convolution Core）、单点数据处理器（Single Data Processor）、二维数据处理器（Planar Data Processor）等。这些处理单元可以独立配置和操作，以实现不同的深度学习推理任务。

NVDLA 通过以下三个主要连接与系统其他部分进行通信。

1）配置空间总线（CSB）接口：这是一个同步的、低带宽、低功耗的 32 位控制总线，设计用于 CPU 访问 NVDLA 配置寄存器。在 CSB 接口中，NVDLA 作为从设备工作。CSB 接口实现了一个非常简单的协议，因此可以通过简单的填充层转换为 AMBA、OCP 或其他系统总线。

2）中断接口：NVDLA 硬件包括一个 1 位电平驱动的中断接口。当任务完成或发生错误时，将触发中断信号。

3）数据骨干（DBB）接口：DBB 接口连接 NVDLA 和主系统内存子系统。它是一个同步、高速且高度可配置的数据总线。根据系统要求，它可以被配置为具有不同的地址大小、数据大小，并发出不同大小的请求。数据骨干接口协议非常简单，类似于 AXI（并可在 AXI 兼容的系统中直接使用）。

DBB 接口有一个可选的第二连接，适用于存在第二条内存路径的情况。这个连接设计与主DBB 接口相同，旨在与能够提供更高吞吐量和更低访问延迟的片上 SRAM 协同使用。第二 DBB接口对于 NVDLA 的功能来说并不是必需的，不需要这个内存接口的系统可以通过移除它来节省芯片面积。

综上可知，NVDLA 通过这三个主要接口与系统其他部分进行高效通信，确保了数据传输和处理的顺畅进行。同时，其灵活性和可配置性也使得它能够适应不同系统的需求。

NVDLA 的软件生态系统包括设备内软件堆栈、完整的训练基础设施以及将现有模型转换为设备上软件可用的形式的解析器。这使得开发者能够轻松地将深度学习模型部署到 NVDLA 加速器上，并实现高效的推理性能。

此外，NVDLA 还提供了一套基于开放行业标准的 IP 核心模型，包括 Verilog 模型和 TLM SystemC 仿真模型。这些模型可用于软件开发、系统集成和测试，从而加速深度学习应用的开发和部署过程。

作为一种高效、灵活且可扩展的深度学习加速器架构，NVDLA 适用于各种深度学习推理任务。其开源特性和模块化设计使得开发者能够轻松地进行定制和优化，以满足不同应用场景的需求。同时，NVDLA 的软件生态系统和基于开放行业标准的 IP 核心模型也为开发者提供了便捷的开发和部署工具。

NVDLA 硬件主要由以下几个模块组成。

1）卷积核心（Convolution Core）：一种优化的高性能卷积引擎，负责执行卷积操作，这是深度学习中最常见的操作之一。

2）单点数据处理器（Single Data Processor，SDP）：作为激活函数的奇点检索引擎，处理神经网络中的激活函数。

3）二维数据处理器（Planar Data Processor，PDP）：作为池化的平面均值引擎，执行池化操作，这是一种降低数据维度的操作。

4）跨通道数据处理器（Cross-channel Data Processor，CDP）：作为高级归一化函数的多通道均值引擎，执行通道间的归一化操作。

5）专用内存与数据形状重塑引擎（Dedicated Memory and Data Reshape Engines）：用于张量形状重塑和复制操作的内存到内存转换加速，处理神经网络中的数据重塑和复制操作。

这些模块是独立配置的，每个单元的调度操作都被委派给协处理器或中央处理器，每个单元可以以非常细粒度的调度边界进行操作。这种设计使得 NVDLA 硬件架构能够适用于各种规模的实现，提供了灵活性和可扩展性。

▶▶ 4.6.3 卷积核心

卷积核心（Convolution Core）是 NVDLA 深度学习加速器架构中的一个关键模块，它是一种优化的高性能卷积引擎，专门负责执行卷积操作。卷积操作是深度学习中最重要的计算之一，尤其在图像处理和计算机视觉任务中占据主导地位。

卷积核心的设计目标是提供高效、快速且灵活的卷积计算能力。它采用了多种优化策略和技术，以确保在处理大规模卷积操作时能够实现出色的性能。这些优化可能包括矩阵乘法优化、内存访问模式优化、数据重用策略等，最大限度地减少计算延迟和内存带宽需求。

卷积核心通常支持多种类型的卷积操作，包括标准卷积、深度可分离卷积、转置卷积等。这些不同类型的卷积操作在深度学习的不同层中都有广泛应用，例如卷积神经网络（CNN）的卷积层、池化层等。

此外，卷积核心还具有高度的可配置性和灵活性。它可以根据具体的网络模型和任务需求进行定制，支持卷积核大小、步长、填充方式等参数的设置。这种灵活性使得卷积核心能够适应各种深度学习应用场景，包括图像分类、目标检测和语义分割等。

在 NVDLA 架构中，卷积核心与其他模块（如一维数据处理器、二维数据处理器等）协同工作，共同完成深度学习的推理任务。通过高效的数据传输和协同处理机制，NVDLA 架构能够实现高性能的深度学习推理性能，满足各种实际应用场景的需求。

在深度学习中，尤其是 CNN 中，卷积单元是执行卷积操作的基本组件。卷积操作是一种特殊的线性运算，广泛应用于图像处理、语音识别等领域。在卷积神经网络中，卷积单元通过应用滤波器（或称为卷积核）到输入数据（如图像）上来提取特征。

TensorFlow 由谷歌开发并维护的开源的机器学习框架支持广泛的深度学习算法和模型，并提供了丰富的 API 来构建和训练这些模型。TensorFlow 中的操作（Operation）是构建计算图的基本单元，这些操作可以是数学运算、数组操作、控制流操作等。

tf. nn. conv2d 是 TensorFlow 框架中的一个函数，用于执行二维卷积操作。这个函数接受输入张量（通常是图像数据）、卷积核、步长（stride）和填充（padding）等参数，并返回卷积后的结果。在 TensorFlow 的早期版本中，tf. nn. conv2d 是执行卷积操作的主要方式。然而，随着 TensorFlow 的发展，新的 API（如 tf. keras. layers. Conv2D）提供了更高级和更易于使用的方式来定义和执行卷积操作。

NVDLA 的卷积单元可以映射（或对应）到 TensorFlow 框架中的操作，特别是像 tf. nn. conv2d 这样的函数。换句话说，当使用 TensorFlow 构建卷积神经网络时，可以使用 tf. nn. conv2d（或类似的函数/层）来实现卷积单元的功能。这种映射使得开发者能够利用 TensorFlow 框架的强大功能来构建、训练和部署卷积神经网络。

▶▶ 4. 6. 4　单点数据处理器

单点数据处理器（SDP）是 NVDLA 架构中的一个重要组件，允许对单个数据点应用线性和非线性函数。这通常在 CNN 系统中的卷积之后立即使用。SDP 具有一个查找表以实现非线性函数，或通过简单的偏置和缩放来支持线性函数。这种组合可以支持大多数常见的激活函数以及其他按元素操作，包括 ReLU、PReLU、精度缩放、批量归一化、偏置添加或其他复杂的非线性函数，例如 S 形函数或双曲正切函数。这使得 SDP 成为 NVDLA 架构中非常灵活和通用的组件。

SDP 的主要功能是对单个数据点应用线性和非线性函数。在卷积神经网络（CNN）中，通常在卷积层之后立即使用 SDP。SDP 接收来自卷积层的输出，并对其进行进一步的处理，为下一层的输入做准备。

具体来说，SDP 可以映射到以下 TensorFlow 操作。

（1）tf. nn. batch_normalization

批量归一化操作，用于提高神经网络的训练稳定性和性能。它通过对每一批输入数据进行归一化，使其具有零均值和单位方差，从而加速训练过程并减少模型对初始权重的敏感性。

（2）tf. nn. bias_add

偏置添加操作，用于向神经网络的输出添加偏置项。偏置是一个可学习的参数，可以调整神经元的激活阈值，直接影响网络的输出。在训练过程中，偏置与权重一同通过反向传播算法进行优化，使网络更加灵活地适应数据分布，有助于提高预测的准确性。通过 tf. nn. bias_add 将偏置加到网络层的输出上，可以帮助网络更好地拟合训练数据，达到更优的性能。

（3）tf. nn. elu

指数线性单元（Exponential Linear Unit，ELU）激活函数，是一种在深度学习中广泛使用的非线性激活函数。ELU 函数的设计旨在提升神经网络的表达能力和训练稳定性。

ELU 函数的特点在于其分段性质：当输入值小于 0 时，函数呈现出软饱和的特性；而当输入值大于 0 时，函数则表现出线性特性。具体来说，当神经元的输入值小于 0 时，ELU 函数不是直接将其置为 0（如 ReLU 函数所做的那样），而是允许一个小的负梯度存在。这样做的好处是，即使在负输入区域，神经元也不会完全"死亡"，而是仍然能够接收并传递误差梯度，有助于网络的训练。同时，由于负输入区域的激活值是指数衰减的，有助于缓解梯度消失的问题。当输入值大于 0 时，ELU 函数表现出线性特性，即输出与输入成正比。这种线性特性有助于网络在正向传播过程中保持信息的完整性，同时也有助于简化梯度的计算。

总的来说，ELU 函数通过其独特的分段设计，既保留了饱和激活函数的优点（如缓解梯度消失问题），又兼具非饱和激活函数的特性（如线性传播和易于计算梯度），从而有效地提升了神经网络的表达能力和训练稳定性。

（4）tf. nn. relu

修正线性单元（Rectified Linear Unit，ReLU）是目前神经网络领域广泛使用的非线性激活函数。其核心理念是对输入的数据进行一个"筛选"处理：对于输入中的负数值，ReLU 会将其置为 0，而对于非负数值，则保持原样输出。这样的处理方式是 ReLU 的一个特点，即单侧抑制。简单来说，就是它只允许正数值通过，而对负数值进行了"抑制"或"屏蔽"。

从数学的角度看，ReLU 的功能可以用一个公式来表示：$f(x) = \max(0, x)$。这里的 max 函数确保了任何小于或等于 0 的输入值 x，其输出都是 0；而对于大于 0 的输入值，输出则与输入值 x 相同。

ReLU 之所以受到广大研究者的喜爱，主要有以下两大优势。

首先，ReLU 为神经网络带来了稀疏性。在神经网络的训练阶段，由于 ReLU 的特性，部分神经元的输出可能会变为 0。这意味着在网络的前向传播过程中，这些神经元并不会产生任何输出，从而不对后续的计算产生任何影响。这种稀疏性不仅可以加速网络的训练和推断速度，还有助于增强模型的泛化能力，即模型对新数据的预测准确性。

其次，ReLU 有助于缓解梯度消失的问题。在使用如 sigmoid 或 tanh 等传统激活函数时，当输入值远离 0 时，其梯度会变得非常小，这会导致在反向传播算法中，梯度信息逐渐减弱甚至消失，影响网络的训练效果。而 ReLU 在正数区域的梯度恒定为 1，这意味着无论输入值多大，其梯度都是稳定的，从而大大加速了网络的训练速度。

然而，ReLU 也并非完美无缺。其主要的缺点包括以下两个方面。

神经元死亡现象。由于 ReLU 在负数区域的输出和梯度都为 0，这可能导致某些神经元在训练过程中从未被激活。这些"死亡"的神经元在网络中不再有任何作用，其权重也不会得到更新。这种情况可能会使得网络无法充分利用其所有的神经元资源。

非零均值输出问题。ReLU 的输出并不是以 0 为中心的，这可能会影响到网络的训练稳定性。因为当下一层的神经元接收到的输入数据的均值不为 0 时，可能会导致训练过程中的梯度更新变得不稳定，从而影响网络的训练效果。

（5）tf. nn. prelu

参数化修正线性单元（Parametric ReLU，PReLU），是修正线性单元（ReLU）激活函数的改进版本。标准的 ReLU 函数在输入值为负时输出为 0，这在一定程度上会导致"神经元死亡"问题，即某些神经元在训练过程中因为负输入而无法激活，从而无法对网络的训练做出贡献。

PReLU 通过引入一个可学习的参数 α，对负数区域的激活方式进行了改进。具体来说，当输入值 x 小于 0 时，PReLU 的输出为 α 与 x 的乘积，其中 α 是一个可以在训练过程中通过反向传播算法进行优化的参数。当输入值 x 大于或等于 0 时，PReLU 的行为与标准的 ReLU 相同，即直接输出 x。

PReLU 的主要优点在于其灵活性和自适应性。通过允许负数区域有一个非零且可调整的斜率，PReLU 能够更有效地利用负输入值的信息，从而提高网络的表达能力。此外，由于 α 是可学习的，网络可以在训练过程中自动调整这个参数，以适应不同的数据集和任务。这种自适应性使得 PReLU 在深度神经网络中往往能够取得比 ReLU 更好的性能表现。

总的来说，PReLU 通过引入可学习的参数 α 来改进 ReLU 在负数区域的激活方式，从而提高了神经网络的性能和灵活性。

（6）tf. sigmoid

sigmoid 函数，表达式为 $f(x) = 1/[1+\exp(-x)]$，是一种广泛使用的非线性激活函数，能将输入值映射至 0 到 1 之间，因此在二分类问题的输出层中经常被采用。sigmoid 函数的优点主要有两个：其一，它的输出范围在（0，1）内，这个范围内的值可以方便地解释为概率；其二，函数在其定义域内是连续且可导的，这有利于使用梯度下降等优化算法进行训练。然而，sigmoid 函数也存在一些缺点：当输入值远离 0 时，其梯度会趋近于 0，这可能导致在反向传播过程中梯度信息逐渐丢失，进而加大了网络的训练难度；此外，该函数的输出不是以 0 为中心，可能会对神经网络的训练效果产生不利影响；最后，由于 sigmoid 函数包含指数运算，所以其计算复杂度相对较高。

（7）tf. tanh

双曲正切（Hyperbolic Tangent，tanh），是一种常用的非线性激活函数，它可以将神经元的输入值映射到（−1，1）的范围内。与 Sigmoid 函数类似，tanh 也属于 S 型函数，但两者在输出范围上存在差异。tanh 函数为神经网络增添了非线性特性，使其能够学习和模拟更复杂的模式。

tanh 函数的数学公式为：$f(x) = [\exp(x)-\exp(-x)]/[\exp(x)+\exp(-x)]$。它能够将任意范围的输入值转换为−1 到 1 之间的输出值而 sigmoid 的输出范围是（0，1）。

tanh 函数的优点主要有三个方面：首先，其输出范围是（−1，1），相较于 sigmoid 函数，这个更宽的输出范围在某些应用场景中可能更为适用。其次，tanh 函数的输出是以 0 为中心的，这种特性有助于减少神经网络训练时可能出现的一些问题，比如权重更新时的偏差。最后，和 sigmoid 函数一样，tanh 函数在其整个定义域内都是连续且可导的，这使得它非常适合用在需要求导的优化算法中，如梯度下降。

然而，tanh 函数也存在一些缺点。最主要的问题是梯度消失。尽管 tanh 的输出范围更广，但当输入值远离 0 时，其梯度会迅速接近 0。这会导致在反向传播过程中，梯度信息逐渐变弱甚至消失，从而使得网络变得难以训练。另一个缺点是计算复杂度较高，因为 tanh 函数涉及指数运算，这在计算上可能会相对耗时。

需要注意的是，SDP 的具体实现可能因 NVDLA 的不同版本和配置而有所差异。此外，SDP

的性能和效率也受到硬件设计、内存带宽和数据流等因素的影响。

▶▶ 4.6.5 二维数据处理器

在 NVDLA 架构中，二维数据处理器（Planar Data Processor，PDP）是关键组件之一，负责处理卷积神经网络（CNN）中常见的特定空间操作，尤其优化了池化操作。池化对于减小数据表示的空间大小、增加特征的平移不变性以及减少过拟合至关重要。

PDP 的主要特点和功能包括以下几个方面。

1）可配置性：PDP 可以在运行时配置不同的池化窗口的尺寸，以适应各种 CNN 架构的需求，这些架构可能使用不同大小的池化窗口来优化性能和准确性。

2）支持多种池化函数：PDP 支持最大池化（Maximum Pooling）、最小池化（Minimum Pooling）和平均池化（Average Pooling），分别用于提取池化窗口中的最大值、最小值和平均值。最大池化通常用于捕捉图像中的最显著特征，而平均池化则有助于平滑特征并减少噪声。

3）高效的内存接口：PDP 具有专用的存储器接口，用于从存储器中获取输入数据并直接输出到存储器。这种设计减少了数据传输延迟，提高了整体性能。

4）独立性和可扩展性：在 NVDLA 架构中，PDP 是一个独立且可配置的模块。在不需要池化操作的情况下，可以完全删除 PDP 以节省资源。同时，如果需要额外的池化性能，可以独立地扩展 PDP 的能力，而无须对整个加速器进行重大修改。

在计算机视觉和深度学习领域，尤其是卷积神经网络（CNN）中，池化（Pooling）是一种重要的操作，用于降低数据的空间维度，同时保留关键信息。池化（Pooling）是深度学习中卷积神经网络（CNN）的一个重要概念，尤其是用于图像处理时。通俗来说，池化就是对图像数据进行"降维"或"简化"的过程。

在卷积神经网络处理图像时，通常会先通过卷积层提取出图像的特征。但这些特征数据往往还是非常大且复杂的。为了进一步简化这些数据，降低计算量，并提取出更加抽象、有代表性的特征，就需要进行池化操作。

池化的过程可以想象成用一个固定大小的"窗口"在特征图上滑动，每次滑动时都对窗口内的数据进行某种统计操作，比如取最大值、最小值或平均值等。这样，原来窗口大小内的数据就被一个统计值所代替，从而实现了数据的降维。这个滑动的窗口就被称为"池化窗口"，而统计操作的过程就是"池化"。

具体来说，最大池化（Max Pooling）就是取池化窗口中的最大值作为输出；最小池化（Min Pooling）则是取最小值；平均池化（Average Pooling）则是计算窗口内所有值的平均值作为输出。这些操作都有助于提取出图像中的显著特征，并增强模型对输入数据微小变化的稳健性。

池化是一种有效的图像数据降维方法，在深度学习中广泛应用，有助于提高模型的性能和效率。

PDP 映射到 TensorFlow 中的三个池化操作为 tf. nn. avg_pool，tf. nn. max_pool 和 tf. nn. pool。

1）tf. nn. avg_pool（平均池化）

a. 功能：对输入数据进行平均池化操作。

b. 参数：通常包括输入数据、池化窗口大小、步长（strides）、填充（padding）等。

c. 过程：平均池化会计算池化窗口内所有值的平均值，并将其作为该窗口的输出值。窗口按指定的步长在输入数据上滑动，对每个窗口执行相同的操作。

d. 用途：用于减少数据的空间维度，同时保留有用的特征信息。平均池化有助于平滑特征图并减少过拟合。

2）tf. nn. max_pool（最大池化）

a. 功能：对输入数据进行最大池化操作。

b. 参数：与平均池化类似，需要指定输入数据、池化窗口大小、步长和填充等。

c. 过程：最大池化会选择池化窗口内的最大值作为该窗口的输出值。与平均池化一样，窗口会按指定的步长在输入数据上滑动，在输入数据上执行相应操作。

d. 用途：最大池化特别适合于捕捉图像中的显著特征，如边缘和纹理，因为它只保留窗口内的最大值。这有助于降低数据维度并保留关键信息。

3）tf. nn. pool（通用池化）

a. 功能：这是一个更为通用的池化操作，它可以根据指定的池化函数（如最大池化、平均池化等）来执行相应的操作。

b. 参数：除了输入数据、池化窗口大小、步长和填充外，还需要指定池化类型（如"AVG"表示平均池化，"MAX"表示最大池化等）。

c. 过程：根据指定的池化类型，tf. nn. pool 会在输入数据上执行相应的池化操作。

d. 用途：提供了一种灵活的方式来执行不同类型的池化操作，以适应不同的应用场景和需求。

在实际应用中，最大池化和平均池化是最常用的两种池化方法。它们都可以有效地降低数据的维度和计算复杂度，同时保留有用的特征信息。选择哪种池化方法取决于具体的应用场景和需求。

需要注意的是，池化操作是不可逆的，即无法通过池化后的结果完全重建原始输入数据。因此，在设计 CNN 架构时，需要仔细考虑何时以及如何使用池化层。此外，由于池化会导致信息丢失，因此在某些现代 CNN 架构中（如 ResNet 和 DenseNet），研究者倾向于使用步长大于 1 的卷积层来替代传统的池化层，以实现更精细的特征提取和降维。

▶▶ 4. 6. 6　跨通道数据处理器

跨通道数据处理器（Cross-channel Data Processor，CDP）是一个专门设计的单元，用于应用局部响应归一化（Local Response Normalization，LRN）函数。这是一种特殊的归一化函数，它在通道维度上操作，而不是在空间维度上。

在深度学习和 CNN 中，归一化是一种常用的技术，用于调整数据的尺度或范围，以便更好地适应模型的训练。局部响应归一化是一种特定类型的归一化，主要关注神经网络中不同通道（也称为特征图或过滤器）之间的响应。

归一化（Normalization）是一种数据处理手段，目的是将数据的范围或尺度调整到相对统一的标准。在深度学习和 CNN 中，局部响应归一化是其中一种特定的归一化方法。

LRN 的作用是对神经网络的输出进行"调整"，使得每个神经元的响应都处于相似的范围内。这类似于在图像处理中，将图像的亮度、对比度等调整到统一的标准，以便更好地进行比较和分析。

LRN 的具体实现方式是，对于每个神经元的输出，考虑其相邻神经元的响应，并根据这些响应来对该神经元的输出进行归一化。这样做的好处是，可以强调那些相对于其邻居有更大响应的神经元，同时抑制响应较小的神经元。这种"竞争"机制有助于模型更好地学习和提取输入数据中的特征。

虽然 LRN 在某些情况下可以提高模型的性能，但随着深度学习技术的发展，其他更先进的归一化方法（如批量归一化）已经被广泛应用，并且在许多任务中取得了更好的效果。因此，是否使用 LRN 需要根据具体的问题和数据集来决定。

CDP 的设计目标是在通道维度上执行这种归一化操作，而不是在图像的空间维度（如宽度和高度）上。这意味着 CDP 会考虑不同通道之间的数据，并根据相邻通道的响应来归一化每个通道的输出。这有助于突出某些特征图相对于其邻居的重要性，并可能提高模型的泛化能力。

在 TensorFlow 框架中，tf. nn. local_response_normalization 函数是实现 LRN 的重要工具。这个函数专门处理输入的 4D 张量数据，这种数据结构通常用于表示批量的图像，其格式一般为 [batch_size，height，width，channels]。

函数的主要参数包括输入的 4D 张量 input，以及控制归一化过程的几个关键参数：depth_radius、bias、alpha、beta 和 name。其中，depth_radius 参数指定了在进行归一化时，应该考虑当前通道的前后多少个相邻通道，这实际上定义了通道间的"邻域"大小。bias 参数是一个偏移量，它的作用是防止归一化过程中的分母为零或极小的数值，确保数值的稳定性。alpha 和 beta 则是用来调整归一化强度的参数，直接影响归一化后的输出值。

LRN 的核心是一个特定的数学公式，该公式针对输入张量中的每个位置（x，y，c）和每个通道 c 进行计算。在这个公式中，原始输入张量的值（a_{x,y,c}）被归一化后，得到输出张量的值（b_{x,y,c}）。归一化的过程考虑了以当前通道为中心的一个通道范围，这个范围的大小由 depth_radius 决定，实际为 2×depth_radius + 1 个通道。在这个范围内的所有通道值的平方和乘以 alpha 后，再加上 bias（公式中的 k），作为归一化的分母。最后，整个表达式还涉及 beta 参数，用作调整归一化的形状的指数项。

虽然 LRN 曾经在深度学习的发展中扮演过重要角色，但随着技术的不断进步，它逐渐被其他更先进的正则化技术所取代。例如，批量归一化（Batch Normalization）和层归一化（Layer

Normalization）等方法在许多深度学习任务中表现出了更好的性能和稳定性。这些方法能够更有效地控制内部协变量偏移，提高模型的训练速度和泛化能力。因此，在实际应用中可能会更多地看到这些现代正则化方法的使用，而不是 LRN。尽管如此，了解和学习 LRN 对于深入理解深度学习中的正则化策略和技术多样性仍然具有重要意义。

▶▶ 4.6.7 数据重塑引擎

数据重塑引擎执行数据格式转换，例如拆分、切片、合并、收缩、重塑-转置等操作。在执行卷积网络的推理过程中，通常需要重新配置或重塑内存中的数据。例如，"切片"操作可用于分离出图像的不同特征或空间区域，而"重塑-转置"操作（在反卷积网络中很常见）则会创建比输入数据集维度更大的输出数据。

（1）拆分（Splitting）

想象有一大块巧克力，需要将它分给朋友们。可以将这块巧克力"拆分"成若干小块，每人分一块。这就是"拆分"的基本概念。

在数据处理中，"拆分"通常指的是将一个大的数据集分割成若干个小的部分，以便更容易地处理和管理数据。比如，在机器学习中经常需要把数据集拆分成训练集、验证集和测试集，以便更好地训练模型和评估其性能。

（2）切片（Slicing）

想象有一个大蛋糕，想要尝试不同层次的口感。用刀切下一片蛋糕，这一片就包含了蛋糕的多个层次，这就是"切片"。

在数据处理中，"切片"通常指的是从大数据集中提取出特定的一部分。比如，在处理图像数据时，可能只关心图像的某个区域或某个维度上的数据，这时就可以通过"切片"操作来提取这部分数据。在 Python 等编程语言中，数组或列表的"切片"操作可以很方便地实现这一点。

（3）合并（Merging）

想象有很多零散的乐高积木块，想要用其搭建一个模型。把这些积木块"合并"在一起，按照设计图的指示，一块块地拼接起来，最终会形成一个完整的模型。

在数据处理中，"合并"通常指的是将多个小的数据集或数据片段组合成一个更大的数据集。比如，在数据库管理中会将多个表的数据"合并"成一个表，以便进行更复杂的数据分析。在图像处理中，"合并"也可以指将多个图层或效果叠加在一起，生成最终的图像。

（4）收缩（Contraction）

想象有一件宽松的衣服，它太大了，想要让它变小一点。把衣服送到裁缝那里，让裁缝把衣服"收缩"到合适的尺寸。

在数据处理中，"收缩"通常指的是减少数据的规模或维度。比如，在机器学习中，对输入数据进行"降维"处理以减少计算复杂度或提取关键特征。这可以通过各种"收缩"技术实现，如主成分分析（PCA）等。

需要注意的是，在某些情境中，"contraction"也可能指的是数据的"压缩"或"紧缩"，如文本中的缩写或简写形式，通过去除多余的信息或字符来简化数据表示。

（5）重塑-转置（Reshape-Transpose）

想象有一块面团，想要把它塑造成一个特定的形状。先把它揉成一个球，然后再慢慢地把它"重塑"成想要的形状。而"转置"则像是把一个矩阵或表格的行和列互换位置。

在数据处理中，"重塑"指的是改变数据的形状或结构，但不改变其内在的数据值。比如，在 NumPy 等库中，可以使用 reshape 函数将一维数组转换成二维数组，或者将二维数组转换成一维数组。这种操作在图像处理和机器学习中非常常见。

而"转置"则是一种特殊的重塑操作，它专门用于矩阵或二维数组。通过"转置"，可以把矩阵的行变成列，列变成行。这种操作在线性代数和机器学习中非常有用，有助于进行矩阵运算和数据处理。

数据重塑引擎在 TensorFlow 框架中映射了一系列特定的操作，包括 tf. nn. conv2d_transpose、tf. concat、tf. slice 和 tf. transpose，介绍如下。

1）tf. nn. conv2d_transpose

功能是执行反卷积操作，也被称为转置卷积。这不是卷积的逆操作，但可以被视为一种卷积，其中输入和输出被翻转。它在某些类型的卷积自动编码器、语义分割和生成对抗网络（GAN）中非常有用。

参数如下。

input：一个 4D 张量，形状为 [batch, height, width, in_channels]，表示输入数据。

filters：一个 4D 张量，形状为 [filter_height, filter_width, out_channels, in_channels]，表示卷积核。

output_shape：一个 1D 张量，表示输出张量的形状。通常为卷积操作之前的原始输入大小。

strides：一个长度为 4 的 1D 张量，表示卷积步长。

padding：字符串，指定填充类型（"SAME"或"VALID"）。

返回值：一个 4D 张量，表示反卷积操作的输出。

2）tf. concat

功能是沿指定轴连接张量，允许将多个张量组合成一个更大的张量。

参数如下。

values：一个张量列表或张量元组，表示要连接的张量。

axis：一个 0D 张量，表示要连接的轴。例如，对于 3D 张量，axis = 0 表示在第一个维度上连接，axis = 1 表示在第二个维度上连接，依此类推。

返回值：一个张量，表示连接后的结果。

3）tf. slice

功能是提取输入张量的一个子集，允许根据指定的起始索引和大小来"切片"张量。

参数如下。

input_：一个张量，表示要切片的输入数据。

begin：一个 1D 张量，表示每个维度上的起始索引。

size：一个 1D 张量，表示每个维度上要提取的元素数量。

返回值：一个张量，表示切片操作的结果。

4）tf. transpose

功能：对张量进行转置，允许交换张量的维度。例如，对于 2D 矩阵，转置操作会交换行和列。

参数如下。

a：一个张量，表示要转置的输入数据。

perm：一个可选的 1D 张量，表示新的维度顺序。如果没有提供，则默认按反向顺序排列维度。

返回值：一个张量，表示转置操作的结果。

▶▶ 4.6.8 NVDLA 的编程

NVDLA 拥有一个完整的支持其运行的软件生态系统。这个生态系统的一部分包括设备上的软件堆栈，这是 NVDLA 开源发布的一部分；此外，NVIDIA 提供了一个完整的训练基础设施，用于构建深度学习模型，并将现有模型转换为 NVDLA 软件可使用的形式。总体来说，与 NVDLA 相关的软件分为两组：编译工具（模型转换）和运行环境（在 NVDLA 上加载和执行网络的运行时软件），其大致流程如图 4-4 所示，以下将对这两部分进行描述。

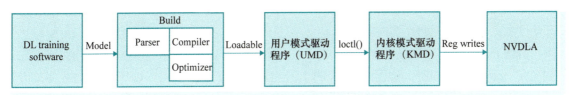

● 图 4-4　NVDLA 编程框架

编译工具包括编译器和解析器。编译器类似于优化模型的"巧匠"。它根据 NVDLA 的配置，精心打造出一系列适合硬件运行的模型层。这样优化后的模型，不仅体积更小，加载和运行的速度也更快，就像一辆经过改装的跑车，性能更佳。

解析器则像"翻译官"。它的工作相对简单一些，主要是读懂预训练的模型（如 Caffe 模型），并将其翻译为中间格式，方便编译器进行下一步的处理。

编译器在接收到这些"翻译"过来的中间格式后，会根据 NVDLA 的硬件配置，生成适合硬件运行的模型层网络。这个过程就像是根据汽车的发动机性能调整车辆的各项参数，以达到最佳驾驶体验。

这些工作都是在离线状态下完成的，也就是说，它们可以在不包含 NVDLA 设备的任何计算机上进行。一旦完成，就可以将优化后的模型部署到包含 NVDLA 的设备上运行了。

了解 NVDLA 的硬件配置之所以重要，是因为编译器可以根据硬件的特性生成最适合的模型层。比如，如果硬件支持多种卷积操作模式，编译器就可以选择最合适的一种；或者根据硬件的缓冲区大小进行拆分卷积操作。同时，这个阶段还会对模型进行量化处理，以降低模型的精度要求（比如从 32 位浮点数降低到 8 位或 16 位整数），从而节省存储空间和提高运行效率。这就像是在保证汽车性能的前提下，尽量减轻车身重量并提高燃油效率一样。

值得一提的是，同一个编译器工具可以为多种不同的 NVDLA 配置生成操作列表。这就像是一个通用的汽车改装方案，可以根据不同车型的性能特点进行灵活调整和优化。

运行环境则涉及在兼容的 NVDLA 硬件上运行模型。它实际上分为以下两层。

1）用户模式驱动（UMD）：与用户模式程序的主要接口。经过解析后的神经网络会逐层编译网络并将其转换为称为 NVDLA 可加载文件的文件格式。用户模式运行时，驱动负责加载此文件，并将推理作业提交给内核模式驱动（KMD）。

2）内核模式驱动（KMD）：由驱动程序和固件组成，负责调度层操作并编程 NVDLA 寄存器以配置每个功能块。

运行时执行从网络的存储表示开始，存储格式称为"NVDLA 可加载"映像。从可加载映像的角度来看，NVDLA 实现中的每个功能块在软件中都由一个"层"表示，每个层都包含有关其依赖项，在内存中用作输入和输出的张量以及操作所需的特定配置的信息。各层通过依赖关系图相互链接，KMD 使用该图来调度每个操作。NVDLA 可加载的格式在编译器实现和 UMD 实现之间是标准化的。所有符合 NVDLA 标准的实现都应该至少能够理解任何 NVDLA 可加载映像，即使该实现可能缺少推理所需的功能。

UMD 具有标准的应用程序编程接口（API），用于处理可加载映像、将输入和输出张量绑定到内存位置以及运行推理。该层将网络加载到一组定义的数据结构中，并以特定的方式将其传递给 KMD。例如，在 Linux 上，这可能是通过 ioctl() 将数据从用户模式驱动程序传递到内核模式驱动程序；而在单进程系统中，KMD 与 UMD 运行在同一环境下，可能通过简单的函数调用完成。

KMD 的主要入口点接收内存中的推理作业，并在多进程系统上选择多个可用作业进行调度，随后提交给核心引擎调度器。此核心引擎调度器负责处理来自 NVDLA 的中断，在每个单独的功能块上调度层，并根据前一层任务的完成情况更新该层的任何依赖项。调度器使用依赖关系图中的信息来确定后续层何时可以进行调度，这允许编译器能够优化层的调度，并避免不同 KMD 实现之间的性能差异。

UMD 堆栈和 KMD 堆栈都作为定义的 API 存在，并且预计将用系统可移植层进行封装。在可移植层内维护核心实现预计只需要进行相对较少的更改，并加速在多个平台上运行 NVDLA 软件堆栈的任何工作。若有适当的可移植层，核心实现可以在 Linux 和 FreeRTOS 上轻松编译。同样，在与 NVDLA 紧密耦合的微控制器的"headed"实现中，由于存在可移植层，相同的低级软件可以在微控制器上运行，也可以在"headless"实现中的主 CPU 上运行。

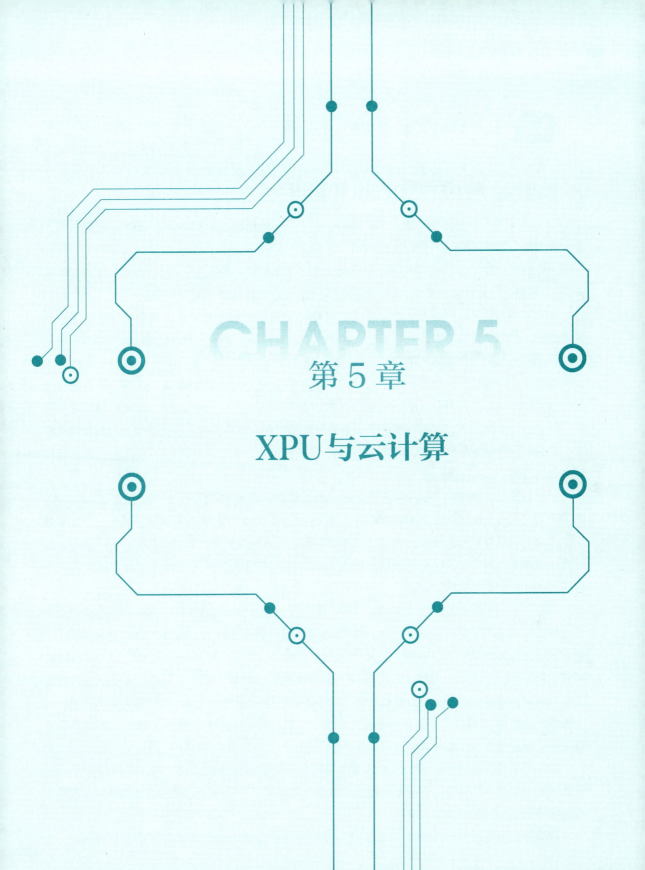

第 5 章

XPU与云计算

5.1 云计算的兴起与 CPU 的影响

5.1.1 算力的共享——当计算成为基础设施

2006 年 8 月，在美国圣何塞（San Jose）举行了 Search Engine Strategies（SES）搜索引擎大会。昂贵的门票并没有阻挡参会者的热情，一场又一场的演讲展示着这些行业大神们的智慧和对未来方向的思索。谷歌的 CEO 施密特在会上做了主题演讲，他提出了"云计算"（Cloud Computing）的概念。云计算的提出，让人们像使用水、电、气一样使用计算服务。

云计算的本质可以理解为计算资源（包括 CPU 计算能力、存储空间、数据处理能力等）的共享经济。就像日常生活中的共享单车、共享汽车，云计算允许多个用户共享同一个物理计算资源池，而不是每个用户都需要拥有独立的计算设备。

在传统的计算模式下，企业或个人通常需要购买和维护自己的服务器、存储设备等硬件资源，以及相应的软件许可。这不仅需要大量的资金投入，还需要专业的技术人员进行管理和维护。而在云计算模式下，这些计算资源被集中到数据中心，由专业的云服务提供商进行管理和维护。用户只需通过互联网连接到云服务提供商的平台，就可以根据自己的需求灵活获取和使用这些计算资源。

云计算的这种共享经济模式带来了很多好处。首先，它大大降低了用户的使用门槛和成本，用户无须购买昂贵的硬件设备和软件许可，也无须担心设备的维护和升级问题。其次，云计算提供了极高的灵活性和可扩展性，用户可以根据需要随时增加或减少计算资源的使用量。最后，云计算还提高了数据的安全性和可靠性，因为云服务提供商通常会采用先进的安全技术和容灾备份机制来保护用户的数据安全。

现在，人们可能在日常生活中已经习惯了使用云计算服务，但在当时，这个概念的提出引起了业界的轩然大波。不少人都认为是一种馊主意；还有很多人认为，这是一种"新瓶装旧酒"想法，不过是 IBM 的大型机的新应用而已。而信息社会已经从大型机演化到 PC（个人计算机）时代，再从 PC 演化到云计算时代，让人有一种技术轮回的错觉。随着时间的推移和技术的不断发展，云计算逐渐证明了它的价值和潜力。它不仅能够提供高效、灵活、可扩展的计算资源，还能够降低企业的 IT 成本，提高业务敏捷性。如今，云计算已经成为现代信息技术领域的重要支柱之一，被广泛应用于各行各业。

回顾历史可以看到，每一次技术的重大变革都会伴随着争议和质疑，但正是这些变革推动了人类社会的进步和发展。云计算的提出和发展也是如此，它经历了初期的质疑和争议，但最终成为信息技术领域的一次重大革命。

如果把云计算看作一座大厦，那么这座大厦所依赖的计算架构，不同厂家会有不同看法。在当时，RISC 的服务器特别是 IBM 的 POWER 和 SUN 的 SPARC，都野心勃勃，想要在云计算的时代大显身手。在 2006 年召开的 ISSCC 国际固态电路会议上，IBM 宣布其 Power6 处理器实现了 5GHz 的超高频率，即使今天来看，这个指标也是处于领先地位的。同年，Sun 推出了 UltraSPARC 的两款产品 Sunfire T1000 与 Sunfire T2000，这些产品的问世为刚刚开始构建的云计算大厦构建了一个光明的前景和坚实的基础；而英特尔也在同一年进入 65 纳米制造工艺，并推出了新一代至强处理器。云计算引发了新的一轮基础架构建设热潮，为 x86 和 RISC 两大阵营带来了巨大的市场机遇。

这场 x86 和 RISC 之间的竞争不仅推动了技术的进步，也为云计算的发展带来了广阔的市场前景。各大厂商纷纷加大投入，推出更多创新的产品和解决方案，以满足不断增长的云计算需求。

▶▶ 5.1.2　权力的游戏——新王的诞生

对于传统银行、电信、保险等行业来说，构建自己的数据中心（企业云）是一个复杂且资源密集型的任务。这些行业用户通常需要依靠专业的服务器提供商来满足他们的硬件和软件需求。如果让这些客户构建自己的数据中心（企业云），需要具备一个拥有丰富服务器架构、操作系统和数据库开发经验的团队，来部署自己的业务，这显然不太现实。

服务器提供商如 IBM 等，拥有丰富的经验和专业知识，能够提供符合行业标准的服务器架构、操作系统和数据库解决方案。他们可以根据用户的需求和业务规模，提供定制化的硬件和软件服务，确保系统的稳定性、安全性和可扩展性。

这种菜单式的接收方式对于行业用户来说是非常便利的。他们可以根据自己的业务需求，选择所需的硬件和软件服务，而无须自己投入大量的人力和物力去开发和维护这些系统。同时，服务器提供商还可以提供持续的技术支持和维护服务，确保系统的正常运行和及时更新。

在这种模式下，服务器厂商通过提供硬件和软件服务来收费，逻辑非常清晰。行业用户只需支付他们所使用的服务的费用，而无须承担额外的开发和维护成本。这种灵活且高效的服务模式使得行业用户能够更专注于自己的核心业务，提升竞争力。

然而，新一代的云服务提供商，如谷歌、亚马逊以及后起之秀阿里巴巴等，则对开放的架构、成本效益和可维护性有着不同的追求。这些云服务提供商通常都是技术导向型的团队，在应用需求、体系架构和软件技术等方面都具备深厚的实力和经验。

作为云服务商，他们既是服务器的需求者，又是技术的提供者，拥有双重身份。这种身份使他们能够根据自身的业务需求选择最适合的软件和硬件设施，确保系统的高性能、可靠性和安全性。同时，他们还能够根据业务需求对数据进行灵活的迁移和管理，以满足不断变化的业务需求。

对于封闭式的架构，这些云服务商往往难以接受。封闭式的架构限制了技术选择和创新空间，增加了成本和维护难度。相反，开放架构能够提供更好的灵活性、可扩展性和成本效益，使云服务商能够更快速地响应市场变化和业务需求。

新一代的云服务提供商更倾向于选择开放的架构和标准化的技术，以降低成本、提高可维护性并加速创新。这种趋势也推动了整个云计算行业的发展和进步。

举例来说：原来的服务器厂商好比一个餐厅，提供固定的菜单点餐服务，银行（企业云）企业等有钱顾客根据他们提供的菜单点餐就可以了。但如今，一家外卖公司（公有云计算提供商），不仅能够为预算不充足的客户提供就餐服务，还对菜单上的菜品不是很满意，让餐厅（服务器厂商的软硬件）定制"红烧排骨"。餐厅菜单不一定满足外卖客户的要求，云厂更希望更细粒度的"排骨盖饭"。如果服务器厂商（餐厅）没有办法定制，那么这些外卖公司（云厂）还具备自己炒菜的能力（想象一下，外卖小哥去炒菜的场景），能够根据客户的需求，来打包不同的菜品组合。

新一代云服务提供商（如公有云计算提供商）的出现打破了固定的模式。他们就像是一家外卖公司，不仅提供"送餐"服务，还具备更强的定制化和细粒度服务能力。这些云服务提供商对服务器厂商的软硬件产品有着更高的要求和期望，他们不再满足于单一的、固定的产品组合，而是希望服务器厂商能够提供更加灵活、细粒度的产品和服务。

如果服务器厂商无法满足这些要求，云服务提供商就会选择自己"炒菜"（自研硬件和软件），以满足客户的需求。他们具备强大的技术能力和创新能力，可以根据客户的需求和业务场景，定制开发适合的产品和解决方案。这种自研能力使得云服务提供商在市场竞争中更具优势，能够更好地满足客户的需求和提升用户体验。

随着云服务提供商的不断发展和壮大，他们甚至开始进化成"自研猪肉"养殖者（自研芯片等底层技术），进一步掌控产业链上游的核心技术。这种垂直整合的能力使得云服务提供商在技术创新、成本控制和市场竞争力等方面都具备了更强的实力。

新一代云服务提供商的出现和崛起，推动了整个云计算行业的发展和变革。他们通过提供更灵活、细粒度的产品和服务，以及强大的自研能力，不断满足客户的需求和提升用户体验，推动了云计算行业的持续创新和进步。

因此，这些云计算厂商更愿意选择自研服务器或者白牌服务器，使用通用的 CPU 来构建自己的服务器系统，确保公有云厂的主导权放在自己手上。这种趋势将封闭架构的服务器排除在外，导致许多忠实的 RISC 用户在考虑云计算时，开始转向 x86 的 CPU。x86 服务器更加廉价、开放、标准化、简单易用，非关键业务用户对其接受度更高。随着 x86 处理器在架构、制程工艺、核心数量等方面的提升，其性能逐渐赶超 RISC 服务器。

2013 年 5 月 17 日，阿里集团最后一台 IBM 小型机在支付宝下线，揭示云厂"去 IOE"的迫切需求。去"IOE"指的是摆脱以 IBM、Oracle、EMC 为代表的小型机、集中式数据库和高端存储组成的传统 IT 基础架构，转而采用以商业化的 x86 服务器、开源数据库和分布式存储组成基础设施架构。

在这一转变过程中，x86 服务器、开源数据库和分布式存储等技术成为主要的替代方案。这些技术不仅具有更高的性价比，还更加适应云计算环境下对灵活性、可扩展性和快速响应的需求。因此，x86 架构的 CPU 成为这一过程中最大的赢家，得到了广泛的应用和推广。

"去 IOE"运动的兴起，反映了云计算行业对传统 IT 基础架构的反思和变革。传统的小型机、集中式数据库和高端存储等方案，虽然在一定程度上满足了企业的需求，但也存在着成本高、灵活性差、扩展困难等问题。而云计算技术的兴起，为企业提供了全新的、更加高效和灵活的 IT 基础设施解决方案。

时来天地皆同力，当前云计算的大厦大部分依赖于英特尔的 x86 服务器，90% 的以上的服务器都基于此架构。因此，可以说今天的云计算的大厦是构建在英特尔的 x86 的基石上的。一方面，云厂对 x86 服务器厂商的要求更加严格，但是由于采购数量庞大，采购成本得以大幅降低；另一方面，x86 的 CPU 在硬件支出中占据了很大的比例；以至于说江湖上抱怨说，整个 x86 服务器行业，都是在给英特尔打工。

x86 凭借其广泛的兼容性、丰富的软件生态和不断的技术创新，在云计算市场占据了绝对的主导地位。与此同时，其他架构如 Power 和 ARM，虽然在特定领域有一定的影响力，但在整体市场上仍难以与 x86 抗衡。

IBM 的 Power 处理器在电信、金融、证券、保险和电力等传统行业，凭借其卓越的性能和稳定性，仍然保有一定的市场份额。然而，在云计算这一新兴领域，Power 的影响力相对有限。

ARM 架构在移动设备和嵌入式系统领域取得了巨大的成功，但在服务器市场，尤其是在云计算领域，ARM 还未能形成足够的竞争力。尽管有一些公司尝试推出 ARM 版本的服务器产品，但由于软件生态的不足和性能上的差距，这些产品并未能在市场上取得显著的突破。例如，高通曾裁撤其 ARM 服务器业务。虽然 ARM 架构的服务器芯片因低功耗等优势被看好，但在数据中心市场，稳定性和可靠性是最重要的因素。而且，英特尔基于 x86 架构的服务器芯片在市场上占据了主导地位，形成了强大的生态，使得高通在开拓服务器芯片业务时一直面临困难。为了提升利润率，优化资源配置，高通最终决定裁撤 ARM 服务器业务。

x86 的成功在很大程度上归功于 x86 平台上的丰富的开源云计算软件生态，包括云操作系统、数据库和存储等。这些软件为 x86 云计算帝国构建了坚实的护城河，使得其他架构难以在短时间内撼动 x86 的地位。

1900 年，伦敦阿尔伯马尔街皇家研究所中，德高望重的开尔文勋爵在这里发表了一场名为《在热学和光动力学理论上空的 19 世纪乌云》的演讲。开尔文勋爵总结道："19 世纪已将物理学大厦全部建成，今后物理学家的任务只是修饰和完善这座大厦。"但是，开尔文勋爵也指出"晴朗的天空还存在两朵小小的乌云"。这"两朵乌云"最终演变成巨大的风暴，打破了经典物理学的大厦，并催生了近代物理学的两大支柱：量子力学和相对论。

当前，构建在 x86 基础上的云计算帝国，基石稳固，四海升平。但是，天空也有两朵小乌云。这两朵"小乌云"是否会引发对云计算的未来架构的疾风骤雨的改变，抑或仅是微小波澜，尚不可知。但是可以确定的是，对于想要在 x86 的云计算帝国领域占据一席之地的芯片行业从业者来说，这两朵乌云可能是难得的机遇。

这两朵乌云就是云厂研制 ARM 服务器芯片和 AI 业务，后续会详细介绍这两朵乌云。

▶▶5.1.3 从芯到云——谁主沉浮

在英特尔的未来数据中心构想中，x86 架构无疑坐镇中央，成为整个系统的核心与灵魂。x86 架构的通用性、稳定性以及广泛的软件生态支持，使得它成为数据中心不可或缺的一部分。而其他 AI 专用芯片，在这个愿景中，被定位为特定应用标准产品（ASSP），即针对特定应用场景进行优化和加速的芯片。尽管如此，英特尔并未忽视 AI 的重要性。相反，英特尔通过扩展 AVX 指令集，使得 x86 核心也能够支持一些 AI 应用。AVX 指令集的引入极大提升了 CPU 在矩阵运算和并行运算方面的性能，这对于 AI 计算来说是至关重要的。这一策略让英特尔的 CPU 在保持通用计算优势的同时，也能在 AI 领域有所作为。未来，AI 的加速可能作为英特尔 QAT 的一部分集成在 CPU 中，进一步巩固其在通用计算中的主导地位，其他芯片则可能仅充当配角。

与英特尔以 x86 为核心的数据中心构想不同，NVIDIA 在其未来云计算中心的蓝图中将 GPU 置于核心地位。在这一愿景中，GPU 不仅是图形处理的利器，更承担起了大规模并行计算和数据加速的重任。与此同时，DPU（数据处理单元）则扮演了传输通道的角色，确保数据在云计算中心内部高速、安全地流动。

NVIDIA 提出的 GPU Direct 技术允许 GPU 直接访问物理内存，绕过传统的 CPU 中介，从而大大提高了数据处理的效率。在这种架构下，其他节点（包括 CPU）都成为为 GPU 服务的一部分，主要承担控制和管理任务。因此，在 NVIDIA 看来，CPU 的选择（无论是 AMD 还是 ARM）变得相对次要，更多是辅助角色。

随着人工智能、大数据和云计算的飞速发展，高性能计算的需求日益增长。而 GPU 凭借其并行处理能力和高效的数据吞吐率，在这些领域具有天然的优势。因此，NVIDIA 将 GPU 置于其云计算中心构想的核心位置，以应对未来对高性能计算的需求增长。

在云厂商的未来数据中心构想中，无论是英特尔的 CPU、NVIDIA 的 GPU，还是其他类型的 XPU（某领域专用处理器），都被视为一个计算节点。这些节点在数据中心中扮演着不同的角色，有的负责通用计算，有的专注于图形图像处理，还有的擅长机器学习算法。但无论功能如何，它们都是开放、可替换、可扩展和具有弹性的资源。

云厂商强调数据中心的开放性，这意味着各种不同类型的计算节点可以轻松地集成到数据中心中，而无须担心兼容性问题。这种开放性不仅有助于降低数据中心的构建和维护成本，还有助于提高数据中心的灵活性和可扩展性。

云厂商还强调数据中心的可替换性。随着技术的不断发展和市场需求的不断变化，数据中心的计算节点可能需要不断升级和替换。云厂商通过采用标准化的接口和协议，使得不同类型的计算节点可以方便地进行替换和升级，从而确保数据中心始终保持最佳的性能和效率。此外，云厂商还强调数据中心的弹性和可伸缩性。这意味着数据中心可以根据实际需求动态地分配和释放资源，以确保在不同负载下都能保持最佳的性能和效率。这种弹性和可伸缩性不仅有助于提高数据中心的资源利用率，还有助于降低数据中心的运营成本。

在这个构想中，无论是 CPU、GPU 还是 XPU，都只是数据中心中的一个计算节点而已。它们根据实际需求被动态地调度和使用，没有所谓的"王"或"诸侯"的差别。这种以需求为导向的资源使用方式，使得数据中心能够更加高效、灵活地应对各种不同的应用场景和需求。

随着云计算的快速发展，云厂商已经逐渐成为计算领域的重要力量。他们不仅拥有雄厚的技术实力，更有着强烈的市场需求，使得他们在整个计算产业中的份额不断增大，影响力也随之加强。对于英特尔、NVIDIA 等传统芯片厂商来说，云厂商已经成为一个不可忽视的合作与竞争对象。

云厂商对于计算体系的需求是多元化的。他们不仅需要高性能的 CPU 来进行通用计算，也需要 GPU 来处理图形图像和机器学习算法，还需要其他类型的 XPU 来应对特定的计算任务。然而，传统的芯片厂商往往只能提供某一类型的芯片产品，难以满足云厂商多样化的需求。因此，云厂商有动力去定义和开发自己的芯片产品，以更好地满足自己的需求。

未来，云厂商将会成为计算体系的重要定义者和实践者。他们可能会根据自己的需求，定义和开发自己的 CPU、GPU、XPU，甚至融合的 SoC。这些芯片产品将不仅满足云厂商自己的需求，更有可能对整个计算产业产生深远的影响。

云厂商通过定义自己的计算体系，可获得多重好处。首先，自主研发芯片可以让云厂商针对自己的应用场景进行优化，从而提高性能、降低成本。其次，云厂商可以摆脱对传统芯片厂商的依赖。传统芯片厂商的产品更新周期和路线图往往不能满足云厂商的需求，而自主研发芯片则可以让云厂商掌握更多的主动权。最后，通过定义自己的计算体系，云厂商还可以进一步巩固自己在市场中的地位，增强自己的竞争力。

当然，云厂商要成为计算体系的定义者和实践者，还需要面临诸多挑战。例如，芯片研发需要巨大的投入和长时间的积累，云厂商需要有足够的实力和耐心。此外，还需要与整个生态链进行紧密的合作，确保自己的芯片产品能够得到广泛的应用和支持。尽管如此，依然有理由相信，在未来的计算领域中，云厂商将会发挥越来越重要的作用，"云厂造芯"已成为趋势。

▶▶ 5.1.4　卷土重来未可知——ARM 服务器芯片

在 2018 年的 AWS re:Invent 大会上，亚马逊展示了一款名为 AWS Graviton 的新型 ARM 架构处理器。这款处理器被用于 EC2 A1 云实例中，它的最大亮点是能为用户提供更经济的计算服务。Graviton 芯片采用了 RISC 架构，以低功耗和高效率而闻名。尽管 ARM 指令集在服务器 CPU 领域的生态不如 x86 成熟，但是经历了十年的积累，也具备了相当的战斗力。

亚马逊表示，与英特尔或 AMD 的芯片相比，Graviton 芯片的运行成本降低了 45%。同时，AWS 还提供租赁服务，让客户能更灵活地使用这款芯片。

大厂自研芯片，所图为何？

有人说，云厂自研芯片的目的，其实就是为了降低成本。

这当然是一个重要原因，因为自研芯片能够减少对外部供应商的依赖，量大的时候还能更便宜。但更重要的是，自研芯片能让云厂商更好地掌控硬件和软件，让它们的云服务运行得更快、更顺畅。这样，用户在使用云服务的时候就能感受到更快的速度和更好的体验。自研芯片还能帮助云厂商提高能源效率，减少能源消耗，这对那些拥有大量服务器的云计算中心来说非常重要。同时，自研芯片还能增强安全性，比如加入更强大的加密和身份验证功能，以保护用户的数据安全。因此，自研芯片是云厂商为了提升服务性能、降低成本、提高能效和增强安全性等多方面考虑的结果。通过自研芯片，云厂商能更好地满足用户需求，提升市场竞争力。

Graviton 芯片其实是由以色列的芯片制造商 Annapurna Labs 设计的。亚马逊在 2015 年收购了这家公司，并通过其 EC2 云计算服务将 Graviton 芯片提供给客户。Annapurna Labs 是一家以设计数据中心和云计算用芯片为主的初创企业，其芯片在网络服务器运行方面表现出色，能够高效处理高流量的互联网应用，如视频流、社交网络、存储和大数据分析等。亚马逊收购 Annapurna Labs 后，得以利用其先进的芯片技术来优化自身的云计算服务，进一步提升处理能力，降低运营成本，并提供更高效、更可靠的服务给其庞大的客户群体。这一收购事件成为亚马逊在加强云计算服务能力和提升芯片技术方面的重要布局。

这次收购对亚马逊来说，不仅仅是一次技术上的飞跃。它更代表着亚马逊在自主研发芯片方面的坚定决心和巨大投入。随着云计算和人工智能等领域的蓬勃发展，芯片技术已成为科技巨头们竞相争夺的制高点。亚马逊通过收购 Annapurna Labs，不仅加速了自己在芯片领域的研发进程，更为未来的技术创新和升级奠定了坚实的基础。

从技术角度来看，Graviton 是基于 ARM 2015 年的 Cortex-A72 设计的，是一款 64 位芯片，主频为 2.3GHz，主要针对相对简单的计算任务。为了充分发挥这款芯片的性能，亚马逊为其设计了 16 个虚拟 CPU（vCPU）实例，并将它们分布在四个四核集群中。每个集群都有 2MB 的共享 L2 缓存，而每个核心则有 32KB 的 L1 数据缓存和 48KB 的 L1 指令缓存。这种设计确保了一个 vCPU 能映射到一个物理核心，提高了处理效率。

在安全性方面，Graviton 芯片具备多层次的安全防护机制。它支持硬件级别的加密和身份验证功能，以保护数据在传输和存储过程中的安全。此外，Graviton 芯片还采用了内存隔离和安全启动等技术，以防止恶意软件和攻击对系统造成损害。

Graviton 芯片还针对云计算场景进行了优化。它支持快速的网络处理和数据传输，以适应云计算中大规模的数据交换和通信需求。同时，Graviton 芯片还具备灵活的电源管理功能，可以根据工作负载的需求动态调整功耗，以实现更高的能源效率。

2020 年，亚马逊推出了 Graviton2，这款第二代自研服务器芯片采用了 64 位 ARM Neoverse 内核，集成了高达 64 个核心，每个核心都配备了 1MB 的二级缓存，总计 64MB，所有核心共享 32MB 的三级缓存。这种设计使得 Graviton2 能够处理大规模的计算和数据处理任务，具备出色的并行处理能力。此外，Graviton2 还采用了网格总线（Mesh Fabric）互联技术，确保核心之间的高速通信和协同工作。Graviton2 使用 7nm 工艺制造。它支持八通道 DDR4-3200 内存，提供更高的内存带宽和更低的延迟。此外，Graviton2 还支持硬件 AES-256 内存加密，提供更快、更安全的数据加密功能。这些特性使得 Graviton2 在处理云计算工作负载时能够实现更高的能源效率和更低的运营成本。

在安全性方面，Graviton2 继承了亚马逊在云计算安全方面的丰富经验和技术实力，提供多层次的安全防护机制，包括硬件级别的加密和身份验证功能。这些安全特性有助于保护客户数据的机密性和完整性，增强云计算环境的安全性。

亚马逊还基于 Graviton2 推出了一系列云计算实例，如 M6g、R6g 和 C6g 等，以满足不同客户的需求。这些实例在配置和性能上有所差异，但都受益于 Graviton2 芯片的高性能、高效率和安全性。

2021 年，亚马逊推出 Graviton3，这是其研发的第三代 ARM 架构 CPU 芯片。它采用 5nm 工艺，拥有 64 个 Neoverse V1 核心。与前一代 Graviton2 相比，Graviton3 在浮点性能、加密性能和机器学习工作负载性能上分别提高了 2 倍、2 倍和 3 倍。在同样的性能下，与 x86 实例相比，Graviton3 可以节省高达 60% 的能耗。

Graviton3 还采用了 chiplet（小芯片）设计，封装了多达 7 个小芯片，包括一片主芯片和六片辅助芯片。主芯片集成了最多 64 个 ARM 架构核心，以八横八纵的 Mesh 网格状分布。它还配备了 DDR5 内存控制器和 PCIe 5.0 控制器，制造工艺非常先进，集成了大约 550 亿个晶体管。

除了常规的 Graviton3 实例，亚马逊还推出了专门针对浮点和向量指令运算进行优化的 Graviton3E 实例。相比于 Graviton3 实例，Graviton3E 在 HPL（线性代数的测量工具）上性能提升 35%，在 GROMACS（分子动力学模拟程序）上性能提升 12%，在金融期权定价的工作负载上性能提升 30%。

Graviton3 芯片将为 AWS 即将推出的 EC2 C7g 实例提供支持，这些实例适用于 HPC、批处理、电子设计自动化（EDA）、媒体编码、科学建模、广告服务、分布式分析和基于 CPU 的机器学习推理等计算密集型工作负载。C7g 实例也是云产业中第一个配备 DDR5 内存的实例，其内存将提供比上一代 EC2 实例中使用的 DDR4 内存高 50% 的带宽。在网络方面，C7g 实例将提供高达 30Gbit/s 的网络带宽，并支持弹性结构适配器（EFA）。

2023 年底，亚马逊云科技推出最新一代 ARM 架构处理器 Graviton4，其性能比上一代，Graviton3 有了显著的提升。Graviton4 的计算性能平均提高了 30%，数据库应用程序速度提高 40%，Java 应用程序速度提高 45%。这种性能提升主要得益于其采用的更先进的 ARM 内核和更高的核心数量。具体来说，Graviton4 封装了 96 个 Neoverse V2 核心，数量比 Graviton3 提升了 50%。此外，Graviton4 还支持新的多插槽一致性，这意味着两个 Graviton4 芯片可以连接形成一个系统，进一步扩展其性能。与 Graviton3 相比，Graviton4 使用的 DDR5 内存速度频率提升了 16.7%，达到 5.6 GHz。此外，Graviton4 配备了 12 个 DDR5 控制器，而 Graviton3 只有 8 个。这些改进使得 Graviton4 在处理大规模数据和高带宽应用时更加高效。

从 Graviton1 到 Graviton4，处理器的核心数量不断增加，这意味着它们能够同时处理更多的任务，就像是从单车道变成了多车道的高速公路，数据的处理能力得到了极大的提升。此外，随着技术的不断进步，Graviton 系列处理器在内存和网络方面也进行了重要的升级，比如支持更快的 DDR5 内存和 PCIe 5.0 接口，提供更高的网络带宽等。这些改进都使得云服务在处理大规模数据和高带宽应用时更加得心应手。

亚马逊自研芯片并不是孤例，全球许多科技大厂也纷纷投入自研芯片的行列，并且基本上采用了与亚马逊相同的思路，即使用 ARM 架构的服务器芯片。

科技大厂们选择 ARM 架构，不仅是因为其高效能和低功耗的特性，更是因为它能够满足现代数据中心对于高性能、高扩展性和高安全性的需求。通过自研 ARM 架构的服务器芯片，这些大厂能够更好地结合硬件与软件，针对自家的云服务进行深度优化，从而提升整体性能和能效比。

亚马逊自研芯片的成功并非偶然，而是顺应了科技大厂共同的发展趋势。在这个以技术为驱动的时代，掌握核心技术、不断创新和优化，才是科技企业立足的关键。

5.2 云计算 CPU 的技术演进

▶▶ 5.2.1 盗梦空间

2010 年，电影《盗梦空间》发布。这部影片由克里斯托弗·诺兰执导，莱昂纳多·迪卡普里奥、玛丽昂·歌迪亚等主演，这部电影，游走于梦境与现实之间，被定义为"发生在意识结构内的当代动作科幻片"。

影片的核心故事围绕着一群造梦师展开。莱昂纳多·迪卡普里奥饰演的造梦师多姆·科布，带领他的团队进入他人的梦境，从他们的潜意识中盗取机密信息。这一过程不仅是对目标人物内心世界的深度探索，也是对其潜意识中隐藏的秘密的揭示。视觉上，《盗梦空间》的每一层梦境都有其独特的视觉风格和氛围，为观众带来了极为丰富的视觉体验。从繁华的都市到荒芜的废墟，从静谧的海边到险峻的雪山，每一层梦境都仿佛是一个全新的世界，等待着角色们去探索和发现。

《盗梦空间》中，梦中的人物从来不会以为自己在梦中，而是认为自己在真实的世界之中，这就和虚拟化技术有异曲同工之妙。虚拟化技术允许在计算机中运行多个虚拟机，每个虚拟机的用户都可以认为自己像是用实体机一样在工作。

《盗梦空间》中的梦境与现实世界之间的界限模糊，使得梦中的人物难以分辨自己所处的环境。他们身临其境地经历着各种情节和事件，感受着与现实世界相似的感官刺激和情感反应。

正如《盗梦空间》中的梦境人物沉浸在他们所认为的"现实世界"中一样，虚拟机的用户也沉浸在他们所认为的"实体机"环境中。在计算机虚拟化中，多个虚拟机可以同时运行在同一台物理计算机上，每个虚拟机都拥有独立的操作系统、应用程序和用户界面，仿佛是一台独立的实体计算机。虚拟机的用户在使用时，可以像操作实体机一样进行各种操作和任务，而不会意识到自己其实是在一个虚拟化的环境中工作。这种无缝的集成和高度仿真的体验，使得虚拟化技术成为提高资源利用率、降低成本和增强灵活性的重要工具。

在公有云环境中，虚拟化使得多个租户或用户可以共享相同的物理硬件资源，但彼此之间的数据和操作是隔离的。这种共享模式大大提高了硬件资源的利用率，降低了成本，并且提供了灵活的、按需付费的服务模式。

当深入探索云 CPU 的内在特性时，就不得不探讨虚拟化这项关键技术。这项技术不仅是云计算的基础，更是赋予了云 CPU 独特的魅力和能力。

在云环境中，虚拟化技术使得 CPU 资源可以按需分配，动态调整。当某个虚拟机的负载增加时，可以为其分配更多的 CPU 资源；而当负载减少时，则可以释放多余的资源给其他虚拟机使用。这种弹性的资源分配方式使得云服务提供商能够更加高效地利用硬件资源，降低成本，同时提高服务质量。

此外，虚拟化技术还提供了强大的隔离性。每个虚拟机都在自己的隔离空间内运行，彼此之间互不影响。这种隔离性确保了当一个虚拟机发生故障时，其他虚拟机仍然可以正常运行，从而提高了整个云平台的稳定性和可用性。

安全性也是虚拟化技术带的一个重要特性。通过虚拟化技术，可以在物理 CPU 和虚拟机之间建立一个安全层，防止恶意软件或攻击者直接访问物理硬件。同时，虚拟化技术还提供了一系列的安全特性，如加密、访问控制等，进一步保护云环境中的数据安全。

虚拟化技术是描述云 CPU 特性的关键技术。它不仅提高了硬件资源的利用率和灵活性，还带来了强大的隔离性和安全性。正是这些特性使得云 CPU 能够在云计算领域中发挥巨大的作用，推动云计算技术的不断发展和创新。

▶▶ 5.2.2 虚拟化支持

对于底层的 CPU 来说，支持虚拟化技术，这是 CPU 能否在云计算领域有一席之地的核心能力。那么 CPU 虚拟化技术到底是什么？

对于英特尔的 VT-x 和 AMD 的 AMD-V 技术，下面将以 VT-x 为例介绍该技术的要点。本质上，VT-x 是英特尔在虚拟化技术中的一个指令集，属于 CPU 的硬件虚拟化技术。通俗地说，VT-x 就是英特尔处理器中的一种特殊功能，它能够让一台物理计算机运行多个虚拟的计算机或操作系统，从而提高资源的利用率和系统的灵活性。

在没有 VT-x 的情况下，虚拟化软件需要模拟处理器的各种功能，这会导致虚拟机的性能下降。而有了 VT-x，处理器就可以提供一些特殊的功能和指令，让虚拟化软件更加高效地运行虚拟机，从而提高虚拟机的性能。

VT-x 引入了新的操作模式。VT-x 扩展了传统的 x86 处理器架构，新增了 VMX root operation（根虚拟化操作）和 VMX non-root operation（非根虚拟化操作）两种新的操作模式，统称为 VMX 操作模式。

用一个例子来解释 VMX root operation 和 VMX non-root operation 这两种操作模式。想象一家大型公司的 CEO（首席执行官），他的公司有很多部门，每个部门都有自己的经理和团队。CEO 拥有对公司的最高权限，可以决定公司的大方向、分配资源、制定规则等。这就像 VMX root operation 模式，它拥有最高的特权级别，可以控制整个虚拟化环境，包括创建、管理、销毁虚拟机等。在这个模式下，可以自由地访问和修改虚拟机的所有设置和状态。而 VMX non-root operation 则更像是部门经理或团队领导者的角色。他们在自己的部门或团队内部拥有一定的权限和管理能力，可以执行日常的任务和决策，但是需要遵守公司整体的规则和指导方针，并且不能越权去干预其他部门的事务。同样地，在虚拟化环境中，VMX non-root operation 模式允许虚拟机在其内部运行操作系统和应用程序，但是它受到 VMX root operation 模式的限制和管理，不能自由地访问或修改虚拟化环境的底层设置。

简单来说，VMX root operation 就像是整个虚拟化环境的"老板"，拥有最高的权限和管理能力；而 VMX non-root operation 则是"员工"或"部门经理"，在自己的虚拟机内部工作，但需要遵守"老板"制定的规则和限制。这两种模式共同协作，使得虚拟化技术能够高效、安全地运行多个操作系统和应用程序。

在这两种模式下，处理器支持所有的四个特权级别（Rings 0 ~ 3）。这使得诸如 GDT、IDT、LDT 和 TSS 等机制能够在虚拟机内部正常运行，无须模拟。GDT、IDT、LDT 和 TSS 并不是指令，而是与 x86 架构中的内存管理和中断处理相关的数据结构。

1）全局描述符表（Global Descriptor Table，GDT）：GDT 是一个用于存储段描述符的表，这些段描述符描述了操作系统所使用的内存区域。

a. GDT 对系统中的所有进程都是可用的，它记录了允许多个进程共同访问的段描述符。

b. GDT 中的表项可以指向局部描述符表（LDT）。

c. GDT 的内存地址通过 GDTR 寄存器告知 CPU。

2）局部描述符表（Local Descriptor Table，LDT）：每个进程都有自己的 LDT，它存储了该进程局部空间的所有段描述符。

a. LDT 通常存放在内核空间中，也被视为一个段，因此它有一个段描述符，该描述符存储在 GDT 中。

b. 当前正在执行的进程的 LDT 描述符位置由 CPU 的 LDTR 寄存器指出。

3）中断描述符表（Interrupt Descriptor Table，IDT）：IDT 用于存储各种中断的中断处理程序的相关信息，这些信息是通过控制段描述符（中断门）来描述的。

a. 所有中断门都集中保存在 IDT 中，其作用类似于实模式下的中断向量表。

b. CPU 的 IDTR 寄存器中存放有 IDT 的限长和物理基址，用于定位系统中使用的 IDT。

4）任务状态段（Task State Segment，TSS）：每个任务（通常指操作系统中的进程或线程）都有一个 TSS，描述任务的状态信息。

a. 描述 TSS 的段描述符称为 TSS 描述符，所有任务的 TSS 描述符都存储在 GDT 中。

b. 系统通过 TR 寄存器在 GDT 中找到当前执行任务的 TSS 描述符，从而访问相应任务的 TSS。

这些数据结构在操作系统和硬件交互的过程中扮演着至关重要的角色，尤其是在内存保护和中断处理的实现上。它们允许操作系统定义哪些内存区域可以被访问，哪些中断可以被处理，以及如何处理这些中断。

在传统的虚拟化环境中，某些特权指令（如 Ring 0 级别的指令）需要在虚拟机监视器（VMM）的控制下进行模拟运行，这会降低效率。然而，VT-x 通过引入新的指令和处理器状态，使得这些特权指令可以在虚拟机中直接执行，无须 VMM 的干预。当虚拟机尝试执行敏感指令时，会触发"陷入"（VM-Exit），此时 CPU 会从非根模式切换到根模式，并将控制权交给 VMM。VMM 处理该指令或模拟其行为后，再通过 VM-Entry 重新启动虚拟机，使其继续运行。

为了更好地支持 CPU 虚拟化，VT-x 引入了虚拟机控制结构（VMCS）。这是一个数据结构，用于存储虚拟机的状态信息，如寄存器的值、中断状态等。当发生 VM-Exit 时，CPU 会自动将当前状态保存到 VMCS 中，以便在后续执行 VM-Entry 操作时由 CPU 自动恢复。这大大减少了 VMM 需要管理的状态信息，并提高了虚拟化的效率。

除此之外，VT-x 还提供了硬件级别的隔离和保护机制，增强了虚拟机的安全性。同时，通过支持虚拟机的快速迁移、负载均衡和灾难恢复等功能，VT-x 提高了系统的灵活性和可靠性。

虚拟化是公有云的灵魂。通过虚拟化技术，物理硬件资源（如服务器、存储设备和网络设备）可以被抽象、分割和重新组合，从而创建出多个独立的、隔离的虚拟环境。这些虚拟环境在逻辑上相互独立，并且可以根据需要进行动态扩展或缩减。

▶▶ 5.2.3 多核与高性能

云计算需要处理大量并发任务和数据，因此云计算 CPU 通常具有多核设计，以实现更高的并行处理能力和整体性能。这些 CPU 能够同时执行多个线程或进程，加速计算任务的完成。

回顾数据中心 CPU 的发展历程，英特尔的 Xeon（至强）系列无疑是主导者之一。作为英特尔旗下的服务器级 CPU，Xeon 系列从诞生至今，一直在数据中心领域发挥着举足轻重的作用。

Xeon 的成功并非偶然。它能够在竞争激烈的处理器市场中脱颖而出，靠的正是其不断创新的精神和对市场需求的深刻理解。每一代的 Xeon 处理器都融入了最新的技术和最新的设计理念，以满足用户日益增长的性能需求。

（1）早期多核技术

在 Xeon 处理器的早期阶段，多核技术尚未普及。然而，随着服务器和工作站对计算能力的需求不断增长，英特尔开始意识到多核技术是满足这一需求的关键。

英特尔逐渐在 Xeon 处理器中引入多核技术，通过在同一芯片上集成多个处理器核心来提高整体性能。这些早期的多核 Xeon 处理器为企业级应用提供了更强大的并行处理能力。

（2）Core 微架构与多核技术的融合

2006 年，英特尔推出了基于 Core 微架构的 Xeon 处理器，这标志着多核技术在 Xeon 处理器中的普及。Core 微架构的高效指令集和更低的功耗设计为 Xeon 处理器的多核性能提供了坚实的基础。

在这个时期，Xeon 处理器开始采用双核、四核甚至更多核心的设计。多核技术的引入使得 Xeon 处理器能够同时处理更多的任务和数据，显著提升了整体性能。

（3）不断扩展的多核系列

自 Core 微架构以来，英特尔不断推出新的 Xeon 处理器系列，每个系列都进一步扩展了多核技术的应用。例如，Xeon E3、E5 和 E7 系列分别针对不同的市场和应用场景进行了优化，提供了不同数量的核心和性能级别。

随着时间的推移，Xeon 处理器的核心数量不断增加。一些高端的 Xeon 处理器甚至拥有数十个核心，为云计算、大数据和人工智能等高性能计算应用提供了强大的支持。

（4）优化多核性能的技术创新

除了增加核心数量外，英特尔还通过技术创新来优化 Xeon 处理器的多核性能。例如，引入了超线程技术（Hyper-Threading），使得每个物理核心能够同时执行多个线程，提高了处理器的并行处理能力。

英特尔还推出了诸如 AVX（高级向量扩展）指令集和 Turbo Boost（动态加速）等创新技术，以进一步提升 Xeon 处理器的多核性能和能效。

（5）面向未来的多核技术布局

随着云计算、人工智能和大数据等领域的快速发展，对处理器的多核性能提出了更高的要求。英特尔不断调整其 Xeon 处理器的技术布局，以满足这些需求。

英特尔推出了面向人工智能应用的 Xeon Phi 处理器和面向数据中心的 Xeon Scalable 处理器等新产品系列，这些处理器采用了更先进的多核技术和架构优化，以提供更高的性能和能效。

在过去十几年，Xeon 经历了无数次的挑战和考验，但始终坚守在数据中心领域。凭借其卓越的性能和稳定性，Xeon 赢得了数据中心市场的认可。无论是在大规模云计算中心还是在企业级数据中心，Xeon 都占据着主导地位，引领着行业的发展方向。

▶▶ 5.2.4 绿色和节能

数据中心作为现代信息技术的核心枢纽，运营过程中产生的电费支出占据了相当大的比重。众多数据中心选择在贵州、鄂尔多斯等地区落户。这些地区不仅气候凉爽，有利于减少空调等制冷设备的能耗，更重要的是电费较低，有助于减轻数据中心的运营负担。在追求高效、稳定的数据处理能力的同时，节能已经成为数据中心 CPU 不可或缺的使命。通过采用先进的节能技术和优化设计方案，数据中心 CPU 在不断提升性能的同时，也在努力降低自身的能耗，为构建绿色、可持续的数据中心贡献力量。

作为云计算数据中心的核心组件之一，数据中心 CPU 的能源效率设计对于降低运行成本和减少环境影响至关重要。以下以 Xeon 为例，详细介绍这些能耗设计的演进。

1）制程技术的改进：随着半导体技术的发展，Xeon 处理器采用了更小、更高效的晶体管，有助于减少能耗。从早期的微米制程到现在的纳米制程，每一次制程技术的跳跃都带来了功耗的显著降低。更先进的制程技术还允许在同样大小的芯片上集成更多的晶体管，从而提高了处理器的性能和能效比。

2）微架构的优化：Xeon 处理器的微架构经过多代优化，不断提高每瓦性能。这意味着处理器在消耗相同电量的情况下能够完成更多的工作。英特尔引入了更高效的缓存层次结构、智能电源管理功能和低延迟的内存访问技术，这些都有助于减少不必要的能耗。

3）动态电压和频率缩放（DVFS）：Xeon 处理器支持动态电压和频率缩放技术，能够根据工作负载的需求动态调整处理器的电压和频率。在轻负载或空闲时，处理器可以降低电压和频率以减少功耗；而在高负载时，则可以增加电压和频率以提供所需的性能。

4）节能特性的引入：Xeon 处理器具备多种节能特性，如 C-States（空闲状态）和 P-States（性能状态），它们允许处理器在不需要全性能时进入低功耗模式。Turbo Boost 是一种动态超频技术，可以在处理器温度、功耗和电流限制范围内提高核心频率，同时确保处理器在安全的功耗范围内运行。当部分核心空闲时，Turbo Boost 可以将活跃核心的频率提高到超出其额定频率的水平，从而提高性能而不必显著增加整体功耗。

5）电源管理技术的提升：随着技术的进步，Xeon 处理器中的电源管理技术也变得更加精细。例如，处理器可以实时监测各个核心的工作负载，并根据需要独立调整每个核心的电压和频率。英特尔还引入了更先进的功耗监控和控制功能，如基于策略的功耗管理（PPM），它允许数据中心管理员设置功耗上限，以确保处理器在运行时不会超过特定的能耗水平。

6）集成节能技术：在更现代的 Xeon 处理器中，英特尔集成了诸如英特尔®深度学习加速（Intel ® DL Boost）之类的技术，这些技术通过专门的硬件指令集优化深度学习工作负载的性能和能效。英特尔还推出了 Optane DC 持久内存技术，该技术结合了 DRAM 的速度、密度和内存层次结构中的持久性存储的优点，有助于减少数据中心的总拥有成本（TCO）并提高能效。

通过这些创新和优化，Xeon 处理器在提高能源效率方面取得了显著的进展。这不仅有助于降低数据中心的运营成本，还使得这些处理器成为推动绿色计算和可持续发展的关键组件。

▶▶ 5.2.5 可扩展性

云计算平台需要支持不断增长的计算需求。云计算 CPU 具备可扩展性，可以通过增加 CPU 数量或提升单个 CPU 的性能来满足更高的计算要求。这种可扩展性有助于云计算提供商灵活调整资源，以满足客户的需求变化。

也就是说，当单一 CPU 无法满足高性能计算、大规模数据处理或高并发访问等需求时，就需要使用多路服务器。多路服务器通过搭载多个 CPU，并借助高速互联通道将这些 CPU 紧密地连接在一起，实现更高的计算能力和更强的扩展性。

所谓多路服务器，就是在同一主板上安装 2 个、4 个或者更多的 CPU，通过多个 CPU 的并行处理和高速互联通道的协同工作，提供更高的性能、更强的扩展性和更高的可靠性，满足数据中心日益增长的计算需求。

在多路服务器中，每个 CPU 都可以独立地处理任务，同时它们也可以协同工作，共享内存、存储和 I/O 资源，以应对更复杂、更繁重的计算需求。这种并行处理的能力使得多路服务器在大规模数据分析、高性能计算、云计算和虚拟化等场景中表现出色。

多路服务器还具备更高的可靠性和可用性。通过采用冗余设计、热备份和负载均衡等技术，多路服务器可以在某个 CPU 出现故障时，自动将任务切换到其他正常的 CPU 上，保证了服务的连续性和稳定性。这对于需要长时间运行、对稳定性要求极高的数据中心来说至关重要。

英特尔的 Quick Path Interconnect（QPI）是一种高速、点对点的互联技术（AMD 也有类似的技术），用于在多路服务器中的多个处理器之间实现快速、高效的通信和数据传输。它取代了早期使用的 Front Side Bus（前端总线）架构，提供了更高的带宽和更低的延迟，显著提升了多路服务器的整体性能。

QPI 的主要特点和优势包括以下几点。

1）高速点对点连接：与传统的共享总线架构不同，QPI 采用点对点的连接方式，每个处理器都通过独立的 QPI 链路直接连接到其他处理器或 I/O 设备。这种连接方式消除了总线架构中的瓶颈，使得每个处理器都能够以更高的速度访问内存和其他资源。

2）高带宽和低延迟：QPI 链路提供了非常高的数据传输带宽，能够满足多路服务器中大量数据传输的需求。同时，由于采用了点对点的连接方式，QPI 还能够实现更低的传输延迟，从而提高了系统的响应速度和整体性能。

3）可扩展性和灵活性：QPI 具有良好的可扩展性和灵活性，可以支持不同数量的处理器和 I/O 设备。此外，QPI 还支持多种拓扑结构，如环形、网状等，可以根据具体的系统需求进行灵活配置。

4）与内存和 I/O 设备的集成：QPI 不仅用于处理器之间的互联，还可以与内存控制器和 I/O 设备集成。这使得处理器能够更直接、更高效地访问内存和 I/O 设备，进一步提升系统的整体性能。

5）兼容性和升级性：QPI 具有良好的兼容性和升级性。不同代际的处理器可以通过升级 QPI 版本或采用不同的 QPI 配置来实现更好的性能和兼容性。这为多路服务器的升级和扩展提供了便利。

QPI 与其他互联技术相比，具有以下几个独特之处。

QPI 实现了处理器之间的直接互联，不再需要经过芯片组（如北桥芯片）。这种直接互联方式减少了数据传输的延迟，提高了系统性能。相比之下，传统的互联技术，如前端总线（FSB），需要通过芯片组进行连接，增加了数据传输的复杂性和延迟。QPI 提供了高带宽的数据传输能力，每个针脚的带宽、功耗等规格都经过优化，使得数据传输更加高效。同时，QPI 还具有较低的传输延迟，这意味着处理器可以更快地响应和完成数据传输任务。这种高带宽和低延迟的特性使得 QPI 在多处理器系统中表现出色，能够满足高性能计算的需求。QPI 支持双向传输，即在发送数据的同时也可以接收数据。这种双向传输的特性提高了数据传输的并行性和效率。此外，QPI 还支持多条系统总线的连接，每条系统总线可以独立工作，并根据系统需求调整速度。这种并行性使系统能够同时处理多个数据传输任务，提高了整体性能。QPI 采用差分信号和专门的时钟传输方式进行数据传输，保证了信号的稳定性和可靠性。此外，QPI 还具有热插拔功能，方便系统的维护和升级。这些特性使得 QPI 在服务器领域具有广泛的应用前景，能够满足不断升级和扩展的需求。

QPI 与其他互联技术相比，具有直接互联、高带宽和低延迟、双向传输和并行性、升级性和可靠性以及集成性和优化等独特之处。这些特性使得 QPI 在多路服务器和高性能计算领域具有广泛的应用和优势，支持 CPU 之间级联成为多路服务器，也成为云 CPU 的一个核心技术特性。

5.3 智能云与 AI 计算

▶▶ 5.3.1 智能云对芯片需求的变化

在云计算早期阶段，云计算主要被用作一种基础设施，提供弹性、可扩展的计算、存储和网络资源。这些资源可以被多个用户共享，按需使用，并按使用量付费。这种通用计算模式极大地提高了资源利用率，降低了运维成本，并支持了业务的快速创新和迭代。

然而，随着 AI 的兴起，云计算的角色开始发生变化。AI 算法需要处理大量数据，进行复杂的数学运算和模式识别，这对计算能力提出了更高的要求。为了满足这些需求，云计算服务商开始提供专门针对 AI 优化的计算实例和服务，如配备高性能 GPU 的虚拟机、预配置的深度学习框架和模型库等。

同时，云计算的弹性、可扩展性和按需付费的特性也使其成为训练和部署 AI 模型的理想平台。通过云计算，用户可以快速地获取所需的计算资源，无须担心硬件采购、配置和管理的问题。此外，云计算还提供了丰富的数据服务和开发工具，帮助用户更高效地处理和分析数据，加速 AI 应用的开发和部署。

云计算从通用计算逐渐过渡到 AI 的云计算是一个必然趋势。随着 AI 技术的不断发展和应用需求的不断增加，可以预见，未来的云计算将更加注重 AI 优化和智能化服务，为用户提供更强大、更便捷的计算能力。

人工智能算法的快速崛起，使计算需求发生了翻天覆地的变化。传统的 CPU 架构，虽然在通用计算领域表现出色，但在处理 AI 特定应用时却显得力不从心。这主要是因为 CPU 的计算模式与 AI 应用的需求之间存在根本性的不匹配。

CPU 的计算过程通常包括取值、译码、执行、访存和写回等操作。这些步骤在 CPU 内部是顺序执行的，即使通过指令级并行技术进行优化，也难以完全消除其中的延迟。特别是在 AI 应用中，大部分的计算时间都花费在存储器访问（I/O）上，而真正用于执行计算的时间却相对较少。据统计，CPU 在处理 AI 应用时，其计算效率可能不足 20%。

这其中的主要原因在于，AI 算法通常需要处理大量的数据和进行密集的矩阵运算。这些操作对存储器的访问需求极高，而 CPU 的存储器访问速度相对较慢，成为整个计算过程中的瓶颈。此外，CPU 的架构也限制了其并行处理数据的能力，而并行处理在 AI 应用中是非常重要的。

相比之下，GPU 和其他专用 AI 芯片在处理这类应用时具有显著的优势。它们采用了更加适合并行计算和存储器访问的架构，能够显著提高 AI 应用的计算效率。因此，在 AI 领域，GPU 和其他专用芯片逐渐取代了 CPU，成为主流的计算平台。

然而，这并不意味着 CPU 将完全退出 AI 计算领域。CPU 在通用计算和逻辑控制方面仍然不可替代。虽然 AI 计算将占据更多比重的算力，但通用计算仍然重要。随着技术的发展，CPU 的架构也在不断优化和改进，以适应新的计算需求。未来，CPU 可能会与其他类型的芯片更加紧密地结合，共同构建一个更加高效和灵活的 AI 计算系统。毕竟，所有的比较都是动态的，技术也在不断演变。

从计算历史来看，CPU 习惯于将特定类型的计算任务卸载（offloading）到其他专用硬件上，如现场可编程门阵列（FPGA）或其他类型的应用特定集成电路（ASIC）。这种卸载通常是为了加速那些 CPU 处理起来效率较低的任务，比如某些类型的图形处理或数据加密等。在这些情况下，CPU 仍然扮演着核心角色，管理着整个系统的运行，并将特定任务委派给专用硬件。

AI 的兴起带来了一种全新的挑战。与传统的计算任务不同，AI 算法往往需要处理海量的数据，并进行大量的矩阵运算和深度学习模型的训练与推理。这些任务对计算资源的需求远远超出了传统 CPU 的处理能力。在这种情况下，即使是目前最先进的 x86 CPU 也显得力不从心，无法有效应对 AI 算法带来的挑战。

与此同时，其他类型的计算架构，如 GPU（图形处理器）和专门为 AI 设计的 ASIC 或 TPU（张量处理单元），在处理这类任务时却表现出了惊人的效率。这些架构的设计理念与 CPU 截然不同，它们更加注重并行计算和数据吞吐量的优化，从而能够更高效地处理 AI 算法中的大量数据和计算需求。

因此，可以说在 AI 算法面前，传统的 CPU 架构确实面临着前所未有的挑战。尽管 CPU 仍然在许多场景中发挥着重要作用，但在 AI 领域，它已经不再是唯一的主导力量。相反，需要一个更加多样化、更加灵活的计算架构来应对不断变化的 AI 需求。这也解释了为什么现在越来越多的公司和研究机构开始投入大量资源来研发新型的 AI 芯片和计算架构。

AI 一诞生，就有一种不同凡响的气质影响着整个 IT 领域，所有玩家都为之着迷。一种架构的流行往往伴随着一类应用的兴起。ARM 成功，背后是整个移动计算领域的崛起，各种移动终端如手机和物联网（IoT）的蓬勃发展；x86 在云计算领域的成功是开源软件和开放架构的成功。然而，在 AI 的时代，若不能适应这种新的计算框架，传统架构就有被边缘化的可能。

如果假设 AI 的应用是未来云端的主流应用之一，"万物可 AI"设想成立，那么 CPU 错失这个巨大的应用的代价将是其在云端 CPU 的地位的下降。在机器学习等场景中，CPU 将从核心应用降低到一个普通计算节点；在云计算的"帝国"中，CPU 的地位将从曾经的"国王"被降级为一名"领主"。

AI 的计算卸载、训练、推理所需要的计算资源远超传统 CPU 的能力，因此在通用计算节点之外，另一类专门用于 AI 的计算节点应运而生。这类计算节点在云端的使用取决于业务量的多少。随着"AI 云"、"智慧云"等概念不断推出，如果这些想法得以落地，那么 x86 架构在这些云系统内部的作用可能会变得不再突出。

AI 发展趋势强劲，GPGPU 就是一个例子。GPGPU 目前默认需要支持 AI 加速（其 SM 流处理器内含有 Tensor Core）。而 GPGPU 不久前还只是图像处理器而已。除此之外，还有其他的 XPU 架构，其核心应用也是为 AI 任务提供卸载能力。这与云计算早期 RISC 和 x86 的对决一样，现如今又是一个各种架构对决的江湖。这次 CPU 会甘心沦为观众吗？x86 显然不愿置身事外，它通过 AVX 指令集或者其他 AI 加速指令集来补强 AI 应用的性能，但是和专用 AI 芯片或者 GPU 相比，x86 是否能在 AI 的时代展示其王者的底蕴，还有待市场的检验。

在过去的十年里，GPU 在硬件和软件方面取得了显著进展。在硬件方面，随着新的架构和制造工艺的推出，GPU 变得更加强大和高效。NVIDIA 推出了多个新一代 GPU，包括 Maxwell、Pascal、Volta、Turing 和最新的 Ampere，为广泛的应用程序（包括游戏、数据科学和 AI）提供越来越高的性能和效率。

在软件方面，GPU 计算平台（如 CUDA 和 OpenCL）不断发展，使得开发人员更容易利用 GPU 完成通用计算任务。深度学习框架（如 TensorFlow、PyTorch 和 Caffe）也已经针对 GPU 加速进行了优化，能够在 GPU 上高效地训练和运行复杂的神经网络。

云计算和容器化技术的发展使得在云中部署 GPU 加速应用程序变得更加容易，使得更多的组织能够利用 GPU 的强大性能，而无须投资昂贵的硬件。

GPGPU 在过去的十年里的进步，使其成为现代计算的重要组成部分。从科学模拟到游戏再到 AI，GPGPU 能够以更快速、更高效的方式处理各种工作负载。

▶▶ 5.3.2　智能云与 GPGPU

专业级的 GPGPU（通用图形处理单元）在数据中心和云计算领域的重要性日益凸显。它不仅提供了强大的计算能力，还具有优化的内存访问和专门的 AI 加速功能，能够更加高效地处理大规模数据集和复杂计算任务。

GPGPU 的计算能力远超传统 CPU。这是因为 GPGPU 采用并行计算架构，能够同时处理多个任务，大大提高了计算效率。GPGPU 针对 AI 应用进行了专门优化，内置了 Tensor 核心等专用硬件，能够加速深度学习算法中的矩阵乘法和张量运算等操作。这使得 AI 模型的训练和推理速度得到了显著提升，有助于数据中心更快地部署和更新 AI 应用。

随着技术的不断发展，GPGPU 在未来将发挥更加重要的作用。一方面，随着数据量的爆炸式增长和计算需求的不断提升，数据中心需要更高性能的计算设备来应对挑战。GPGPU 凭借其强大的计算能力和优化的架构设计，将成为未来数据中心的核心计算组件之一。

另一方面，随着云计算和边缘计算的兴起，数据中心需要更加智能和灵活的计算资源来应对不断变化的需求。GPGPU 的并行计算能力和 AI 加速功能使得其能够更好地适应这种变化，为数据中心提供更加高效、灵活的计算服务。

GPGPU 在数据中心的应用中展现了显著的优势。首先，与传统的 CPU 相比，GPGPU 具有更高的内存带宽和更大的内存容量，这使得它们能够处理更大规模的数据集。在大数据分析和深度学习等应用中，这种优势至关重要，因为这些应用往往需要处理海量的数据，并对数据进行复杂的计算。

GPGPU 拥有专门为机器学习和人工智能应用程序优化的 Tensor Core。这些核心能够加速矩阵乘法和深度学习算法中的其他关键操作，从而显著提高训练和推理的速度。这使得数据中心能够更快地部署和更新 AI 模型，以响应不断变化的需求。

GPGPU 的并行计算能力也是其一大亮点。通过专门的硬件和软件优化，GPGPU 能够同时执行多个计算任务，从而实现更高的处理效率。这种并行性在处理复杂的数据处理任务时尤为重要，因为它可以显著减少计算所需的时间。

专业级的 GPGPU 已经成为数据中心和云计算环境中不可或缺的一部分。它们提供了强大的计算能力、优化的内存访问和专门的 AI 加速功能，使得数据中心能够更高效地处理大规模的数据集和复杂的计算任务。随着技术的不断发展，可以期待 GPGPU 在未来推动数据中心和云计算向更高性能、更智能化的方向发展。

如今，图形处理单元（GPU）早已超越了其最初的图形渲染功能，演变为一种功能强大的计算工具，特别是在数据中心和云计算环境中。这些专业级的 GPU（即 GPGPU）旨在满足高性能计算的需求。

数据中心对 GPU 的需求就是使其作为一种强大的计算工具，为企业和组织提供前所未有的数据处理和分析能力。这些 GPU 通常配备了大容量内存、高精度计算能力和出色的双精度计算性能，以满足专业应用对高性能计算的需求。

这些专业级 GPU 不仅为工程师、建筑师、设计师和艺术家等专业人士提供了强大的计算能力，还支持各种专业应用程序和工作流程。例如，在 CAD（计算机辅助设计）领域，GPU 可以加速复杂的三维建模和渲染过程，提高设计效率和质量。在动画制作方面，GPU 的并行处理能力可以大幅提升渲染速度和效果，使得动画制作更加高效和逼真。此外，在虚拟现实领域，GPU

的高性能图形处理能力为用户提供了沉浸式的虚拟体验。

数据中心 GPU 的出现，使得企业和组织能够以前所未有的规模和速度处理和分析数据。这种强大的计算能力不仅加速了业务决策的过程，还为企业带来了更多的商业机会和竞争优势。随着技术的不断进步和应用场景的不断拓展，数据中心 GPU 将在未来发挥更加重要的作用，推动各行各业向数字化、智能化方向发展。

AI 训练是 GPGPU 的主要应用领域之一，GPGPU 在这个领域中的表现也确实非常出色，可谓是"舍我其谁"。在 AI 训练中，需要进行大量的计算，包括矩阵乘法、深度学习算法的训练等，这些计算对传统的 CPU 来说是非常耗时的。而 GPGPU 采用并行计算的方式，可以同时处理多个计算任务，因此可以大大提高 AI 训练的速度和效率。GPGPU 还具有高内存带宽和大内存容量，可以更快地读取和处理数据，这对于 AI 训练至关重要。此外，GPGPU 还支持各种深度学习框架和算法，为 AI 训练提供了广泛的支持和优化。

可以说，GPGPU 在 AI 训练领域已经成为不可或缺的计算工具，为 AI 技术的发展提供了强大的支持。

不过，对于 AI 训练来说，最重要的并非性能，而是灵活和可扩展的编程模型、软件优化和工具。这是因为灵活和可扩展的编程模型可以适应不同 AI 模型和应用的需求。由于 AI 领域的快速发展和多样化，不同的模型和应用可能需要不同的计算精度、数据类型和算法。因此，GPGPU 的编程模型需要支持多种精度格式（如半精度和混合精度算术）以提高 AI 训练的速度和准确性。这种灵活性使得开发人员能够根据具体需求调整计算策略，从而实现更高效的 AI 训练。

软件优化和工具支持对于在 GPGPU 上进行 AI 训练也是至关重要的。专门的库和框架（如 cuDNN 和 TensorRT）提供了针对 GPGPU 优化的算法和函数，可以加速 AI 训练中的关键计算任务。这些库和框架经过精心设计和优化，能够充分利用 GPGPU 的并行计算能力和内存带宽，从而实现更高效的性能。此外，用于 GPU 加速应用程序的分析和调试工具也是不可或缺的。这些工具可以帮助开发人员识别性能瓶颈、调试错误和优化代码，从而进一步提高 AI 训练的效率和质量。

灵活和可扩展的编程模型、软件优化和工具，以及综合考虑硬件、软件和系统级问题是在 GPGPU 上进行 AI 训练时不可或缺的因素。

1）内存带宽和容量

a. AI 训练需要处理大量数据，因此 GPGPU 必须具备高内存带宽和大容量，以确保数据能够快速、顺畅地在 GPU 与其他系统组件之间传输。

b. 高内存带宽可以减少数据传输的延迟，提高训练速度；而大容量内存则可以确保 GPU 能够同时处理更多的数据，避免频繁的数据交换和等待。

2）并行处理能力

a. AI 训练涉及大量的并行计算任务，因此 GPGPU 需要具备强大的并行处理能力，包括能够同时执行多个计算任务、处理多个数据流等。

b. 通过优化 GPU 的架构和调度策略，可以进一步提高其并行处理能力，从而加快 AI 训练的速度。

3）半精度和混合精度算法支持

a. 半精度和混合精度算法可以减少数据处理所需的内存带宽，提高数值运算的效率。这对于加速 AI 训练、降低内存需求和功耗具有重要意义。

b. GPGPU 需要专门设计的硬件和软件来支持这些算法，例如使用专门的张量核心来执行混合精度计算。这些优化确保了 GPU 在执行 AI 训练任务时能够充分发挥其性能优势。

4）与其他系统组件的互联

a. 为了确保数据能够快速、高效地在 GPU 与其他系统组件之间传输，需要优化互联技术。使用高速的 PCIe 总线、NVLink 等技术可以提高数据传输的速度和效率。

b. 此外，还需要优化系统架构和调度策略，确保数据能够在各个组件之间顺畅传输，避免瓶颈和延迟。

为了支持 AI 训练，GPGPU 需要在内存带宽和容量、并行处理能力、半精度和混合精度算法支持，以及与其他系统组件的互联等方面进行改进和优化。这些改进确保 GPGPU 在执行 AI 训练任务时能够发挥出其最大的性能潜力，推动 AI 技术的快速发展和应用。

▶▶ 5.3.3　AI 算力的虚拟化

GPU 虚拟化是指将一个物理 GPU 分割成多个虚拟 GPU，从而允许多个用户共享同一块硬件资源，提高系统的利用率和性能。这种技术可以在虚拟机、容器和云计算环境中使用，使得多个用户能够同时运行 GPU 密集型应用程序，而不会互相干扰。

GPU 虚拟化的实现通常涉及以下一种或多种技术：设备仿真、API 重定向、固定直通和中介直通。每种技术都有其权衡，涉及虚拟机与 GPU 合并比率、图形加速、渲染精度和功能支持、硬件适配性、虚拟机之间的隔离以及支持暂停/恢复和实时迁移的能力。

GPU 虚拟化通常通过硬件虚拟化技术来实现，例如 NVIDIA 的 Multi-Instance GPU（MIG）技术，或者英特尔的 GPU Passthrough 技术。MIG 技术允许将一个物理 GPU 分割成多个虚拟 GPU，每个虚拟 GPU 可以独立分配给不同的用户。GPU Passthrough 技术则是将一个物理 GPU 直接分配给一个虚拟机，使得虚拟机可以直接访问 GPU 硬件。

GPU 虚拟化的优点包括提高系统的资源利用率，降低成本，并提供更好的安全性和隔离性。它还可以使得多个用户能够同时运行 GPU 密集型应用程序，从而提高系统的并发性和吞吐量。缺点则包括虚拟化带来的性能开销，以及虚拟机或容器与底层硬件之间的复杂性。

1. MIG（Multi-Instance GPU）

MIG 是由 NVIDIA 开发的技术，允许将一个物理 GPU 分割成多个更小的虚拟 GPU。每个虚拟 GPU 都能够独立运行，并可以配置不同的性能特征，从而允许多个用户或工作负载共享单个物理 GPU，同时保持完全隔离和性能。

MIG 技术在数据中心和其他高性能计算环境中尤为有用，因为这些环境中 GPU 资源通常被多个用户和工作负载共享。通过对 GPU 进行虚拟化，MIG 可以更有效地利用 GPU 资源，降低硬件成本，并简化 GPU 资源管理。

MIG 技术得到了 NVIDIA 多个数据中心 GPU（包括 A100 和 A30 GPU）的支持。启用 MIG 后，例如 A100 GPU 可以被分割成多达七个虚拟 GPU，每个虚拟 GPU 都拥有独立的资源，包括内存、计算核心和缓存。根据工作负载或用户的特定需求，虚拟 GPU 可以配置不同的性能水平、内存容量和其他特征。

MIG 技术使用 NVIDIA 的软件工具进行管理，包括 NVIDIA 数据中心 GPU 管理器，它提供了一个统一的界面，用于管理跨多个物理服务器的 GPU 资源。启用 MIG 后，管理员可以轻松配置和管理虚拟 GPU，监视 GPU 使用和性能，并优化 GPU 资源分配，以确保效率和性能的最大化。

总的来说，MIG 技术是数据中心和高性能计算环境中最大程度利用 GPU 资源的强大工具，允许多个用户和工作负载共享同一物理 GPU，同时保持完全隔离和性能。此外，A100 拥有 7 个 SM（流处理器），因此可以将其分成 7 个虚拟 GPU，这也是合乎逻辑的。

2. MxGPU（Multi-User GPU）

AMD 的 GPU 虚拟化技术称为 AMD MxGPU，即多用户 GPU。AMD MxGPU 旨在为虚拟桌面基础架构（VDI）和其他虚拟化环境提供基于硬件的 GPU 虚拟化。它允许多个虚拟机共享单个物理 GPU，从而更好地利用 GPU 资源，提高虚拟化工作负载的性能。

AMD MxGPU 采用中介传递（mediated pass-through）技术进行虚拟化，这意味着虚拟化管理程序（Hypervisor）控制对 GPU 的访问，并在虚拟机和 GPU 之间进行中介。这种方法为虚拟机之间提供了强大的隔离性，确保每个虚拟机都拥有对 GPU 资源一部分的专用访问权。

MxGPU 支持 AMD Radeon Pro 和 AMD FirePro 显卡，并兼容流行的虚拟化软件，如 VMware ESXi 和 Citrix XenServer。它支持 Windows 和 Linux 客户操作系统，并为需要高性能的工作负载（如 3D 渲染、视频编码和科学模拟）提供强大的图形加速。

MxGPU 还支持一些功能，如实时迁移，可以在不中断用户或应用程序的情况下在物理主机之间移动虚拟机，以及 GPU 分区，允许对虚拟机分配 GPU 资源进行更细粒度的控制。

此外，MxGPU 为管理员提供了一个用户友好的管理界面，便于管理和监视虚拟化 GPU，包括资源分配、性能监控和故障排除。

总的来说，AMD MxGPU 为虚拟化环境中的 GPU 虚拟化提供了一种强大而高效的解决方案，有助于优化资源利用并提高虚拟化工作负载的性能。

3. GVT（Graphics Virtualization Technology）

GVT 是一种 GPU 虚拟化解决方案，旨在为虚拟化环境提供安全、高效的虚拟化图形加速。GVT 允许多个虚拟机共享单个物理 GPU，从而更好地利用 GPU 资源并提高性能。

GVT 使用中介式穿透技术进行虚拟化，其中 Hypervisor 管理 GPU 的访问，确保每个虚拟机都有专用的 GPU 资源访问权。这种方法提供了强大的虚拟机之间的隔离性，确保它们不会干扰彼此的性能或访问彼此的数据。

GVT 技术有三种实现方式，如下所示。

1）直接通过（GVT-d）：GPU 仅供单个虚拟机使用，不能与其他机器共享。

2）半虚拟化 API 转发（GVT-s）：GPU 由多个虚拟机共享，使用虚拟图形驱动程序，支持少量的图形 API（OpenGL，DirectX），不支持 GPGPU。

3）全 GPU 虚拟化（GVT-g）：GPU 通过本机图形驱动程序在多个虚拟机之间或主机与虚拟机之间以时间共享的方式进行共享，类似于 AMD 的 MxGPU 和 NVIDIA 的 vGPU。这种方式仅适用于专业显卡（Radeon Pro 和 NVIDIA Quadro）。

GVT 与英特尔集成图形和独立图形均兼容，并支持流行的 Hypervisor，如 VMware ESXi 和 Xen。它支持 Windows 和 Linux 客户操作系统。

GVT 提供了许多功能，以提高虚拟化图形性能和易用性，包括 GPU 分区，允许更细粒度地将 GPU 资源分配给虚拟机，以及虚拟显示仿真，允许多个虚拟机共享单个物理显示器。

GVT 还支持先进的虚拟化图形功能，如 OpenGL、DirectX 和 OpenCL，这些功能使得在虚拟化环境中加速需要大量计算的工作负载成为可能，如 3D 渲染、视频编码和科学模拟。

此外，GVT 为管理员提供了一个用户友好的管理界面，以便轻松管理和监视虚拟化 GPU，包括资源分配、性能监视和故障排除。

英特尔 GVT 提供了一种高效且安全的 GPU 虚拟化解决方案，可以提高虚拟化工作负载的资源利用率和性能。

总的来说，GVT 为 GPU 虚拟化提供了一个安全高效的解决方案，使虚拟化工作负载更好地利用资源并提高性能。

▶▶ 5.3.4　AI 算力的扩展

如果单个 GPU 的性能不能满足要求，那么多块 GPU 的级联就是一个必选项。通过级联实现 GPU 的互联，在大规模 AI 模型训练中非常有用。

常见的 GPU 扩展方式有 4 种，分别是 PCIe、InfiniBand、NVLink 和 Ethernet（以太网）。

GPU 之间可以通过多种方式进行通信，具体取决于使用的硬件和互联技术。以下是一些常见的 GPU 通信方法：

1. PCIe

PCIe（Peripheral Component Interconnect Express）是一种常用的接口，用于将 GPU 连接到 CPU 和主板上的其他组件。GPU 之间也可以通过 PCIe 进行通信，但其带宽有限，因此扩展规模比较小。

（1）优点

1）性能：通过 PCIe 连接多个 GPU 卡可以显著提高需要大量图形处理的任务的性能，因为每个 GPU 可以处理部分工作负载，从而减少处理时间。

2）灵活性：多个 GPU 卡可以执行更多类型的任务。例如，一些 GPU 可能针对特定类型的计算或渲染进行了优化，而其他 GPU 则可能更适合游戏或视频编辑。

3）成本效益：通过 PCIe 添加额外的 GPU 卡是一种经济高效的方式，可以提高性能而无须购买全新的系统。

（2）缺点

1）兼容性问题：并非所有的主板都兼容多个 GPU 卡，有些可能需要特定的配置或额外的硬件才能正常运行。

2）增加功耗：多个 GPU 的使用会显著增加功耗，可能需要额外的散热和电源配置。

3）有限的可扩展性：可通过 PCIe 添加的 GPU 卡数量受限于主板上可用插槽数量，这可能会限制可扩展性。

4）软件限制：一些软件可能没有针对多个 GPU 进行优化，这可能会限制添加其他 GPU 带来的好处。此外，某些应用程序可能需要特定的配置，或与某些 GPU 模型不兼容。

2. InfiniBand

InfiniBand 是一种高速网络技术，常用于互联服务器和其他设备的集群和数据中心。GPU 也可以连接到 InfiniBand 网络，使它们能够相互通信并与网络中的其他设备进行数据交换。

超算通常会部署 InfiniBand，这也是实现大规模 GPU 扩展的一种主要方式。

（1）优点

1）高带宽：InfiniBand 提供非常高的带宽，可以显著提高需要大量图形处理的任务的性能。

2）低延迟：InfiniBand 的低延迟允许 GPU 之间快速传输数据。

3）可扩展性：InfiniBand 可以支持大量 GPU，使其成为高性能计算集群的可扩展选项。

4）远程访问：InfiniBand 支持远程访问 GPU 资源，这对分布式计算环境非常有用。

5）降低功耗：InfiniBand 通过更高效的 GPU 通信降低了系统的整体功耗。

（2）缺点

1）成本：实施 InfiniBand 需要专用的硬件和软件，成本较高。

2）兼容性问题：并非所有 GPU 都与 InfiniBand 兼容，某些情况下可能需要特定配置或附加硬件。

3）有限支持：InfiniBand 不像其他互联技术那样得到广泛支持，这可能会限制其在某些环境中的应用。

4）复杂性：相比其他互联技术，InfiniBand 的设置和配置较为复杂，需要专业知识。

总的来说，通过 InfiniBand 连接多个 GPU 可以提供显著的性能优势，特别是在大规模计算环境中。然而，它的成本较高，并需要考虑兼容性和复杂性问题。

3. NVLink

NVLink 是 NVIDIA 开发的高速互联技术，允许 GPU 直接相互通信，无须经过 CPU 或主板。NVLink 的带宽远高于 PCIe，通常用于高性能计算应用。

（1）优点

1）提高性能：NVLink 通过高速、低延迟的 GPU 互联，可以显著提高需要大量图形处理的任务的性能，使 GPU 可以更快、更高效地共享数据。

2）可扩展性：NVLink 比通过 PCIe 连接的 GPU 具有更大的可扩展性，可以支持更多的 GPU，并在添加额外 GPU 进行扩展时保持更好的性能提升。

3）增加内存容量：NVLink 还可以使 GPU 共享内存，有效地增加可用于处理的内存量。

4）提高功率效率：NVLink 可以提高功率效率，通过允许更有效的工作负载分布在 GPU 之间，可以降低总功耗。

（2）缺点

1）兼容性问题：并非所有的主板和 GPU 都与 NVLink 兼容。有时需要特定的配置或额外的硬件。

2）成本增加：NVLink 桥接器和交换机可能很昂贵，增加多个 GPU 可能会显著增加系统的成本。

3）支持有限：NVLink 是 NVIDIA 开发的专有技术，因此其支持仅限于 NVIDIA 的 GPU 和相关软件。

4）潜在的软件限制：某些软件可能未针对通过 NVLink 连接的多 GPU 进行优化，限制了添加额外 GPU 的性能提升。此外，某些应用程序可能需要特定的配置或与某些 GPU 型号不兼容。

总的来说，通过 NVLink 连接多个 GPU 可以为需要大量图形处理的任务提供显著的性能优势，但需考虑额外的成本、兼容性和软件支持问题。

4. Ethernet

Ethernet 作为一种广泛使用的网络技术，在某些环境中可能比其他互联技术更容易获得。与其他互联技术相比，Ethernet 成本较低，这使得它在某些应用中具有较高的性价比。

但是，Ethernet 带宽有限，较其他互联技术低，可能会导致性能下降。Ethernet 延迟较高，与其他互联技术相比可能会降低数据传输和处理时间。通过 Ethernet 连接多个 GPU 可能会降低总体性能，特别是在处理重型图形任务时。

总体而言，虽然通过 Ethernet 连接多个 GPU 可能是一种具有成本效益的选择，但对于需要进行高性能图形处理的高性能计算任务，可能无法提供必要的性能。

Ethernet 基础设置比较完善，费用也比较低，但是因为 Ethernet 的这些缺陷，所以单纯地使用 Ethernet 来扩展 GPU 是满足不了应用需求的。所以一种通过 Ethernrnet 承载 InfiniBand 协议的技术 RoCE（RDMA over Converged Ethernet）出现了。RoCE 集成了 InfiniBand 的高带宽优势，并复用了现有的 Ethernet 基础设施。

因此，RoCE 在 Ethernet 上提供了远程直接内存访问能力可以显著提高需要大量图形处理的任务的性能。RoCE 具有较低的延迟，使得 GPU 之间的数据传输可以更高效。

RoCE 支持大量 GPU，成为高性能计算集群可扩展的选项。RoCE 可以使 GPU 之间的通信更加高效，从而降低功耗。与其他高性能互联技术相比，RoCE 是成本效益高的选项。

RoCE 的设置和配置可能比其他互联技术更加复杂，受限于支持 RoCE 网卡的服务器，其网络配置也比普通 Ethernet 要复杂。

如今，RoCE 已经成为数据中心常用的一种 GPU 扩展方式。

▶▶ 5.3.5 GPU 的存储

GDDR 和 HBM 都是用于 GPU 的内存接口，它们在许多方面都有所不同，因此在不同的应用场景，选择其中一种可能会更合适。

GDDR（Graphics Double Data Rate）是专用于 GPU 的存储技术，采用板级别连接方案，相对 HBM 来说更为便宜，因此更多用于面向消费业务的图像 GPU。

HBM（High Bandwidth Memory）是一种专为 GPU 设计的高带宽内存技术。它具有更高的内存带宽和更低的能耗，可以满足 GPU 在大规模并行计算和高带宽数据处理方面的需求。但是，HBM 内存的成本相对较高，容量也相对较小，可能不适用于所有应用场景。

因此，对于需要高内存带宽和低能耗的 GPU 应用，HBM 可能更适合；而对于那些需要大容量内存且成本较低的应用，GDDR 可能更合适。而面向数据中心的 GPGPU 更多采用 HBM，虽然其价格更贵，但是由于 HBM 采用先进封装，其速度要比 GDDR 更快。

1. GDDR

GDDR 是一种专为 GPU 和其他图形密集型应用程序优化的高速内存。与 DDR（Double Data Rate）内存类似，GDDR 内存在时钟信号的上升和下降沿均可传输数据，使得数据传输速率比单速率内存更快。

GDDR 内存的发展可以追溯到 21 世纪初，当时 ATI Technologies 引入了第一个 GDDR 内存标准，称为 GDDR1，应用于 Radeon 9700 等显卡。

多年来，新的 GDDR 标准不断推出，每个标准都具有更高的数据传输速率和其他改进。GDDR2 于 2003 年推出，数据传输速率为 2 GTit/s；GDDR3 于 2005 年推出，最大数据传输速率为 2.5 Gbit/s；GDDR5 于 2008 年推出，数据传输速率为 8 GTit/s；GDDR6 于 2018 年推出，数据传输速率为 16 GTit/s；GDDR6X 于 2020 年推出，数据传输速率高达 20 GTit/s。这些高速内存标准广泛应用于现代显卡和其他图形密集型设备，以支持高分辨率显示、复杂的 3D 图形和其他要求高的应用程序。

在分类方面，GDDR 内存通常按其代数（例如 GDDR5、GDDR6）和数据传输速率进行分类。较高的数据传输速率通常表示更强的性能和更高的带宽，这对于要求高速、高带宽内存的图形应用程序非常重要。GDDR 的速率见表 5-1。

表 5-1　GDDR 的速率

显存的类型	运行频率/MHz	传输速率（单通道）/(GT/s)	传输速率（64 通道）	
			Gbit/s	GB/s
GDDR2	500	2	128	16.0
GDDR3	625	2.5	159	19.9
GDDR5	625~1125	5~9	320~576	40~72
GDDR5X	625~875	10~12	640~896	80~112
GDDR6	875~1125	14~18	896~1152	112~144
GDDR6X	594~656	19~21	1216~1344	152~168

总的来说，GDDR 内存的发展是由对更快、更高效的图形处理内存的需求推动的。随着图形密集型应用程序的复杂性和要求越来越高，新的 GDDR 标准很可能会继续开发，以满足对高速、高带宽内存的持续需求。

2. HBM

HBM 是一种高速内存技术，旨在为高性能计算（HPC）、图形处理、人工智能和其他数据密集型应用程序提供支持。与传统的 GDDR 和 DDR SDRAM 相比，HBM 内存具有更高的带宽和更低的能耗。

HBM 的发展可以追溯到 2013 年，当时 AMD 发布了第一代 HBM，称为 HBM1。HBM1 采用了由 SK Hynix 提出的 3D 堆叠 DRAM 技术，将多个 DRAM 芯片垂直堆叠，并通过高速通道连接。HBM1 最初具有每个堆栈 1GB 的容量，最高可提供 128GB/s 的带宽。

HBM2 于 2016 年发布，增加了容量和带宽。HBM2 提供了每个堆栈 2GB 的容量，最高可提供 256GB/s 的带宽，同时也实现了更高的速度和更低的能耗，使其成为高性能计算和图形处理应用的理想选择。

2021 年，HBM3 和 HBM4 的开发正在进行中。HBM3 预计将提供更高的容量和带宽，同时降低能耗，以支持更高的性能。HBM4 将进一步推进 HBM 的带宽和能效，为未来的高性能计算和图形处理应用程序提供更好的支持。

HBM 通常根据其版本（例如 HBM1，HBM2）和堆栈的数量和容量进行分类。每个堆栈通常包含多个 DRAM 芯片，它们通过硅间通道连接，以实现高带宽通信。

HBM 采用堆叠式存储器架构，存储芯片垂直堆叠，通过硅通孔（TSV）连接。这种堆叠使得每单位面积的存储容量比传统的存储器架构高得多。

除了增加的容量外，HBM 还提供比传统存储器接口更高的带宽。这是由于 GPU 和存储器之间使用多个高速通道进行并行数据传输。HBM 可以提供高达 1TB/s 的内存带宽，而 GDDR5 存储器的带宽约为 500GB/s。

HBM 的另一个优点是相较于传统存储器接口更低的功耗。这主要得益于 HBM 使用较低的工作电压，并且存储器和 GPU 之间的短互联减少了功耗。

然而，HBM 的制造成本比传统存储器接口更高，这限制了它的广泛采用。HBM 还需要专用的封装技术来堆叠存储器芯片，进一步增加了成本。

尽管成本更高，但 HBM 因其高带宽、低功耗和较小的尺寸，仍然是高端 GPU 的首选。

总的来说，HBM 的发展是为了满足对高性能计算和图形处理应用的需求。随着这些应用程序的不断增长，HBM 的性能和能效也将继续提高。

5.4 云计算与 FPGA 加速器

▶▶ 5.4.1 FPGA 是什么

说起 FPGA 之前，先提个问题：芯片的本质是什么？

芯片的本质是电路！

简单来说，数字芯片，不论多复杂，其底层都是与、或、非的组合。CPU 或者 GPU 等大芯片，有几千万甚至上亿门的电路。但是深入底层发现，这些大芯片也是由与非门、或非门等逻辑门组成的。这就是电路。CPU 和 GPU 都是电路的组织形式。

无论多复杂的芯片，都是芯片设计工程师通过硬件描述语言（HDL）来描述电路。虽然看起来和软件工程师一样，都在编程，但实际上是在搭建电路。EDA 工具把语言转换成电路，最终得出版图（GDS），然后将其提交给厂家生产。流片厂家把 GDS 变成硅，封装厂家完成硅（DIE）到芯片（CHIP）的封装。

这个过程和设计 PCB 电路基本相似，都是将电路转换成 PCB，再由厂家制版。目前所说的"卡脖子"问题主要出现在制造环节，也就是从版图到硅的阶段。其他问题也存在，但可以另找专题讨论。

设计并研发一款芯片最大的问题是什么？有两点是大家公认的。

第一，研发迭代周期长。大芯片通常要花费一年或者两年研制。而功能缺陷或者市场变化则可能导致最终产品未能上市，需重新迭代。这对小型芯片公司而言尤其危险，因为芯片失败而资金耗尽导致破产是很常见的。

第二，芯片研发投入高。芯片研发包括流片成本、IP 成本、人力成本等。28nm 的掩模（MASK）费用约为 1000 万元，12nm 接近 2500 万元。除此之外还有人力和 IP 等成本。研发一片 28nm 的芯片总投入成本通常需要大几千万元，7nm 和 5nm 的投入更是达到数亿元。这么高的一次性工程费用（NRE）需分摊到每一片芯片上去。

如果一个项目或者需求只有几千片至几万片的销量，是否值得研发芯片就成为一个重大的问题。当流片成本难以覆盖时，是否存在迭代周期短、成本更低的替代方案？

面对小批量需求与成本约束的矛盾，FPGA（现场可编程门阵列）成为关键替代方案。FPGA无需流片，可通过硬件描述语言（HDL）直接编程实现定制电路功能，且支持重复擦写。其开发周期通常仅需数月，远短于 ASIC 的 1～2 年周期，初期投入亦可控制在几十万元到百万元内，尤其适合验证市场需求或应对快速迭代场景。FPGA 本质也是一种芯片，但它可以实现数字电路功能，如 CPU、GPU、NPU 等，这些电路都可以在 FPGA 内部实现，效率另当别论。因此，FPGA 的本质就是通过编程实现电路的电路。

这是怎么做到的？或者说，什么样的电路可以实现与、或、非这些基本操作？

以 F = A&B&C&D 这个电路举例，如图 5-1 所示。

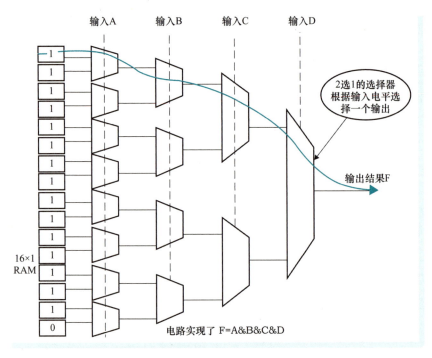

• 图 5-1　LUT 电路

一个 16×1 的 RAM 的每一位都可以编程为 0 或 1。这个 RAM 有 4 位地址（DCBA），通过这 4 位选择 RAM 的输出。通过配置 RAM 中的不同值，可以实现输出 F 和输入 A、B、C、D 的关系。例如，将 16 位 RAM 配置为 0000000000000001 时，这个电路等效于 F = A&B&C&D，仅当 A = B = C = D = 1 时，F = 1，其他情况 F = 0，完美实现了 F = A&B&C&D。

值得重申的是，当 16 位 RAM 配置为 0000000000000001 时，等效于 F = A&B&C&D。因此

"0000000000000001" 这串数就是 FPGA 的编程。这就是 FPGA 最基本的原理。

如果实现电路 F=A | B | C | D，该电路如何编程？将 16 位 RAM 配置为 0111111111111111，则等效于 F=A | B | C | D。通过配置 16 位 RAM 的值，可以实现 A、B、C、D 四个输入的任何逻辑操作。FPGA 正是利用了这种转化，具备描述任何电路的能力。

在 FPGA 中，图 5-1 的结构有一个专有名词，称为 LUT（Lookup Table，查找表）。LUT 构成了所有 FPGA 的最基本的单元。

LUT 只能实现数字组合逻辑，所以添加了一个寄存器 flip-flop（FF），用于数据的锁存。

如图 5-2 所示，LUT 与寄存器构成了现代 FPGA 基本结构。

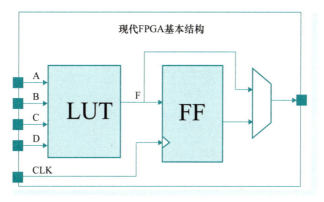

● 图 5-2 现代 FPGA 基本结构

FPGA 依靠这些简单的电路实现了复杂的逻辑。这个包括 LUT 和 FF 的基本结构合并称为一个基本的逻辑单元（Logic Block）。能够实现 A、B、C、D 四个输入计算的 LUT 叫作 4 输入 LUT，此外还有 5 输入、6 输入等变种。

万变不离其宗。这种结构从 FPGA 诞生以来基本未变。这个电路可以看作是一个最小的 FPGA。目前能实现一个功能的芯片，少则几万门，多则几千万门甚至上亿门。单靠这个电路实现功能是不切实际的，因为需要无数的 LUT 和 FF 来实现。

FPGA 通过实现大量逻辑单元的阵列，并通过布线资源将其连接，形成一个完整的 FPGA 芯片，如图 5-3 所示。相比之下，专用芯片的开发流程从 HDL 到硅的时间要长得多。

FPGA 的设计中，16 位 RAM（查找表 LUT）的配置可以通过特定的配置（如 0000000000000001）实现等效的逻辑功能（如 F=A&B&C&D）。FPGA 最终生成的位流（Bit-stream）包含 LUT 的配置文件和布线资源的配置文件。一旦这些配置文件被加载到 FPGA 中，FPGA 的设计和编程工作就完成了。

从上面配置过程来看，整个过程就是如同把"大象关进冰箱"里面，第一步生成 bit 流，第二步配置 bit 流，然后 FPGA 就能工作了，看起来并不复杂。但是，真的不复杂吗？

在为客户设计 FPGA 芯片时，可能会碰上一个大麻烦。如果提供 FPGA 芯片，则需要配套提供一个 EDA 工具。没有 EDA 工具，难以让客户手动生成 FPGA 的位流文件。

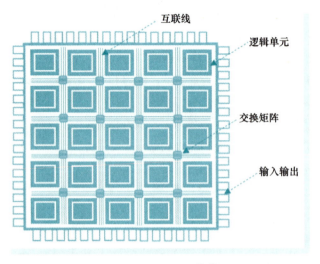

互联线

逻辑单元

交换矩阵

输入输出

● 图 5-3　FPGA 芯片

▶▶ 5.4.2　EDA 工具

图 5-4 是一个开源的 FPGA（OpenFPGA）的设计流程，可以看到，其涉及的 EDA 工具也至少包括以下几种。

1）综合工具。

2）布局布线工具。

3）位生成工具。

4）时序分析工具。

5）仿真工具。

6）嵌入式逻辑分析仪器等调试工具。

7）功耗分析工具。

设计 FPGA 是不是就像使用 CPU 的 GCC 编译工具一样简单呢？事实上，FPGA 设计的难度可要大得多。如果说 CPU 的 GCC 工具难度是 1，那么 FPGA 的 EDA（电子设计自动化）工具的难度恐怕就在 10~100 了。这些 EDA 工具的安装包大小常常达到十几 GB。

想象一下，辛辛苦苦设计出一款芯片，最后却发现它的性能受限于 EDA 工具。套用电影《让子弹飞》里的一段话：

"项目成功了，芯片功劳怎么才占 7 成。

七成是 EDA 的，芯片也就三成。

就这三成，还要看 EDA 的脸色。"

那么，EDA 工具都有哪些"脸色"呢？以布局布线工具为例，它的界面就相当复杂。如果操作不当，整个 FPGA 的利用率会非常低，甚至可能无法正常工作。

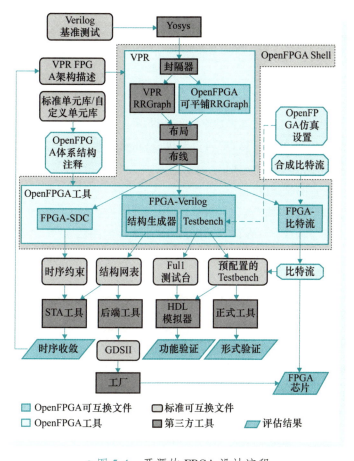

● 图 5-4　开源的 FPGA 设计流程

除了传统的 EDA 工具外，还有 HLS（高层次综合）这种描述语言。HLS 的引入让软件工程师也能参与到 FPGA 设计中。他们可以直接用高级语言（如 C、C++）编写代码，然后通过 HLS 工具将其转换成硬件描述语言（HDL），再通过综合工具转换成电路。这种方法更贴近软件工程师的习惯，但缺点是增加了一层转换，可能会带来一些效率损失。

此外，FPGA 内部还集成了许多硬核 IP（也称为宏单元），硬核 IP 是指预先设计并物理固化在芯片内部的专用功能模块，如 PLL、SERDES、RAM 等常规 IP。随着芯片的演进，FPGA 内部还集成了许多新东西，其中最有特色的就是 CPU。在 FPGA 内部集成的硬核 CPU 系统甚至可以运行操作系统！这样，就有了 CPU+FPGA 的强大组合：CPU 负责软件编程，FPGA 负责硬件电路编程。这简直就是双剑合璧，威力更胜一筹！

另外，SERDES 模块也是高端 FPGA 的必备组件。没有 SERDES，FPGA 就像孤家寡人，无法实现与其他芯片电路的高速互联。现在，FPGA 可以与外部器件连接，支持 PCIe、SATA、10G/100G Ethernet 等高速协议。在数字信号处理方面，FPGA 也表现出色，可以应用于雷达等计算密集型任务。因此，FPGA 内部还集成了许多 DSP 单元来实现乘法等运算。

为了在人工智能时代分一杯羹，有的 FPGA 内部集成了用于 AI 处理的神经网络加速硬核。

总结一下，除了 LUT，FPGA 内部集成的硬核 IP 还包括以下几种。

1）RAM：用于存储资源。

2）PLL：提供高速的时钟信号和资源。

3）DSP：用于乘法操作、滤波器和数字信号处理。

4）SERDES：用于实现 PCIe、SATA、FC、100G Ethernet 等高速接口。

5）CPU 系统：提供软件编程能力。

6）NPU 硬核：用于 AI 处理加速。

随着科技的进步和市场的需求变化，FPGA（现场可编程逻辑门阵列）不断演变和升级。为了满足更多的功能需求，未来的 FPGA 架构趋势是将更多的硬核 IP（知识产权核）与传统的 FPGA 进行融合，这样 FPGA 就能集成更多的功能，变得更加强大和灵活。

那么，FPGA 和 CPU 之间到底有什么区别谁更有优势呢？其实，每种架构都有其独特的用途和优势，关键在于需要解决的问题，而不是简单地比较哪种架构更好。在不同的应用场景下，才能判断哪种架构更适合解决这些问题。

简单来说，FPGA 编程是针对电路的，它的本质是逻辑门（比如与门、或门、非门）等组成的等效电路；而 CPU 则是通过执行指令来运行软件程序。这两者在工作方式上有很大的不同。

FPGA 的一个显著优势是时间并行运行，也就是说，同时处理多个任务；而 CPU 则是时间串行的，即使是多核 CPU，每个核心也还是需要一条一条地执行指令来完成功能。当然，CPU 也有一些指令级并行的技术，但基本原理还是不变的。

所以，FPGA 和 CPU 各有千秋，选择哪种架构取决于想要解决的问题，以及问题的特点。在未来的科技发展中，FPGA 和 CPU 可能会更加紧密地结合，协同解决更多复杂的问题。FPGA 的并行度较高，相比 CPU 的计算方式，数据吞吐量大，时延控制比较好；而 CPU 的频率高，可以运行操作系统，作为通用计算单元非常灵活。FPGA 更适合配合 CPU，作为专门的运算单元，处理特定的大数据量计算任务。

▶▶ 5.4.3　FPGA 的作用

FPGA 被称为"万能芯片"，似乎可以替代所有芯片功能，但实际上，FPGA 并不能完全取代专用芯片（ASIC）。相比专用集成电路，FPGA 有以下三个劣势。

1）成本高：FPGA 由于采用 LUT 来表征基本逻辑门单元，所以其面积大约是专用电路的 10 倍，其成本比 ASIC 也会高很多。

2）功耗高：FPGA 的功耗较大，不适合用于低功耗设备，例如手持的供电式设备。

3）运行频率和计算效率低。由于 FPGA 内部 LUT 之间互联较长，导致 FPGA 的频率相比同工艺下的 ASIC 要慢很多，门与门之间的延迟也较大。

但是，FPGA 优势也很明显，就是灵活性高。使用 FPGA 可以避免重新流片，节约了 NRE 成本。在一些领域，如雷达、5G、网络、存储和高性能计算等数据密集型计算中，FPGA 有广泛的应用，特别是在需求不明确、量不大、不值得研发专用芯片或者需求变化频繁的情况下，FPGA 都是理想的选择。

英特尔收购 Altera 后，将 FPGA 的应用重点转向了数据中心市场，特别是利用 FPGA 在数据中心加速方面投入颇大。英特尔收购 Altera 这一事件突显了 FPGA 在云计算中心的重要作用。以下是 FPGA 在云计算中心的主要作用。

1）数据加速：FPGA 能够并行处理数据，包括视频、图像、文本等，降低对 CPU 的占用。这种数据加速功能可以显著提升服务器的效率和能耗比，对于云计算中心来说至关重要。

2）AI 算法支持：FPGA 在人工智能服务器中可以替代 GPU 方案执行 AI 算法。与 GPU 相比，FPGA 具有低延迟、高能效和较低的成本优势，这使得 FPGA 在云计算中心的人工智能应用中具有广阔的前景。

3）异构计算：在数据大爆发的时代，算力的瓶颈使得异构计算成为必然。FPGA 与 CPU 的组合可以形成异构计算模式，其中 FPGA 用于整型计算，CPU 进行浮点计算和调度。这种组合拥有更高的单位功耗性能和更低的时延，有助于提升云计算中心的整体性能。

4）替代 ASIC：随着半导体工艺的发展，FPGA 有望在物联网领域替代高价值、批量相对较小、多通道计算的专用设备 ASIC。此外，FPGA 的开发周期比 ASIC 短 50%，这使得 FPGA 能够快速抢占市场，满足云计算中心不断变化的需求。

5）云服务提供商的支持：全球头部云巨头如微软云、亚马逊云、阿里云等，都在其机房中采用了 FPGA 作为云数据中心的硬件加速单元。这种支持进一步推动了 FPGA 在云计算中心的应用和发展。

总的来说，英特尔收购 Altera 反映了 FPGA 在云计算中心的重要地位和作用。随着技术的不断进步和市场需求的增长，FPGA 将继续在云计算领域发挥更大的作用。

▶▶ 5.4.4　FPGA 在 Azure 的用例

在最近的 Microsoft Build 大会上，Microsoft 宣布了 Azure 机器学习硬件加速模型的新进展，该模型由 Project Brainwave 提供支持，并引入了 Microsoft Azure 机器学习 SDK。借助这一配置，客户可以利用 Azure 平台上大规模部署的 Intel FPGA（现场可编程门阵列）技术，为他们的模型提供业界领先的人工智能推理性能。

这一公告意味着，客户现在能够结合英特尔的 FPGA 和 Xeon 技术，在云端和边缘环境中充分利用微软的 AI 创新成果。据微软工程师 Doug Burger 介绍，这些新功能将推动集成 AI 向实时流程的转变，利用强大的 Microsoft Azure 和 Microsoft AI 推动业务变革。

对于数据科学家和开发人员而言，这意味着他们可以将深度神经网络（DNN）应用于各种实时工作场景，包括制造、零售和医疗保健等领域，这些领域都可以利用全球最大的加速云。用户可以使用最新的 Intel FPGA 来训练模型，并将其部署在 Project Brainwave 上，无论是在云端还是边缘环境中。

Project Brainwave 是微软的一个旨在通过 Intel FPGA 的可编程硬件实现实时人工智能的项目。FPGA 架构具有成本效益和高吞吐量，能够运行如 ResNet-50 等行业标准 DNN，而无须进行批量生产。

通过适用于 Python 的 Azure 机器学习 SDK，客户可以对基于 ResNet 50 的模型进行重新训练，专门处理图像识别等任务。对于实时 AI 工作负载，这种计算密集型任务需要专用的硬件加速器，而 Intel FPGA 则支持 Azure 针对此类任务进行完全硬件配置，以实现最佳性能。

根据 Azure 工作负载的具体要求，FPGA 可以进行进一步的优化，甚至完全改变用途。Azure 体系结构采用 Intel FPGA 和 Intel Xeon 处理器开发，能够根据用户的定制软件和硬件配置条款加速 AI 创新。客户现在可以访问 Project Brainwave 的公共预览版。

英特尔公司副总裁、可编程解决方案部门总经理 Daniel McNamara 表示，英特尔与微软的深度合作使他们成为实现人工智能的完整技术提供商。人工智能具有广泛的用途，从语言识别到图像分析等，而英特尔拥有最广泛的硬件、软件和工具组合，能够支持这种全面的工作负载。

Azure Machine Learning 加速是 Azure 云服务中的一个功能，利用 FPGA 的硬件加速能力，来加快机器学习模型的推理速度。

Azure Machine Learning 加速通过 FPGA 的硬件加速能力，为机器学习模型提供了高性能、低延迟的推理服务。它能够加快预测结果的生成，提高应用程序的响应速度和用户体验。同时，它还提供了易于集成、灵活性和可扩展性以及成本效益等优势，使得用户能够更轻松地将其集成到他们的机器学习工作流中。

Microsoft Azure 是 FPGA 全球最大的云端投资之一。Microsoft 利用 FPGA 来执行 DNN 评估、Bing 搜索排序以及软件定义网络（SDN）加速，以减少延迟并释放 CPU 资源用于其他工作。

Azure 上的 FPGA 以英特尔的 FPGA 设备为基础，数据科学家和开发人员使用这些设备来加速实时 AI 计算。这种 FPGA 架构可提供性能、灵活性和扩展能力，并且可在 Azure 上使用。

Azure FPGA 可与 Azure Machine Learning 整合。Azure 可以在 FPGA 上并行处理预先训练的 DNN，以扩展服务。DNN 可以预先训练为深度特征提取器进行迁移学习，也可以使用更新的权重来进行微调。

Azure 使用 FPGA 处理 Machine Learning 业务的流程大致如下。

首先，客户可以通过 Azure Machine Learning SDK for Python 等工具，重新训练特定模型（如 ResNet-50）及其数据，专门处理图像识别等机器学习任务。在这个过程中，客户可以根据 Azure 工作负载的特定要求来完善或改变 FPGA 的用途。

然后，对于实时 AI 工作负载，由于计算强度较高，Azure 会利用专用的硬件加速器，如英特尔的 FPGA，进行处理。这些 FPGA 通过 Azure 针对任务配置硬件，以实现峰值性能。

在模型部署阶段，Azure 提供了多种方式，包括 Azure Container Instance、Azure Kubernetes Service、FPGA、IoT Edge 设备等。客户可以根据不同的使用需求选择适合的部署方式，并且这些方式都提供了自动缩放功能，以满足业务的变化需求。

此外，Azure 机器学习服务还内置了超参数调优和自动化机器学习等功能，可以加速模型的迭代和优化，减少模型训练时间。

Azure 使用 FPGA 处理 Machine Learning 业务的流程是一个高效、灵活且可扩展的过程，可以帮助客户快速实现业务目标并提升业务价值。

5.5 超级 AI 计算实例

▶▶ 5.5.1 TPU POD——谷歌的创新

Google Cloud TPU Pod 代表着谷歌在云计算和机器学习领域的重大创新。作为一种紧密耦合的超级计算机，它结合了数百个专门为机器学习优化的 TPU 芯片以及数十个主机机器，形成了一个强大的计算集群。这些组件通过超快速的自定义互联方式相互连接，确保了数据在系统内部的高效传输。

Cloud TPU Pod 的核心优势在于其卓越的性能和可扩展性。通过专门为机器学习工作负载设计的 TPU 芯片，能够提供比传统 CPU 或 GPU 更高的计算效率和能效。同时，其灵活的架构允许用户根据需求动态调整计算资源，满足从轻量级实验到大规模生产环境的不同需求。

Google Cloud TPU Pod 与 Google Cloud 的紧密集成为用户提供了无缝的云体验。用户可以轻松地在云上部署、管理和扩展机器学习工作负载，同时享受 Google Cloud 提供的全方位数据存储、处理和分析服务。这种集成不仅简化了机器学习的工作流程，还降低了运营成本和时间。

这一切都要从谷歌推出了专门为机器学习工作负载设计的定制硬件加速器——TPU 说起。根据相关资料显示，TPU 的算力与当代 CPU 和 GPU 相比，在性能上高出 15～30 倍，每瓦性能更是提升了 30～80 倍。这些显著的优势使得谷歌能够以可承受的成本大规模运行最先进的神经网络，并提供高质量的服务。

TPU 之所以能够实现如此出色的性能，主要归功于其专门优化、高吞吐量、低功耗以及与谷歌云服务的紧密集成等关键设计特点。通过针对深度学习任务的硬件和软件优化，TPU 能够更高效地执行张量运算，减少不必要的计算和内存访问。同时，其高吞吐量的设计使得单位时间内能够处理更多的数据，进一步提升了整体计算性能。此外，TPU 的低功耗特性使得在大规模部署时具有更高的能效比，有助于降低运行成本。最后，TPU 与谷歌云服务的紧密集成为用户提供了更加高效和便捷的深度学习应用体验。

在 TPU 1.0 时代，虽然加速卡已经能够提供比传统 CPU 和 GPU 更高的性能和能效，但其仍然受限于单卡的资源和计算能力。然而，随着数据量的不断增长和模型复杂度的不断提升，单卡 TPU 已经难以满足大规模深度推理（TPU v4 才开始支持训练）的需求。

从 TPU 1.0 到 TPU 2.0 的转变标志着谷歌在硬件加速方面的重大突破。TPU 从单一的加速卡演变为定制的 TPU 集群，这一创新举措极大地提升了 TPU 的加速能力和扩展性。

谷歌推出了 TPU 2.0，它不再是一个简单的加速卡，而是由多个 TPU 组成的定制集群。通过将多个 TPU 紧密地集成在一起，TPU 2.0 能够提供更高的计算能力和更大的内存容量，支持更大规模、更复杂的深度学习训练任务。

定制的 TPU 集群还具有更好的扩展性。用户可以根据实际需求增加或减少 TPU 的数量，以灵活地调整集群的计算能力。这种灵活性使得 TPU 2.0 能够适应各种不同的应用场景和需求，无论是进行大规模的图像分类任务，还是处理海量的自然语言数据，都能够提供出色的性能和能效。

TPU v4 不仅是谷歌用于机器学习模型的第三台超级计算机，而且通过引入光学电路交换机（OCS）动态重新配置其互联拓扑，实现了在规模、可用性、利用率、模块化、部署、安全、功率和性能等多方面的提升。

在构建超大规模超级计算机时，如何确保所有组件的可靠连接和高效通信是一个巨大的挑战。随着节点数量的增加，传统的电互联方式由于物理限制（如信号衰减、延迟增加等）而变得不再可行。此外，当系统规模增大时，任何一个组件的故障都可能导致整个系统的性能下降或甚至停机。

为了解决上述问题，谷歌引入了具有光学数据链路的光电路交换机（Optical Communication Subsystems，OCS），成功地解决了在构建大规模超级计算机时遇到的规模和可靠性障碍，为运行复杂的机器学习工作负载提供了一个高效、可靠的平台。光学数据链路使用光信号而不是电信号来传输数据，这具有许多优势：

OCS 允许动态地重新配置超级计算机中的互联拓扑。这意味着当某个节点或链路出现故障时，OCS 可以重新路由数据，绕过故障点，从而确保系统的持续运行。

通过引入 OCS，谷歌的超级计算机能够容忍一定程度的主机不可用性。例如，即使在一个由 4096 个节点（或 CPU 主机）组成的超级计算机中有 1% 的主机在 0.1% ~ 1.0% 的时间内不可用，系统仍然能够继续运行而不会受到严重影响。这是因为 OCS 可以动态地重新配置互联拓扑，将工作负载从不可用的主机转移到其他可用的主机上。

在谷歌为了改善数据中心的网络而提升光收发器和 OCS 的可靠性和成本的过程中，他们设计出了 Google Palomar OCS。这个系统基于在毫秒内切换的 3D 微电子机械系统（MEMS）镜子，使用循环器在一根光纤上实现双向光信号传输，有效减少了所需的端口和电缆数量。

在构建 TPU v4 超级计算机时，谷歌采用了独特的设计和连接方式来实现高性能计算。图 5-5 展示了人工智能节点互联的 4×4×4 块（即 4 个层面，每个层面 4×4 个块）的连接方式。每个这样的块都有 6 个"面"用于连接，可以想象成立方体的六个面。每个面上有 16 个链接，因此每个块总共有 96 个链接，这些链接通过光纤连接到光电路交换机。

为了实现 3D 环形链接，设计要求对面的链接必须连接到同一个 OCS。这意味着，对于每个 4×4×4 块来说，它将连接到 6×16÷2=48 个 OCS。这里除以 2 是因为立方体相对两侧的链路必须连接到同一个 OCS。

Palomar OCS 是一个高性能的光通信子系统，其规格为 136×136（即 128 个活动端口加上 8 个备用端口，这些备用端口用于连接测试、维修和其他非活动连接需求）。在这个设计中，48 个 OCS 将负责连接来自 64 个 4×4×4 块（每个块包含 64 个 TPU v4 芯片）的 48 对电缆。这样，整个系统就实现了所需的 4096 个 TPU v4 芯片的总数。

这种设计和连接方式不仅确保了 TPU v4 芯片之间的高速、低延迟通信，还为系统的扩展和维护提供了灵活性。通过光纤和 OCS 的连接，TPU v4 超级计算机能够处理大规模、复杂的深度学习任务，同时保持高效的能源利用和散热性能。

在 PCB 级别上，可以看到四个 TPU v4 芯片被精心布局。为了实现芯片间的高速通

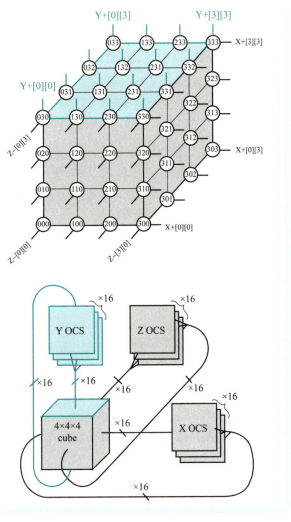

● 图 5-5　人工智能节点互联的 4×4×4 块的连接方式

信，PCB 嵌入了四个 Inter-Core Interconnect（ICI）链接，这些链接以 2×2 网格的形式连接四个芯片。此外，还有 16 个外部 ICI 链接用于将当前 PCB 与其他托盘连接起来，从而构建一个强大的 3D 网状结构。这种结构不仅提供了高带宽、低延迟的数据传输，还为系统的扩展提供了极大的灵活性。

当观察整个机架时，可以看到一排包含八个机架，每个机架内有 16 对托盘主机。这些托盘之间通过被动电缆连接，形成一个 4×4×4 的 3D 网格。这种设计确保了在整个机架内部，数据可以快速、高效地传输。电气到光学的转换发生在连接到 TPU 托盘的光纤连接器处，这意味着在数据传输过程中，只有在数据进出光纤时才需要进行转换。这种设计减少了转换的次数，从而提高了数据传输的效率。

最后，48 个光通信子系统（OCS）负责连接这八行机架，组成一个完整的 64 个机架系统。这个系统不仅提供了巨大的计算能力，还通过其独特的设计和连接方式，确保了数据的高速、低延迟传输。这使得 TPU v4 超级计算机能够轻松应对最复杂的深度学习任务，推动人工智能领域的进步。

有资料对比了 Google Cloud TPU Pod 与连接了 NVIDIA Tesla V100 GPU 的 Google Cloud VM 在大规模机器学习训练任务中的性能表现。

为了确保结果的复现性，研究团队使用了经过优化的开源 TensorFlow 1.12 版本实现了 ResNet-50 v1.5 模型，并分别在 GPU 和 TPU 系统上进行了测试。为了模拟更大规模的机器学习训练场景，研究团队在运行测试之前进行了一个预热周期，以排除一次性设置成本和评估成本，并确保缓存完全填充。所有展示的系统都以 76% 的 Top-1 准确率训练 ResNet-50 模型。

测试结果表明，Cloud TPU Pod 在这个大规模训练任务中实现了近线性的加速。最大配置的 Cloud TPU Pod（256 个芯片）相比于单个 V100 GPU 实现了高达 200 倍的加速。这意味着，与使用一片先进的 V100 GPU 等待超过 26 个小时相比，完整的 Cloud TPU v2 Pod 只需 7.9 分钟即可完成相同的训练任务。

这一结果充分展示了 Cloud TPU Pod 在大规模机器学习训练中的卓越性能。其高度优化的硬件架构和高效的互联方式使得 TPU 芯片能够快速地执行张量运算，从而加速了模型的训练和推理过程。相比之下，即使是最先进的 GPU 也难以匹敌 TPU Pod 的性能表现。

Cloud TPU Pod 为机器学习研究人员和开发人员提供了一个强大而高效的计算平台，特别适用于需要大规模计算资源的机器学习任务。通过利用 Cloud TPU Pod 的高性能和可扩展性，用户可以更快地训练模型、优化算法并提高预测的准确性。

▶▶ 5.5.2　Ascend 910——华为的登峰

Ascend 910（昇腾 910）的大规模计算集群是一种高性能计算系统，由多个 Ascend 910 服务器组成，通过高速网络连接形成一个集群。这种集群可以提供超强的计算能力和高效的计算效率，适用于各种大规模数据处理和机器学习任务。

Ascend 910 服务器是华为推出的一款人工智能芯片服务器，搭载了华为自主研发的 Ascend 910 芯片。该芯片采用了 7nm 工艺制程，拥有高达 256 个 Tensor Core 和 512 个 Vector Core，可以提供高达 256 TFLOPS 的半精度浮点运算能力和 512 TOPS 的整数运算能力。同时，Ascend 910 还支持多种精度计算，包括 FP32、FP16、INT8 等，可以满足不同应用场景的需求。

Ascend 核心的整体架构是一个异构设计，结合了标量、向量和立方体计算单元，如图 5-6 所示。这种设计可以充分利用不同类型的计算单元的优势，以满足不同维度的计算需求，并提高 DNN 应用的计算能力和效率。这些异构单元由三部分构成，分别是标量计算单元、一维矢量运算单元、二维矩阵运算单元和三维立方体计算单元。

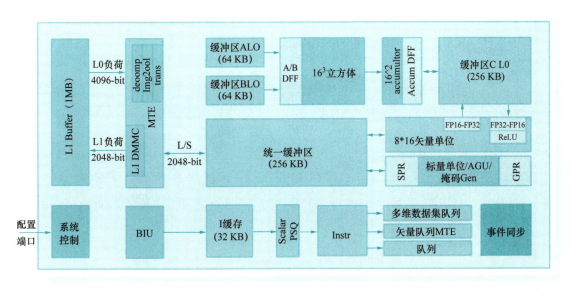

● 图 5-6　Ascend 核心整体架构

标量计算单元类似于经典 RISC 处理器中的整数 ALU 单元，主要负责控制流操作和一些简单的计算操作，如加法、减法、乘法和除法等。这种单元在处理传统计算任务时非常有效。

一维（矢量）计算单元类似于传统 CPU 或 GPU 中的 SIMD 单元，可以执行推理和训练任务中的大多数计算操作。然而，由于 DNN 模型中的数据重用不足，一维向量单元可能导致高密度 ALU 和本地内存之间的带宽受限数据路径。因此，尽管一维向量单元在许多应用中表现出色，但它们并不足以满足对计算能力要求不断提高的 DNN 应用。

为了提升矩阵-矩阵乘法（GEMM）的计算效率，并克服一维向量单元在处理这类任务时的限制，二维计算单元应运而生。在数学上，二维计算单元提供了两种方法来加速 GEMM 操作。

第一种方法是基于点积的，它将 GEMM 操作分解为多个通用矩阵向量乘法（GEMV）来执行。这种方法通过优化矩阵与向量的乘法操作，实现了计算效率的提升。然而，这种方法在处理大规模矩阵乘法时，可能会受到数据重用和内存访问模式的限制。

第二种方法是基于外积的，它将 GEMM 转换为多个向量外积的累加。这种方法通过减少内存访问次数和提高数据重用性，进一步提升了计算效率。但是，这种方法可能需要额外的存储空间来保存中间结果，并可能引入额外的计算复杂性。

除此之外，Ascend 910 为了进一步提高计算能力并优化数据重用，同样还引入了三维（立方体）计算单元，如图 5-7 所示。这种单元专为 DNN 应用设计，以实现更高的数据重用和更高的计算强度。通过引入立体计算单元，Ascend 核心可以缓解 DNN 加速器的计算吞吐量和有限内存带宽之间的不匹配问题。

在 Ascend Core 异构架构中，3D 计算单元的设计是为了解决 DNN 中大规模矩阵运算的挑战。这些运算通常涉及大量的数据和复杂的计算模式，要求计算单元不仅具备高性能，还要高效能耗。

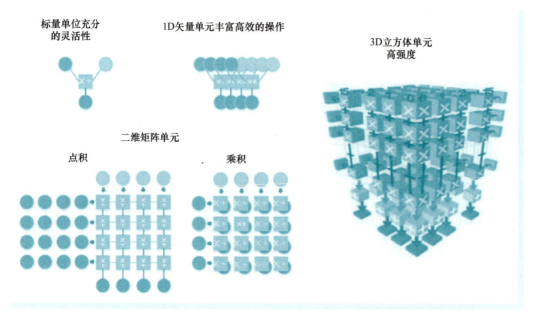

标量单位充分的灵活性

1D矢量单元丰富高效的操作

3D立方体单元高强度

二维矩阵单元

点积

乘积

● 图 5-7　三维（立方体）计算单元

3D 计算单元的典型矩阵尺寸是 16×16×16，这意味着每个立方体可以处理高达 4096 个元素。为了支持这种高强度的计算，整个立方体配备了 4096 个乘法器和 4096 个累加器，确保了并行处理能力和计算吞吐量。

此外，3D 计算单元的一个显著优势是数据重用。在矩阵计算中，每个操作数被重复使用 16 次。这种高效的数据重用机制显著减少了从内存加载数据到计算单元的能耗。与向量计算单元相比，将操作数加载到立方体计算单元的能耗降低到只有原来的 1/16。这不仅降低了整体能耗，还提高了能效比。

在实际设计中，将 3D 立方体的布局扁平化为 2D，以便更有效地排列在硅芯片上。这种设计优化不仅简化了制造过程，还确保了计算单元之间的高效通信和互联。通过结合高性能和高效能耗的 3D 计算单元，Ascend Core 架构为 DNN 和其他高性能计算应用提供了卓越的计算平台。

总的来说，Ascend Core 的 3D 计算单元通过其独特的设计和优化，显著提升了矩阵计算的性能和能效。

当 Ascend Core 的立方体计算单元在矩阵规模扩大到 16×16×16 时，计算吞吐量相对于基准设计增加了 4.7 倍。这是因为在深度神经网络（DNN）中，特别是在卷积神经网络（CNN）和自然语言处理（NLP）任务中，使用 FP16（半精度浮点数）到 FP32（单精度浮点数）的转换已被证明是有效的。而这种维数的立方体单元恰好适合这类任务。值得注意的是，尽管计算吞吐量有显著增加，但面积仅增加了 2.5 倍，这表明了设计的高效性。

在 Ascend Core 架构中，为了优化数据访问和提高计算效率，设计了多个级别的缓存。这些缓存在数据处理和计算过程中起着至关重要的作用。

L0 缓存是离立方体计算单元最近的存储层次，直接服务于这些计算单元。L0 缓存被细分为三个部分：缓存 A L0、缓存 B L0 和缓存 C L0。它们的功能和用途如下。

缓存 A L0：用于保存输入特征图。这些特征图是神经网络模型的输入数据，对于计算过程至关重要。

缓存 B L0：用于存储权重数据。权重是神经网络模型中的参数，它们在训练过程中被优化，并在推理过程中用于计算输出。

缓存 C L0：用于保存输出特征图。这些特征图是立方体计算单元处理后的结果，可能进一步被其他计算单元或外部组件使用。

L0 缓存和更高级别的 L1 缓存之间的数据传输由内存传输引擎（MTE）管理。MTE 包含多个功能模块，用于优化数据传输和处理过程。例如，解压缩模块可以处理稀疏网络中的数据压缩问题，通过算法如零值压缩来减少存储和传输需求；img2col 模块则将卷积操作转换为矩阵乘法，以便更高效地在立方体计算单元上执行；trans 模块负责矩阵的转置操作，以满足不同的计算需求。

除了立方体计算单元外，Ascend Core 还包含向量单元，用于处理一些特定的计算任务和数据精度转换。向量单元可以处理如标准化或激活等操作，并将结果存储在与标量单元共享的统一缓冲区中。此外，向量单元还支持数据精度转换，如 int32、FP16 和 int8 之间的量化和反量化操作。这些功能使得向量单元在神经网络模型的计算和数据处理过程中具有高度的灵活性和效率。

总线接口单元（BIU）负责 Ascend 内核与外部组件之间的数据传输和指令交互。数据被存储在 L1 缓冲区中，而取出的指令则存储在指令高速缓存中。这些指令首先由程序序列队列（PSQ）进行排序，然后被调度到三个不同的队列中：立方体队列、向量队列和 MTE 队列。每个队列对应一种特定的计算单元或功能模块，确保指令能够按照最优的顺序被执行。这种设计提高了指令处理的并行性和效率，使得 Ascend Core 能够更快速地响应和处理各种计算任务。

在 Ascend 910 的大规模计算集群中，多个 Ascend 910 服务器通过网络相互连接，形成一个集群。这种集群采用了 Fat-Tree 拓扑结构，可以实现高带宽、低延迟的网络通信。每个服务器之间通过 100Gbit/s 的高速网络连接，可以实现快速数据传输和高效的并行计算。

Ascend 910 的大规模计算集群还具有高度的可扩展性。用户可以根据实际需求，灵活增加或减少服务器数量，以满足不同规模的计算任务。同时，Ascend 910 的大规模计算集群还支持多种操作系统和编程框架，如 Linux、PyTorch、TensorFlow 等，方便用户进行开发和部署。

首先，每台 Ascend 910 服务器内部集成了 8 个 Ascend 910 芯片。这些芯片在物理布局上被分为两组，这样的分组设计有助于优化数据处理流程和管理。每组内部的 Ascend 910 芯片通过高速缓存一致性网络（HCCS）进行连接。HCCS 是一种高效的网络架构，它能够确保组内各个芯片之间的数据一致性和高速传输。

值得注意的是，这两组 Ascend 910 芯片之间并不是直接相连，而是通过 PCIe 总线进行通信。PCIe（Peripheral Component Interconnect Express）是一种高速串行计算机扩展总线标准，它提供了更高的数据传输速率和更好的扩展性，非常适合于服务器内部芯片之间的通信需求。

在数据传输性能方面，组内连接，即基于 HCCS 的网络连接，其带宽达到了 30GB/s。这意味着在组内芯片之间传输数据时可以达到非常高的速度，满足大规模数据处理的需求。而组间连接，即通过 PCIe 总线的连接，其带宽为 32GB/s，略高于组内连接，这样的设计保证了组间通信的高效性。

图 5-8 中可以看出，Ascend 910 服务器采用了紧凑的设计，同时提供了丰富的接口和扩展槽位，以满足各种应用场景的需求。整体而言，Ascend 910 服务器是一款高性能、高可扩展性的产品，适用于大规模数据处理和机器学习等任务。

为了进一步提升计算能力和处理大规模数据任务，可以将多台 Ascend 910 服务器组合成一个集群。这种集群化的部署方式可以有效地实现横向扩展，提升系统的整体性能和可靠性。

图 5-8 左半部分展示了一个包含 2048 个节点的 Ascend 910 集群。这个集群在 FP16 精度下的总计算能力高达 512 Peta FLOPS，这是一个非常惊人的数字，充分展示了 Ascend 910 服务器在并行计算方面的强大实力。

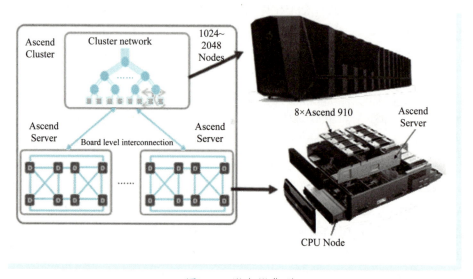

● 图 5-8　服务器集群

这个集群由 256 台 Ascend 910 服务器组成，这些服务器通过 Fat-Tree 拓扑网络进行连接。Fat-Tree 拓扑网络是一种高性能、高可扩展性的网络结构，能够有效地实现服务器之间的数据传输和通信，为集群提供稳定、高速的网络支持。

值得一提的是，每台 Ascend 910 服务器都配备了高性能的硬件和网络设备，以确保集群的整体性能。同时，两台服务器之间的链路带宽达到了 100Gbit/s，这意味着在集群内部进行数据传输时，可以实现非常高的速度和效率。

图 5-8 右半部分展示了 Ascend 910 集群柜的产品形态图。从该图中可以看出，集群柜采用了紧凑、高效的设计，能够容纳多台 Ascend 910 服务器，并且提供了丰富的接口和扩展槽位，以满足不同规模和应用场景的需求。

在面临日益增长的计算需求和数据挑战时，单一服务器的性能往往难以满足要求。为了突破这一限制，可以采用集群化的部署方式，将多台 Ascend 910 服务器组织成一个统一的计算集群。这种部署方式不仅实现了计算能力的横向扩展，还显著提升了系统的整体性能和可靠性，使其成为处理大规模数据任务和高性能计算应用的理想选择。

通过将多台 Ascend 910 服务器连接在一起，可以创建一个强大的计算集群。每台服务器都贡献其独特的计算资源，如处理器、内存和存储，从而形成一个共享的计算池。这种横向扩展的方式允许根据需求动态地增加或减少服务器数量，以应对不断变化的计算负载。无论是进行大规模数据分析、复杂的科学模拟，还是处理高清视频和图像，Ascend 910 服务器集群都能提供所需的计算能力和存储容量。

集群化部署的另一个显著优势是提升了系统的整体性能。在集群中，不同的服务器可以并行处理任务，从而大大缩短了计算时间。此外，通过优化任务分配和负载均衡，可以确保每台服务器都能充分发挥其性能潜力，避免了资源浪费。这种高效的资源利用方式不仅提高了计算效率，还降低了能源消耗和运营成本。

除了提升性能外，集群化部署还增强了系统的可靠性。在集群中，如果某台服务器发生故障或需要维护，其他服务器可以接管其任务，确保计算过程不会中断。这种容错能力对于处理关键任务和需要长时间运行的应用至关重要。此外，通过定期备份数据和配置冗余硬件，可以进一步降低数据丢失和系统宕机的风险。

通过将多台 Ascend 910 服务器组织成一个集群，我们实现了计算能力的横向扩展，提升了系统的整体性能和可靠性。这种集群化的部署方式非常适合处理大规模数据任务和高性能计算应用，为科学研究、工程设计和商业分析等领域提供了强大的计算支持。随着技术的不断发展和需求的不断增长，相信 Ascend 910 服务器集群将在未来发挥更加重要的作用。

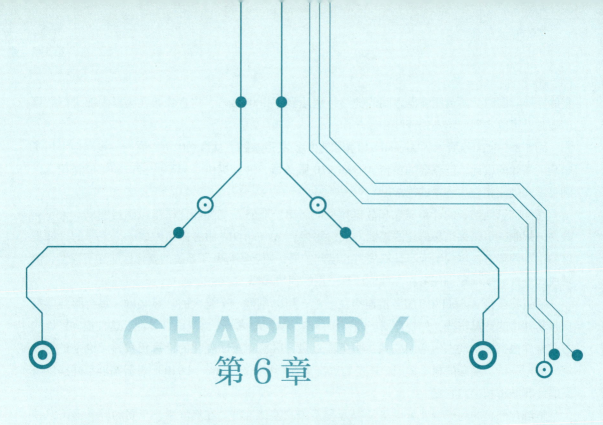

第 6 章

SoC与移动计算

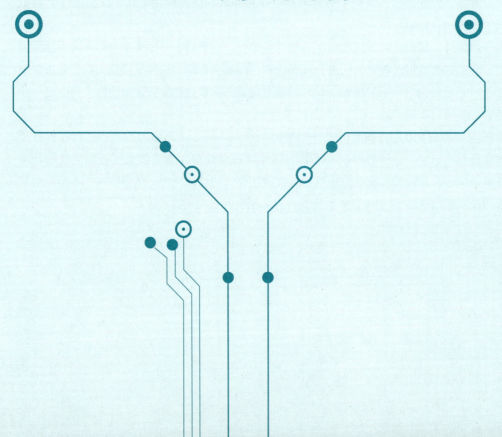

6.1 手机处理器

▶▶ 6.1.1 从麒麟 9000S 开始说起

2023 年 8 月 29 日，深圳。在人来人往的市中心，一家华为专卖店开始了一天的忙碌。身穿红色 T 恤的营业员们在顾客到来前，把刚刚到店的一批全新的手机摆上了货架。从外观看，这批手机，和之前的并无不同，不过奇怪的是，这次并没有开任何的发布会。更让营业员们感到奇怪的是，仅仅在一天前，他们还完全不清楚要上架这批新手机。

当天正值周一，专卖店的顾客并不多，只有几个零零散散的顾客，也不过询问一下这款新手机的信息。然而，到了下午，一群年轻人突然涌进专卖店，围住展台上这款最新的手机，纷纷拍照并分享至微博等几个热度很高的社交媒体。店员们都被这批顾客的热情惊呆了。

原来，就在几个小时前，12:08 分，华为官网上线了"华为手机先锋计划"。这款手机正是华为最新的 mate60pro。在线上购物平台，无数人不停地刷新着，试图抢购这款手机，引发了购买的狂潮。线上的抢购很快告罄，这部手机的面世在整个数码圈引起轰动。大量自媒体以及数码爱好者蜂拥至各大华为专卖店，排起了长长的队伍，想要抢先一睹为快，这件事情的热度也一度成为微博热搜榜的第一名。自媒体评论称："这款手机不需要流量，它本身就是流量。"

让店员们疑惑不解的是，此前一年的 Mate 50 系列显然并没有得到如此大的反响，而 Mate 60 系列处理器的保密措施也让人猜测不断。那个时候的他们还不知道的是，这部新手机采用与 Mate 50 完全不同的手机处理器，麒麟 9000S，并且能够达到 5G 的传输速率，这是华为的自研的手机 SoC 芯片。

华为自研手机 SoC 并不是什么稀奇的事情。早在 2012 年的华为的 K2V3 就已用于华为的 P6 手机，而随后每年都会迭代一代手机处理器芯片。然而，这一趋势在 2020 年戛然而止，由于美国的制裁，华为手机处理器麒麟 9000——第一款 5nm SoC 成了麒麟 SoC 的"绝唱"。

麒麟 SoC 整整沉寂三年，直到 2023 年 8 月 29 日麒麟 9000S 问世，标志着华为采用麒麟 9000S 处理器"王者归来"。这正是大家对 Mate 60 系列趋之若鹜的核心原因。

麒麟 9000S 集成了自研 CPU（泰山核心，支持超线程）、自研 GPU（图像处理单元，Maleoon）、DSP（数字信号处理器）、NPU（神经网络处理器单元）以及系列高速接口等。性能上比三年前的麒麟 9000 略有提升，但其具体制造工艺一直保密，业内推测其晶体管密度与台积电 7nm 工艺相当。

在这个面积约为 $100mm^2$ 的小小 SoC 芯片上，集成了众多计算单元。如今，手机 SoC 芯片已经成为全球最复杂的计算的部件之一。

手机处理器的主要的部件如下。

CPU：中央处理器，承担了整个手机的大部分计算任务，负责整个设备的调度和控制。

GPU：图形处理器，负责游戏的加速和渲染，无论是运行《王者荣耀》还是《和平精英》，都离不开 GPU 的运算。

DSP：数字信号处理器，负责各种基带信号的处理，所有的 5G 或者 4G 信号的处理都离不开 DSP 模块的运行。

NPU：神经网络处理器，专门处理各种 AI 操作，例如人像磨皮、优化等功能，现代手机的运算已经扩展到光影效果的处理。

ISP：图像信号处理器，负责降噪、矫正和插值，对手机的视频录像能力有着决定性的影响。

除了以上单元，手机 SoC 中还有很多其他的异构模块，例如 5G 基带模块、MIPI、LPDDR、DP、UFS、USB 等一系列高速接口模块，每个模块对于手机 SoC 来说都是必不可少的。这些处理器单元架构各异，彼此协作，共同完成一项任务，为人类提供各种算力。

例如，在中午时分打开手机，通过外卖 APP 定了一份外卖，选择喜爱的店以及优惠券，然后选择微信或者支付宝付款，仅仅三十分钟之后，外卖小哥就把一份热气腾腾的盖饭或者面条送到手中。打开外卖，一只手拿起筷子吃饭，另一只手刷着视频，在吃完饭后，找个无人的角落，在游戏中和天涯海角的人进行一场 5v5 的游戏战斗，享受手机带来的娱乐体验。

这一切离不开手机以及背后的提供计算支撑的 SoC 芯片。

在当今信息社会，几乎每个人的手上都有一部手机。手机的出现，极大地方便了我们的生活，而就在手机里面，往往有集成了上百亿晶体管的 SoC 芯片。

毫无疑问，手机 SoC 处理器是地球上人类智慧的杰出设计之一，因其融合了多种计算单元和技术，是这个星球的计算的集大成者。手机 SoC 的算力与日常生活息息相关。人类通过算力提升来实现满足自己不断增长的需求。

麒麟 9000S 等手机 SoC 芯片的出现，本质上就是让人类更好享用算力带来的便利。这些算力包括通用计算的算力、数字信号处理的算力、图形加速计算处理的算力，以及人工智能算力等。

▶▶ 6.1.2 手机 SoC 的历史

每当人们每天拿起手机走出家门时，一个超级微小的处理器就在距离手心仅 0.5 厘米的地方工作虽然无法直接看到它，但它却是手机中最复杂、最了解使用者的部件。

当前，我国的芯片行业创业正如火如荼，新的公司如雨后春笋般涌现，他们在 DPU、GPU、AI、CPU 等各种领域奋力前行。但奇怪的是，几乎没有初创公司敢于挑战手机处理器芯片这个领域。即使是大型的手机厂商，在尝试制造芯片时，也通常从制造小型芯片开始。

2019 年，全球共卖出了 14 亿台手机，这意味着背后有 14 亿个手机处理器在默默工作。这是一个价值千亿人民币的巨大市场。但奇怪的是，尽管市场如此巨大，参与其中的厂商却寥寥无几。

目前，主要的手机 SoC 厂商包括苹果、三星、华为、高通、联发科和紫光展锐。人们可能会问，为什么其他公司没有进入这个市场呢？

答案其实很简单，手机处理器芯片的设计和制造难度太大了，即使是当前这么火热的芯片创业趋势，也很少有人敢于轻易尝试。

有些人可能会认为，手机处理器不过是买一堆技术模块，然后把它们组合在一起。但其实，这远远没有那么简单。每一款手机处理器背后，都蕴含着无数的技术挑战和创新。所以，每当使用手机时，不妨想一想那片距离手心 0.5 厘米的微小芯片，它其实是一个技术奇迹。手机处理器芯片实际上是一个高度集成的片上系统（System on a Chip，SoC）。SoC 的定义揭示了其真正的功能复杂性：它不仅包括传统的 CPU 和 GPU，还融合了数字信号处理器（DSP）、图像信号处理器（ISP）、通信基带（如 4G/5G）、神经网络处理器（NPU）以及其他功能模块，如 WiFi、蓝牙、GPS 北斗和显示系统等。

从手机处理器的历史演变来看，其功能的增加和模块的整合是为了满足现代手机对高性能、低功耗、多功能和小型化的严苛要求。这些需求推动了 SoC 技术的发展，使其成为手机中不可或缺的核心部件。

手机 SoC 的主要模块包括以下几种。

CPU：执行手机操作系统的指令和应用程序。

GPU：处理图形数据，提供流畅的视觉体验。

DSP：处理数字信号，如音频和视频。

ISP：专门用于图像处理，提高摄像头拍摄的照片和视频质量。

4G/5G 基带：实现手机的移动通信功能，支持不同的网络标准。

NPU：专为机器学习任务设计，提高 AI 相关应用的处理速度。

WiFi 和蓝牙：提供无线连接功能。

GPS 北斗：提供定位和导航服务。

显示系统：驱动手机屏幕，展示内容。

这一系列模块协同工作，为用户提供了一部功能齐全、体验流畅的智能手机。每一个模块的设计和性能都对手机的整体表现至关重要。

当前，能够设计和生产手机 SoC 的厂商屈指可数，如苹果、三星、华为、高通等。这不仅因为 SoC 设计的技术难度高，还因为需要大量的研发资源和深厚的行业经验。尽管如此，随着技术的进步和市场需求的增加，未来的手机处理器芯片将继续向更高性能、更低功耗、更强大的功能整合的方向发展。

1. 功能机时代的 SoC

如果说苹果是智能手机时代的王者，那么诺基亚就是功能机时代的霸主。在功能机时代，提供手机 SoC 芯片的最著名厂商就是 TI（德州仪器）。

TI 是一家老牌的芯片设计厂商，与集成电路芯片密切相关，其本身就是一部集成电路的发展历史。1954 年，TI 生产了全球第一个晶体管；1958 年，TI 发明了全球第一块集成电路；1982年，TI 发布了全球第一个数字信号处理器（DSP）。

在国内，几乎所有从事数字信号处理的工程师和厂商都曾使用过 TI 的芯片。可以说，没有用过就难称为真正从事过数字信号处理。

TI 后续推出的 OMAP 系列手机处理器成为经典的应用处理器，其率先提出了异构架构的概念，即 DSP+ARM 处理器组合。这种处理器结构迅速赢得了手机厂商的青睐，因为它可以处理各种无线通信的数字信号处理业务，并保证通话的质量，毕竟在功能机时代，手机最核心的功能就是通话，而 TI 在 DSP 领域的能力无人能及。

2004 年底，诺基亚推出其第一款 Series 60 平台手机——6630，搭载的正是 TI 公司的杰作 OMAP1710 处理器。OMAP1710 内置的程序处理器型号为 ARM926，最大工作频率可以达到 220MHz，与此同时，ARM926 的一级缓存提升为 32KB，达到了前一代处理器的 2 倍，并依旧支持 Java 硬件加速，因此 TI 宣称 OMAP1710 比前一代处理器有 40% 的性能提升。

OMAP1710 采用了低电压技术，制程的减小也意味着工作电压的下降。在普通待机状态下，耗电量仅为 10mAh，可谓节能高手。随着诺基亚产品线的不断扩展，搭载 OMAP1710 的诺基亚手机如同天上的星星般众多，涵盖了 6630、6680、6681、E50、E60、E61、E62、E65、E70、N70、N71、N72、N73、N80、N90、N91 和 N92 等多个型号。

一款 SoC 能支持那么多产品线，并在市场上坚挺这么长时间，这是智能机时代的 SoC 无法想象的。当然，TI 后续也不断推出更新一代的 SoC 处理器。

TI 赋能了诺基亚，诺基亚也成就了 TI 的功能机芯片之王。TI 占据了手机处理器的 60% 以上的份额，这是如今的高通也望尘莫及的。通话质量好、待机时间长，凭借优异的实力，TI 成就了诺基亚背后的"功臣"。

看到 TI 在移动领域的成功，其他厂商也想在这个领域分一杯羹。那些厂商都有谁？这个名单就很长了，并且都是大牌厂商，如英特尔、飞思卡尔、Marvell 和高通等。

英特尔的 xscale 系列处理器很早出现了。PXA210 就是这一系列的集大成之作。PXA210 是英特尔基于 ARM 指令集的一款芯片，其内部叫作 StrongARM。英特尔也曾使用 ARM 指令集，没有想到吧。

虽然英特尔在 PC 领域的处理器一直独领风骚，但他早就对移动市场虎视眈眈了。英特尔倾尽全力，打造的就是这款在当年可谓是手机处理器中的"性能怪兽"——StrongARM。Strong 这个词语就是在描述这款处理器强大的性能。

这款智能手机的强大功能使得它可以在手机上直接打开并处理电脑上的文件，如 WORD 文档、MP3 和 MP4 等音频视频文件，为用户带来了很大的便利。在那个时代，这种跨平台文件处理的能力无疑是相当先进的。

然而，尽管这款智能手机具备了诸多先进的功能，但在当时的市场环境下，它并没有成功掀起一股购买的风潮。

那时候的手机市场，对处理器性能的要求还没有那么高。幸运的是，英特尔的老朋友比尔·盖茨伸出了援手。为了共同打开移动市场的大门，微软推出了一款专为移动端设计的操作系统——WinCE 即 Windows CE。英特尔的 PXA210 处理器加上微软的 WinCE 系统，两者强强联手，仿佛让人看到了当年 PC 端 x86 架构与 Windows 系统携手称霸的辉煌景象。

只可惜，历史总是充满了戏剧性。在 2006 年，多普达推出了一款引人注目的智能手机产品，这款产品采用了英特尔的 PXA 处理器和微软的 WinCE 操作系统的组合。虽然它的出现为手机市场带来了一些新的元素和想法，但最终并没有在市场上引起太大的反响。

英特尔和微软不约而同地看到了未来智能手机的雏形。智能手机时代就是一个盖世英雄，早晚踏着七彩祥云来拯救芯片厂商。英特尔和微软猜到了开头，却没有猜到结尾。但是有一个人猜到了，那个人叫作乔布斯。虽然英特尔产品性能领先，但是在功能手机时代，性能焦虑并不显著。英特尔还按照 PC 业务那套打法，高高在上，不接地气。

2005 年，全球手机应用处理器市场总计达 8.39 亿美元，德州仪器占 69%，高通占 17%，而英特尔只占 7%的份额。由于移动领域的盈利远不如英特尔的 PC 端和服务器端，英特尔决定将 PXA 手机业务卖给了 Marvel，退出了这个领域。

英特尔走了，更接地气的芯片公司来了。2005 年，一家最初本来是研发光驱芯片的公司，完成了 GSM 样片的开发。为了卖芯片，该公司将手机应用处理器和 GSM 处理器整合到一起，推出了 MTK 芯片解决方案，并提供了一整套 SDK。这家就是联发科，其创始人蔡明介被称作"山寨机之父"。

在 Android 系统出现之前，每个厂商都要开发一套手机界面，对于小厂商来说还是有一些难度的。联发科推出一站式手机解决方案，将手机芯片和软件平台预先整合在一起，大大降低了制造手机的门槛。一时间，造手机如同开餐馆一样简单。

2007 年，中国手机牌照制度取消，深圳迅速涌现出了无数手机小厂商。是时势造英雄，还是英雄造时势？从联发科和山寨机来看，两者都赶上了历史的大势，也创造了属于他们的时代。华强北的厂商依靠着联发科这套解决方案，迅速扩展业务，年销量最高达到了 1 亿部。MTK 芯片成就了华强北，也成就了联发科。

英雄和时势彼此成就。尽管山寨机早已远去，但江湖上关于它们的传说从未停止。

2. 智能机时代的 SoC

2007 年，乔布斯发布了第一代 iPhone，凭借 3.5 英寸全触控屏幕、金属机身以及 iPhone OS，真正推开了智能手机时代的大门。这款 iPhone 3G 手机使用了三星的 SoC 处理器 S5L8900。该处理器采用 90nm 工艺制造，主频在 412~620MHz，内部采用 ARM11 架构。最重要的是集成了一个GPU——PowerVR MBX-lite。GPU 是智能手机时代的标准配置，并且有着超过 CPU 的重要性。Imagination 的 PowerVR 是嵌入式 GPU 的领导者，英特尔的 PXA 系列也被授权 PowerVR MBX 的

GPU。高通则收购 ATI 的移动 GPU 部门 Imageon，将其改名 Adreno。这个时候的高通还在摸索阶段，不成气候，甚至不及 ARM 的 Mali。

使用三星的处理器后，苹果成功推出了一代 iPhone，也点燃了三星处理器之火。趁热打铁，三星推出 Exynos 系列，成为智能手机 SoC 最重要的玩家之一。

苹果手机面世后，其他的手机厂商开始焦虑，思考如何应对苹果手机以及 iOS。

WinCE 没有掀起什么水花，这个系统太像 Windows，理念和操作难堪大用。此时，Android 应运而生。其实 Android 最早并不是谷歌开发的，而是安迪·鲁宾创立的 Android 公司开发的。安迪·鲁宾也被称为"Android 之父"。安迪·鲁宾是一个大神级的技术人员，却不是一个优秀的经理人。接近开发完毕时候，公司财务极度紧张，一度需要依靠借债度日。这已经不是安迪·鲁宾的第一次创业了，早在 2002 年，安迪·鲁宾和他的朋友们成立了一家名为"危险"（Danger）的公司，发明了一款可上网的智能手机，名为 Sidekick。有一次，鲁宾在斯坦福大学给硅谷工程师讲课，其间谈到了 Sidekick 的研发过程。他的听众中有两个人，下课后，这两个人走到鲁宾身边查看 Sidekick，被这个可以上网的新玩意儿深深吸引。这两个人就是谷歌创始人拉里·佩奇和谢尔盖·布林。

有了这层背景，Android 公司又缺钱，2005 年 8 月份，Android 被谷歌收购。这是谷歌最成功的收购之一。2007 年，Android 很快就推出了第一个版本，并且成立了开放手机联盟。

Android 以开源形式服务于全球手机厂商，但是 Android 只是一个操作系统，当时并没有一家硬件手机公司支持它。

机缘巧合，宏达（HTC）出现了。宏达最早是智能手机代工厂，老板是王雪红。2008 年宏达收购了多普达，但是实际上多普达和宏达是一家人，前者是宏达的自有品牌，曾使用 PXA 处理器与 WinCE 操作系统开发手机。宏达看到 Android，就像看到陌生的老朋友和梦中的新情人，决心要推行 Android 手机。

宏达的首席执行官周永明曾在 2002 年和鲁宾最初创办的公司"危险"洽谈过代工制造 Sidekick 手机，和鲁宾是老相识。于是，安迪·鲁宾想起了周永明，促成了宏达与谷歌的合作。宏达也派出接近 50 名工程师直接在谷歌总部工作，最终促成了世界上第一款 Android 手机的诞生。

这款 Android 手机，成就了宏达在 Andirod 时代的短暂辉煌，也带火了智能机时代的 SoC 王者。2008 年，宏达推出全球首款安卓手机 T-Mobile G1，成为第一个挑战苹果 iOS 系统的对手。这款 Android 手机采用了高通的 MSM7201A 处理器。实际上，这款处理器最初是为 WinCE 开发的，但对这款芯片熟门熟路的 HTC 率先将其用于 Android 手机中。

高通 MSM7201A 采用了双核设计（采用 ARM11 和 ARM9 双核构架），内置 3D 图形处理模块和 3G 通信模块，图像处理以及视频播放、流媒体功能表现也很出色。

从通信领域一路走来的高通，终于搞明白智能 SoC 应该怎么来做了。这种大小核、GPU 和集成通信模块的集成设计一直沿用至今，成就了后来的骁龙系列。而后续跟进的厂商开发 Android 的智能手机，在选择手机 SoC 时，不约而同地选择了高通。以通信起家的高通，对于通信非常在行,毕竟 CDMA 的专利权等都在自己手里,集成通信处理器完全不在话下。

反观原来的市场霸主 TI,则面临两个劣势:一方面,TI 处理器无法覆盖全部网络制式,导致采用 OMAP 芯片组的手机制造商购买了德仪处理器还要额外购买基带芯片,这样既增加了生产成本,又增加了功耗,市场份额大减;另一方面,手机处理器更新换代非常之快,TI 采用自己制造的方式,其实和英特尔非常类似,如果自己设计、自己制造,就会有高制程工艺的需求,TI 的制程是难以满足手机处理器对工艺的需求的。

基带问题无法解决,技术进步跟不上节奏,于是进入智能机时代后,TI 的份额一降再降。到 2012 年,TI 决定放弃 OMAP 系列处理器,将未来的投资重心从移动芯片领域转移到包括汽车生产和工业设备等更广泛的市场领域。TI 和诺基亚这对难兄难弟,不离不弃,一起消失在智能机时代。

与此同时,高通获得了 Android 领域第一霸主的地位。HTC 成就了高通,却没有成就自己。2017 年,HTC 的手机业务已经奄奄一息,谷歌宣布斥资 11 亿美元收购 HTC 公司的手机业务。除了专利外,促成这笔交易的一个重要因素就是,HTC 推出了第一款 Android 手机。还有 HTC 曾经派 50 人驻扎谷歌总部一起开发,那些一起战斗的激情燃烧的岁月,没有白费。

十年之前,HTC 与 Android 相遇,共同成就辉煌;十年之后,Android 日出磅礴,HTC 却逐渐没落,是一种在一起也是永远分别。

3. AI 时代的 SoC

第一代 iPhone 的推出,打开了智能手机未来之门。

苹果很快意识到智能手机 SoC 和之前产品的最大不同了,那就是智能手机对性能有着无尽的需求。智能手机,既是装在口袋里的计算机,也是游戏机,还是照相机,是一切娱乐的集大成者。如果在娱乐的关键时刻频繁卡顿,那么手机的伴侣——人类的体验就会很差,体验很差就会移情别恋。

更好的手机值得更优秀的处理器,于是苹果自研的处理器就提上了日程。虽然苹果并没有芯片研发基础,但这不是问题。

2008 年,苹果公司收购 P. A. Semi,一家面向嵌入式设备的芯片厂商。这次收购看似平平无奇的,但是却因此引入了一位大神 Jim Keller。Jim Keller 当时在 P. A. Semi 做技术负责人,这次收购的结果就是他入职苹果。

这位就是以 AMD 的 ZEN 而闻名的 Jim Keller,而当时他还只是一个优秀的芯片设计师。

Jim Keller 就这样成为苹果公司的员工。在苹果工作期间,Jim Keller 主持设计了 A4 和 A5 两代移动处理器,用在 iPhone 4/4s、iPad/iPad 2 等设备上。开启了苹果自研手机处理器之路。

Jim Keller 时回忆说,自研的处理器让乔布斯非常满意。除此之外,Jim Keller 在苹果期间在手机 SoC 项目中开始大核架构的设计。

提升处理器性能有两种方式:第一种是将基本结构做得更大,简单说就是做一个"大核";

第二种是调整功能，搞一堆小核。显然，前者的难度更大，但也更有效。因为不是所有程序都可以并行到多核上执行，曾有某些设计厂商设计出"一核有难，七核围观"的场景。

苹果 SoC 处理器一直以更少的核数，为用户提供更强性能体验。从此，苹果的 SoC 一直成为手机 SoC 芯片性能的天花板。一直被追赶，从未被超越。

但是苹果 SoC 处理器一直没有集成通信处理器，这也是被人诟病的一点。

苹果手机一直使用英特尔的基带，因此信号问题成为其长期的短板。

但是说句公道话，信号不好，不是因为手机 SoC 和通信基带分离的原因，更可能是基带芯片本身的设计较差。比起高通以通信起家这样的 SoC 厂商来说，英特尔的储备更薄弱一些。

2019 年，苹果收购了英特尔的基带业务，最后一块拼图得到了。但是 iPhone 12 用的还是高通的基带，因此拼上拼图还需要一段时间。强如苹果，亦有遗憾。作为整机厂商，苹果自研芯片开了个好头，后面就有更多厂家踏上了自研之路。

华为也踏上了这条路。2012 年，华为发布了 K3V2，号称是全球最小的四核 ARM A9 架构处理器，集成 GPU，采用 40nm 制程工艺。这款芯片得到了华为手机部门的高度重视，被直接商用搭载在了华为旗舰产品 P6 和华为 Mate 1 等产品上面，可谓寄予厚望。但由于其芯片发热过于严重且 GPU 兼容性差，该芯片被各大技术网站吐槽。

自己设计的芯片，含着泪也要用到自己手机里。经过了几轮迭代，到麒麟 9 系列已经渐入佳境。2017 年 9 月 2 日，在德国柏林国际消费类电子产品展览会上，华为发布了人工智能芯片麒麟 970。同年 10 月 16 日，首款采用麒麟 970 的华为手机 Mate 10 在德国慕尼黑正式发布。

麒麟 970 不是华为最牛的芯片，但它是华为手机进入智能 SoC 时代的标志。麒麟 970 首次在手机 SoC 芯片中集成了一个以前从来没有的部件——NPU（神经网络处理单元）。如今，手机内部集成 AI 加速部件已成为常态，但在当时，很少人能够认识这其中的意义。

华为最初采用寒武纪的 IP，后面逐渐转向了达芬奇架构。几天后，苹果也发布了搭载 NPU 的 A11 仿生芯片。智能手机 SoC 的"人工智能"时代开始了。讽刺的是，从第一代智能手机发布，已经 10 年了，智能手机里面的 SoC 才第一次装上"人工智能处理器"。华为麒麟 970 的 NPU（神经网络处理器）、谷歌 Pixel 2 内置的 IPU（图像处理单元），以及苹果 A11 Bionic，都是实现上述功能特性的专用硬件解决方案。

如今，手机芯片处理器不仅包括多核 CPU、多核 GPU、DSP、ISP、基带和显示单元等 NPU 也成为其中的重要组成部分。手机摄影已经进入了"计算摄影"的时代，用户的拍摄体验得益于频繁的 AI 运算。2020 年，华为海思被美国禁止在中国台湾的台积电流片，麒麟 9000 也成为一代绝唱。尽管华为 SoC 最先引入了 NPU，引领智能手机真正进入"人工智能"时代，但华为的处理器却暂时不能出新了。

人面不知何处去，桃花依旧笑春风。2023 年 8 月 29 日，麒麟 SoC 再现江湖，轻舟已过万重山。

▶▶ 6.1.3　手机 SoC 的未来

手机 SoC 已经进入 5nm、4nm、3nm 时代，但面临着三大问题：设计复杂、成本增加、功耗难以控制。

逐一分析，早期的手机 SoC 仅仅是 CPU，现在早已超出了 CPU 的概念。一众厂商不断加料。TI 在里面加了 DSP，高通和联发科集成了通信处理器 CP。三星、高通、英特尔又分别添加 GPU，华为和苹果又带来 NPU。多个 ISP 引入，竞赛般推动了对 2 个、3 个甚至 4 个 CMOS 摄像头的支持。CPU 也经历了从单个 CPU、双核、大小核、四核、六核到现在 8 核的演变。

ARM 架构从 A8、A9 到 A78、A79，到现在的 X1。从 ARM A8 的双发射，到 A78 的四发射，再到 X1 的五发射，逐渐提升了指令并行度。

GPU 从 ARM 的 Mali 到高通骁龙的 Adreno GPU，再到苹果多年来使用的 Imagination 的 PowerVR。这些子系统，包括 CPU、GPU、AI、存储、无线、安全等，通常在芯片的介绍或者手册上独立存在。

但是，一个 SoC 上最核心的部分是各 IP 的互联和数据流向。这些一般是通过总线和各种 DMA 模块实现的。总线连接各种 IP 子系统，同时通过通用 DMA 或者定制 DMA 模块进行数据流的交换，构成了整个复杂的 SoC 系统。这非常考验集成能力，还带来了成本的增加。

成本增加的原因主要有两个方面：一方面是面积增加；另一方面是在 7nm 制程以后，制程的提升会导致单个晶体管的成本增加。一次性投入的 IP 费用和掩膜费用都在增加。全都在涨价，只有全球手机销量在减少。

一个手机 SoC 芯片接近八九十平方毫米，这是在 7nm 或者 5nm 工艺下的面积。如果是同等类比 AI 芯片，预计要几十瓦，而手机 SoC 芯片的功耗仅为几瓦，休眠功耗更小。如何控制手机 SoC 的功耗是核心问题，主要运用时钟控制、电源控制、电压调节，甚至电压频率动态调节等多种手段。

时钟控制：可以控制每个 IP 系统运行在不同的频率下。负载大时提高频率，负载小时降低频率，甚至直接关闭时钟。时钟调节是最简单和有效的一种手段。

电源控制：采用多电源域的设计，每个 IP 系统对应一个电源。因为手机不工作的模块都是要关掉的，所有独立关闭的模块都是一个电源域（power domain）。当每个模块不再工作时，（例如关闭了屏幕），就需要立即将其关闭；而需要将其打开时，就要立即恢复。手机 SoC 的电源域控制是各种芯片中最复杂的。一部分这些电源域的打开和关闭是自动的，也有一些是需要固件控制的，因为电源的打开关闭需要迅速恢复现场，让用户无感知。这些恢复现场的过程控制非常复杂。

电压调节：每个独立控制的子系统（如某个 CPU 核）可以设置独立电源域，并调节各子系统电压。根据这个公式，功耗和电压的平方成正比，降低电压会指数级降低动态功耗。在现代低功耗芯片设计中，在满足性能要求的前提下，调节各 CPU 子系统的电压这种方式被广泛应用，以降低功耗。

$$P_{dyn} = \text{Energy/transition} \cdot f = C_L \cdot V_{dd}^2 \cdot P_{trans} \cdot f_{clock}$$

每个模块单独调节电压是高制程芯片降低功耗的一个非常有效的手段。

在多核处理器设计中，不同 CPU 核使用的底层器件库不同，所以使用的器件漏电不同，电压也不同。

还有一些组合手段会同时调整频率和电压，例如使用 DVFS（动态电压频率调节）。CPU 工作频率与外加电压相匹配，从而产生电压降低或性能改善的效果。

相关领域的工程师都知道，在小负载下运行在小核；负载再增加，运行在中核；更高的负载，则只能运行在大核，特别是在单线程模式下。

随着单线程性能的提升，如何保证性能增加的同时，尽可能保持合理的功耗，这与芯片固件的调整有关，也是考验各个厂家底层优化能力的重要方面。

目前几款 5nm 处理器，用户不约而同反馈其功耗比较大，有"火龙"之称。随着集成度增加，在先进制程工艺下，越来越多的功耗的问题可能会层出不穷。用户追求的"柔顺丝滑"带来了性能焦虑和电池焦虑。

尽管性能的问题逐渐得到解决，但电池的问题却更突出了。"不服跑个分"的时代还没有远去，避免成为"火龙"的需求却一直存在。

手机 SoC 引领着手机的发展。苹果、三星、高通、华为、联发科等厂商每年发布的芯片都代表着芯片设计业界一流高手对决。高手对决有三个要素："快""勇""智"。高手对决要"快"，平均 12 个月迭代一款百亿晶体管量级的芯片。芯片错过一时，手机就错过一代。高手对决要"勇"，7nm、5nm 都是手机 SoC 芯片需求催着制程的发展，复杂的集成度加上严酷的低功耗，先进制程是必然却又未知的选择，也是芯片制程工业未知领域的趟路人。高手对决要"智"，从多路 ISP 到集成 NPU，手机 SoC 产品定义从未停止演进。

如何在特色、性能、功耗、体验上得到用户的认可，成为最懂用户的芯片，是所有厂商的目标。手机处理器作为手机的"大脑"，不断进化，成为人类最亲密的助手。

6.2 SoC 设计的组件

6.2.1 嵌入式 CPU 的王者——ARM

当谈论智能手机、平板电脑、智能手表，甚至是许多家用电器和汽车内部的智能系统时，其实都在间接地谈论一个名为 ARM 的英国公司。ARM 并不直接生产这些产品，但它设计了一种非常特别的处理器架构——ARM 架构，这种架构成为嵌入式系统领域的王者。

在 20 世纪 80 年代末，英国的 Acorn 计算机公司内部，一群工程师聚在一起，他们的眼中闪烁着对未来的憧憬与热情。当时，大型机主宰着计算机市场，但这群工程师却看到了一个不同的未来——一个更小、更轻便、更节能的计算世界。

这群工程师知道，要实现这个梦想，他们需要一款全新的处理器架构。于是，他们开始了一项秘密任务，这就是后来为人所知的 ARM（Advanced RISC Machines）项目。

在那个时代，计算机处理器大多采用复杂指令集（CISC），这种设计让处理器变得庞大且功耗巨大。而 ARM 项目的目标是设计一款采用精简指令集（RISC）的处理器。RISC 的设计理念是"简单就是美"，通过减少指令的复杂性和数量来提高处理器的效率和性能。

ARM 的成功并非偶然，其背后有一个关键因素始终在推动着它向前——那就是其独特的 IP（知识产权）授权模式。这一模式不仅让 ARM 在处理器设计领域站稳了脚跟，还助力其成为全球科技产业中的一股强大力量。

在 ARM 成立之初，它就选择了一条与众不同的道路：不直接生产处理器芯片，而是专注于处理器架构的设计，并将这些设计以 IP 授权的方式提供给其他公司。这一决策在当时看来或许有些冒险，但历史证明，这正是 ARM 走向成功的关键一步。

通过 IP 授权，ARM 不仅降低了自身的生产和市场风险，还极大地拓展了其业务范围。合作伙伴可以根据自身需求定制和优化 ARM 架构的处理器，从而生产出更符合市场需求的产品。这种灵活性使得 ARM 架构的处理器能够迅速渗透到各种不同类型的设备中，从智能手机、平板电脑到物联网设备、汽车电子等，ARM 无处不在。

嵌入式系统不仅需要强大的 CPU 来处理各种任务，还需要众多外设来支持各种功能。这些外设可能包括传感器、执行器、通信接口等，它们与 CPU 紧密配合，共同实现嵌入式系统的整体功能。ARM 的 IP 授权模式完美适应了这种复杂性。通过提供可定制的处理器架构，ARM 使合作伙伴能够轻松集成所需的外设，打造出符合特定应用需求的嵌入式系统解决方案。

随着科技的飞速发展，嵌入式系统领域的需求也在不断变化。新的应用场景和技术趋势要求处理器架构具备更高的性能、更低的功耗和更强的可扩展性。ARM 的 IP 授权模式正是顺应了这一时代潮流，帮助合作伙伴能够紧跟技术发展的步伐，及时推出符合市场需求的新产品，从而在激烈的竞争中脱颖而出。

IP 授权模式还为 ARM 带来了一个庞大的生态系统。随着越来越多的公司采用 ARM 架构，围绕这一架构的软件和硬件开发工具也日益丰富。这使得开发者能够更容易地为 ARM 处理器编写和优化软件，进一步推动了 ARM 架构的普及。

同时，这个生态系统也为 ARM 带来了稳定的收入来源。每当有合作伙伴售出基于 ARM 架构的芯片时，ARM 都能从中获得一定的授权费用。这种稳定的收入使得 ARM 能够持续投入研发，不断优化其处理器架构，保持技术领先。

如今，ARM 的影响力已经远远超出了处理器设计领域。它不仅是全球移动设备处理器的领导者，还在物联网、嵌入式系统等领域占据了重要地位。许多知名的科技公司，如苹果、高通、三星等，都是 ARM 的长期合作伙伴，他们的产品都依赖 ARM 架构的处理器。这进一步彰显了

ARM 在全球科技产业中的重要地位。

回顾 ARM 的辉煌历程，不难发现，ARM 成功的关键在于其独特的 IP 授权模式。这一模式使得 ARM 能够专注于处理器架构的设计和优化，同时与众多合作伙伴构建了一个庞大的生态系统。在这个生态系统中，各方都能够从中受益，共同推动科技的发展。而 ARM 正是这个生态系统的核心和灵魂。

除了 IP 授权之外，ARM 本身作为嵌入式 CPU 也是非常合适的。那么，什么是嵌入式 CPU？

简单来说，嵌入式 CPU 是嵌入到各种设备中的"大脑"，负责执行设备的各种功能和任务。与个人计算机中的 x86 CPU 不同，嵌入式 CPU 通常为特定任务或应用设计，因而需要更小、更节能，同时仍然保持足够的性能。

ARM 架构的处理器之所以在嵌入式 CPU 领域如此受欢迎，主要有以下几个原因。

1）能效：ARM 处理器以其高能效而闻名。这意味着它们在执行相同任务时，消耗更少的电力。这对于移动设备和电池供电的设备来说至关重要。

2）灵活性：ARM 设计了一种处理器架构，并授权给其他公司生产具体的处理器芯片。这种模式使得 ARM 架构可以出现在各种各样的设备中，包括从最小的微控制器到最强大的移动处理器。

3）广泛的生态系统：由于 ARM 架构的普及，已经形成了一个庞大的软件和硬件生态系统。这意味着开发者可以为 ARM 处理器编写和优化软件，而硬件制造商可以轻松找到与 ARM 兼容的组件和技术。

据统计，全球超过 90% 的智能手机和平板电脑都使用 ARM 架构的处理器。此外，许多物联网设备、智能家居产品、甚至是服务器和超级计算机也开始采用 ARM 架构。凭借其高性能、低功耗和广泛的应用，ARM 已经牢牢地占据了嵌入式 CPU 市场的主导地位。未来，随着技术的不断进步和市场的变化，ARM 有望继续保持其领先地位，推动嵌入式系统领域的发展。

▶▶ 6.2.2　百花齐放的嵌入式 GPU

在 SoC 设计中，GPU 是一个尤为重要的组件。它为移动设备提供了图形渲染能力，使用户可以在手机上享受流畅的游戏体验、观看高清视频以及使用各种需要图形加速的应用。

移动设备 GPU 的设计面临着以下多方面的挑战和考量。

性能：首先，GPU 必须提供足够的性能来满足日益增长的图形处理需求。随着游戏和应用程序的图形质量不断提高，GPU 需要能够处理更复杂的图形和算法。

能源效率：由于手机电池的容量有限，GPU 必须在提供高性能的同时保持低功耗。这意味着 GPU 需要采用高效的架构和算法，以在性能和能耗之间找到最佳的平衡点。

API 支持：为了吸引开发者并为最终用户提供丰富的应用体验，GPU 还需要支持各种图形 API，如 Vulkan 和 OpenGL ES。这些 API 为开发者提供了与 GPU 交互的标准方式，使其能够更轻松地创建高性能的图形应用程序。

低功耗：在高性能运行状态下，GPU 会产生大量热量。由于手机内部空间有限且散热条件受限，GPU 的热设计变得尤为重要。有效的热管理系统可以确保 GPU 在长时间高负荷运行时不会过热，从而保护芯片和延长设备寿命。

与 ARM 在 CPU 领域的统治力相比，SoC 上的嵌入式 GPU 领域呈现出了更为多样化的局面。技术创新的不断涌现为嵌入式 GPU 领域的多样化提供了可能。不同的 GPU 设计者在架构优化、性能提升、能耗控制等方面都有自己的独到见解和技术优势。这些创新的技术和设计思路使得不同的 GPU 能够在特定的应用场景中脱颖而出，满足特定需求。

授权模式的灵活性也为嵌入式 GPU 市场的多样化做出了贡献。与 ARM 的 IP 授权模式类似，许多 GPU 设计者选择将其技术以 IP 授权的方式提供给 SoC 制造商。这种模式降低了市场进入门槛，吸引了更多的企业参与嵌入式 GPU 的竞争，也鼓励了技术创新和合作，推动了嵌入式 GPU 市场的快速发展。

1. Mali GPU

Mali GPU，这个名字可能对于大多数人来说有些陌生，但它其实就隐藏在日常使用的智能手机、平板电脑甚至智能手表之中，为这些设备提供着强大的图形处理能力。它由全球知名的半导体和软件设计公司 ARM Holdings 开发，现已成为移动设备上最受欢迎的图形处理器之一。

Mali GPU 的历史可追溯到 2006 年。那时候，ARM Holdings 推出了第一款 Mali GPU——Mali-55。这款小巧且低功耗的图形处理器，主要是为了满足当时功能手机等移动设备的图形处理需求。但随着科技的飞速发展，移动设备对图形处理的要求也越来越高。于是，ARM Holdings 不断地对 Mali GPU 进行改进和升级。

2009 年，Mali-200 横空出世。与前代相比，它的性能有了显著的提升，并开始支持更高级的图形特性，如 OpenGL ES 2.0。到了 2012 年，Mali-T600 系列面世，这个系列的 GPU 不仅性能更强，还支持 OpenCL 和 DirectX 11 等功能。随后，Mali-T600 系列被 Mali-T700 系列取代，后者又进一步引入了对 4K 分辨率显示器的支持，并优化了能效。

2016 年，ARM 推出了 Mali-G71，这款 GPU 可是个大突破。它不仅是首款支持 Vulkan 图形 API 和机器学习加速的 Mali GPU，还是首款采用 ARM 的 Bifrost 架构构建的 GPU。这种架构的设计目的就是为了实现更高的性能和能效。

近年来，Mali GPU 的发展更是势如破竹。2020 年推出的 Mali-G78 被认为是目前最强大的 Mali GPU 之一。它拥有多达 24 个核心，还支持射线追踪等先进的图形特性，让移动设备也能呈现出媲美台式机的图形效果。

除了这些高端型号，ARM 还提供了一系列不同性能和功能的 Mali GPU 型号，以满足各种设备的需求。比如 Mali-G710 这款中端 GPU，就特别适合入门级和中端智能手机使用；而 Mali-D77 则是一款专为智能电视和其他显示设备设计的显示处理器。

Mali GPU 凭借其卓越的性能、出色的能效以及先进的图形特性，已经成为移动和嵌入式设备图形处理的佼佼者。无论是玩游戏、看视频还是运行各种图形密集型应用，Mali GPU 都能为用户带来流畅、逼真的视觉体验。

2. Adreno GPU

如果手机使用的是高通公司的 SoC，那么其内部的 GPU 则采用的是另外一种架构——Adreno GPU。Adreno GPU 是由高通设计的一种图形处理单元，是智能手机、平板电脑以及嵌入式和汽车系统背后的强大力量。

说到"Adreno"这个词，它的来源很有趣，是从拉丁语的"肾上腺素"一词演变而来。这与高通为移动设备提供强劲、高效的图形能力的理念相吻合。为了实现这种高效性，Adreno GPU 采用了诸如动态时钟门控、功率缩放和先进的热管理等技术。

回顾 Adreno GPU 的发展历程，可以发现，它是一个不断进步、不断创新的系列。早期的 Adreno 200 系列已经能够支持 3D 图形渲染。到了 Adreno 300 系列，更是引入了 DirectX 9.3 和 OpenGL ES 3.0 这样的高级图形标准。而在 2013 年面世的 Adreno 400 系列，在性能和节能方面都取得了显著的提升，并引入了诸如硬件镶嵌和 OpenCL 1.2 等高级功能。

高通并不仅仅在 GPU 技术方面有所突破。它还开发了一系列与之相辅相成的技术，例如 Hexagon DSP 和 Spectra 图像信号处理器。这些技术都是为了更好地应对诸如机器学习和图像处理这样的复杂任务。

凭借其出色的性能和广泛的应用，Adreno GPU 得到了众多大牌制造商的青睐，如三星、LG 和谷歌等。在竞争激烈的移动 GPU 市场，Adreno GPU 凭借自身的实力，与 ARM Holdings 的 Mali GPU 和 Imagination Technologies 的 PowerVR GPU 等竞争者展开了激烈的角逐。

值得注意的是，Adreno GPU 的强大并非偶然。它背后是高通公司多年来的自主研发和不断的技术积累。尤其是 2006 年，高通收购了 ATI 无线部门的手持设备芯片业务，这为 Adreno GPU 提供了宝贵的技术支持和丰富的经验。此外，高通还通过收购其他技术领先的公司，如 Nuvia 和 Scyfer，进一步加强了自己在图形处理领域的领先地位。

3. PowerVR GPU

在早期的苹果手机 SoC 中，PowerVR GPU 是重要的合作伙伴。苹果早期的手机 SoC 曾集成了 PowerVR GPU，为 iPhone 和 iPad 等设备提供了出色的图形处理能力。

PowerVR GPU 是由英国的 Imagination Technologies 公司开发，并且广泛应用在智能手机、平板电脑、游戏机乃至汽车系统中。

PowerVR GPU 之所以能够在各种设备中大放异彩，一个重要原因是其高效的能源利用。这得益于一种称为"基于块的延迟渲染"的技术。简单来说，这种技术就像是将一个大任务切割成若干小块，然后逐一高效地完成它们，这样既减少了工作负担，又提高了处理速度。

从历史来看，PowerVR 家族也是不断发展壮大的。最早的 PowerVR Series2 就已经支持了 3D 渲染，这在当时是非常领先的。随后，PowerVR Series3 又引入了可编程着色器，为图形处理带来了更多可能性。而到了 2012 年推出的 PowerVR Series6，性能更是大幅提升，并支持了如 OpenGL

ES 3.0 和 OpenCL 1.1 等高级图形功能。

然而，在 2017 年，苹果公司宣布将在两年内放弃使用 PowerVR GPU，转而走上了自主研发图形技术的道路。这一决策不仅标志着苹果与 Imagination Technologies 公司多年合作关系的终结。PowerVR GPU 曾是苹果设备中不可或缺的一部分，为 iPhone 和 iPad 等产品的图形处理能力提供了坚实支撑。然而，随着移动设备的不断演进和用户对更高性能图形的需求增长，苹果开始寻求更多创新和突破。苹果一直以来都注重掌控核心技术，从硬件到软件，力求为用户提供最佳的产品体验。自主研发 GPU 意味着苹果可以更深入地优化图形处理性能，更紧密地整合硬件和软件，从而为用户带来更为流畅、逼真的图形效果。

对于 Imagination Technologies 公司而言，失去苹果这一重要客户无疑是一次巨大打击。然而，这也促使该公司加快技术创新和市场拓展的步伐，寻求与其他厂商的合作机会。

4. 苹果系列 GPU

2017 年，苹果推出了 A11 Bionic 仿生芯片，这款芯片首次采用了苹果自研的 GPU 核心，开启了苹果自主图形处理技术的新篇章。随后的 A12、A13、A14 以及 M1 等芯片，都沿用了苹果自研的 GPU 技术，并且不断进行优化和升级。

苹果自研的 GPU 展现出显著的优势，为其 iPhone、iPad 和 Mac 设备提供了强大的图形和计算处理能力。这一自研技术确保了 GPU 与系统的其他部分紧密集成，从而实现了高效的协同工作。针对苹果设备的特定需求，这些 GPU 都经过了精心的定制设计。例如，A14 Bionic 芯片在 iPhone 12 和 iPad Air 中展现了其 4 核 GPU 的实力，而 M1 芯片则为 MacBook Air、MacBook Pro 和 Mac mini 提供了 8 核 GPU 的强劲性能。这种定制设计确保了 GPU 能够充分满足各款设备的独特需求，提供出色的性能和能效。

苹果在优化 GPU 方面采用了多项先进技术。其中，基于区块的延迟渲染技术通过将屏幕划分为小区块并分别处理，显著降低了内存带宽需求并提升了渲染速度。此外，统一内存架构允许 GPU 直接访问系统内存，大幅减少了数据传输的延迟，进一步提升了整体性能。

值得一提的是，苹果的 GPU 还集成了专用硬件，如神经引擎，用于加速机器学习任务。这种硬件针对矩阵乘法等常见机器学习算法进行了优化，使得苹果设备在人工智能领域的应用表现出色。

苹果自研的 GPU 通过定制设计、先进技术集成和与系统的紧密集成，为苹果设备提供了卓越的图形渲染、机器学习和其他计算密集型任务处理能力。这些优势共同确保了苹果设备在性能和能效方面的领先地位。

5. Maleoon 910

华为海思麒麟 9000S 搭载的自研 GPU 名为 Maleoon 910，是一款高性能图形处理器。它凭借独特的设计和优化，在图形渲染和处理方面展现出卓越的能力。

Maleoon 910 凭借高频率和多核心的特点，轻松应对各种复杂的图形渲染任务。其高达

750MHz 的运行频率确保了高效的图形数据处理能力，无论是 3D 场景还是高清视频，都能呈现出细腻、逼真的视觉效果。同时，多核心设计使得 Maleoon 910 能够并行处理多个图形任务，大幅提升整体处理效率。

在图形处理技术方面，Maleoon 910 支持多种高级特性和效果。通过实现纹理映射、光照模型等先进技术，它使得渲染出的图形更加生动、真实。此外，Maleoon 910 还支持高分辨率和高帧率的显示输出。

尽管目前关于 Maleoon 910 的详细资料相对较少，但从已经公开的信息来看，它在图形处理技术和游戏适配方面都表现出了相当的水平。这无疑是一个令人鼓舞的开始，也让我们对华为在图形处理领域的未来发展充满了期待。

▶▶ 6.2.3 嵌入式 NPU

嵌入式 NPU（Neural Network Processing Unit，神经网络处理器）是一种专用于加速神经网络运算的处理器。在手机 SoC 中，嵌入式 NPU 扮演着越来越重要的角色。

传统上，手机 SoC 中的 CPU 和 GPU 负责处理各种任务，包括图形渲染、数据处理等。然而，随着人工智能和机器学习技术的快速发展，手机需要处理越来越多的神经网络算法和海量数据。在此背景下，CPU 和 GPU 可能无法满足高效的处理能力，因此嵌入式 NPU 应运而生。

嵌入式 NPU 采用"数据驱动并行计算"的架构，能够高效地处理神经网络算法和海量数据。它主要负责实现 AI 运算和 AI 应用，显著提升手机在人工智能方面的性能。与 CPU 和 GPU 相比，嵌入式 NPU 在处理神经网络算法时具有更高的能效比和更低的功耗。

在手机 SoC 中，嵌入式 NPU 可以独立工作，也可以与 CPU、GPU 等其他模块协同工作。通过优化和调度不同任务在不同处理器上的执行，手机可以实现更高效的任务处理和更流畅的用户体验。

目前，许多手机制造商都在其 SoC 中集成了嵌入式 NPU，以提升手机的 AI 性能。例如，华为的麒麟系列、苹果的 A 系列芯片以及高通骁龙系列等都集成了嵌入式 NPU。这些手机利用嵌入式 NPU 的强大处理能力，实现了更智能的功能，如人脸识别、语音识别、自然语言处理等。

具体来说，麒麟 970 的 NPU 可以实现大约 25 倍的性能提升和 50 倍的能效优势。这意味着它可以在很短的时间内处理大量的图像数据，提升手机在拍照、视频等方面的表现。此外，这个"超级大脑"还支持双 ISP（图像处理单元）和 Image DSP（信号处理单元）。这就像是给手机加上了"智能眼镜"和"智能耳朵"，让手机在处理图像和声音时更加聪明、高效。

NPU 采用了针对矩阵运算加速的 3D Cube 设计，相比传统的 CPU 和 GPU，单位时间计算的数据量更大，单位功耗下的 AI 算力也更强。这使得手机在处理神经网络算法和海量数据时更加高效，能够实现更快的响应速度和更低的功耗。

在手机中，NPU 主要扮演着实现 AI 运算和 AI 应用实现的角色。它可以处理各种 AI 任务，如图像识别、语音识别、自然语言处理等，从而提升手机的智能化水平。此外，NPU 还可以分析机主的用户画像，并针对性地做系统资源优化，如电量、性能、运存等，让手机在使用中更为贴心。

高性能的 NPU 模块使得手机在拍照、视频、游戏、语音识别等多个应用场景下都能表现出色。特别是在拍照方面，NPU 可以实现多种场景的自动识别和优化，从而提高拍摄质量。

NPU 模块是一种高性能的神经网络处理器，能够加速手机的 AI 运算和应用实现，提升手机的智能化水平，为用户带来更好的使用体验。随着人工智能技术的不断发展，NPU 将在手机中扮演越来越重要的角色。

几乎在同一时间，苹果在其 A11 Bionic 芯片上首次集成了 NPU 模块。A11 Bionic 是苹果公司于 2017 年 9 月发布的芯片，采用 64 位架构，具有强大的计算能力和高效的能源效率。

NPU 的加入使得 A11 Bionic 芯片在处理机器学习任务时更加高效，从而提升了 iPhone 和 iPad 等设备在人工智能方面的性能。这也是苹果公司在移动设备上推动人工智能技术发展的重要一步。

苹果在其 A 系列芯片中集成了高性能的嵌入式 NPU，用于处理各种机器学习和人工智能任务。这些 NPU 针对神经网络算法进行了优化，能够高效地执行矩阵乘法、卷积等运算，从而加速图像识别、语音识别、自然语言处理等功能的实现。

与传统的 CPU 和 GPU 相比，嵌入式 NPU 在处理神经网络算法时具有更高的能效比和更低的功耗。这使得手机在执行 AI 任务时能够更加高效、节能，同时延长了电池续航时间。

嵌入式 NPU（神经网络处理器）的架构和设计在不同厂商之间存在较大差异，这与 GPU（图形处理器）相对标准化的设计形成鲜明对比。嵌入式 NPU 是专为处理神经网络运算而设计的处理器，其架构和特性针对特定的人工智能（AI）和机器学习（ML）工作负载进行了优化。

由于神经网络和机器学习的快速发展，嵌入式 NPU 的设计也在不断演进，以适应更复杂的算法和更高的性能要求。各个厂商在设计嵌入式 NPU 时，会根据自己的技术路线、目标应用场景和功耗限制等因素来制定不同的设计策略。

这种架构和设计上的差异导致了嵌入式 NPU 在性能、功耗、兼容性等方面存在显著差异。然而，这也为市场提供了更多的选择和可能性，促进了该领域的创新和竞争。

随着技术的不断进步和应用需求的不断变化，嵌入式 NPU 的架构和设计将继续演进。未来，可以期待更加高效、灵活和可扩展的嵌入式 NPU 产品，为各种 AI 和 ML 应用提供更强大的支持。

6.3 边缘 AI 算力

▶▶ 6.3.1 智能座舱 SoC

随着科技的飞速发展，汽车与手机在功能和架构上展现出越来越多的相似之处。两者都是移动算力的强大承载者，不断推动着智能化、互联化的时代前进。

从硬件架构的角度来看，手机和智能座舱都依赖于高性能的 SoC 来处理复杂的任务。这些芯片集成了 CPU、GPU 和 NPU 等核心组件，使得手机和智能座舱具备强大的数据处理能力、图形渲染能力以及人工智能计算能力。这种硬件架构的相似性为手机和智能座舱提供了相似的性能基础。

在软件和应用方面，手机和智能座舱也展现出了高度的融合。智能手机操作系统和车载信息娱乐系统的界面设计、交互逻辑以及应用生态都越来越相似。例如，智能手机上的导航、音乐、语音助手等应用已经无缝地融入智能座舱中，为用户提供了更加便捷、智能的行车体验。

智能座舱的 SoC 芯片与手机 SoC 芯片在设计理念和架构上有许多相似之处，这主要是因为它们都需要处理复杂的任务，如多媒体播放、图形渲染、语音识别等，并且都要求在低功耗下实现高性能。

高通和华为作为在手机 SoC 芯片领域拥有丰富经验的厂商，自然将其在手机芯片上的技术积累和优势应用到了智能座舱芯片的研发中。这使得它们在智能座舱芯片市场上也取得了成功。

高通的智能座舱芯片以其强大的性能和良好的兼容性而著称。它们支持多种操作系统和应用程序，可以轻松地与车内的其他系统进行集成。此外，高通的智能座舱芯片还具有出色的图形处理能力，可以提供流畅、逼真的车载娱乐体验。

华为的智能座舱芯片则注重提供全方位的智能化服务。它们集成了华为在人工智能和物联网领域的最新技术，可以实现智能语音控制、智能推荐等功能，让驾驶者的行车体验更加便捷和舒适。

智能座舱的 SoC 芯片与手机 SoC 芯片之间的相似性使得像高通和华为这样的手机厂商能够迅速适应并领导这个新兴市场。随着智能汽车的不断发展和普及，可以期待这些厂商在智能座舱芯片领域取得更大的突破和创新。

高通 8295 芯片是一款车规级芯片智能座舱 SoC，它采用了先进的 5nm 制程技术，这使得它在性能和能效上都达到了很高的水平。在架构上，8295 芯片的 CPU 部分采用了与高通骁龙 888 相同的六代 Kyro 架构。具体来说，这是一个 X1 超大核+三个 A78 大核+四个 A55 小核的典型大小核架构。这种架构设计可以确保芯片在处理复杂任务时具有出色的性能和效率。

值得一提的是，高通在六代 Kyro 架构上首次引入了 ARM 的 X1 超大核。与上一代相比，8295 芯片中的 X1 超大核在单核性能上提升了约 50%，这意味着它在处理单线程任务时将更加迅速和高效。

除了强大的 CPU 性能外，高通 8295 芯片还注重 GPU 和 NPU 的性能。其 GPU 采用了 Adreno 690 型号，这是一个全新的 GPU 架构，可以提供更流畅、更逼真的图形渲染效果，为车载娱乐系统带来更好的视觉体验。

在 NPU 方面，虽然具体型号和架构细节没有详细提及，但考虑到高通在人工智能和机器学习领域的深厚积累，可以推测 8295 芯片的 NPU 将具有强大的计算能力和高效的能源效率，以支持各种智能座舱功能，如语音识别、驾驶员监控等。

华为的 990A 芯片是一款专为汽车设计的车规级 SoC，主要应用于汽车控制系统以及智能座舱等领域。虽然它与华为手机上常用的麒麟 990 系列芯片同属麒麟家族，但应用场景和设计目标完全不同。

在架构方面，麒麟 990A 芯片采用华为的泰山 V120 架构，其中包含大核泰山 V120 Lite 和基于 ARM V7A 系列的小核 Cortex A55。这样的设计不仅确保了芯片的性能，还优化了功耗表现，非常适合车载环境的使用。

在 GPU 部分，麒麟 990A 芯片采用的是 Mali G76，能够为车载娱乐系统提供强大的图形处理能力，保证流畅的多媒体播放体验。

值得一提的是，华为在麒麟 990A 中还加入了达芬奇架构的算力芯片，包括 2 个 D110+1 个 D100 的大小核。这种设计进一步提升了芯片的处理能力，特别是在处理复杂的人工智能和机器学习任务时更快速、更准确。

在制程方面，具体的细节并未公开，但考虑到车载芯片并不需要像手机芯片那样追求极致的低功耗和小体积，所以制程的选择会更加注重芯片的稳定性和可靠性。有人猜测，麒麟 990A 可能采用了较为成熟的制程技术。

华为麒麟 990A 芯片是一款专为汽车应用场景设计的车规级 SoC 芯片，在性能、稳定性以及可靠性等方面都有着出色的表现。它能够为智能汽车提供强大的处理能力和丰富的功能支持，是未来智能驾驶领域不可或缺的重要组件。

从高通 8295 和麒麟 990A 的指标来看，手机 SoC 和智能座舱 SoC 在架构上存在很多相似之处，特别是在 CPU、GPU 和 NPU 等核心组件方面。这主要是因为无论是手机还是智能座舱，它们都需要进行数据处理、图形渲染以及人工智能任务，因此在这些方面有一定的共通性。

1）CPU：手机 SoC 和智能座舱 SoC 的 CPU 都采用了多核架构，包括大核和小核的组合，以实现高性能和低功耗的平衡。这种设计使得它们能够更高效地处理多任务，快速响应用户的各种需求。

2）GPU：在图形处理方面，手机 SoC 和智能座舱 SoC 的 GPU 都负责处理图形渲染任务，提供流畅的图形效果。无论是手机上的游戏、视频，还是智能座舱中的导航、车载娱乐系统，都离不开 GPU 的支持。

3）NPU：随着人工智能技术的发展，NPU 已成为手机 SoC 和智能座舱 SoC 中不可或缺的一部分。它们都集成了 NPU，以加速人工智能任务的处理，如语音识别、图像识别等。这使得手机和智能座舱能够更智能地理解用户需求，提供更个性化的服务。

尽管智能座舱 SoC 芯片和手机 SoC 芯片都是现代电子设备中不可或缺的"大脑"，但实际上，它们在设计、用途和工作环境上有着许多不同。

以智能汽车为例，车内的导航系统、音乐播放器、语音识别功能等，都是由智能座舱 SoC 芯片来驱动的。这个芯片需要非常强大和可靠，因为它直接关系到行车安全和舒适体验。它必须能够在高温、低温、甚至是颠簸的道路上稳定工作。这就是智能座舱 SoC 芯片需要经过严格的车规级测试的原因，以确保它能在各种恶劣条件下正常运行。

而手机 SoC 芯片类似于手中的小型电脑，负责运行手机上的各种应用程序、游戏、拍照和视频等功能。虽然也需要处理复杂的任务，但与智能座舱 SoC 芯片相比，它的工作环境要温和得多。因为手机通常都是在室内或随身携带，很少经历汽车所面临的极端环境。

此外，智能座舱 SoC 芯片通常需要与车内的其他设备进行连接和通信，比如仪表盘、摄像头、传感器等，因此需要具备更多的接口和功能模块。而手机 SoC 芯片则更注重性能和功耗的平衡，以确保流畅运行和延长电池续航时间。

手机和智能座舱在硬件架构、软件应用以及互联互通等方面的相似之处越来越多，它们都是移动算力的重要承载者。

随着 5G、物联网和云计算等技术的普及，手机和智能座舱在互联互通方面的能力也得到了极大的提升。它们都可以实现高速的网络连接、实时的数据传输以及远程的控制和操作。这使得手机和智能座舱不再仅仅是独立的设备，而成为人们生活中不可或缺的智能伙伴。

这种融合不仅提升了手机和智能座舱的性能和功能，也为人们的生活带来了更多的便利和乐趣。未来，随着技术的不断进步和创新，手机和智能座舱会在更多领域实现更深度的融合和发展。

▶▶ 6.3.2　智能驾驶 SoC

在众多海洋动物中，章鱼是一种独特且令人着迷的生物。它拥有八条灵活的触腕，每条触腕都可以独立移动和抓取猎物。但章鱼并不总是依赖其集中的大脑来做出决策。相反，它的触腕在某种程度上可以自主行动，就像拥有自己的"小型大脑"一样。

可以想象，章鱼的大脑就像传统的云端计算中心，强大而集中，能够处理复杂的决策和任务。然而，当章鱼需要迅速响应周围环境的变化时，比如捕捉快速游动的猎物或逃避天敌，依赖大脑进行所有计算可能会太慢。这就像在云端处理大量实时数据时的延迟问题，可能会影响到决策的即时性和准确性。

这就是边缘计算发挥作用的地方。在章鱼的世界里，每条触腕都可以看作是一个边缘设备，能够独立进行计算和决策，而不需要等待大脑的指令。这种分布式的计算方式大大减少了响应时间，提高了章鱼对环境的适应性和生存能力。

同样地，在边缘计算中，计算任务从云端推向网络的边缘，即设备或终端。这些边缘设备具备一定程度的计算能力和智能，可以实时处理和分析数据，做出快速决策。这种计算模式特别适用于需要低延迟、高带宽和实时性的应用场景，如自动驾驶、智能家居、工业自动化等。

边缘 AI 芯片，顾名思义，主要是应用在边缘计算场景中的 AI 芯片。边缘计算是一种分布式计算范式，将计算任务从云端推向网络的边缘，近距离处理由物联网设备产生的数据，以减少延迟、提高响应速度并增强数据的安全性。

边缘 AI 芯片的主要特点和要求包括以下几点。

1）低功耗：由于边缘设备通常无法连接到稳定的电源，并且需要长时间运行，因此边缘 AI

芯片必须具备低功耗特性。

2）实时性：边缘计算的一个主要优势是能够进行实时处理，因此边缘 AI 芯片需要具备高性能和快速响应的能力。

3）集成性：边缘 AI 芯片可能需要集成多种功能，如数据采集、处理、存储和传输等，以实现一体化的解决方案。

4）安全性：在边缘设备上处理敏感数据可以减少数据泄露的风险，因此边缘 AI 芯片需要支持各种安全特性。

具体到应用场景，随着自动驾驶技术的发展，汽车已经从单纯的交通工具逐渐转变为一个复杂的计算平台。在这样的平台上，数据处理、决策制定以及实时响应都变得尤为关键，而这正是边缘 AI 芯片可以大显身手的领域。

在自动驾驶场景中，车辆需要不断地收集来自各种传感器的数据，如雷达、摄像头等。这些数据量庞大，而且要求实时处理。如果将所有数据都发送到云端进行计算，不仅会面临巨大的延迟问题，还可能由于网络的不稳定导致安全风险。

边缘 AI 芯片的出现解决了这一问题。它们被设计用于在车辆本地处理这些大量数据，进行实时的决策和响应。这样，即使在没有网络连接的情况下，车辆也能够做出准确的判断和动作，保证了自动驾驶的安全性和可靠性。

自动驾驶技术作为未来智能交通的重要发展方向，对 AI 芯片有着特殊且严苛的需求。下面深入探讨自动驾驶 AI 芯片所必须具备的几个关键特性。

（1）高算力

自动驾驶技术涉及复杂的场景感知、决策规划和控制执行等任务，这些都需要强大的计算能力作为支撑。自动驾驶 AI 芯片的算力必须远远超越终端 AI 芯片，通常要高出 $1\sim2$ 个数量级，以满足实时处理多路传感器数据、高精度地图定位、复杂路径规划等需求。这种独立解决问题的能力，是自动驾驶 AI 芯片区别于其他 AI 芯片的重要标志。

最新一代的自动驾驶芯片如 NVIDIA 的 DRIVE Orin 或英特尔的 Mobileye EyeQ5 等，算力达到了数百 TOPS 甚至更高。这样的算力提升不仅意味着更快的数据处理能力，还带来了更高级别的自动驾驶功能，比如更精准的环境感知、更复杂的路径规划和更可靠的决策执行等。智能驾驶芯片的高算力是其能够独立且高效地解决自动驾驶中各种复杂问题的重要保障。

（2）丰富的外设接口

自动驾驶系统需要从环境中获取大量信息，如视觉、雷达、声音等，这就要求 AI 芯片必须具备丰富的外设接口。例如，能够支持多路摄像头输入，通过 MIPI 等接口实现高清视频流的实时处理；能够连接多种传感器，如激光雷达、超声波传感器等，以获取车辆周围的精确信息。这些外设接口的丰富性直接决定了自动驾驶系统信息获取的能力和实时性。

（3）可编程性

自动驾驶技术面对的是多种多样的场景和需求，这就要求 AI 芯片必须具备高度的可编程性。

通过灵活编程，AI 芯片可以根据不同工业用户和不同场景的需求进行适配和优化，从而实现最佳的性能表现。良好的可编程架构是 AI 芯片解决问题的关键所在，不仅可以提高 AI 芯片的通用性和灵活性，还可以降低开发和维护成本，加速自动驾驶技术的商业化进程。

在自动驾驶和智能驾驶的快速发展中，算力成为一个不可或缺的关键词。而在这个领域中，NVIDIA 的 Jetson 系列一直以其出色的性能和适应性而受到业界的关注，特别是 Jetson AGX Orin，作为智能驾驶芯片的代表，展示了边缘 AI 计算的强大能力。

Jetson AGX Orin 继承了 Ampere 架构的 GPGPU 和 ARM Cortex ®-A78 CPU。这种结合使得它不仅能够处理图形和图像相关的复杂计算，还能高效地运行各种应用和算法。在边缘侧 AI 芯片中，这样的设计是罕见的，因为它既可以进行推理也可以进行训练，为自动驾驶的实时处理需求提供了坚实的支持。

更为引人注目的是，Jetson AGX Orin 基于 INT8 数据类型可实现高达 200 TOPS（每秒万亿次操作）的峰值算力。这样的算力对于处理来自多个传感器的数据、进行环境感知、路径规划和决策执行等任务至关重要。它能够确保自动驾驶系统在面对复杂和多变的交通环境时，做出快速而准确的反应。

尽管 Jetson 系列在名气上可能不如 NVIDIA 的 GPGPU 那么响亮，但在智能驾驶领域，它已经成为不可忽视的力量。其高性能和灵活性能够满足自动驾驶技术日益增长的需求，并为未来的智能交通发展奠定了坚实的基础。

总的来说，Jetson AGX Orin 是智能驾驶中的一颗璀璨明星。它以其强大的算力和适应性，推动着自动驾驶技术的不断进步和发展。

Jetson AGX Orin 的计算部分主要由三大件组成：CPU、GPU 和 DSA（NVDLA+PVA）。

Jetson AGX Orin 作为英伟达边缘 AI 计算平台的一员，其内部处理器设计颇具特色。它拥有三组四核的 ARM Cortex ®-A78，频率可以达到 2GHz。这意味着这款芯片内部集成了高达 12 核的 A78 处理器，为智能驾驶和边缘计算提供了强大的动力。

与手机处理器常见的大小核设计不同，Jetson AGX Orin 的三组四核 A78 是对称的。这种设计主要是为了面向计算服务，而不是针对手机应用中不同负载的低功耗需求。因此，在多核性能和计算能力上，Jetson AGX Orin 展现出了非常强悍的实力。

对称多核架构使得每个核心都能平等地处理任务，充分发挥了 A78 处理器的性能。在标量运算中，多核 A78 的计算能力尤为突出，能够高效处理各种复杂计算任务。这对于自动驾驶和智能驾驶等需要实时处理大量数据的场景至关重要。

Orin 作为一款边缘 AI 芯片，不仅在 CPU 方面采用了强大的对称多核 A78 架构，还在 GPU 方面采用了英伟达最新的 Ampere 架构。这一架构为智能驾驶和其他边缘计算场景带来了前所未有的性能和灵活性。

Ampere 架构的 GPU 拥有 2048 个 CUDA 核心和 64 个 Tensor 内核，这些都是可编程的。

与之前几代 GPGPU 架构（如 Kepler、Maxwell、Pascal、Volta 等）相比，Ampere 架构在性能

和功能上都有了显著的提升。特别是在 Tensor Core 方面进行了重大升级，使其在处理张量运算时更加高效和灵活。这意味着 Jetson AGX Orin 不仅可以用于推理任务，还可以用于训练任务，这是许多其他边缘 AI 芯片无法做到的。

更重要的是，由于 Jetson AGX Orin 支持 CUDA 编程，开发者能够充分利用其强大的计算资源来编写自定义的算法和应用。CUDA 的广泛应用和成熟生态系统也为 Jetson AGX Orin 在边缘计算领域的普及和推广提供了有力的支持。

Orin 作为 NVIDIA 的边缘 AI 计算平台，不仅拥有强大的 CPU 和 GPU 性能，还集成了专门的 AI 加速单元，其中包括两个 NVDLA（NVIDIA Deep Learning Accelerator）硬核和一个 VISION 加速器 PVA（Programmable Vision Accelerator）。这些加速单元的存在使得 Jetson AGX Orin 在处理 AI 任务时更加高效和快速。

NVDLA 主要用于推理任务，其核心是一个大型矩阵卷积运算。NVDLA 的开源也为开发者提供了更多的灵活性和选择性，他们可以根据自己的需求定制和优化 NVDLA 的性能。

此外，Jetson AGX Orin 还集成了可编程的视觉加速器 PVA。PVA 可以针对计算机视觉任务进行优化，如目标检测、图像分割等。通过 PVA，Jetson AGX Orin 能够在处理视觉数据时实现更高的性能和更低的功耗。

这些 AI 加速单元的存在使得 Jetson AGX Orin 在处理复杂的 AI 任务时更加游刃有余。无论是自动驾驶、智能监控还是其他边缘计算场景，Jetson AGX Orin 都能够提供出色的性能和灵活性。

Orin 中的视觉加速器 PVA 采用了 VPU（Vision Processing Unit）架构，VPU 采用了 VLIW（Very Long Instruction Word）架构。VLIW 是一种超长指令字结构，以其出色的并行处理能力而闻名。在这种架构中，多条指令被组合成一个超长的指令字，并由单个操作码指定，从而允许处理器在一个时钟周期内同时执行多条指令。

VLIW 架构的优势在于其并行度较高，能够显著提高处理器的吞吐量。由于指令是并行执行的，因此可以更有效地利用处理器的硬件资源。此外，VLIW 架构简化了硬件结构，降低了处理器的复杂性和功耗。

然而，VLIW 架构也带来了一些挑战，尤其是在软件方面。由于 VLIW 处理器需要同时调度和执行多条指令，编译器和软件开发者需要承担更多的责任，以确保指令的并行性和优化。这增加了软件开发的复杂性和难度。

尽管如此，Jetson AGX Orin 的 PVA 采用 VLIW 架构仍然是一个明智的选择。它提供了强大的视觉处理能力，使得 Jetson AGX Orin 能够更高效地处理计算机视觉任务。同时，NVIDIA 也提供了相应的开发工具和资源，以帮助开发者更好地利用 VLIW 架构的优势并克服其挑战。

除了强大的计算资源外，丰富的 I/O（输入/输出）资源同样至关重要。这是因为边缘 AI 芯片需要处理来自多个传感器的数据，以实现对环境的全面感知和理解。其中，MIPI 接口无疑扮演了举足轻重的角色。Orin 作为一款领先的边缘 AI 芯片，其 I/O 资源的丰富程度令人印象深刻。它支持多达 6 个摄像头以及 16 组通道的 MIPI 接口，这使得它能够同时接收和处理来自多个视觉传感器的数据。这种设计不仅提高了数据的吞吐量, 还增强了芯片对环境的感知能力。

MIPI 接口的重要性在于, 它为边缘 AI 芯片提供了与摄像头等视觉传感器连接的标准方式。这些传感器就像是芯片的"眼睛", 让芯片能够"看到"周围的环境。而多个摄像头和 MIPI 通道的设计, 则让芯片能够"眼观六路", 实现对环境的全方位监控。

除了视觉传感器外, 边缘 AI 芯片还需要处理其他类型的数据, 如声音、温度等。但无论如何, 视觉数据都是其中最为重要的一部分。因此, MIPI 接口在边缘 AI 芯片中的地位可谓举足轻重。没有它, 芯片就像失去了眼睛和耳朵, 无法正常工作。

Orin 多样化的接口也确保了与外部设备的顺畅连接和数据交换。这些接口涵盖了 USB、PCIe 以及高速网络接口, 为各种应用场景提供了灵活性和扩展性。USB 接口的支持使得 Jetson AGX Orin 能够轻松连接各种 USB 设备, 无论是存储设备、输入设备还是其他外设。这种通用性确保了 Jetson AGX Orin 在与其他系统进行集成时的便捷性。Orin 同时支持 PCIe 的 RC (Root Complex) 和 EP (Endpoint) 模式。这意味着它既可以作为加速卡插入到其他主机中, 扩展那些主机的 AI 计算能力, 也可以作为主设备, 插入其他加速卡来进一步增强其自身的性能。这种双向的灵活性使得 Jetson AGX Orin 在构建复杂的计算系统时具有极高的适应性。

在网络方面, Jetson AGX Orin 支持 4 路 10G 口, 实现了高速互联。这种配置不仅满足了大量数据的高速传输需求, 还使得多个 Jetson AGX Orin 设备能够轻松互联, 构建强大的分布式计算系统。无论是进行大规模的数据处理、实时的视频分析还是复杂的机器学习训练任务, 这种高速网络连接都确保了数据的快速流动和处理的实时性。

在智能驾驶领域, 用户需要的不仅是一个强大的 AI 芯片, 更是一个能够根据他们需求进行智能驾驶业务开发的完整平台。这是因为, 仅仅拥有算力强大的芯片, 并不能直接转化为用户所需的智能驾驶功能或体验。

想象一下, 如果只有硬件而没有软件, 或者软件体验不佳, 这就像一位武林高手空有一身招式, 却没有内功心法来驱动这些招式。同样地, AI 芯片算力再强, 如果没有与之相匹配的智能驾驶软件, 也无法发挥出其应有的效能。

那么, 如何将 AI 算力转换成用户生产力呢? 答案在于构建一个完整的智能驾驶 AI 平台, 这个平台需要包括强大的硬件算力、高效易用的软件以及根据用户需求定制的智能驾驶功能。

硬件算力是基础。一个强大的 AI 芯片能够提供足够的计算能力, 以支持复杂的智能驾驶算法和模型。然而, 仅有硬件算力是不够的, 还需要有高效的软件来充分利用这些算力。软件是连接硬件和用户的桥梁。一款优秀的智能驾驶软件应该具备易用性、稳定性和可扩展性等特点。它还需要能够方便地接入各种传感器和设备, 实现数据的采集和处理。同时, 它还需要提供丰富的算法和模型库, 以支持各种智能驾驶功能的开发。

值得注意的是, 即使使用的芯片算力相同, 不同厂商的智能驾驶能力和体验也可能存在显著差异。这是因为智能驾驶算法在实现过程中具有很大的灵活性和复杂性。一个优秀的算法可以在保证安全性的前提下, 提供更加舒适、便捷的驾驶体验; 而一个糟糕的算法则可能导致驾驶体验下降甚至引发安全问题。

在智能驾驶领域，算法的重要性不言而喻。一个优秀的智能驾驶算法不仅可以充分发挥硬件算力的优势，还可以根据用户需求提供定制化的智能驾驶体验。

这也是为什么在芯片算力相同的情况下，不同厂商的智能驾驶能力和体验会有所不同的原因。这种智能驾驶的能力和体验不能仅仅通过跑分软件来评估。

跑分软件通常只能提供一些标准化的性能测试指标，如处理速度、帧率等，这些指标虽然重要，但并不能完全反映智能驾驶系统在实际场景中的表现。智能驾驶是一个复杂的系统，它涉及多个传感器、算法和硬件的协同工作，以及在实际道路环境中的实时决策和响应。因此，要全面评估智能驾驶的能力或体验，需要考虑更多的因素，如系统的稳定性、可靠性、安全性、舒适性以及对于不同道路和天气条件的适应能力等。

与之对应，Ascend 610 芯片是华为推出的一款高性能 AI 芯片，具有出色的计算能力和功耗表现，用于 L3 级智能驾驶。Ascend 610 芯片的计算能力可达 160 TOPS。这种强大的计算能力使其能够处理复杂的 AI 算法和模型，满足各种高性能计算需求。Ascend 610 芯片主要针对 3 级和 4 级自动驾驶场景设计。在这些场景中，车辆需要实时处理大量的传感器数据，进行准确的决策和响应。Ascend 610 芯片的高性能可以确保车辆在各种复杂路况下实现安全、可靠的自动驾驶。

Ascend 610 芯片采用 64 位四核 CPU 架构，具备高效的数据处理能力和多任务处理能力。同时，它还集成了高级 4G LTE 系统，可以提供稳定的网络连接和数据传输速度，支持车辆与外界的实时通信。Ascend 610 芯片在功耗和性能之间取得了良好的平衡。它采用先进的功耗管理技术，确保在提供高性能计算的同时，保持较低的功耗水平。这使得搭载 Ascend 610 芯片的设备在长时间运行时能够保持稳定的性能表现。

为充分发挥 Ascend 610 芯片的性能，华为提供了丰富的软件开发工具包（SDK）和 API 接口。这些工具可以帮助开发者更好地利用硬件算力，实现算法的快速部署和优化。同时，华为还提供了完善的技术支持和生态系统，为开发者提供便捷的开发环境和资源。

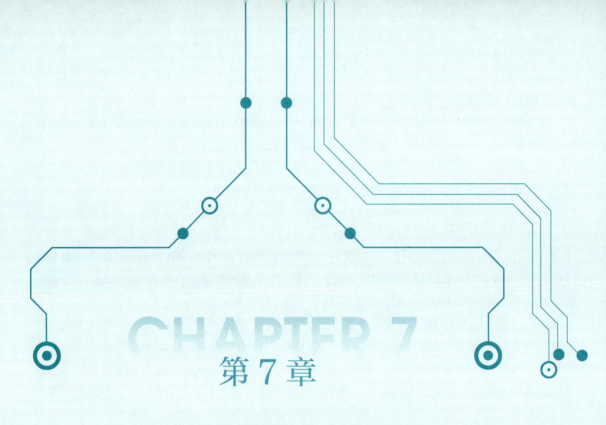

CHAPTER 7

第 7 章

DSA与专属领域算力

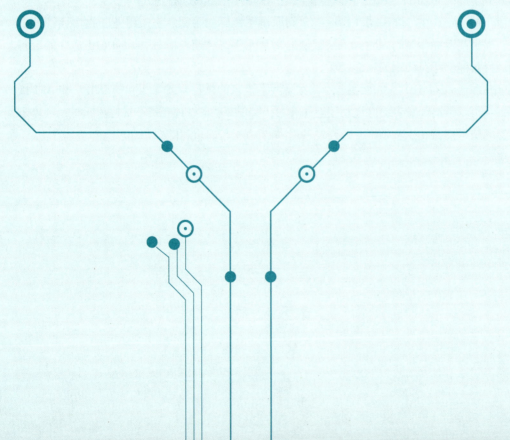

7.1 RISC-V 的开启

7.1.1 图灵奖得主

2018 年，当 2017 年度的图灵奖获奖者公布时，两位泰斗级人物——John L. Hennessy 和 David A. Patterson 的名字闪耀在荣誉榜单之上。这个消息犹如一枚重磅炸弹，在计算机领域引爆了无尽的震撼与赞叹。

图灵奖被誉为"计算机界的诺贝尔奖"，是每一位计算机科学家梦寐以求的荣誉。而 Hennessy 和 Patterson 的获奖，更是被视为对这一领域最高成就的认可。他们的贡献不仅改变了计算机领域的面貌，更引领了整个行业的发展方向。计算机界的精英纷纷表示祝贺，社交媒体上刷满了对他们的赞美之词。各大媒体争相报道，将这两位传奇人物的故事推向了高潮。

这两位大佬的传奇始于 20 世纪 80 年代。那时的计算机世界被 CISC 体系牢牢把控。CISC 指令集庞大而复杂，就像一本厚重的武学秘籍，虽然威力强大，但修炼起来却极为困难。处理器设计师们为了支持这些复杂的指令，不得不设计出更加复杂的电路，导致处理器的速度提升缓慢，功耗居高不下。

Hennessy 和 Patterson 深知 CISC 体系的弊端，他们决定另辟蹊径，寻找更加高效的计算方式。于是，他们开始潜心研究，探索简化指令集的可能性。他们发现，计算机在执行大多数程序时，CISC 指令集中绝大多数指令都只在极少的时间被用到。这个发现让他们眼前一亮，他们意识到，为这些不常用的指令设计硬件并不划算，相反，使用精简指令集可以大大简化硬件的设计，提高处理器的速度。

于是，Hennessy 和 Patterson 联手提出了精简指令集计算（RISC）的理念。RISC 指令集小而精悍，就像一把锋利的剑，虽然简单，但能直击要害。处理器设计师们不再需要为了支持复杂的指令而设计复杂的电路，可以专注于提高处理器的速度和降低功耗。

RISC 的理念，简而言之，就是以简洁为美。在 RISC 之前，处理器的指令集往往复杂且庞大，这不仅增加了处理器的设计难度，也限制了其运行效率。Hennessy 和 Patterson 提出的 RISC 概念，犹如一股清流，为处理器设计带来了新的思路。

他们倡导使用定长的指令结构，这意味着每一条指令都具有相同的长度，大大简化了处理器的解码过程。与此同时，他们强调尽可能使指令在单周期内完成，虽然也存在多周期的操作，但整体而言，这极大地提高了处理器的运行效率。

RISC 的指令集设计也非常简洁，只保留了最常用的指令，并且每个指令的操作码和操作符都尽可能简单。这种设计理念不仅使处理器的实现变得更容易，也提高了其可靠性和稳定性。

在访问存储方面，RISC 同样追求简洁和高效，采用了更简单的访问存储结构，减少了处理器与内存之间的交互复杂性，从而提高了整体性能。

RISC 的这些特点使得处理器能够以更高的频率运行，整体性能也得到了显著提升。这就像一首贝多芬的协奏曲，各个部分协同工作，共同创造出美妙的音乐。

Hennessy 和 Patterson 的贡献不仅仅在于提出了 RISC 这一概念，更重要的是他们通过实际的研究和实验证明了 RISC 的优越性和可行性。他们的工作成果对整个计算机行业产生了深远的影响，不仅改变了处理器的设计方式，也推动了计算机性能的不断提升。早在 1981 年，Hennessy 领导他的团队研发出了第一个 MIPS 架构的处理器，毫无疑问，这个处理器内核也是一个 RISC。1984 年，Hennessy 教授离开斯坦福大学，创立了 MIPS 科技公司，致力于将 MIPS 架构商业化。随后，MIPS 公司相继推出了多款基于 MIPS 架构的处理器，如 R2000、R3000 等，这些处理器在性能上不断突破，逐渐在市场上占据了一席之地。

到了 90 年代，MIPS 架构迎来了进一步的发展。1991 年，MIPS 公司推出了第一款 64 位商用微处理器 R4000，这标志着 MIPS 架构正式进入了 64 位时代。随后，MIPS 公司又推出了 R8000、R10000、R12000 等多款高性能处理器，这些处理器在嵌入式系统、网络设备等领域得到了广泛应用。

MIPS 曾是一颗璀璨的明星，它的光芒照耀着整个硅谷，那时候 MIPS 可以说是高性能处理器的代言人。然而，命运的车轮滚滚向前，这颗明星最终也未能幸免于难。

随着市场的竞争加剧，MIPS 的光芒开始黯淡。尽管 MIPS 的管理团队拼尽全力，但仍然无法挽回颓势。就在这时，一场收购风暴席卷而来。SGI（Silicon Graphics, Inc.）看到了 MIPS 潜在的价值。SGI 作为一家在计算机图形和高端计算领域享有盛誉的公司，其服务器产品应用在图形渲染、科学计算、数据分析等领域，SGI 的服务器中搭载的正是 MIPS 的 CPU。这些服务器结合了 SGI 的先进技术和 MIPS 的强大处理能力，展现出卓越的性能，赢得了众多客户的信任和青睐。

在 SGI 的视野中，MIPS 公司不仅仅拥有一项技术或产品，更是一个具有巨大潜力的市场机会。收购 MIPS 后，SGI 将 MIPS 的技术与自己的产品线进行了深度融合，推出了一系列创新的产品和解决方案。这些新产品不仅继承了 SGI 和 MIPS 的优秀基因，还融入了 SGI 对市场和客户需求的深刻理解，从而为客户提供了更加全面、高效和灵活的服务。

但是好景不长，随着 SGI 公司的经营状况出现问题，MIPS 再次陷入了困境。这次，它没有再次站起来。MIPS 被 SGI 卖给了 Imagination Technologies，后者看中了 MIPS 在嵌入式系统和移动设备领域的潜力。然而，命运的捉弄并没有结束，几年后，Imagination Technologies 自己也陷入了财务困境，最终将 MIPS 卖给了 AI 芯片初创公司 Wave Computing。

MIPS 的历程就像一部跌宕起伏的史诗，充满了荣耀与挫折、希望与失望。它曾经是计算机世界的王者，但最终却在命运的漩涡中沉沦。然而，无论如何，MIPS 已经成为计算机历史上一段不朽的传奇。

John L. Hennessy 和 David A. Patterson 还有一个为人所熟知的贡献，那就是合著了一本"秘籍"，这本书不仅是一部学术巨著，更是计算机体系结构领域的一座灯塔，在计算机科学的殿堂中，被无数架构师奉为圭臬。这本书就是《计算机体系结构：量化研究方法》。

《计算机体系结构：量化研究方法》的影响深远而广泛。它系统地介绍了计算机体系结构的设计和评价方法，这些方法不仅具有高度的科学性和实用性，而且为计算机体系结构的研究提供了坚实的理论基础。这本书的出现，使得计算机体系结构的研究更加规范化、系统化，推动了该领域的快速发展。

这本书并非枯燥的理论，其内容涵盖了计算机体系结构的各个方面，从基本的处理器设计到复杂的存储系统、输入输出系统等，都有详尽的阐述。这使得读者能够全面了解计算机体系结构的各个组成部分，为实际工作中解决问题提供了有力的工具。

此外，《计算机体系结构：量化研究方法》还注重量化研究方法的应用。量化研究方法是一种科学的研究方法，通过对数据的收集、整理和分析，来揭示事物之间的内在联系和规律。

正是因为这些突出的贡献和影响，使得《计算机体系结构：量化研究方法》成为架构师们的必读之作。无论是初入计算机体系结构领域的新手，还是在这个领域浸淫多年的老手，都能从这本书中获得宝贵的启示和指导。它就像一盏明灯，照亮了计算机体系结构研究的道路，引领着后来人不断前行。

一个架构、一本书，这两个贡献，让 John L. Hennessy 和 David A. Patterson 获得图灵奖实至名归。

▶▶ 7.1.2　开源指令集

2010 年是一个特别的时刻。这一年，在加州大学伯克利分校，计算机科学家 Krste Asanović 教授启动了一个名为 RISC-V 的项目，这一项目得到了 David Patterson 教授大力支持。这个项目的初衷是创建一种全新的、开源的指令集架构（ISA），以革新和扩展现有的指令集体系。

RISC-V 的诞生并非偶然。当时，随着计算技术的飞速发展，传统的指令集架构逐渐暴露出其局限和不足。Patterson 教授和 Asanović 教授深知，为了推动计算机科学的进步，需要一种更加灵活、可扩展的指令集架构。

RISC-V 的设计借鉴了精简指令集（RISC）的核心理念，即通过简化指令集和优化处理器设计来提高计算机的性能。同时，他们还汲取了现代计算机架构的众多优点，如高效的缓存系统、多核处理器支持等。这些设计理念使得 RISC-V 不仅具有高性能，还具备了前所未有的可扩展性。

可扩展性是 RISC-V 的一大亮点。与传统的指令集架构不同，RISC-V 允许用户在不同层面进行自定义和扩展。这意味着开发者可以根据具体的应用场景和需求，定制出最适合的指令集和处理器架构。这种灵活性使得 RISC-V 能够广泛应用于从嵌入式设备到高性能计算机的各种领域。

Patterson 教授在 RISC-V 的发展中扮演了举足轻重的角色。作为项目的领导者之一，他不仅为团队指明了研究方向，还亲自参与了 RISC-V 指令集的设计和优化工作。他的深厚专业知识和丰富经验为项目的成功奠定了坚实的基础。

除了技术贡献外，Patterson 教授还是 RISC-V 开源运动和社区发展的积极推动者。他深知开源的力量，因此从一开始就决定将 RISC-V 打造成一个开源项目。他鼓励全球范围内的研究人员、开发者和企业参与 RISC-V 的开发和应用，共同推动生态系统的发展壮大。

该开源项目的维护者就是 RISC-V International，作为全球非营利组织，承载着 RISC-V 指令集架构（ISA）知识产权的重要使命。其核心宗旨之一是确保 RISC-V 的设计始终基于简单性和卓越性能，而非受商业利益所驱使。为了实现这一目标，RISC-V International 广泛吸纳了代表微处理器生态系统各个层面的成员，从个体开发者到业界巨头如谷歌、英特尔和 NVIDIA 等。

成为 RISC-V International 的会员意味着享有一系列权益。其中最为显著的是，会员有机会直接参与 ISA 的设计过程，为 RISC-V 的发展贡献自己的智慧和力量。此外，会员还享有投票权，可以就提议的更改进行表决，从而确保 RISC-V 的发展方向符合整个社区的共同利益。

自 x86 指令集诞生以来，其经历了持续的扩展与迭代，每次迭代都增加了指令的数量。这种增量式的指令集设计方法意味着每次更新都必须包含先前的所有扩展，无论这些扩展是否仍然具有实用价值。随着时间的推移，这种设计策略导致 x86 指令集日益庞大且复杂，增加了实现成本和维护难度。用户为此付出的代价也相应上升，因为必须为不断增长的指令集买单，即使其中包含了不再需要或错误的指令设计。

相比之下，ARM 架构采用了不同的设计思路，其分为 A、R、M 三个系列，分别针对应用、实时和嵌入式场景进行优化。尽管每个系列内部进行了设计优化，但 ARM 架构整体上并不支持模块化的组合，这意味着用户无法根据具体需求灵活地选择和组合指令集模块。

RISC-V 指令集则代表了另一种设计理念，其核心是模块化的架构。这种设计方法允许用户根据特定的应用需求选择和组合所需的指令集模块，从而实现成本、功耗和性能之间的平衡。RISC-V 的基础指令集 RV32I 是固定的，为用户和开发者提供了一个稳定的基础平台。其他指令集模块，如乘除法模块或原子指令集，都是可选的，可以根据具体的设计要求进行添加或省略。这种灵活性使得 RISC-V 能够更好地适应不同的应用场景，避免了不必要的指令集冗余和浪费。

RISC-V 指令集的发展是由基金会根据科技发展的需要来决定的。新模块的添加必须经过严格的评估和审查，以确保其符合整体的设计理念和目标。然而，即使添加了新的模块，用户仍然有权选择是否使用这些新特性，这进一步增强了 RISC-V 的灵活性和可控性。

RISC-V 的独特之处在于其被设计为模块化 ISA，这与传统的增量 ISA 设计有所不同。在 RISC-V 中，一个完整的实现是由一个强制性的基本 ISA 和多个可选的 ISA 扩展组成的。这种设计允许开发者根据特定的应用程序需求来定制 CPU，从而实现更高的性能和更低的功耗。

为了清晰地标识不同的 RISC-V 配置，RISC-V 采用了一种简单的命名约定。这个命名由字母"RV"（代表 RISC-V）后跟位宽和变体标识符组成。例如，RV32IMAC 表示一个 32 位的 CPU 包含了基本整数 ISA（RV32I）、整数乘除法扩展（M）、原子指令扩展（A）以及压缩指令扩展（C）。

编译器在编译代码时，需要被告知目标 CPU 支持哪些扩展。这样，编译器就可以生成针对这些扩展优化的代码，从而实现最佳的性能。如果代码中包含了目标 CPU 不支持的指令，硬件就会捕获到这种情况，并执行标准库中的软件功能来替代这些指令。这种机制确保了代码的兼容性和可移植性。

RISC-V 的设计理念体现了对简化性、灵活性和扩展性的高度重视。这种灵活性不仅体现在其模块化的 ISA 架构上，还体现在编译器与指令集的紧密协同工作中。

RISC-V 指令集的简化性体现在其一致的指令格式和高效的立即数处理上。所有指令均采用统一的 32 位长度和六种格式，这极大地简化了指令的解码过程，提高了处理器的执行效率。同时，指令中寄存器标识符的固定位置和立即数字段的符号扩展设计，都使得处理器在处理数据时能够更加高效和灵活。编译器在 RISC-V 生态系统中扮演着至关重要的角色。它被告之目标 CPU 中包含的扩展，以便生成尽可能优化的代码。这种优化基于目标 CPU 的功能和性能特点，确保代码能够充分利用 CPU 的硬件资源。

RISC-V 的基本整数 ISA（如 RV32I 和 RV64I）实现了 32 位和 64 位整数的基本功能，仅包含 47 条核心指令和少量额外的指令。这些指令涵盖了加法、减法、位运算、加载和存储以及跳跃和分支等基本操作。这种精简的指令集设计有助于简化编译器的实现和提高代码的执行效率。

除了基本整数 ISA 外，RISC-V 还支持一系列扩展，如 RV32M 用于整数乘法和除法，RV32F 和 RV32D 分别用于 32 位和 64 位浮点数运算，以及 RV32C 用于压缩指令集。这些扩展为特定应用场景提供了额外的硬件加速功能，同时保持了与基本 ISA 的兼容性。

值得一提的是，RISC-V 的创建者在分析现代优化编译器生成的代码后，确定了使用最多的指令，并为这些指令提供了 16 位的压缩编码（RV32C 扩展）。这种压缩是基于一些观察结果实现的，如某些寄存器的使用频率高于其他寄存器，一个操作数通常会被覆盖，以及存在一些首选的立即数等。通过压缩最常用的指令，RISC-V 有望显著提高程序的压缩率，从而节省存储空间并提高执行效率。

此外，RISC-V 还支持许多其他扩展，如嵌入式基础 ISA（RV32E）、原子操作（A）、位操作（B）和向量操作（V）等。这些扩展为嵌入式系统、高性能计算和其他特定应用领域提供了全面的功能支持。

▶▶ 7.1.3 开源生态

自 RISC-V 诞生至今，短短十多年的时间里，它已经开创了一个全新的时代——一个以开源为鲜明烙印的时代。在 RISC-V 之前，处理器架构的世界主要由两大巨头主导：x86 和 ARM。在 x86 时代，芯片厂商提供完整的芯片解决方案；而在 ARM 时代，则通过 IP 授权的方式，让合作伙伴能够在其架构基础上设计自己的芯片。然而，RISC-V 的出现打破了这一传统格局。

RISC-V 不仅仅是一个指令集架构（ISA），更是一种全新的合作模式。作为一个开源项目，RISC-V 允许任何人、任何组织在其基础上进行开发、定制和优化。这种开放性和灵活性使得

RISC-V 能够迅速适应各种应用场景和需求，从嵌入式系统到高性能计算，从物联网到人工智能，RISC-V 的身影无处不在。

开源是 RISC-V 时代的核心精神。通过开源，RISC-V 汇聚了全球范围内的智慧和力量，共同推动这个架构的发展和完善。无数开发者、研究者和企业都在为 RISC-V 贡献代码、想法和解决方案。这种众包式的开发模式不仅加快了 RISC-V 的迭代速度，还使得这个架构更加健壮、可靠和安全。

而在此之前，x86 是一个封闭的芯片供应体系，以英特尔和 AMD 等公司为代表的芯片制造商主导着市场。这个时代的核心特点是提供完整的芯片解决方案。芯片制造商设计并生产 CPU，然后将其销售给计算机制造商，最终集成到个人计算机中。在这个体系中。芯片制造商掌握核心技术，对外界的开放程度有限，其他公司或个人很难获得修改或定制 x86 指令集的权利。因此，x86 时代的发展主要依赖于几家大型芯片制造商的创新能力和技术进步。

随着移动设备的兴起，ARM 架构逐渐崭露头角。ARM 公司并不直接生产芯片，而是提供 ISA 的 IP 授权。这意味着其他公司可以购买 ARM 的 IP 核心，然后在其基础上设计自己的处理器。ARM 时代的特点是开放和合作。通过 IP 授权的方式，ARM 架构得以广泛应用在各种移动设备、嵌入式系统和物联网设备中。这种模式促进了处理器设计的多样化和创新，同时也降低了进入市场的门槛。许多公司都能够在 ARM 架构的基础上进行定制和优化，以满足特定应用的需求。

RISC-V 时代的到来标志着处理器架构进入了一个全新的阶段。与 x86 和 ARM 不同，RISC-V 是一个开源的指令集架构。这意味着任何人都可以自由地使用、修改和分发 RISC-V 的源代码，无须支付任何授权费用。RISC-V 时代的特点是开放、灵活和协作。此外，RISC-V 的简洁和高效设计理念也为其在高性能计算、物联网和人工智能等领域的应用提供了广阔的空间。

随着 RISC-V 架构的兴起，其处理器的出货量已经达到了惊人的 100 亿片，并且预计到 2025 年将突破 800 亿片。这一数字不仅令人震撼，更凸显了 RISC-V 在各行各业的广泛应用。

工业自动化是 RISC-V 处理器的重要应用领域之一。在工厂自动化系统中，大量的传感器、控制器和执行器需要处理器来进行数据处理和控制指令的发送。RISC-V 的低功耗和高性能特点使其成为这些设备的理想选择。

智能家居也是 RISC-V 处理器的热门应用领域。从智能灯泡到智能门锁，从智能音箱到智能家电，RISC-V 处理器在智能家居设备中发挥着核心作用，实现了设备的互联互通和智能化控制。

物联网和嵌入式系统也是 RISC-V 处理器的重要战场。物联网设备需要处理大量的传感器数据和网络通信任务，而嵌入式系统则对处理器的功耗和体积有着严格要求。RISC-V 的开源和可定制性使得它能够满足这些多样化的需求。

值得一提的是，中国在 RISC-V 生态的发展上已经初具规模。从处理器设计、芯片制造到软件开发和应用部署，中国已经形成了完整的产业链。众多高校、研究机构和企业在 RISC-V 领域进行了深入研究和开发，推动了 RISC-V 生态的繁荣和发展。

只有成本优势还不够，RISC-V 的软件生态是否足够健全，成为业界选择 RISC-V 的另一个重要因素。围绕 RISC-V 开发处理器的公司并非一两家，也不是几十家，而是成千上百家。这就相当于几千家企业都在使用 RISC-V 指令集开发相应的产品，这和传统指令集只有几家公司在做相关产品形成鲜明对比。

中国已经成为 RISC-V 的热土，几乎整个 RISC-V 产业链中都有中国公司的身影。

RISC-V 会员制度分为四个等级，包括创始会员、执行会员、一般会员和学术会员，每个等级都有不同的会费和会员权利。如图 7-1 所示，RISC-V 国际基金会 25 个最高级别会员中，接近一半是中国公司。

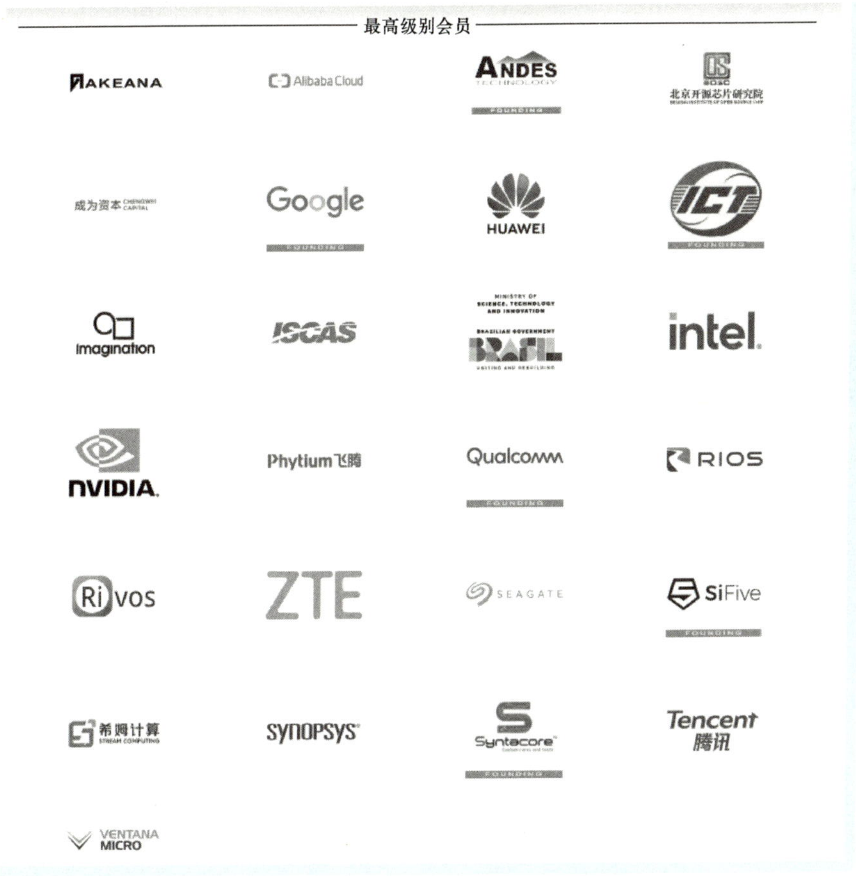

● 图 7-1　RISC-V 国际基金会 25 个最高级别会员

作为开源指令集的代表，RISC-V 正逐渐在全球范围内掀起一场处理器架构的革命。其开源特性不仅降低了进入门槛，还促进了全球范围内的合作与创新。对于最高级别会员而言，拥有董事会席位及技术委员会席位意味着可以直接参与 RISC-V 标准的制定和技术发展方向的决策，这无疑增加了 RISC-V 的吸引力和影响力。

在 RISC-V 的大旗下是许多熟悉的商标，这些企业、机构和个人因为共同的目标而汇聚在一起。在 x86 和 ARM 这两大生态的夹缝中，任何一个处理器指令集想要单打独斗都是极其困难的。但 RISC-V 通过开源的方式，将力量汇集起来，形成了一股不可忽视的力量。这种开源的魔力使得任何人或单位都可以在 RISC-V 开源指令集下开发自己的芯片/处理器，无须从头开始，也无须支付高昂的授权费用。

RISC-V 的开源特性为其带来了三大优势：成本、生态和影响力。在成本方面，RISC-V 的开源和免费使得企业可以节省大量的研发成本和时间成本；在生态方面，随着越来越多的企业和个人加入到 RISC-V 的大家庭中，其生态系统不断完善，形成了从硬件到软件的完整产业链；在影响力方面，RISC-V 的开放和包容使得其朋友圈不断扩大，吸引了全球范围内的优秀企业和人才。

对于中国而言，RISC-V 的兴起无疑是一个巨大的机遇。中国拥有庞大的市场和丰富的人才储备，完全有能力在 RISC-V 领域取得重要突破。随着 RISC-V 的星火燎原之势逐渐显现，可以预期，中国将在未来的处理器架构领域占据一席之地。

RISC-V 作为一种新兴的指令集架构，正在以其独特的设计理念和优势改变着处理器技术的格局。通过对 RISC-V 指令集的深入分析，可以发现其简化、灵活与模块化的特点，以及这些特点为现代计算机体系结构带来的重要价值。

7.2 RISC-V 与 DSA

▶▶ 7.2.1 开源处理器

2021 年 6 月，有关英特尔计划收购 SiFive 的消息在半导体行业内引起了广泛关注。尽管这项收购最终并未实现，但英特尔对 RISC-V 架构的兴趣本身就给 RISC-V 行业带来了巨大的信心提振。

英特尔作为全球最大的半导体公司之一，长期以来一直是 x86 架构的领导者。然而，随着 RISC-V 架构的兴起，越来越多的公司开始关注并投入到 RISC-V 生态系统中。RISC-V 的开放性、可定制性以及低成本等优势使得它在物联网、嵌入式系统、高性能计算等领域具有广泛的应用前景。

那么 SiFive 公司和 RISC-V 有什么关系？

SiFive 作为 RISC-V 领域的领军企业，拥有领先的 RISC-V 处理器设计能力和丰富的经验。因此，英特尔对 SiFive 的兴趣表明了它对 RISC-V 架构的认可和重视。这也进一步证明了 RISC-V 架构在半导体行业中的影响力和潜力。

SiFive 由加州大学伯克利分校的 Krste Asanović 教授与他的研究生 Yunsup Lee 和 Andrew Waterman 于 2015 年创立，他们是 RISC-V 指令集的开创者和主要贡献者。因此，可以说 SiFive 的创始人就是 RISC-V 的创始人。

SiFive 作为全球首家基于 RISC-V 定制化的半导体企业，其主要业务是帮助企业定制芯片，并推动 RISC-V 芯片架构的商业化。SiFive 利用 RISC-V 架构的优势，提供定制的开放式架构处理器内核，使系统设计人员能够构建基于 RISC-V 的定制半导体，从而实现芯片优化。此外，SiFive 还将芯片设计等知识产权出售给制造商，试图将开源标准引入半导体设计领域，使其更便宜、更容易为客户所接受。

SiFive 与 ARM 公司在商业模式上有相似之处，均专注于为芯片设计公司提供关键的 IP 服务。但两者在核心理念上有所不同：ARM 的 IP 基于其专有的指令集，确保了其在市场上的独特地位；而 SiFive 则选择拥抱开源，其提供的 IP 建立在 RISC-V 这一开源指令集之上。这一选择意味着 SiFive 不仅面临着来自同样基于 RISC-V 的其他 IP 提供商的竞争，同时也置身于一个更为开放和多元的生态系统中。

换句话说，ARM 指令集的专有性决定了只有 ARM 公司才能提供基于该指令集 CPU 的 IP。这种独家授权模式确保了 ARM 在全球范围内的市场主导地位，但也限制了其他参与者的进入和创新。然而，在 RISC-V 领域，情况则截然不同。由于 RISC-V 指令集的开源特性，任何具备 CPU 架构设计能力的公司或个人都可以利用这一开放的资源来提供 RISC-V CPU 的 IP。

这意味着，除了 SiFive 这样的领军企业外，还有众多其他实体也在积极参与 RISC-V 生态的建设，推动其发展和创新。这些参与者可能包括其他芯片设计公司、学术研究机构、开源组织以及独立的开发者等。他们可以通过自研或合作的方式，开发出各具特色的 RISC-V CPU IP，从而满足市场的多样化需求。这种开放和多元的生态环境不仅促进了 RISC-V 技术的快速发展，也为整个半导体行业注入了新的活力和创新动力。

在中国，也有很多基于 RISC-V 指令集提供 CPU IP 的公司，RISC-V 这一浪潮在国内发展迅速。众多企业看到了 RISC-V 开放和灵活的特性所带来的潜力，纷纷投身其中，基于 RISC-V 指令集提供 CPU IP，成为全球 RISC-V 生态系统中一股不可忽视的力量。

中国的公司在 RISC-V 领域展现出了强大的技术实力和创新能力。一些知名的芯片设计公司、研究机构以及初创企业都在积极参与 RISC-V 的研究、开发和应用工作。他们不仅在 RISC-V 的 CPU IP 设计上取得了重要突破，还为 RISC-V 的应用和普及做出了显著贡献。

随着越来越多的中国企业加入到 RISC-V 的生态系统中来，中国已经形成了一个初具规模的 RISC-V 产业链。从 RISC-V CPU IP 的设计、软件开发工具链的构建，到 RISC-V 芯片的研发、生产和应用，各个环节都有相应的企业涉足其中，形成了良好的产业协同和创新氛围。

除了商业化的 CPU IP 之外，RISC-V 生态系统中存在着大量开源的 CPU IP，这些 IP 为开发者提供了灵活性和选择空间。由于 RISC-V 的开源特性，开发者可以免费获取这些 IP，并根据自己的需求进行定制和修改。然而，要将这些开源的 CPU IP 成功集成到商业化芯片项目中，并确保它们能够正常启动和运行，确实需要开发团队具备相应的技术能力和经验。以下是一些比较知名的开源的 RISC-V IP 项目。

1）Rocket Chip：由加州大学伯克利分校开发的开源 RISC-V 处理器核心，用 Chisel（一种基于 Scala 的硬件描述语言）编写。Rocket Chip 支持多种 RISC-V 指令集扩展，并且具有高度的可配置性。

2）BOOM（Berkeley Out-of-Order Machine）：同样由加州大学伯克利分校开发，BOOM 是一个开源的乱序执行 RISC-V 处理器核心，旨在提供高性能的 RISC-V 实现，也使用 Chisel 编写。

3）CV32E40P：由 ETH Zurich 和 University of Bologna 开发的开源 RISC-V 处理器核心，专为低功耗嵌入式应用而设计。它支持 RISC-V 的压缩指令集扩展（C 扩展），并具有低功耗特性。

4）VexRiscv：由 SpinalHDL 编写的开源 RISC-V 处理器核心，具有高度的可配置性和灵活性。VexRiscv 支持多种 RISC-V 指令集扩展，并且可以用于构建各种规模的处理器系统。

5）PicoRV32：用纯 Verilog 编写的极简、快速、可移植的 RISC-V 32 位处理器核心。虽然它的性能可能不如其他更复杂的 RISC-V 处理器核心，但它的简单性和可移植性使得它非常适合用于教学、嵌入式系统或 FPGA 上的小型应用。

启动一个 CPU 并不仅仅是将 IP 集成到硬件设计中，开发团队还需要深入了解 RISC-V 指令集架构、处理器的工作原理以及相关的软件开发工具链。他们需要编写或适配引导加载程序（Bootloader）、操作系统以及必要的驱动程序，以确保 CPU 能够正确加载和执行程序。

开发团队还需要进行充分的测试和验证工作，以确保 CPU 在各种工作条件下都能稳定可靠地运行。这包括功能测试、性能测试、兼容性测试以及长时间的稳定性测试等。只有通过严格的测试和验证，才能保证商业化芯片项目的成功和产品的质量。

虽然开源的 RISC-V CPU IP 为商业化芯片项目提供了便利和可能性，但要成功利用这些 IP 并实现商业化目标，开发团队需要具备全面的技术能力和丰富的经验。

▶▶ 7.2.2　DSA：领域定制架构

RISC-V 作为一种开源的指令集架构（ISA），为用户提供了多种灵活的选择，无论是自研处理器、选择开源项目，还是购买商用 IP，都体现了其高度的可定制性和可扩展性。

1）自研处理器：对于具备强大技术实力的用户来说，RISC-V 的开放性和简洁性使得自研处理器成为可能。用户可以根据自身需求，从头开始设计处理器的微架构，优化指令集，甚至添加自定义的指令扩展。这种灵活性使得自研处理器能够更好地满足特定应用的需求，实现更高的性能和更低的功耗。

2）选择开源项目：对于希望快速搭建系统的用户来说，从众多开源项目中选择一个合适的 RISC-V 处理器核心是一个高效的选择。这些开源项目通常由社区维护，经过严格的测试和验证，具有一定的稳定性和可靠性。用户可以根据自己的需求选择性能、功耗、面积等关键指标符合要求的开源项目，通过简单的配置和集成，快速构建出自己的处理器系统。

3）购买商用 IP：对于追求快速上市和降低技术风险的用户来说，购买商用的 RISC-V IP 是一个明智的选择。这些商用 IP 通常由专业的芯片设计公司提供，经过全面的优化和验证，具有高性能、低功耗和易于集成等优点。购买商用 IP 不仅可以缩短产品的开发周期，还可以降低技术门槛，使更多的用户能够享受到 RISC-V 带来的优势。

另一种更灵活的 RISC-V 架构"打开"方式是 DSA（领域特定架构）。

DSA 是一种专为特定应用或领域设计的计算机硬件架构。与传统的通用处理器不同，DSA 不是试图在所有任务上都表现出色，而是专注于某一类特定任务，并为此进行优化。

例如，假设要设计一个处理器来专门处理图像。通用处理器可以处理图像，但可能不是最高效的。DSA 则会根据图像处理的特点，如大量的并行计算和特定的数据流动模式，来设计硬件结构，从而在处理图像时达到更高的速度和更低的功耗。

DSA 的优势是，它可以让硬件更贴近软件，更好地满足应用的需求。由于 DSA 是为特定任务定制的，所以它可以充分利用硬件资源，避免不必要的浪费。这就像是为某项工作定制了一套工具，而不是使用通用的、可能并不完全适合的工具。

针对特定领域或应用设计的 DSA 将变得越来越重要。DSA 可以针对特定的算法、数据结构或计算模式进行优化，从而实现更高的性能和能效。DSA 并不是要取代通用处理器，而是作为其补充，共同构建一个异构计算系统。在这个系统中，通用处理器负责处理通用计算任务，而 DSA 则专注于处理特定的、复杂的计算任务。

如何来设计 DSA，与 RISC-V 有什么关系？这要从 RISC-V 的特性说起。RISC-V 的灵活性和可扩展性使其成为 DSA 设计的理想平台。通过定制和扩展 RISC-V 指令集，设计者可以针对特定的应用或领域创建高效的 DSA。这种结合 RISC-V 和 DSA 的方法将有望在未来的计算系统中实现更高的性能和能效。

与传统的专有指令集架构相比，RISC-V 的开源特性促进了创新和协作，降低了进入市场的门槛。随着摩尔定律的放缓，通过优化指令集架构来提高处理器性能变得尤为重要。RISC-V 的简洁和高效使其成为未来处理器设计的理想选择，使得设计者可以根据特定的应用需求定制处理器，从而提高性能和效率。

简单来说，RISC-V 就像是一个开放的建筑平台，提供了基础的建筑材料（指令集），任何人都可以在这个平台上根据自己的需求建造出独一无二的建筑（处理器）。这种开放和灵活的特性使得 RISC-V 在 DSA 领域具有巨大的潜力和优势。

▶▶ 7.2.3　DSL：领域定制语言

从 1950 年左右到 2005 年左右，计算机编程主要集中在单处理器计算机上。在这段时间里，大多数程序员习惯于在一台计算机上进行开发工作，这台计算机被视为一个能够执行指令的单一实体。由于技术限制和硬件架构的特点，计算机在大部分时间里只能一次执行一条指令。这种单线程、顺序执行的模式成为当时软件开发的主流方式。

随着 GPU 的可编程程度越来越高，开发者们开始面临如何利用其上千个线程的问题。尽管 GPU 提供了并行处理的能力，但许多开发者在编程时仍然采用单线程的思维方式，只是简单地将单线程任务重复多次来利用 GPU 的多线程特性。这种方法被称为"标量程序向量化"，它实际上并没有充分发挥 GPU 的并行处理能力，可能导致严重的效率损失。

然而，要想编写一个能够高效运行并使用数千个处理器的程序，开发者们必须接受并容忍一定程度的低效率。这是因为并行编程本身就是一个复杂的问题，需要仔细考虑数据的分配、线程的同步和通信等多个方面。此外，现有的编程模型和工具可能并不完全支持高效的并行处理，这也增加了开发难度。

以现在大火的 ChatGPT 为例，尽管 ChatGPT 能够生成新颖的段落并处理文本中的细节，如标点符号的放置，但使用如此强大的计算能力来处理这些简单的任务可能并不高效。相比之下，一个简单的 C 程序就能以较少的计算资源完成类似的任务。

使用 ChatGPT 来处理一些简单的文本处理任务，实际上可能涉及 petaFLOPS 级别的计算资源，这远远超出了使用 100 行 C 程序所能达到的范围。这种对比揭示了人工智能在处理某些简单任务时可能存在的过度复杂化和资源浪费的问题。

需要认识到 ChatGPT 和简单的 C 程序在设计目标和功能上存在显著差异。ChatGPT 作为一种通用的人工智能模型，具备处理各种复杂自然语言处理任务的能力，其生成新颖文本和处理细节的能力是其强大之处。而简单的 C 程序更注重效率和资源利用，适用于处理特定且简单的任务。

在数据中心领域，服务器的定义明确，同时伴随着定义好的架顶式交换机以及 SAN 等存储设备。这些设备有时集成在同一台服务器中，有时则分别用于存储、连接网关等不同的功能。当前的人工智能技术主要依赖于服务器上的加速卡来实现，但人们希望进一步分解 AI 计算，以更高效地实现各种功能。

结合 AI 计算和通用计算构建芯片，可以使得 AI 和其他计算任务在相互通信时无须经历延迟或额外的功率开销。这种设计的发展将是复杂而有机的，可能会产生一些新的芯片架构，如 AI 小芯片、CPU 和 AI 的集成等。这些新架构能够在服务器上高效地处理各种任务，但仍然需要面对其他应用程序的挑战。

另一方面，随着技术的发展，可能会出现一些新的应用场景，如边缘计算。在这种情况下，单芯片解决方案可能成为一种新的趋势。通过将 AI 芯片、传感器等集成在一个小型的边缘服务器上，可以实现无须主机设备的独立运行。这种发展趋势将引起业界的广泛关注，并为未来的计算架构带来新的可能性。

现代 CPU 设计的复杂性源于其乱序执行的特性，然而，在底层运行的 C 程序具有明确的硬件/软件定义。相比之下，GPU 的线程引擎更为简单，但由于存在数千个线程，使得软件层面上的挑战增大。CUDA 通过为每个线程编写单线程程序并加入协调层来应对这一挑战，尽管其效果时好时坏。

进入 AI 领域，硬件在某种程度上呈现相似性，但软硬件的复杂性关系发生了反转。在 AI 中，硬件相对简单，而软件变得极其复杂。这主要是因为 AI 涉及大量矩阵乘法、张量变换、卷积等操作，需要在数千个处理器上运行，并同时处理本地和全局内存进行通信等。这种复杂性使得协调变得异常困难。

针对这种情况，一个有效的解决方法是编写高效的 AI 编译器，而不是依赖大量人工编写的基准测试。AI 模型的多样性（如推理、训练、语言、视觉、大/小模型等）增加了优化的难度。因此，使 AI 程序的编写和编译更加高效将成为未来的使命。这可以通过对流行模型库的高性能运行以及简化从单个芯片到多个芯片的扩展来实现。最终目标是在 AI 模型的编写方式和部署方式之间减少层次，提高产品化程度，以制造出优质的产品。

开发编译器的人才需要了解从高级语言功能到编译器的中间部分，再到低级细节的全流程，构建一个多元化的软件工具链。一部分类似于综合工具，一部分类似于 HPC 问题，还有一部分则类似于低级驱动程序代码。

DSL（领域特定语言）在 DSA 的发展中起到了关键的作用。DSL 是一种专为特定领域或应用设计的编程语言，提供了针对该领域的抽象和表达方式，使得开发者能够更自然、更高效地描述和解决该领域的问题。

在 DSA 的发展中，DSL 的作用主要体现在以下几个方面。

1）提高抽象层次：DSL 允许开发者在更高的抽象层次上描述和解决问题，从而隐藏了底层硬件的复杂性。这使得开发者能够更专注于领域特定的逻辑和功能，而不是陷入底层的硬件细节中。通过 DSL，DSA 的设计和实现变得更加简洁和直观。

2）优化硬件资源利用：DSL 可以紧密地与 DSA 的硬件特性相结合，充分利用硬件资源。通过 DSL，开发者可以精确地控制硬件的行为和性能，实现更高效的计算和存储。这种优化可以显著提高 DSA 的性能和能效，使其更适合于特定的应用领域。

3）促进软硬件协同设计：DSL 作为软硬件之间的桥梁，促进了软硬件的协同设计。开发者可以使用 DSL 来描述和验证 DSA 的硬件结构和软件行为，确保它们在实际应用中能够紧密配合、高效运行。这种协同设计方法可以缩短 DSA 的开发周期，提高设计质量。

4）增强可移植性和可扩展性：通过 DSL，DSA 的设计和实现可以更容易地跨平台和跨架构进行移植。同时，DSL 也支持 DSA 的可扩展性，使得开发者可以根据需要添加新的功能或修改现有的功能。这有助于 DSA 适应不断变化的应用需求和技术环境。

DSL 在 DSA 的发展中起到了促进抽象、优化资源利用、协同设计以及增强可移植性和可扩展性等关键作用。随着 DSL 和 DSA 技术的不断发展，未来可以期待更多高效、灵活且易于使用的领域特定解决方案的出现。

7.3 Jim Keller 的 DSA 实践

7.3.1 Tensix：从 RISC-V 到 AI 处理器

Tensix 处理器是 Tenstorrent 公司设计的一款处理器。Tenstorrent 是一家专注于人工智能（AI）处理器技术的公司，致力于提供高性能、低功耗的解决方案，以满足不断增长的 AI 计算需求。

Tensix 处理器是 Tenstorrent 的核心产品之一，它被设计为专门处理张量运算，这是深度学习和机器学习算法中的关键操作。通过优化张量运算的性能，Tensix 处理器能够加速神经网络模型的训练和推理过程，从而提高整体 AI 应用的性能。

如图 7-2 所示，Tensix 处理器在设计上融入了 5 个 RISC-V 内核，被命名为"Baby RISC"。这些内核负责执行一系列任务，包括数据获取、数学运算、数据推送、管理网络芯片（NoC）等。

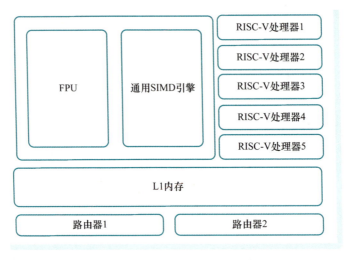

● 图 7-2 Tensix 处理器架构

Tensix 选择 RISC-V 架构的部分原因是其开放性和可定制性，使得 Tenstorrent 能够根据自身需求自由编写和修改指令集，而无须征求他人的许可。

除了集成的 5 个 RISC-V 处理器外，Tensix 处理器还包含通用功能的 SIMD（单指令多数据流）和 FPU（浮点单元）模块。这些模块进一步增强了处理器的计算能力和灵活性，使其更适合处理各种 AI 工作负载。

SIMD 是一种并行处理技术，它允许一条指令同时对多个数据元素执行相同的操作。在 AI 和深度学习领域，SIMD 特别适用于加速矩阵乘法和向量运算等常见的计算密集型任务。Tensix 处理器中的 SIMD 模块可能具有高度的可配置性和优化，以支持不同精度（如 FP32、FP16、INT8等）的运算，从而根据具体的应用需求实现性能和功耗的最佳平衡。

FPU 模块专门用于处理浮点运算。在 AI 应用中，浮点运算非常普遍，尤其是在模型的训练和高精度推理过程中。Tensix 处理器通过集成 FPU 模块，提供了对浮点数据类型运算的硬件支持，这可以显著加速涉及复杂数学运算的 AI 算法。

这些模块与 RISC-V 处理器的结合使得 Tensix 处理器在处理 AI 任务时既具有强大的计算能力，又保持了足够的灵活性和可编程性。这种设计还有助于处理器更好地适应不断变化的 AI 算法和应用场景，从而延长其生命周期并降低总体拥有成本。

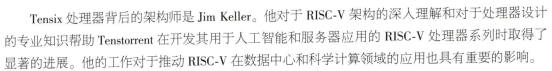

Tensix 处理器背后的架构师是 Jim Keller。他对于 RISC-V 架构的深入理解和对于处理器设计的专业知识帮助 Tenstorrent 在开发其用于人工智能和服务器应用的 RISC-V 处理器系列时取得了显著的进展。他的工作对于推动 RISC-V 在数据中心和科学计算领域的应用也具有重要的影响。

Jim Keller 是一个在处理器设计领域有深厚背景的人物,他曾在特斯拉、英特尔等知名公司工作,并在 RISC-V 开源指令集架构的发展中发挥了积极作用。他是 RISC-V 的积极支持者,并预测该架构将在未来的数据中心和科学计算领域取得主导地位。

下一节将对 Jim Keller 及其芯片设计的历程进行介绍。

▶▶ 7.3.2　Jim Keller 的芯片研发之道

在芯片设计领域,硕士和博士学位似乎已成为许多顶级专家的标配。然而,Jim Keller 却是一个引人注目的例外。这位毕业于宾夕法尼亚州立大学的电子工程学士,以他非凡的才华和卓越的成就,证明了学士学位同样能在这一高竞争性的行业中创造传奇。

Keller 的职业生涯始于 DEC 公司。他在那里度过了整整 15 个年头,从一个初出茅庐的新人逐渐成长为一名经验丰富的芯片设计专家。

在这期间,Keller 参与了 Alpha 21164 和 21264 两款处理器的设计工作。这两款处理器在当时引起了巨大的反响,不仅为 DEC 公司赢得了市场份额和声誉,更对后来的芯片架构师和设计者产生了深远的影响。

离开 DEC 后,Keller 加盟了 AMD。在 AMD 的日子里,Keller 担任了 K8 处理器的架构师。K8 让 AMD 首次具备了与英特尔正面竞争的实力。同时,他还参与了 x86-64 架构的设计,这一创举使得 AMD 在技术路线上首次领先了英特尔。这两项成就为 Keller 赢得了声誉,奠定了他在芯片设计界的地位。

离开 AMD 后,Keller 加入了 SiByte,致力于基于 MIPS 的网络处理器的设计。之后,他于 2004 年离职加入 P. A. Semi,开始了新的征程。2008 年,苹果公司收购了 P. A. Semi,Keller 也随之成为苹果的一员。

在苹果工作期间,Keller 主持设计了 A4、A5 两代移动处理器,这些处理器被广泛应用于 iPhone 4/4s、iPad/iPad2 等设备上。他的设计开启了苹果自研手机处理器的先河,让乔布斯为之满意并看到了巨大的进步。要知道,苹果最早的 iPhone 3 使用的是三星的处理器,而自研处理器的实现无疑是一个巨大的跨越。

当 Keller 加入苹果并着手手机 SoC 项目时,他提出了一个与众不同的观点:处理器的基础结构至关重要,甚至超过了简单的 IP 集成。那时,苹果刚刚涉足手机 SoC 领域,按照常理,他们可能会先选择熟练掌握 ARM 提供的 IP。但 Keller 认为,要打造出色的处理器,必须从根本上优化其结构。

他坚信,提升处理器性能有两种途径:一是增大基础结构,即设计更强大的大核;二是通过增加小核来实现功能的调整。尽管后者在并行处理方面有一定优势,但并非所有程序都能有效利用多核。因此,Keller 更倾向于前者,即设计具有卓越单核性能的大核。这种选择难度更大,但也更为有效,能够确保处理器在处理各种任务时都表现出色。

正是在这种理念的指导下,苹果的 SoC 始终以更少的核数实现了业界领先的性能。与其他手机 SoC 公司相比,苹果的产品在能效比、响应速度和流畅性方面都表现出色。这得益于 Keller 的坚持和勇气,也得益于苹果团队对"做正确的事,而不是容易的事"这一信念的坚定。

Keller 的传奇并未就此结束。2012 年,他重回 AMD,开始了他的封神之路。他着手主持设计新一代微架构——Zen(禅)。这是一个革命性的架构,号称将把 AMD 处理器性能提升 40%。当时,所有人都认为 Keller 在吹牛,但事实证明,他再次实现了自己的承诺。Zen 架构成为 AMD 历史上最著名的架构之一,也是 AMD 的翻身之作。Keller 也因此被誉为"Zen 之父"。

第二次入职 AMD 时,Jim Keller 发现,尽管 AMD 落后于英特尔,但其发展路线并不激进。如果处于落后地位,还按部就班,AMD 将难以实现突破。为此,Jim Keller 制定了雄心勃勃的计划,目标是把 Zen 的性能提高 40%,设计出更强大的大核,让每个时钟执行的指令数目更多。

在制定"Zen"的目标时,副总裁 Suzanne 曾致电给 Jim Keller 说,"Zen"项目组不相信这个目标是合理的,因为太超出实际了,团队成员都很不相信这个目标可以达成。而 Jim Keller 则说,他需要一个会议室和一块白板。他要舌战群儒。当然还要借助白板的力量。

会议室中,Jim Keller 说,他要向 30 个愤怒的人来解释为什么"Zen"可以做到。当然,也的确存在当时还解决不了的问题。就像诸葛亮舌战群儒,还有鲁肃帮忙,而 Keller 有 Mike Clark(现在已经是 AMD 的企业院士了)帮忙。Mike Clark 说,这些都可以解决。

Mike Clark 事后说:"我们很难说服我们的团队相信能够实现 40% 的改进,这是一个非常难以实现的目标。但是为了更具竞争力,我们必须实现。"

这就是目标的力量。有的人因为看见而相信,有的人因为相信而看见。这次,Jim Keller 相信了,Mike Clark 也相信了。相互信任的团队比那些需要谈判和协议约束的团队更战斗力。最终,Zen 大获成功。

关于舌战群儒的故事,Keller 在各种访谈中提到,就是如何说服团队接受 Zen 提升 40% 的性能的目标。这个其实另外可以产出一篇"论文",就叫《论白板在芯片研发中的重要性》。所以说每个芯片公司会议室都要有一块白板,没有白板的芯片公司不是一个"正经"的芯片公司,芯片公司"三大利器"——会议室、白板、EDA 工具。

有了明确的方向,接下来的 Zen 架构几代演进使 Zen 一路发展到 Zen 4。Jim keller 说出了一个事实,就是芯片设计要考虑长远,没有前瞻性的芯片目标,就会处处受挫。芯片的研发周期,特别是大型芯片的研发周期在 12 个月甚至更长的时间,从构想、设计、量产到市场反馈,短则 1~2 年,长则更久,因此要考虑到 5 年后的芯片形态。

当 AMD 在 2017 年正式发布基于 Zen 架构的处理器时,整个科技界都为之震动。这款被誉为"革命性"的架构,不仅将 AMD 从困境中拯救出来,更让其在与英特尔的竞争中逐渐占据上风。

Jim Keller 加入 AMD 时他的团队仅有 500 人。在接下来的三年里,SoC 团队、Fabric 团队和一些 IP 团队陆续加入了 Jim Keller 领导的团队。当 Jim Keller 离开的时候，有 2400 人给 Jim Keller 工作。

所以 Jim Keller 开玩笑说，他几乎没有在 AMD 写过任何的 RTL（verilog），所以最多算作 "Zen 的叔叔"。而不是 "Zen 之父"。毕竟直接和间接参与 "Zen" 的人员可能达到了上千人。

Zen 架构的发布成为 AMD 历史上一个重要的转折点。在此之前，AMD 在处理器市场上一直处于追赶者的角色，但 Zen 的出现彻底改变了这一局面。凭借出色的性能和高效的能效比，Zen 架构的处理器迅速赢得了消费者的青睐，AMD CPU 的出货量也随之飙升。

2015 年 9 月，Keller 再次选择离开 AMD，这次他被埃隆·马斯克的愿景吸引，决定加入特斯拉，为自动驾驶研制世界顶尖的 AI 芯片。在特斯拉的三年时间里，Keller 领导团队研发的 AI 芯片据说最终实现了 100 万的出货量，这一成就再次证明了他在芯片设计领域的卓越才华。

在特斯拉期间，Jim Keller 自嘲是特斯拉最懒的人。特斯拉有一种每天工作 12 小时的企业文化，而对于这种特斯拉 "996" 的风气，Jim Keller 并不是很认同。特斯拉公司旁边有一间健身房。健身房旁边就是适合徒步的鹿溪，Jim 上班时就去健身房，常常花一个小时来锻炼和吃东西。

2018 年，Keller 又做出了一个令人意外的决定，选择加入英特尔。在英特尔的日子里，Keller 领导了一个庞大的工程师团队，最多时达到了 10000 人。这是一个令人难以企及的纪录，展现了他在领导和管理方面的非凡能力。然而，由于与英特尔签署了保密协议，Keller 在这段时间的具体工作成果一直对外界保持神秘。

两年后，2020 年，Keller 再次踏上了新的征程。他选择离开英特尔，投身创业领域，担任 Tenstorrent 的联合创始人兼首席技术官（CTO）。这次，他的目光聚焦在了 AI/ML 芯片领域。

从 Jim Keller 的职业生涯来看，他从 DEC 开始，先后涉及服务器的 CPU 芯片、手机 SoC 芯片、PC 的 CPU 芯片、自动驾驶芯片，再到人工智能芯片，始终在算力芯片的前沿。Keller 的职业生涯不仅跨越了多个领域和不同类型的芯片，而且始终保持着对技术的热情和追求。他的每一次跳槽都引起了业界的广泛关注，因为他总是能在不同的公司创造出令人瞩目的成就。这种跨领域的技术积累和经验使他成为半导体行业的一位传奇人物。

作为 Tenstorrent 的联合创始人，Jim Keller 将 RISC-V 架构引入 AI 芯片设计，这一举措在业界引起了广泛关注。RISC-V 作为一种开源指令集架构，具有灵活性和可扩展性，这使得它在 AI 芯片设计中具有独特的优势。

Keller 深知 RISC-V 的这些优势可以为 AI 算力的提升带来显著效果。通过灵活配置和扩展 RISC-V 架构，Tenstorrent 的 AI 芯片能够更高效地处理复杂的计算任务，满足不断增长的 AI 算力需求。此外，RISC-V 的开源特性还促进了芯片设计的创新和优化，有助于降低开发成本并缩短上市时间。

在 Keller 的领导下，Tenstorrent 不仅在 AI 芯片设计上取得了显著成果，还为整个 AI 行业的发展注入了新的活力。他的远见卓识和丰富经验使得 Tenstorrent 在 AI 芯片领域脱颖而出，成为引领行业发展的重要力量。

7.4 DOJO——特斯拉的"训练场"

7.4.1 大模型训练的挑战

机器学习（ML）领域经历了前所未有的快速发展，其中一个最显著特点就是模型规模的爆炸式增长。在不到 10 年的时间，模型从几百万个参数迅速跃迁至数亿、甚至数十亿个参数。这种巨大的模型规模不仅带来了更高的准确性和更强大的性能，同时也对训练所需的数据集和计算能力提出了前所未有的挑战。

训练如此大规模的模型需要海量的数据集，因为深度学习等现代机器学习技术依赖于从大量数据中提取有用的特征和模式。随着模型参数的增加，需要更多的数据来确保模型的泛化能力和避免过拟合。这意味着在实际应用中，需要收集和处理数以 TB 甚至 PB 计的数据，以满足训练需求。

处理这些数据集并训练如此大规模的模型需要极高的计算能力。传统的单芯片或单服务器解决方案已经无法满足这种需求，因为它们无法在合理的时间内完成训练任务。相反，需要构建包含数千个计算芯片的大规模分布式系统，以便利用并行计算的能力来加速训练过程。这些系统不仅需要高效的硬件资源，还需要复杂的软件架构和算法来确保资源的有效利用和任务的协同处理。

存储也是训练大规模 ML 模型时面临的重要挑战。随着数据集和模型规模的增大，需要越来越多的存储空间来保存原始数据、中间结果和训练完成的模型。为了满足这种需求，现代 ML 系统通常需要配备 TB 甚至 PB 级的存储空间，并采用高性能的存储技术来确保数据的快速访问和处理。

为了解决上述问题，特斯拉推出了 DOJO 系统，用于人工智能大模型训练。DOJO 来自日文，意为"道场"或者"训练场"，这一命名非常贴切地描述了该系统的核心功能：作为一个强大的训练平台，助力机器学习模型的训练和提升。那么 DOJO 和 RISC-V 以及 DSA 有什么关系？那是因为 DOJO 最底层处理内核部分就是基于 RISC-V 指令的 DSA 架构，通过这个例子可以清楚看到如何通过 DSA 这种方法搭建一个面向 AI 的超级计算机。

7.4.2 DOJO 解决问题的方法

与其他大规模 ML 训练系统一样，DOJO 本质上是一台分布式计算机。这意味着它能够将计算任务分散到多个计算节点上并行处理，从而大大提高计算效率和处理能力。然而，与大多数其他分布式系统不同的是，DOJO 依赖于专门为极端可扩展性设计的组件。

这些专门为 DOJO 设计的组件可能包括定制的计算芯片、高速互联网络、以及高效的资源管理和调度算法等，确保 DOJO 能够在处理大规模工作负载时保持高性能和稳定性。

特斯拉预计，典型的 DOJO 构建将面向 exa 级规模的计算能力。这意味着 DOJO 将能够支持处理数百亿亿次浮点运算（exaFLOPS）级别的计算任务，满足未来机器学习领域对计算能力的巨大需求。

在快速发展的机器学习领域，针对当前需求而设计的系统很快就会过时，难以适应新的算法、模型和工作负载。因此，设计一个灵活、可扩展且适应性强的机器学习平台，不仅能够满足当前的机器学习的需求，还能够适应未来领域的变化和演进，为机器学习的发展提供持续的支持和推动力。特斯拉在设计 DOJO 系统时注重了通用性和可编程，以确保系统能够适应未来领域的变化和演进。

为了实现通用性和可编程，DOJO 系统采用了灵活的架构和可配置的计算模型，可以根据不同的需求进行定制和调整，以支持各种类型的机器学习算法和模型。无论是深度学习、强化学习还是其他类型的机器学习技术，DOJO 都能够提供高效的计算资源和存储支持。DOJO 系统的通用性还体现在其对不同数据类型和规模的支持上。无论是处理图像、文本、语音还是其他类型的数据，无论是处理小型数据集还是大型数据集，DOJO 都能够提供一致的高性能和稳定性。这使得特斯拉能够利用 DOJO 系统来处理各种复杂的机器学习任务，而无须担心系统的局限性和约束。

DOJO 系统基于特斯拉自主研发的 D1 定制计算芯片。这款芯片将 354 个独立处理器封装在一起，拥有极高的计算和存储能力。具体来说，D1 芯片能够产生高达 362 TFLOPS 的计算能力，并且配备了 440MB 的芯片内部静态随机存取存储器存储，使 DOJO 系统能够处理海量数据，保持出色的可扩展性。无论是小型系统还是 exaFLOP 超级计算机，DOJO 都能够提供一致的高性能和稳定性，使特斯拉可以根据不同的应用场景和需求，灵活地构建和调整系统的规模，满足各种复杂的机器学习训练任务。

7.4.3 D1 的架构

特斯拉的 DOJO 系统在处理机器学习训练任务时，其计算节点内部（单个节点）采用了一种特殊的流水线微体系结构，如图 7-3 所示。这种结构从流水线的前端开始，首先配置了一个简单的分支预测器。分支预测器是计算机体系结构中的一个组件，主要任务是预测程序中的条件分支的执行情况，即预测分支是"采取"还是"不采取"。在每个时钟周期，这个预测器都会产生一个预测结果。

在指令获取阶段，每次获取操作会填充一个 32 字节的获取窗口。这个窗口可以容纳最多八条指令。这些指令随后被送入一个八通道指令解码器。指令解码器的任务是将获取的指令解码成计算机可以理解和执行的低级操作。这个解码级每个时钟周期可以处理来自两个不同线程的指令。

指令经过解码后进入标量调度器。标量调度器是一个四通道的调度器，意味着它每个时钟周期可以处理四个线程的指令。标量调度器负责执行所有的标量指令（即能够处理单个数据元素的指令）、分支指令以及地址生成操作。

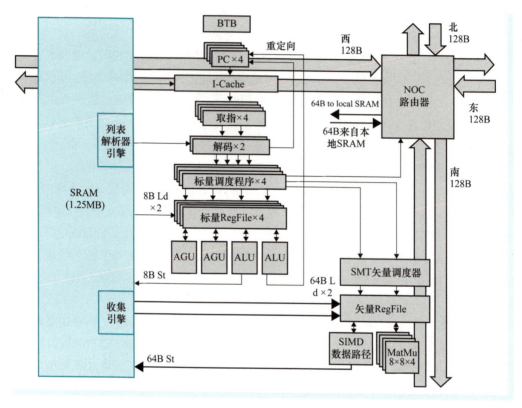

● 图 7-3　D1 处理器架构

与此同时，矢量指令（即能够同时处理多个数据元素的指令）则进一步前进到专用的矢量调度器。由于矢量指令的复杂性，它们的执行延迟通常比标量指令要长得多。因此，在矢量调度器中的指令通常会显著落后于在前端处理的指令。这种设计允许机器的前端提前运行，并在后续的矢量计算之前完成控制流指令（如分支和跳转）和内存引用的处理。

在某种程度上，DOJO 节点的这种解耦微体系结构类似于 Smith 提出的微体系结构。Smith 在 1984 年提出的解耦访存–执行架构（Decoupled Access/Execute Architecture），通过分离访存流水线和计算流水线来隐藏内存延迟。DOJO 的标量/矢量流水线解耦设计继承了这一思想，但通过共享前端和内存接口实现了更紧密的协同。

在特斯拉的 DOJO 节点中，指令的执行被精心组织成三个独立的流水线阶段，以实现高效的并行处理和资源利用。这种设计有助于确保在处理复杂任务时，硬件能够充分利用其计算能力并减少资源争用。

第一类流水线：处理简单的原语操作，如循环、计数或基于列表的预测等，这些操作可以在八路解码阶段执行。这一阶段负责解析和准备指令，以便后续的处理。八路解码意味着每个周期可以处理多达八个这样的简单指令，从而实现了高度的并行性。

第二类流水线：标量算术指令、分支、地址生成和同步原语在四向标量引擎中执行。标量引擎是处理单个数据元素的指令的核心部分。四向标量引擎意味着每个周期可以处理四个这样的指令，进一步提高了处理速度。

第三类流水线：宽指令，如矩阵乘法或 64 字节单指令多数据（SIMD）运算，在双向矢量引擎中执行。这些指令通常涉及处理多个数据元素，并且由于它们的复杂性，需要更多的资源和时间来执行。双向矢量引擎的设计确保了这些指令能够以高效的方式得到处理，同时保持与其他指令的并行性。尽管在宽解码阶段可以执行的操作相对较少，但其主要处理一些特定的、复杂的指令（如矩阵乘法和其他 SIMD 运算），这些指令在典型的 DOJO 代码中虽然数量不多，但非常常见且重要。这些指令由于其宽度和复杂性，需要更多的硬件资源和时间来解码和执行。

与宽解码阶段不同的是，矢量单元每个周期只能处理两条指令。然而，它支持更多独特的操作码和变体，可以执行更多种类和更灵活的指令，从而在处理多样化的计算任务时具有更高的灵活性和效率。

在每个执行集群中，所有指令都按照同一线程的顺序进行处理。这确保了同一线程内的指令顺序一致性，避免了数据依赖性和其他并发问题。然而，在整个程序流中，许多指令可能会乱序执行。这是因为 DOJO 节点采用了乱序执行策略，允许来自不同线程的指令在满足依赖关系的前提下交错执行，从而提高了整体的处理速度和效率。

DOJO 节点的设计旨在通过并行处理四个线程，将应用程序内部的并行任务有效地映射到硬件上，以提高处理效率。这意味着 DOJO 并不是为了让多个独立的应用程序同时运行而设计的。相反，它的目标是在单个应用程序内部实现更高的并行性，从而加速机器学习任务等计算密集型工作。

为了实现这一目标，DOJO 节点在并行线程的处理上采用了一种协作而非隔离的策略。它并没有实现所有典型的线程保护机制，这些机制通常用于防止不同线程之间的数据冲突和资源争用。相反，DOJO 强制并行运行的线程在共享执行资源方面进行协作，线程之间需要显式管理对共享资源的访问，以避免冲突和确保一致性。

在典型的使用场景中，一个 DOJO 节点可能会运行一个或两个计算线程，例如一个执行点积操作的线程和一个进行后续后处理操作的线程。此外，节点还可以运行一个或多个通信流，用于与其他节点或系统进行数据传输和通信。这种配置使得 DOJO 节点能够在处理计算密集型任务时，仍能保持与其他部分的通信和协作能力。

在可扩展的分布式系统中，本地内存扮演着两个至关重要的角色。首先，它必须提供足够的带宽来满足本地执行单元的需求。由于共享内存和网络互联在提供足够的计算资源利用方面存在限制，本地内存成为确保计算单元高效运行的关键因素。高带宽的本地内存访问能够确保计算单元在处理任务时不会因内存访问瓶颈而受限。

此外，本地内存必须有足够的容量来存储工作集的大部分数据，这样可以减少系统对远程资源的依赖，从而降低网络延迟和数据传输开销。通过将常用数据存储在本地内存中，系统能够更快速地访问这些数据，从而提高整体性能。

在特斯拉的 DOJO 系统中，每个节点都配备了 1.25MB 的本地静态随机存取存储器（SRAM），其负载能力为 384GB/s，存储带宽为 256GB/s。这意味着存储器在每个循环中可以为本地数据路径提供两次 64B 的读取和一次 64B 的存储操作，同时还可以为网络提供一次读取和一次存储操作。这种设计确保了 DOJO 节点在执行机器学习任务时能够高效地访问和使用本地内存资源。

值得注意的是，常规的加载或存储指令只允许访问本地内存空间。然而，DOJO 系统的互联机制允许远程节点直接访问本地存储器，而不会中断相关 CPU 上的指令流。这种设计使得不同节点之间能够更高效地共享和传输数据，进一步提高了系统的整体性能。

在内部，DOJO 节点支持 8 和 16B 粒度的连续和聚集负载访问。这意味着节点可以灵活地处理不同大小和类型的数据访问请求。然而，对于远程访问，系统仅支持连续的 64B 访问。这种限制可能是为了简化远程数据访问的处理逻辑，同时确保在数据传输和存储方面的效率。

DOJO 系统并没有实现传统的虚拟内存机制作为本地 SRAM 的备份，也未通过网络提供远程存储。特斯拉的 DOJO 系统面向大规模系统，此类机制可能难以扩展。相反，DOJO 依靠软件在本地内存中显式地管理数据移动。这种方法要求软件开发者更细致地控制数据的存储和访问，以确保高效的内存使用和避免不必要的网络延迟。

以上介绍了 DOJO 的单个节点，那么这些节点是怎么连接的？答案是通过二维网状网络。

所有 DOJO 节点都通过一个二维网状网络连接在一起。这个网络具有高效的数据包传输能力，可以在每个方向上每个周期移动两个数据包和两个请求包。每个节点都有一个到网格的双向专用接口，该接口可以在每个方向上每个周期传输一个 64 字节的数据包。这种设计确保了节点之间的高速通信和数据传输，是 DOJO 系统实现高性能分布式计算的关键组成部分。

特斯拉的 DOJO 系统在网络通信方面采用了二维网格拓扑结构，支持拉（pull）和推（push）操作，用于在相邻节点之间高效地移动数据。这种通信方式非常灵活，可以在每个请求上执行单个操作，如推送或拉取单个数据包，也可以执行块操作，通常是一个拉取操作后跟随多个推送数据包。这种机制有助于减少网络通信延迟，提高数据传输效率。

与其他网络拓扑（如二维或三维环面）相比，二维网格在某些节点间传输数据时可能存在一些缺点，如可能需要更多的跳数（hops）。然而，特斯拉选择这种结构是因为它与当前可用的集成技术相匹配。具体来说，DOJO 系统通过扩展节点间的带宽，充分利用了所有可用的片上和面板上通信通道。这种设计使得系统能够在不增加过多复杂性和成本的情况下实现高效通信。

在指令集方面，特斯拉的 DOJO 节点展现了其全面性和高度的定制性。节点实现了通用标量和矢量指令的完整组合，确保了其在各种计算任务中的通用性和灵活性。

在标量指令方面，DOJO 节点的 CPU 标量端提供了与 RISC 处理器相当的功能，满足各种复杂程序的需求。此外，许多支持的指令与 RISC-V 指令集架构（ISA）兼容，这进一步增强了其通用性和与现有软件生态系统的兼容性。特斯拉还为流控制、网络访问和同步等操作添加了自定义原语，优化了特斯拉的硬件和软件栈的性能和效率。

在矢量指令方面，DOJO 节点的矢量引擎提供了强大的机器学习（ML）加速功能，以及远程通信和同步的特定原语。Matmul 引擎是矢量引擎的一个关键组件，由四个单元组成，能够进行 8×8 矩阵乘法运算，并还支持数据加载、收集、填充、转置等操作和扩展压缩操作数等附加功能。这些功能在处理大规模数据集和复杂模型时至关重要。

此外，SIMD 数据路径实现了特定的混洗、转置和转换指令，这些指令对于数据下采样等图像处理任务非常有用。无论是否进行随机取整，这些指令都能高效地处理数据。同步原语包括计数信号量和屏障等机制，这些机制在节点和网络管道中直接内置支持，确保了分布式处理中的一致性和同步性。

DOJO 节点实现了通用标量和矢量指令的完整补充。为了确保完全通用性，CPU 的标量端提供了 RISC 处理器的所有功能。那里支持的许多指令都与 RISC-V 指令集架构兼容，并增加了用于流控制、网络访问和同步的自定义原语。除此之外，矢量引擎还支持用于 ML 加速、远程通信和同步的特定原语。

虽然 DOJO 节点的标量引擎仅支持 64 位整数数据，但矢量引擎支持所有常见的整数格式（包括有符号和无符号字节、字、双字）以及 FP32、FP16 和 FP8 格式。与其他 ML 专用系统一样，DOJO 完全支持 IEEE FP32 算法。虽然 FP32 格式在范围和精度上可以满足所有用途，但对于不需要如此高精度的应用 DOJO 还提供了只有七个尾数位的 BFP16。从 FP32 转换到 BFP16 既减少了算法的内存占用，又降低了在网络上移动数据所需的带宽。在许多情况下，算法可以通过切换到所提供的可配置浮点 8 位数据类型（CFP8）之一以进一步节省资源。CFP8 支持 4 位或 5 位指数的可配置偏差，可根据本地应用程序的需要有效地改变数据类型的表示范围。与常规 IEEE FP16 相比，CFP8 提供了更大的表示范围。

在实践中，CFP8 可以用于大多数数据层中的参数和激活，但梯度往往需要更高的精度。此时可以选择使用 FP32 或 CFP16 作为中间步骤。CFP16 使用类似的可变偏置机制提供了与 CFP8 相似的表示范围，但具备更高精度。结合随机舍入，CFP16 在许多情况下可以有效替代 FP32 作为梯度存储格式。

DOJO 节点支持 CFP8 和 BFP16 作为乘加单元中的源操作数，并以更宽的 FP32 格式进行累加。SIMD 单元支持 CFP8、BFP16 和 FP32 格式的操作数，但仅支持 FP32 格式的累加。上述所有格式都支持简单的算术指令，如 max、min 和 compare 等。

从物理结构来看，DOJO 节点内的逻辑层被网络导线覆盖，这些导线可以连接形成一个全局网络，允许多个节点无缝连接，构建出可以向任何方向扩展的计算平面。

总的来说，特斯拉的 DOJO 节点通过实现通用标量和矢量指令的完整补充，以及添加针对特斯拉硬件和软件栈的优化原语，展示了其在高性能计算和分布式处理方面的强大能力。这些功能使得 DOJO 节点能够高效地处理各种复杂的计算任务，并为机器学习等应用提供强大的支持。

▶▶ 7.4.4 训练场的搭建

DOJO 机器的第一级集成是 D1 模具。它将 354 个 DOJO 节点封装在一起，每侧被 144 个串行链路包围，使它能够直接连接到其他相邻的 D1 管芯。D1 芯片在 2GHz 频率下支持 BFP16 或 CFP8 运算，计算性能可达 360 TFLOPS，并支持 FP32 运算的 22 TFLOPS。D1 芯片还提供了分布在所有节点上的总计 440MB 的 SRAM，并为每个边缘链路上的相邻芯片提供了 4TB 的带宽。

DOJO 机器的第二级集成是 DOJO 训练瓦片（Tile）。训练瓦片将 25 个 D1 芯片封装在一个单独的机械封装中，并集成了电气和热管理方案。在封装内，所有管芯到管芯互联都被放大到物理极限，并且它们占据 X 和 Y 维度上的所有布线轨道。为了给这些水平通信链路腾出空间，在 Z 维度上垂直提供功率输送和液体冷却。每个训练瓦片为每条边缘提供 4.5TB 的带宽，并具有与其他训练瓦片的无缝连接能力。

完整的 DOJO 系统由多个 5×5 DOJO 训练瓦片组成，组合成一个二维计算平面。计算平面内的通信使用特斯拉专有协议，将所有组件连接到一个平面地址空间，但不支持与现成的 x86 主机或存储服务器进行本地通信。为了与现成组件连接，DOJO 系统在计算网格的边缘周围配置了 DOJO 接口处理器（DIP），如图 7-4 所示。

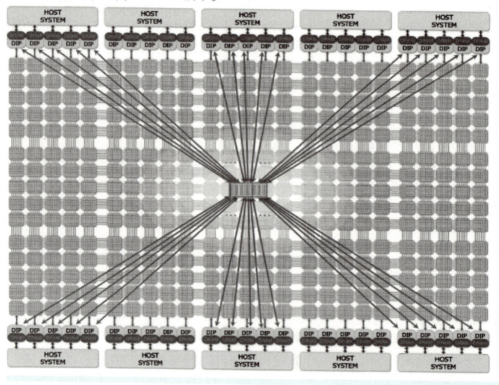

• 图 7-4　DOJO 系统

除了使用现成的协议连接提供访问，DIP 还支持共享内存。每个接口处理器提供 32GB 的高带宽内存，每个主机共计 160GB。相比之下，每个训练瓦片有 11GB 的专用 SRAM，分布在其9000 个处理节点上。

从逻辑结构上看，所有 DOJO 组件都映射在一个 2D 网格中的单一平面地址空间，并通过相似的原语相互通信。实际带宽、延迟和接口协议因组件所在位置而异。在 D1 管芯内，相邻节点通过具有 256GB/s 双向带宽和单周期延迟的宽并行接口来连接，全管芯的横截面带宽总计5TB/s。

在训练瓦片内，D1 裸片通过 SerDes 链路连接在一起，裸片到裸片的总带宽为 2TB/s，平均延迟为 100ns。在训练瓦片的边缘，D1 裸片使用类似的串行链路连接，但密度较低。通过该接口，芯片到芯片的带宽降至 900GB/s。在边缘，每个 DIP 都使用 PCIe x16 Gen4 通道连接到 x86主机系统。每台主机最多可连接 5 个 DIP，总带宽为 160GB/s。

接口处理器还提供以太网物理链路，并可以通过常规的网络交换机相互通信。DOJO 数据包可以路由到附近的 DIP，通过以太网链路传输到离目的地更近的另一个 DIP，从而在网格中创建了有效的快捷方式。为长距离数据包提供快捷方式是有意义的，因为在 2D 网格中长距离传输可能会带来高昂的资源开销。

虽然快捷方式并不总是带来较低的延迟，但它们通过将一些全局路由与本地流量隔离开来，显著提升了带宽。在网格中，经过 10 跳的路由数据包需占用每条链路至少一个周期，因此比在相邻节点之间移动的数据包消耗的资源至少高出 10 倍。这使软件尽可能多地保持本地通信，并将少数全球路由隔离到专用网络资源上。

为了将数据从一个内存区域移动到另一个内存区域，处理节点可以直接将数据包从自己的SRAM 推送到远程目的地，也可以向远程源发出拉取请求。对于较大数据量的传输，DOJO 提供了多种批量通信原语。接口处理器具有 DMA 引擎，可以对共享 DRAM 和不同 SRAM 区域之间的传输进行排序。这些 DMA 引擎可以为多达四个维度的连续或跨步传输提供服务。

对于 SRAM 到 SRAM 的传输，网络支持同一 D1 管芯内的分组广播以及连续区域传输。而且，对于更复杂的传输模式，DOJO 节点使用基于列表的序列，并作为异步线程运行，从而实现加速原语。

DOJO 网络拓扑结构力求简洁，使用平坦的寻址空间，不进行虚拟化，并且完全向软件开放。编译器需要知道所有数据的存储位置，并且必须使用完整的物理地址显式管理传输。

路由也相对简单。一旦计算芯片通过通电测试，它的所有路由器都将正常工作，因此数据包只需沿行和列到达目的节点即可。为了增加灵活性，每个 D1 管芯都配备了路由表。当数据包进入网络或在到达目的地的途中遇到新芯片时，它就会参考本地路由表来确定最佳的前进路径。根据路由表中的信息，数据包可以沿着同一行或同一列继续传输，或者在必要时转向，以避免拥塞或出现故障的网络组件。还可以设置路由表，将数据包传输到最近的 DIP，以利用 Z 维度快捷方式，如图 7-5 所示。

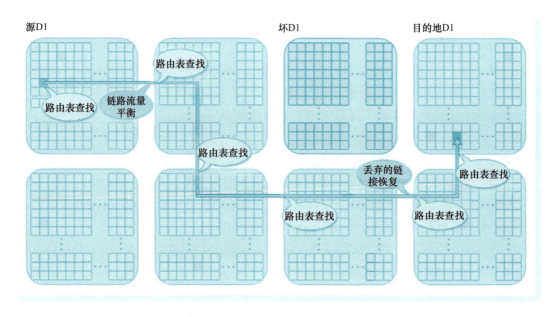

● 图 7-5　DOJO 网络路由表

　　DOJO 网络保证数据包传递，但不能确保端到端的数据包排序。这允许软件在数据被推送到网络上后立即覆盖发送者的内存缓冲区。然而，接收节点不能依赖于到达的数据包开始处理。属于同一类数据流的数据包可以通过不同的串行链路进行路由，以实现负载平衡和避免拥塞，也可以在传输过程中遵守链路恢复协议。为了解决这个问题，接收节点必须对每个块传输中的数据包进行计数，然后才能开始处理它们。

　　为了在多个 CPU 节点间同步事件，DOJO 提供了对信号量和屏障计数的内置支持。每个节点实现了 32 个信号量寄存器，既可供本地节点内部访问，也可以通过网络远程访问。这些寄存器可以统计本地线程、远程线程和提交到本地 SRAM 的数据包生成的事件，如图 7-6 所示。在 DOJO 机器的任何地方运行的线程都可以等待信号量，硬件可以确保原子更新和避免饥饿。

　　DOJO 系统中的信号量有多种使用模型。信号量是一种典型的用于监控网络传输的机制，使用者线程等待信号量达到与预期数据包数量相等的值。它们可以用作保护共享数据结构的简单互斥锁，以同步运行在同一节点的 SMT 流或运行在不同节点上的流。它们在生产者-消费者类型的多个指令流之间的关系中，可以用作计数信号量。

　　DOJO 提供的同步机制是屏障。它在硬件上实现了一种优化的树形屏障同步机制，通过"ARM"消息沿树向上传播到根节点，再通过"GRANT"消息沿树传递到叶节点。DOJO 中的一个节点最多可以同时参与多达四个屏障树，树上和树下的消息完全在网络路由器内处理，而无须软件干预。

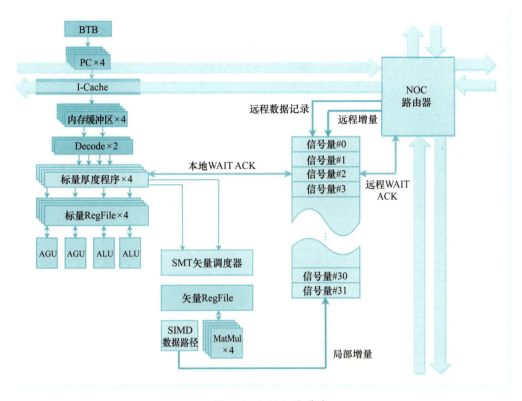

● 图 7-6　DOJO 的节点

如图 7-7 所示（扫码查看彩图）的示例中，系统节点被划分为三个集合。蓝色节点属于一个同步域，黄色节点属于第二个域，红色节点属于两个域。软件创建了覆盖两个同步域的屏障树。

当节点到达屏障时，它会执行一条 BARM 指令，触发上游的"ARM"消息。随着域中更多节点到达屏障，"ARM"消息向上传播到树根。一旦根收到"ARM"消息并到达自己的 BARM 指令，它就会向所有下游节点生成"GRANT"消息。对于同步集中的任意节点，当来自下游的"GRANT"信号传播至该节点时，即表明屏障同步条件已达成。屏障树中的节点不需要物理相邻，因此应用程序可以灵活创建和同步任何节点集。

DOJO 项目的基本目标是在现实世界的模型上实现最佳的训练效果，并具有适应未来任何新模型的能力。它专为 ML 应用程序设计，很大程度上依赖这些工作负载所固有的并行性。

DOJO 系统的显著特征是可伸缩性。系统不强调一致性、虚拟内存和全局查找目录等机制，因为这些机制通常在系统规模增大时难以良好扩展。相反，DOJO 系统依赖快速的本地存储，而非全局内存。

这种快速的分布式存储由高带宽互连支持，比典型的分布式系统快一个数量级。

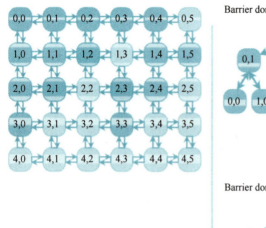

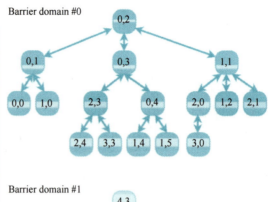

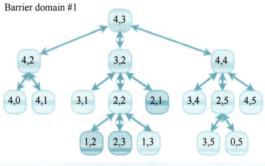

● 图 7-7　系统节点的集合

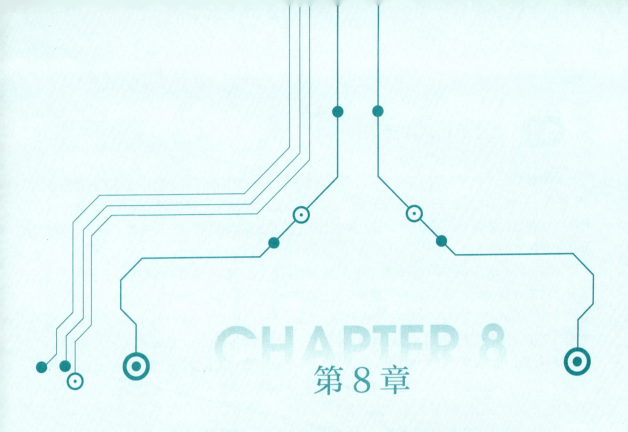

CHAPTER 8

第 8 章

那些年我们追过的算力

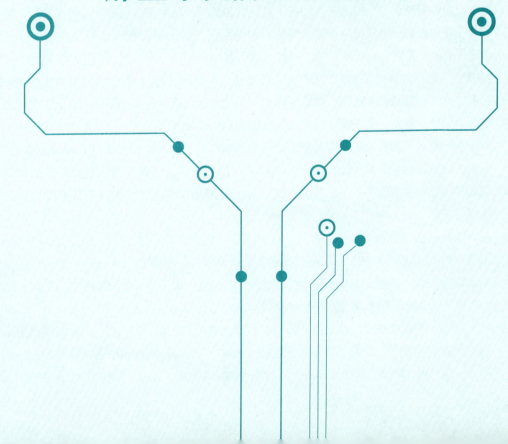

8.1 比特币和区块链

2008 年，一个叫中本聪的神秘人（迄今为止也没有人知道其确切的身份）发表了一篇名为《比特币：一种点对点电子现金系统》的论文。这篇论文描述了一种前所未有的数字货币系统——比特币。它基于区块链技术，通过去中心化、分布式账本和工作量证明等核心概念，打破了传统金融体系的束缚。

比特币的出现迅速引起了全球范围内的关注和争议。有人认为这是一种颠覆性的创新，它打破了传统金融体系对货币的控制，使得交易更加透明和安全；也有人担心，这种数字货币可能被用于非法活动，甚至威胁到现有的金融秩序。然而，无论人们怎么看待比特币，它都已经开始在全球范围内传播和使用，并逐渐改变了人们对货币和金融体系的认知。

随着比特币的普及，区块链技术也逐渐进入了公众的视野。人们发现，这种技术不仅可以用于数字货币，还可以应用于供应链管理、身份验证、智能合约等多个领域。区块链技术广泛的应用前景，引发了全球范围内的"区块链风暴"。

在这场风暴中，企业和政府开始认识到区块链技术的巨大潜力，纷纷投入巨资进行研究和应用，力图通过这种技术解决传统体系中存在的问题，提高效率和透明度。同时，许多创业公司也如雨后春笋般涌现，推出了各种基于区块链的创新产品和服务，为社会带来了巨大的变革。

尽管中本聪一直保持着神秘的身份，但他所创造的比特币和区块链技术却已经深深地影响了世界。特别是在比特币的初期，无数人投入其中，期待一夜暴富，而这种参与的方式就是通过"矿机""挖矿"。比特币的"挖矿"过程是通过大量的计算来解决一个被称为"哈希碰撞"的问题。这个问题的答案被用于确定新比特币的唯一标识符，确保比特币网络的正常运行。在这个过程中，计算机硬件会不断处理大量的数据和算术运算任务，以寻找正确的答案。

在比特币等加密货币刚刚诞生的时候，"挖矿"主要依赖 CPU。CPU 是计算机的核心部件，负责执行软件的指令和处理数据。在"挖矿"的过程中，CPU 负责执行复杂的数学运算，验证交易并将其添加到区块链中。然而，CPU 并不是为这类高度并行的计算任务而设计的，因此在处理"挖矿"任务时效率较低，且算力有限。

随着加密货币的发展和"矿工"对更高效"挖矿"设备的需求，GPU 逐渐被引入"挖矿"领域。与 CPU 相比，GPU 可以同时处理多个计算核心，使得它们在处理"挖矿"任务时具有更高的算力和效率。因此，GPU 迅速取代了 CPU 成为"挖矿"的主流硬件。在这一时期，许多"矿工"开始使用 GPU 来挖掘各种加密货币，包括比特币、以太坊等。

然而，随着"挖矿"难度的不断提高和算力竞争的加剧，"矿工"们开始寻求更高效、更专用的"挖矿"硬件。于是，专用集成电路（ASIC）应运而生。ASIC 是一种为特定应用而定制的芯片，与 CPU 和 GPU 相比，具有更高的算力和功率效率。ASIC "挖矿"设备是专门为加密货币

"挖矿"而设计的，能够以最少的功耗提供最大的算力。这使得 ASIC 在"挖矿"领域迅速占据主导地位，尤其是对于那些需要极高算力的加密货币，如比特币。如今，许多大型"挖矿农场"都使用 ASIC 设备进行"挖矿"，以获取最大的收益。

总的来说，从 CPU "挖矿"到 GPU "挖矿"再到 ASIC "挖矿"的发展历程反映了加密货币"挖矿"对算力和效率的不断追求。

8.2 元宇宙与扩展现实

1992 年，科幻文坛迎来了一部划时代的作品——尼尔·斯蒂芬森的《溃雪》（*Snow Crash*）。在这部小说中，斯蒂芬森首次描绘了一个与现实世界平行存在的宏大虚拟世界，即元宇宙（metaverse）。元宇宙的概念如同一块神秘的磁石，深深吸引着人们的探索欲望。

与现实中独一无二、浩渺无垠的宇宙（universe）形成鲜明对比的是，元宇宙打破了地理空间的限制。在这个虚拟的世界里，人们可以通过数字化身自由穿梭，无论身处何地，都能与远方的朋友、家人或陌生人实时互动，共度美好时光。更令人兴奋的是，元宇宙中的经济体系允许居民们自由支配收入，创造了一个真正意义上的虚拟经济。

元宇宙的魅力远不止于此。它几乎可以完美复制现实世界所能拥有的一切，从壮丽的自然风光到繁华的都市景观，从古老的文明遗迹到前沿的科技创新。甚至，那些在现实世界中由于物理定律、技术限制或伦理道德而无法实现的事物，也可以在元宇宙中得以呈现。这为人们提供了一个无限广阔的想象空间，让梦想照进现实。

值得一提的是，在 2003 年《商业 2.0》杂志的推荐榜单中，《溃雪》被评为"每位 CEO 必读的伟大书籍"。杂志中的评价文章毫不吝啬地赞美了这部作品的魅力："从这本有趣且令人心醉神迷、爱不释手的书中，我们不仅能领略到一个充满创意的科幻世界，更能从中汲取灵感，思考现实世界的未来走向。"这一评价无疑进一步证明了《溃雪》及其所描绘的元宇宙在思想界和商业界的深远影响。

2021 年 4 月，英伟达的新一代产品发布会如期举行，这次发布会依然是在首席执行官黄仁勋位于加州的家中厨房进行的。由于上一年疫情的原因，黄仁勋已经在家中的厨房发布了 Ampere 架构的 GPU，因此这次并没有引起太多人的惊讶。然而，这次黄仁勋带来的产品却引人注目。除了 DPU 和 DGX 之外，他还重点介绍了 Omniverse——一个运行在 GPU 上的 3D 仿真模拟和协作平台。据黄仁勋介绍，通过这一工具，图像技术开发者们能够实时模拟出细节逼真的现实世界。

那么，这个"逼真"到底有多逼真呢？四个月后，计算机图形顶级会议 ACM SIGGRAPH 2021 发布了一部纪录片，终于揭晓了答案。原来，在发布会上的那个厨房以及黄仁勋本人，有一大段都是通过 Omniverse 制作出来的虚拟影像。虽然发布会并不是全部由 Omniverse 制作，但是其效果已经足以让人瞠目结舌。

这部纪录片的发布引起了广泛的关注和讨论。人们纷纷惊叹于 Omniverse 所呈现出的逼真效果，同时也对英伟达在图形处理技术方面的强大实力表示赞赏。这一技术的突破不仅为游戏、电影等娱乐产业带来了无限的可能性，也为建筑设计、自动驾驶等领域提供了全新的工具和思路。

Omniverse 这个名字寓意深远，来源于拉丁语 "omni"，意为 "全"、"所有"，似乎预示着这个平台将成为一个无所不包的宇宙，能够容纳人们的所有想象和创造。这也正是黄仁勋对元宇宙的宏伟愿景：构建一个与真实世界高度一致的数字世界，让人们能够在其中自由穿梭、交互和创造。

为了实现这一愿景，Omniverse 致力于对真实物理世界进行精准模拟，建立一个 "数字孪生世界"。这个世界不仅外观逼真，更重要的是其内在的逻辑和物理法则都与真实世界相吻合，符合牛顿三大定律等自然规律。这样一来，人们在 Omniverse 中的体验和感知将与真实世界无异，甚至难以分辨两者。

2021 年 10 月，Facebook 宣布更名为 Meta，扎克伯格详细阐述了他对 Metaverse（元宇宙）的宏伟愿景。这一消息引起了广泛的关注和讨论。人们对这个全新的虚拟世界充满了期待和好奇。扎克伯格公布的 "One more thing"——Quest Pro，更是成为众人瞩目的焦点。

经过一年的等待，备受期待的 Quest Pro 终于在 Meta Connect 2022 大会上揭开了神秘的面纱。然而，这款产品的发布却引发了一系列的争议。一方面，字节跳动在 Quest Pro 发布之前推出了一款技术方案相似的 PICO 4，使得人们对两款产品的比较和选择产生了困惑。另一方面，Quest Pro 的高达万元的售价也引发了广泛的争议，让很多人对其价值和性价比产生了质疑。

扎克伯格认为，VR（虚拟现实）作为一种全新的交互方式，将为用户带来沉浸式的体验，开启一个新的计算时代。与 PC 时代和手机时代类似，每一次计算平台的转变都伴随着交互方式的革新。因此，扎克伯格致力于推动 VR 硬件和内容生态的发展，以构建一个完整且充满活力的元宇宙世界。

如同 PC 时代和手机时代的算力一样，VR 时代要匹配什么样的算力和怎样的芯片？

黄仁勋和扎克伯格的答案迥然不同。黄仁勋更注重提供元宇宙所需的强大算力支持，主要通过销售更多的 GPU 来满足元宇宙对算力的巨大需求。而扎克伯格则倾向于构建一个全新的 VR 计算平台，以此作为元宇宙的入口和载体。他认为 VR 和社交的结合具有巨大潜力，坚信社交将会成为人们使用 VR 的主要方式。在这一愿景的指引下，Meta（前 Facebook 公司）推出了 Quest 系列 VR 设备和相应社交应用，力图打造一个全新的虚拟现实社交空间。

Quest 作为 Meta 的 VR 头显设备，承载了扎克伯格颠覆传统 PC 和手机使用方式的梦想。通过 Quest，用户可以沉浸在虚拟世界中，与好友进行更加真实、深入的互动。无论是健身、观看视频，还是体验各种娱乐内容，Quest 都为用户提供了全新的社交体验。

扎克伯格之所以敢于宣称 "Quest Pro sets the standard"（Quest Pro 树立了标准），是因为这款产品在多个方面实现了显著的创新和提升。Quest Pro 采用了全新的光学方案，使得其显示效果更加清晰、逼真，为用户带来了更加沉浸式的体验。这是 VR 设备在视觉呈现方面的一次重要突破。同时，Quest Pro 在硬件性能上也实现了全面的提升，搭载了定制的骁龙 XR2+处理器。这款处理器针对 XR 应用进行了优化，提供了更加强劲的性能和更低的功耗，确保用户在享受高质量 VR 体验的同时获得更长的续航时间。

此外，Quest Pro 配备了定制的充电底座和全新的手柄设计。充电底座不仅方便用户的充电操作，还能让设备在充电时保持整洁和美观。而全新的手柄设计则提供了更加自然、舒适的握持感，让用户在使用过程中更加轻松自如。特别值得一提的是，手柄中还加入了"手写笔"功能，使用户在 VR 世界中能够更加灵活地进行输入和操作。

由于定制的骁龙 XR2+芯片是为扩展现实（XR）设备专门设计的，其强大的性能和多样化的功能使得它成为 XR 领域的佼佼者。以下是骁龙 XR2+芯片的一些特点。

性能卓越：与前代产品相比，骁龙 XR2+芯片的 CPU 频率提升了 20%，GPU 频率也增加了 15%。这样的性能提升意味着它能更高效地处理复杂的图形渲染和数据计算任务，确保 XR 应用的流畅运行和逼真体验。

高分辨率与多摄像头支持：该芯片支持高达 4.3K 的单眼分辨率，为用户带来清晰细腻的视觉体验。同时，它还能同时处理 12 个以上的摄像头输入，这在多人交互、环境感知等场景中非常有用，显著提升 XR 设备的沉浸感和交互性。

强大的人工智能能力：骁龙 XR2+芯片集成了先进的设备端人工智能技术，能够实时跟踪用户的动作和周围环境变化。这使得 XR 设备能够更智能地响应用户的操作和需求，提供个性化的交互体验。

沉浸式体验：结合其强大的性能和 AI 能力，骁龙 XR2+芯片为用户带来了前所未有的沉浸式体验。无论是游戏娱乐、教育培训还是虚拟旅行等领域，它都能让用户仿佛置身于一个全新的虚拟世界中，享受沉浸式的感官刺激和互动乐趣。

随着技术的不断进步和应用场景的丰富，XR（扩展现实，包括增强现实 AR、虚拟现实 VR 等）逐渐成为计算设备的一个重要分支。正如扎克伯格所预见的那样，如果 XR 设备能够达到较高的市场覆盖率和用户普及度，那么它们无疑将成为继 PC 和手机之后的又一个关键算力点。

XR 设备的广泛应用将带动对高性能、低功耗芯片的需求。这些芯片需要能够支持复杂的图形渲染、精确的空间定位、实时的数据处理以及用户交互等功能。因此，针对 XR 设备的芯片设计将成为一个极具挑战性和竞争力的领域。未来，在 XR 芯片领域的竞争中，各家企业将需要不断优化其产品的性能、功耗和成本，以满足不断增长的市场需求。同时，也需要与 XR 设备制造商、内容开发商和平台运营商等紧密合作，共同推动 XR 生态系统的繁荣发展。

当前 XR 技术，包括 MR（混合现实）设备如苹果的 Vision Pro，虽然带来了许多令人兴奋的可能性，但仍然处于发展的早期阶段，主要作为 PC 和手机的补充。这些设备在功能、用户体验和生态系统方面还需要进一步完善，才能真正成为一个独立的计算平台，引领一个新的时代。

8.3 ChatGPT 和大模型

2022 年 11 月 30 日，OpenAI 公司首次发布 ChatGPT。这是是一种针对聊天机器人的开源模型，它基于 GPT-3.5 LLM（一个经过精细调整的 GPT-3 版本）构建，而 GPT-3 最初于 2022 年 3 月 15 日推出。ChatGPT 的发布在科技界引起了广泛的关注和轰动，被誉为人工智能领域的一次重大突破。它不仅能进行流畅、自然的对话，还能根据用户的需求提供个性化的建议和信息，展现出了出色的智能水平。

LLM（Large Language Model）是一种大型语言模型，是人工智能领域中的一个重要技术。它是指一种基于深度学习的自然语言处理技术，可以对大量的文本数据进行学习，从而能够生成自然、流畅的语言文本，并能够对用户提出的问题或需求进行智能回答或提供解决方案。

与传统的自然语言处理技术相比，LLM 具有更强的语言处理能力和更高的生成能力。它可以通过对大量的语言数据进行学习，自动掌握语言的语法、语义和上下文信息，从而更准确地响应用户的需求和提供更好的服务。

在 ChatGPT 中，LLM 技术发挥了至关重要的作用。ChatGPT 是一种基于 LLM 技术的聊天机器人，它可以通过对大量的对话数据进行学习，自动理解用户的意图和需求，并生成自然、流畅的回答。这种技术使得 ChatGPT 能够提供更好的用户体验。

以前人们调侃机器学习是"炼金术"，直到 LLM（大模型）的成功，人们才意识到这一领域终于炼出一块"金子"。LLM 的出现是机器学习领域的一个重要里程碑，它展示了在足够大的数据和计算资源支持下，深度学习模型可以取得令人瞩目的成果。这些大模型不仅在自然语言处理领域取得了巨大成功，还在计算机视觉、语音识别等多个领域展现了强大的能力。

LLM 的成功让人们看到了机器学习技术的潜力和价值，它们不再是难以捉摸的"炼金术"，而是可以应用于实际问题的强大工具。

目前，大模型的参数规模和计算复杂度急剧增加，导致对 GPU 的内存需求飙升。许多先进的大模型，如 GPT 系列和 BERT 等，拥有数百亿甚至千亿级别的参数。这使得单个 GPU 很难容纳完整的模型，更不用说进行高效的训练和推理了。因此，如何在有限的 GPU 内存资源下处理大模型成为一个紧迫的问题。

为了解决这一挑战，研究者们提出了多种多 GPU 训练策略，以充分利用多个 GPU 的计算和存储资源。这些策略包括模型并行性、数据并行性和混合并行性，它们可以在分布式训练框架的支持下实现高效的多 GPU 训练。

模型并行性是一种将模型的不同部分或层分配到多个 GPU 上的策略。每个 GPU 负责计算模型的一部分，并在必要时与其他 GPU 进行通信以交换数据，如梯度或中间激活。这种策略特别适用于具有大量参数的模型，如深度神经网络或 Transformer 架构。通过模型并行性，可以将大模型拆分成多个较小的部分，使得每个 GPU 能够处理其中的一部分，从而降低了单个 GPU 的内存负担。同时，多个 GPU 之间的通信和协作保证了模型的完整性和一致性。

与模型并行性不同，数据并行性是一种将整个模型复制到每个 GPU 上的策略。训练数据集被分成多个小批次，每个 GPU 处理一个批次的数据。每个 GPU 独立地进行前向传播和反向传播计算，但会同步梯度以更新模型参数。数据并行性可以充分利用多个 GPU 的计算能力，加速训练过程。同时，通过批量同步并行（BSP）或异步更新等策略，可以实现不同 GPU 之间的同步和协调，确保模型参数的一致更新。

混合并行性结合了模型并行性和数据并行性的优点。它将模型的不同部分分配到多个 GPU 上，并在每个 GPU 上使用数据并行性处理批次数据。这种策略可以充分利用多个 GPU 的计算能力，同时减少单个 GPU 的内存负担。通过合理地划分模型和数据，混合并行性可以实现更高效的多 GPU 训练。

为了实现这些多 GPU 训练策略，需要使用支持分布式训练的深度学习框架，如 TensorFlow、PyTorch、Horovod 等。这些框架提供了丰富的 API 和工具，可以简化多 GPU 训练的设置和管理。它们通常支持高效的通信协议，如 NVIDIA 的 NCCL，以减少 GPU 之间的数据传输开销。此外，还可以通过优化通信开销、确保负载均衡和选择合适的同步策略来进一步提高多 GPU 训练的性能。例如，使用梯度累积可以降低通信频率；采用更有效的通信协议可以优化性能；而梯度压缩技术则可以减少传输的数据量。同时，监控 GPU 利用率、内存使用情况和通信开销等关键指标对于调试和优化训练过程至关重要。

AI 芯片作为支撑这一技术的基础硬件，其重要性日益凸显。然而，目前全球 AI 芯片市场主要由英伟达主导，这导致了供应紧张和成本上升的问题。整个 2023 年，H100 芯片的抢购堪比战略资源的争夺。

有消息称，Meta 会购入约 35 万块英伟达的 H100 GPU，并补充其他 GPU 设备。这一采购计划将使 Meta 所拥有的算力总和接近 60 万块 H100 所能提供的算力，这无疑是一个巨大的飞跃。英伟达的 H100 GPU 是目前市场上性能卓越的图形处理器之一，它拥有强大的计算能力和高效的性能，是深度学习、机器学习和人工智能应用的理想选择。通过大规模采购 H100 GPU，Meta 将能够加速其 AI 模型的训练速度，提高模型的准确性和效率，从而为用户提供更优质的服务。然而，这样的投入并非没有代价。按照 H100 GPU 目前的最低售价 2.5 万美元计算，Meta 需要支付约 87.5 亿美元的巨额支出。毫无疑问，这是一笔巨大的投资。

在当前的人工智能训练领域，英伟达无疑是主导者，占据了全球 95% 的市场份额。这种压倒性的市场控制力使得每当算力需求激增时，英伟达的 GPU 变得"一卡难求"。而随着 AI 算力成本的不断上升，即使是业界的佼佼者如 OpenAI，也感受到了压力，急需寻找新的解决方案来确保自己的长远发展不受制于单一的供应商。

OpenAI 对于英伟达的依赖以及其带来的挑战并非秘密。2023 年，OpenAI 的首席执行官就曾公开发声，抱怨英伟达 GPU 芯片的稀缺性，并表示这一状况已严重限制了公司的发展。考虑到

OpenAI 在 AI 领域的地位和影响力，这样的声音无疑引发了业界的广泛关注。

OpenAI 作为人工智能领域的领军企业，其自研 AI 芯片的计划有望打破这一局面。通过自研芯片，OpenAI 可以更好地掌握核心技术，减少对外部供应商的依赖，从而降低成本并提高供应链的稳定性。此外，自研芯片还可以根据 OpenAI 自身的需求进行定制优化，提升性能和效率。

然而，自研 AI 芯片并非易事。这需要大量的研发投入、技术积累和时间成本。因此，OpenAI 在考虑自研芯片的同时，也在评估潜在的收购目标，以加快进程并降低风险。通过收购具有相关技术和经验的公司，OpenAI 可以迅速提升自身在 AI 芯片领域的实力，缩短研发周期并降低技术门槛。

无论 OpenAI 最终选择自研还是收购，都需要面对巨大的挑战和投入。自研芯片需要持续的技术创新和研发投入，而收购则需要合适的对象和整合能力。此外，随着 AI 技术的不断进步和市场需求的变化，AI 芯片的技术标准和市场格局也可能发生新的变化。

大模型的计算范式相较于以前有着显著的不同。传统的计算模式往往侧重于处理结构化的数据和小规模的任务，而大模型则需要处理海量的非结构化数据，并执行更为复杂的计算任务。这种转变不仅要求计算系统具备更高的性能和存储能力，还需要在数据处理、模型训练和推理等方面实现更高效的协同。

随着大模型的兴起，新的业态和计算范式也应运而生，不仅改变了人们对计算的认识，还推动了芯片架构的变革。为了满足大模型对算力的需求，芯片设计师们开始探索新的架构和方法，以提高芯片的并行处理能力、降低功耗并优化数据传输。

这种芯片架构的变革对于以大模型为代表的新的算力形式具有重要意义。通过采用新的芯片架构，可以以更低成本实现高性能的计算，从而推动大模型在各个领域的应用和发展。这不仅有助于提升计算系统的整体性能，还将带来更多创新和价值。

芯片算力的革命，仍方兴未艾。随着技术的不断进步和市场需求的不断增长，芯片算力的发展正处于前所未有的高峰期。从最初的简单计算到如今的复杂运算，芯片算力的提升已经推动了许多领域的技术变革和业务创新。

然而，这仅仅是开始。随着大数据和人工智能等领域的快速发展，对芯片算力的需求呈现出爆炸性的增长。无论是自动驾驶、智能家居，还是智慧城市、智慧医疗，都需要强大而高效的芯片算力作为支撑。而云计算、边缘计算等新兴计算模式的出现，更是对芯片算力提出了更高的要求。

为了应对这一挑战，全球范围内的芯片设计商、制造商和研究者们都在积极探索新的技术和方法，以提升芯片的性能和效率。从改进芯片架构、提升制造工艺，到研发新的材料和技术，他们正在努力扩展芯片算力的边界。未来，随着技术的不断进步和市场需求的进一步增长，芯片算力有望带来更多的突破和惊喜，为人类社会的进步和发展注入新的活力。

参 考 文 献
REFERENCES

［1］ RAGHU BALASUBRAMANIAM, VINAY GANGADHAR, MARIO PAULO DRUMOND, et al. MIAOW White-paper Hardware Description and Four Research Case Studies［R］HOT CHIPS 2014, www. miaowgpu. org.

［2］ NORMAN P. JOUPPI, CLIFF YOUNG, NISHANT PATIL, DAVID PATTERSON, et al. In-Datacenter Performance Analysis of a Tensor Processing Unit［J］ISCA 2017, June 24-28, 2017.

［3］ EMIL TALPES, DEBJIT DAS SARMA, DOUG WILLIAMS, et al. The Microarchitecture of DOJO, Tesla's Exa-Scale Computer［J］. HOT CHIPS 2023, Digital Object Identifier 10. 1109/MM. 2023. 3258906.

［4］ HENG LIAO, JIAJIN TU, JING XIA, et al. Ascend: a Scalable and Unified Architecture for Ubiquitous Deep Neural Network Computing［J］HPCA 2021, DOI 10. 1109/HPCA51647. 2021. 00071.

［5］ JEFF DEAN, DAVID PATTERSON, CLIFF YOUNG. A New Golden Age in Computer Architecture: Empowering the Machine-Learning Revolution［J］HOT CHIPS 2018, IEEE Computer Society 0272-1732/18.

［6］ ANDREW WATERMAN, YUNSUP LEE, DAVID A. PATTERSON, et al. The RISC-V Instruction Set Manual, Volume I: Base User-Level ISA［R］Technical Report 2011, No. UCB/EECS-2011-62.